U0885103

第十三届 全国高等院校 制冷及暖通空调 学科发展与教学研讨会 论文集

主　编　李　明　王云峰
副主编　张　莹　顾振华　余琼粉　李国良

中国水利水电出版社
www.waterpub.com.cn
·北京·

内 容 提 要

随着科技发展，能源与动力工程、建筑环境与能源应用工程等专业的人才培养面临着提升传统工科人才培养质量、贯彻以“学生为中心”的培养理念以及加大人才培养改革力度三大改革压力。本论文集基于“2024年第十三届全国高等院校制冷及暖通空调学科发展与教学研讨会”上本领域专业教师近两年的高校教育教学改革成果，从不同角度分析人才培养的途径和手段，为专业建设及人才培养提供借鉴和支持，也为专业发展提供思路和方法。

本书适用于相关专业教师参考，也可供其他专业教师借鉴。

图书在版编目（CIP）数据

第十三届全国高等院校制冷及暖通空调学科发展与教学研讨会论文集 / 李明，王云峰主编. -- 北京 : 中国水利水电出版社, 2025. 3. -- ISBN 978-7-5226-3121-9

Ⅰ. TB65-53; TU83-53

中国国家版本馆CIP数据核字第2025M8A842号

书　名	**第十三届全国高等院校制冷及暖通空调学科发展与教学研讨会论文集** DI-SHISAN JIE QUANGUO GAODENG YUANXIAO ZHILENG JI NUANTONG KONGTIAO XUEKE FAZHAN YU JIAOXUE YANTAOHUI LUNWENJI
作　者	主编　李　明　王云峰　副主编　张　莹　顾振华　余琼粉　李国良
出版发行	中国水利水电出版社 （北京市海淀区玉渊潭南路1号D座　100038） 网址：www.waterpub.com.cn E-mail：sales@mwr.gov.cn 电话：（010）68545888（营销中心）
经　售	北京科水图书销售有限公司 电话：（010）68545874、63202643 全国各地新华书店和相关出版物销售网点
排　版	中国水利水电出版社微机排版中心
印　刷	北京中献拓方科技发展有限公司
规　格	210mm×285mm　16开本　18.25印张　618千字
版　次	2025年3月第1版　2025年3月第1次印刷
定　价	**128.00**元

本书编委会

会议学术委员会

主　　席： 朱颖心　清华大学
何雅玲　西安交通大学

委　　员：（按姓氏笔画排序）
王如竹　上海交通大学
李先庭　清华大学
荆华乾　中国制冷学会
马国远　北京工业大学

会议组织委员会

主　　席： 荆华乾　李　明　黄永华　徐　锐

成　　员： 刘　莹　向　泰　陈玉保　夏　涛　王云峰　高恩元
胡海涛　罗会龙　张　莹　李国良　余琼粉　马　逊
顾振华　罗　熙　季　旭　高文峰　姚昊翊　赵国君
樊芳玲

编委会

主　　编： 李　明

参编人员： 王云峰　张　莹　李国良　余琼粉　顾振华　马　逊
姚昊翊　樊芳玲　陈玉保　向　泰

前　言

在习近平总书记关于“扎实推动教育强国建设”的重要指示指引下，高等教育作为教育强国的龙头，其高质量发展离不开科研与教学的深度融合。本书正是基于2024年8月8—9日在昆明市召开的“第十三届全国高等院校制冷及暖通空调学科发展与教学研讨会”的优秀论文汇编而成，经会议学术委员会严格遴选，集中呈现了本次研讨的丰硕成果。

本次会议由中国制冷学会主办，全国高等学校建筑环境与能源应用工程学科专业指导委员会、全国高等学校能源动力类专业教学指导委员会联合协办，云南师范大学具体承办。会议汇聚了自全国各高校建筑环境与能源应用工程、能源与动力工程等专业领域的教学名师、学科专家以及行业设计院所的技术领军人才，来自百余所高校的400余位专家学者、师生代表与企业精英齐聚一堂，围绕“学科发展和教学创新”主题开展深度探讨，为制冷及暖通空调领域的教育改革注入了新动能。

会议内容丰富多元，既有高屋建瓴的学术引领，也有扎根一线的教学实践分享。期间共举办大会报告7场、青年教师教学论坛1场、“中国低温技术先驱——洪朝生院士事迹”专题学习1场，以及分论坛口头报告60余场。其中，清华大学朱颖心教授分享“国家级一流本科课程建设的心得”，上海交通大学吴静怡教授聚焦“产教融合与课程的建设”，沙特阿卜杜拉国王科技大学Qiaoqiang Gan教授带来“Electricity - free heating and cooling strategies for water and energy sustainability”的国际视角，西南交通大学袁艳平教授展示“多校联动本科生通识课碳中和技术课程教学与实践”，清华大学石文星教授以暖通空调与冷热源为例解析“专业课线上线下混合式教学方法与实践”，昆明理工大学王华教授探讨“产教融合背景下绿色能源现代业学院人才培养新模式”，云南师范大学王云峰教授分享“地方院校新能源科学与工程专业差异化多元人才培养体系的探索与实践”等，这些报告既有理论深度，又具实践价值，集中展现了国内外学者在能源动力类及建筑环境与能源应用工程学科教学领域的前沿探索。

制冷及暖通空调学科是支撑绿色建筑、低碳能源、环境健康的关键学科，不仅关乎民生福祉，更与能源高效利用、“双碳”目标实现等国家战略紧密相连。目前全国近200所高校开设制冷、暖通空调及能源动力类相关专业，已成为行业人才培养与科技创新的核心阵地。正如中国科学院院士何雅玲在开幕式视频致辞中强调：“人才培养需聚焦科学精神、创新能力与批判性思维的培育，多维度构建自主培养体系，全面提升学生质量。”本次研讨会紧扣这一核心，从学科建设到教学改革，从专业评估到学生创新能力培养，系统研讨了新时代背景下学科发展的路径与教学创新的方向。

为充分发挥会议成果的辐射效应，助力高等教育落实“为党育人、为国育才”使命，本书精选了会议中围绕“人才培养模式创新、教学改革实践、教学方法探索、专业课程建设、课程思政融合、实验实践教学”六大主题的优秀教研论文。这些论文既有对前沿教学理念的理论阐释，也有对一线教学难点的破解经验，更有对跨学科融合、产教协同等新趋势的探索。我们希望通过本论文集的出版，为全国高等院校制冷及暖通空调领域的教育工作者提供学科发展的前沿动态与教学实践的参考范例，共同推动高等教育原始创新能力提升与高质量人才培养体系构建。

第十三届全国高等院校制冷及暖通空调
学科发展与教学研讨会
组委会

2025年2月

目　录

基于校内资源促进学生创新能力培养的探索与思考

王瑜[*1]，章景然[2]，张莹莹[1]

（1. 南京工业大学城市建设学院，江苏　南京 211816；
2. 南京工业大学马克思主义学院，江苏　南京 211816）

【摘　要】 大学生创新能力的培养是高等教育的重要任务。高校自身的运行、管理、设备更新、节能改造工作量众多，对校内资源的充分挖掘以促进学生创新创业能力培育有巨大的探索空间。因此，基于校情实际，通过调查学校运行过程中遇到的本专业相关问题，以课题形式发布给学生，专业教师与校内职能部门管理人员“双导师制”共同指导学生科创团队。学生科创成果不仅真正助力学校解决技术和管理方面的难题、实现学校运行降本增效，同时也有助于实现学生创新能力的提升、激发学生为校奉献精神，最终达成双赢局面。该探索可为高校学生创新能力培养提供参考。

【关键词】 校内资源；创新能力；途径方法

0　引言

当前，以新技术、新业态、新产业、新模式为特点的新经济蓬勃发展，迫切需要培养造就一大批多样化、创新型卓越工程科技人才。为了更好地推动我国卓越工程人才的培养，2017 年，教育部提出了我国工科教育改革的目标。2017 年被称为“新工科建设元年”，新工科的核心含义为“大工程观”[1]，一方面强调复合型工程科技人才的培养，另一方面注重传统理科转向工科的创新创业应用。

为了培养学生创新创业能力，适应新工科建设的需求，不少专家提出了多种改进人才培养体系的方法[2-4]。如同济大学在本科生毕业设计环节中添加了结合工程设计的“综合设计知识教学模块”[5]；重庆科技学院通过校企联合搭建实验平台，促进了学生实践和创新能力的培养[6]。同时，参加创新创业大赛，通过比赛提升学生的实践创新能力，也是促进学校人才培养体系完善的有效方法[7-8]。

以往的创新实践能力培养着重于从科研项目角度出发，致力于解决校外工程实践中遇到的问题。然而，学校自身资源、材料、机遇众多，职能部门在管理校园运行过程中出现的问题与困境，成为培养学生创新创业能力的宝贵场域。如大学生能从协助解决校内实际问题入手，大胆创新，则不仅能提升其创新创业能力，还能为学校优化资源、提升效率做出贡献，进而增强大学生服务社会的自豪感。

在全国 3000 多所高等院校中，以工科为主的省属重点建设的多科性百强高校——南京工业大学是创业型大学的“排头兵”，先后入选国家首批深化创新创业教育改革示范高校、全国高校实践育人创新创业基地、国家级创新创业学院建设单位、中美青年创客交流中心等。对于创业型大学，联合职能部门基于校内资源促进学生创新能力培养更是势在必行。本文从学生创新能力培育的校内资源类型、基于校内资源创新创业能力培育流程及持续改进建议三个维度出发进行总结，其探索与思考为后续该类型创新创业活动的实践提供启发。本文涉及的方案如图 1 所示。

1　学生创新能力培育的校内资源类型

以新工科专业背景出发，通过对学校国有资产管理处的深度访谈与调研，充分以学生为主体，考察学生

---

* 王瑜（1988—　），男，博士，副教授，南京工业大学城市建设学院院长助理，主要从事高效换热和空间环境控制研究。E-mail：yu-wang@njtech.edu.cn。

基金项目： 结合校内空调维护调试的建环专业劳动实践课程改革（教育部产学合作协同育人项目，230702002311658）、新工科背景下以课程思政为基础的传热学课程改革研究与探索（教育部产学合作协同育人项目，220803893241401）、新工科背景下建筑设备自动化课程思政建设研究（南京工业大学教学改革课题，20230081）、新工科背景下面向应用型人才培养的建筑设备造价与管理课程体系创新研究（南京工业大学教学改革课题，20230082）。

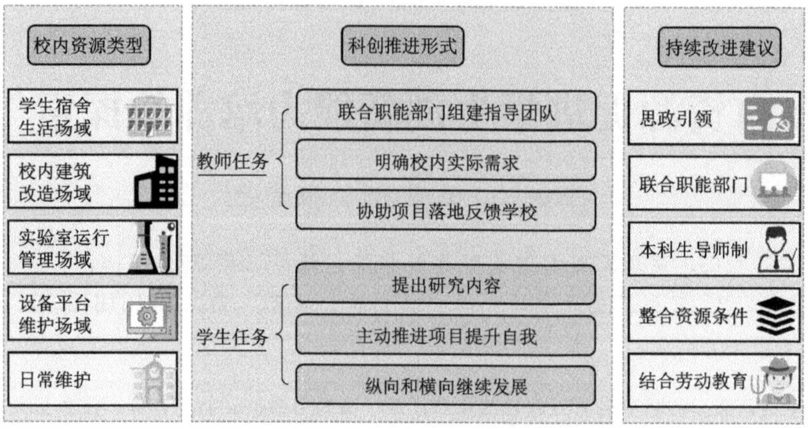

图 1　基于校内资源促进学生创新能力培养的方案

生活、学习、科研和日常活动，对可供培养学生使用的校内资源进行了梳理，具体如下所述。

1.1　学生宿舍生活场域

宿舍是学生接触最多的生活区域，其大学期间的居住舒适性与满意度很大程度取决于宿舍条件。宿舍属于微型的综合系统，其中水、电、环境等要素俱全。学生可以从改造自己的宿舍入手，通过多学科融合的创新手段，为自己创造更好的生活舒适性。同时，宿舍节能也是实现零碳校园的基础途径，值得同学们深入思考。宿舍相关创新课题适合每一位大学生，且创新成果能够直观影响自身生活，是可以首先开展的校内创新创业活动。

1.2　校内建筑改造场域

随着高校校园投入运营时间的加长，大量的校内建筑逐渐进入更新改造期。建筑更新改造是新能源、新材料应用的窗口期，同时也是创新设计理念应用的载体，属于文理科结合的课题。可组织能源、材料、建筑、艺术等专业的同学完成建筑更新改造相关的课题，成果可择优直接应用于学校建设。

1.3　实验室运行管理场域

实验室运行管理是学校科研工作的基础，其中安全工作是重中之重。教育部办公厅 2022 年提出要持续开展高校实验室安全专项检查、加强实验室安全研究与标准建设。实验室安全管理系统涉及视频监控、网络通信、云计算、大数据等技术，存在技术复杂和学科交叉的特点。此部分内容适合安全、环境、计算机、控制等学科的学生进行创新创业项目。创新成果后续可以推广到兄弟高校，打造示范标杆。

1.4　设备平台维护场域

科学仪器设备是科学研究和技术发展的基石，目前各大高校均鼓励自研科学仪器设备。如学生能主导或参与自研科学仪器设备（包括虚拟仿真实验设备），这种参与将直接提升学生在专业层面解决实际复杂问题的能力。由此展开的研究主题可纳入“挑战杯”等专业学科创新竞赛的申报范畴。同时自研设备也能够促进学生实现科技自立自强，为青年大学生以新型工业化助力制造强国建设，实现课程思政的有机结合，具有深远意义。

综上所述，日常维护是校园能够正常运行的关键，维护工作种类繁多、工作范围广泛。日常维护包括建筑、环境、设备、软件平台，从维护降本增效角度可挖掘的课题空间广阔。学生参与维护工作，不仅要实现技术创新，还需要实现管理创新；既要踏实钻研专业技术，同时也要提高管理水平。参与维护工作能够促使学生形成积极思维，提高总结规律、概括概念、重构认知的效率效果，培养创新意识、团队合作精神与项目管理能力，最终实现知行合一的立德树人根本任务。

2　基于校内资源创新创业能力培育流程

在确定可利用的校内资源类型后，需要通过设立相关丰富的创新创业项目，以有效提升学生分析问题、解决问题的能力。其主要培育流程包括：确定目标—构建主体—确立项目—推进项目—后续发展。

2.1　确定目标

从校内出发开展创新创业项目可以起到试金石的作用，其整个过程可为学生能力培养提供积累，为后续校外创新创业提供助力和预演。学生在校内创新，整体环境较为包容，容错率较高，不仅积累了经验，也建立了自信心，这样能以更强的姿态面对万千变化的社会。整体项目目标是为后续真正的创新创业指明方向，同时对后续人生起到指导作用。

2.2 构建主体

学生是参赛的主体，也是项目和团队的创造者。学生具备创新创业意识和为校园奉献的意识是项目能够顺利推进的前提。学生通过寻找志趣相投、能力互补的伙伴，自由组合形成团队，并根据项目进行过程中遇到的挑战适时调整团队架构。同时，专业教师和职能部门教师组成联合指导团队，分别就技术和管理两方面对学生进行指导，确立“双导师制度”协助学生推进项目。

2.3 确立项目

根据高校内部资源类型的整合，学生根据专业背景、兴趣选择实践场域，并初步提出实践构想，激发学生想象力与创造力，教师在此基础上进行项目的统筹协同，使之顺利落地。校内数量庞大的受众为项目的培育提供了交流、沟通、协作和反馈的平台，同学们在推进校内资源创新项目的同时，可以集思广益，充分听取校内专家、老师、同学、社团的建议，使得项目更具备可行性。

2.4 推进项目

首先，项目要以校园实际需求为导向，以需求时间节点推进项目，因为项目最终是要为学校服务的，如时间战线过长，就错过了服务的最佳窗口期，最后导致项目夭折。其次，通过实施校内创新项目，让学生意识到自己能在校园建设方面发挥重大作用，凭借自我满足感提升其主观能动性，从而自主推进项目的进展。

2.5 后续发展

完成校内项目并不意味着创新创业能力培育的终结，对于有志于创新创业的学生来说，真正的挑战才刚刚开始。随后的发展路径可在横向和纵向两个维度展开。横向方向涉及将在校内项目中获得的技术和管理经验应用于更为复杂的校外项目，最终参与具有权威性质的创新创业大赛，甚至着手创办实际企业。而纵向方向则包括将技术成果有效地应用于校园内，以实现预期效果，并通过此过程赢得职能部门的信任，为校园改革和维护做出更为深远的贡献。

3 持续改进建议

笔者前期与学校国有资产管理处合作申报了本科生科创项目“空调设计、采购、运维、处置全生命周期一体化研究——以南京工业大学为例”，并成功获评国家级本科生创新创业项目。同时，基于学校空调更新情况，组织学生开展了一系列科创研究，通过自身实践提出了持续改进建议，具体如下：

3.1 充分发挥思政引领作用

校内资源的科技创新离不开正确的思想引领。学生通过实践，充分体会到美丽校园、智慧校园的背后是靠无数技术人员和管理人员保驾护航，以科学理性的态度对待校园服务，增强学生的满足感，实现学生爱国爱校精神和奉献精神的培育。从创新创业角度为学校做贡献可以丰富学生精神生活、提高精神境界，树立通过知行合一实现真正幸福的人生观，进而达到“树德、增智、强体、育美”的重要目标。

3.2 加强职能部门密切合作

实现基于校内资源的学生创新创业能力培养，需要与职能部门密切合作。一方面，教务处作为学生教学引导部门，需要主动制定校内资源双创教育体系，形成跨部门、跨学院合作机制，开展学生第二课堂、实践劳育课堂等积分奖励举措，积极为有志于此的老师同学引荐资产处、后勤处等资源，给予项目运作的充分制度保障。另一方面，校内资源的场地和人员的协调需要资产和后勤部门的大力支持，同时成果也要服务于资产和后勤部门。因此，需要与资产和后勤部门紧密合作，共同指导项目和促进项目的应用。笔者之前做的校内空调研究正是基于国有资产处提供的校内空调品牌、安装位置和运行情况等信息而展开，在职能部门的大力协助下，学生课题的素材收集和成果应用将更为高效。

3.3 本科生导师制与校内创新创业接轨

建议将本科生导师制与校内创新创业接轨，本科生进校后，在配备校内本专业导师的基础上，增加一名校内创新指导教师，在培养学生对专业和科研热爱的同时，促使学生了解学校存在的问题，激发其解决问题的兴趣和能力。

3.4 搭建创新培育服务平台

在互联网时代，一个好的创意可以通过网络不断催化，吸引各行各业的人士助力，实际上创业门槛比前互联网时代大大降低。学校可以加强校企合作，将企业人力资源、技术资源、资金资源等资源引入校园，让这些资源与学校资源融合发展相适应。校内多部门可以联合设置校内创新实践中心，形成从校园巡查发现问题、项目立项分析、基础支持、管理咨询的完整服务链条，为大学生的创新创业进行全方位、一站式服务。

3.5 深度融合劳动教育

劳动教育是国家教育体系的重要组成，2022 年 5 月，教育部批准开设劳动教育本科专业，该专业在全国各个高校中首次设立，是大学生必修的国家课程。基于校内资源创新创业的一大目的是服务校园，属于劳动教育中的服务性劳动教育，通过科学劳动教育促进校园管理至臻至善。把劳动教育纳人人才培养全过程，不断创新劳动教育新路径，提升大学生科学创新能力与劳动能力，有利于实现“全面培养人、培养全面的人”。

4 结语

本文分析了培育创新创业项目的校内资源类型，并提出了推进基于校内资源创新创业项目的具体路径与方法，着重讨论了推进此类项目需要重点注意的问题，获得结论如下：

（1）校内可供创新创业使用的资源众多，在学生生活、学习、科研和日常活动角度均有潜在可开发的课题。

（2）设立基于校内资源的创新创业项目，带动学生分析问题、解决问题，项目由专业教师和职能部门教师联合指导，以校园实际需求为导向推进，后续可纵横向发展。

（3）为了促进实现基于校内资源的学生创新创业能力的培养，可从思政引领、与职能部门合作、接轨本科生导师制、提供一站式服务条件和融合劳动教育角度出发对培育体系持续改进。

参考文献：

[1] 张海生．“新工科”建设的背景、价值向度与预期效果［J］．湖北社会科学，2017（9）：167－173.

[2] 徐惠斌，胡自成，葛凤华，等．新工科建设下建筑环境专业实践教学创新初探［J］．教育现代化，2018，5（39）：146－147，163.

[3] 赵海谦，刘晓燕，张云峰．基于“新工科”培养目标的建环专业实习教学改革研究［J］．西部素质教育，2018，4（13）：166－167.

[4] 蔡磊，向艳蕾，管延文，等．建筑环境与能源应用工程专业新工科人才培养体系探索［J］．高等建筑教育，2018，27（5）：9－13.

[5] 冯昕，袁芳丽，张丰．建筑类专业实践拓展教学体系化探索——以同济大学为例［J］．教育现代化，2018，5（8）：286－288.

[6] 余晓平，曾莉，刘丽莹．建环专业校企协同实验教学探索与实践——以美的空调实操室为例［J］．高等建筑教育，2015，24（3）：13－17.

[7] 何丽娜，孟祥宇．高水平行业特色大学开展创新创业教育研究——以南京航空航天大学为例［J］．创新与创业教育，2019，10（3）：39－42.

[8] 张芳．“互联网＋”大学生创新创业大赛项目团队建设问题研究——以商洛学院为例［J］．创新与创业教育，2019，10（1）：70－72.

新工科背景下建筑工程制图课程建设与实践探索

王新如*，贾利芝

（天津商业大学机械工程学院，天津 300134）

【摘　要】 建筑工程制图是建筑环境与能源应用工程专业（以下简称“建环专业”）及其相关专业的专业基础课，其教学目标是培养具有设计基础和创新能力的专业人才。基于新工科建设的背景，本文对于该课程传统教学过程中的教学枯燥、理论与实际脱节等问题，对于该课程进行课程建设与实践探索。从教学内容的梳理、教授课堂翻转、产学研结合、完善教学评价体系以及创建公开的教学平台等方面进行改革和探索。本文可为其他学科的课程建设与实践探索提供参考。

【关键词】 建环；新工科；教学改革

0　引言

目前，世界经济和产业格局正面临着严峻的变革：一方面，由于新冠疫情的影响，全球的经济受到影响，未来发展的不确定因素大大增加；另一方面，各国更加重视科技的发展，在能源、材料等方面技术上的突破，对于未来格局的变革有着重要的影响。创新是首要问题，与此同时，我国对创新和人才培养提出了更高的需求。在当前的大背景下，传统的工科教育已经无法满足当前经济和科技发展对培养创新型人才的需求[1-3]。主要的问题包括：第一，人才培养特色不明显，许多进入工程岗位的毕业生实践能力不足，学习的知识没有跟上时代的发展；第二，学科基础薄弱，创新与服务社会能力不足；第三，课程体系与教学模式建设不完善。国家提出的新工科建设为未来高校的发展指明了方向。新工科建设要求高校以产业需要为导向，定位相应的卓越工程人才培养目标，构建以成果为导向的本科教育新模式，这对工程教育质量的提高、助推经济转型升级、应对未来新技术和新产业竞争都具有重要的现实意义[4]。

当前学生主要精力放在理论课，对于实际的设计经验不足。建筑工程制图课程改革与实践紧密结合国家重大战略需求，注重学科交叉，致力于培养具有广阔视野、坚实理论基础、较强创新能力的高素质人才。

1　设计思路

建筑工程制图是建环专业一门重要的专业基础课，主要培养学生制图能力及专业制图软件应用能力。其教学目的是使学生系统地了解并能较为熟练地使用本专业中常用的设计软件 AutoCAD，培养学生具有一定的使用计算机进行建筑采暖通风空调设计的能力。该课程要求学生有较强的软件操作能力，通过学习和实际项目的实践，能够让学生进行基本的暖通系统设计，注重理论与实践的结合。通过课程改革，为使其更加贴合本科生的实践需求，需要完善课程目标，见表 1，新的教学大纲中不再是简单的 AutoCAD 教学，更多关注与建环本专业的联系，将暖通水、风等系统的设计设为重点知识。同时与实际项目结合，也为学生将来的就业考虑，培养学生的工程实践能力与设计思维。

表 1　　课程目标的完善

课程目标	旧教学大纲	新教学大纲
知识	AutoCAD 的各项基础操作	在 AutoCAD 的基础上，学习暖通系统设计的相关标准
能力	熟练掌握 AutoCAD 各种操作技能，学习暖通专业水、风系统平面图设计	运用天正等相关设计软件，就暖通系统的设计进行练习，包括平面图、轴测图和多楼层的系统示意图，并熟练掌握
素养	要求较低	学生有大局设计思维，与实际工程结合，有实践能力

* 王新如（1991—　），女，博士，讲师。研究方向：建筑环境。联系地址：天津市北辰区光荣道 409 号天津商业大学，邮编 300134。E-mail：xinru5263@tjcu.edu.cn。

基金项目：2023 年天津商业大学校级本科教育教学改革项目——新工科背景下的建筑工程制图课程建设与实践探索（No. TJCUJG2023032）。

课程在课程目标的改革主要是结合当前社会的需求[5]，教学形式更加贴合实际，该课程的设计思路主要包含以下几点：一是兼顾知识与应用，重点培养学生的专业能力。结合本校建环专业作为国家一流特色专业的优势，为国家培养具备商业素养、具有优秀的综合素质以及理论和实践融合的应用型复合人才。二是建设多专业知识构架，不仅仅是学习基础的 AutoCAD 内容，掌握建环专业的基础知识，将学习的理论知识反映到实际工程中，同时兼顾了解电气、给排水等专业的相关知识。这也为今后学生工作时与其他专业的配合打下了基础。三是搭建平台，服务相关院校及企业。该课程基于实际工程项目，联合校外企业，为学生提供实习和实践学习的平台，同时为社会输送成熟的具有工程实践能力的本科人才。

2 主要内容

2.1 优化教学设计，加强产学结合

建筑工程制图课程是一门要求实践能力很强的课程，它是将建环专业不同基础课程包括空调、供暖和流体输配等多门课程理论整合并应用的课程。这就对教学提出了更高的要求，教学设计需要对建环专业基础内容进行模块化整理、分类，采取思维导图方法对各个知识点进行有机整合和关联。针对目前章节知识点关联薄弱的问题，重新梳理知识体系，更新教学内容，研究材料工程基础理论之间的关联性，形成有机结合的工程基础知识体系。同时，与企业进行实地工程的实习与交流，引导学生将理论环节和技能运用于解决实际工程问题当中。

2.2 改进教学方法

在系统讲授理论知识的基础上，采用 PBL 法对实践应用型章节进行开放式教学，教师以应用背景为引导，五六个学生为一组，通过预先查资料，并及时交流讨论，然后制成 PPT 或相关材料，由一名学生代表讲解并同时回答提问。教师根据学生教授情况对各个知识点和讲解重点、难点进行点评和总结。通过此教学方法来培养学生的思维与逻辑，包括独立思考问题、分析问题、解决问题等方面。使学生融入课堂当中，知识的接受者转变为参与者甚至是讲授者，培养学生学习知识的同时，锻炼学生的思维以及表达等能力。

2.3 丰富完善考核评价体系

与传统考核评价基于平时课堂表现与考试成绩的方式不同，通过改革，课堂形式采用小组讨论、具体项目实践练习、前期项目背景调研报告，结合考试，对学生的各方面能力进行综合评价。其中过程体系对比与考试所占的份额更大，内容更多，知识面更广。此评价体系对学生的知识学习能力、应用能力以及实践能力等多方面内容进行评价，结果更加全面和客观[6-7]。此外，与传统的考试内容不同，试卷增设更多的开放性试题和综合应用试题，考查学生运用理论知识的能力和灵活变通的能力。考核方式的多元变化，可以引导学生改变不良的学习习惯，使其积极主动地学习。将原本注重教学的模式，调整为知识教学 50%、实践学习和作业 50%的结构，大大增加了学生的实践比重。

2.4 创建开放性的学习资源库

通过认真调查、分析，利用慕课、微课等网络资源和“微助教”“学习通”等网络平台，建立本课程的课件资源及网络学习资源，形成具有良好协作交流功能的学习环境。整合现有课程的网络平台、信息资源，基于学校的虚拟仿真实验平台，基于翻转课堂开发新的信息共享平台，形成不断丰富优化的资源库，探索课程数字化发展途径，研究翻转课程下数字化课程资源的共建共享策略。

3 结语

通过建筑工程制图课程的教学创新与建设实践，建环专业的学生能够更好地将理论知识应用于实践，也能更多地兼顾建筑电气等建筑科学规范。经过学科交叉教学和丰富的第二课堂支撑，学生在课堂上展现出更强的积极性和主动性，翻转课堂提升了教学质量。与企业协同共同育人，提高了建环专业本科生就业率与就业质量，学生也得到企业和社会的认可和采纳。随着国家加快实施创新驱动发展战略和现代产业集群的加快构建，地方高校的专业建设与课程建设应以对接产业、服务地方为导向，加大改革创新力度，为社会输送创新和应用复合型新工科人才。

参考文献：

[1] 李志威，周美蓉，邓珊珊，等．“河流动力学”课程实习的实践探索与新模式 [J]．教育教学论坛，2022 (40)：94 - 97.

[2] 程旭东，王积静，高福聚，等. 新工科背景下土木工程施工课程教学改革与实践 [J]. 大学教育，2021 (2)：90 - 92.
[3] 蒋坤朋，陈国华，朱归胜，等. 新工科背景下材料类生产实习课程改革探索 [J]. 教育教学论坛，2022 (44)：66 - 69.
[4] 徐晓飞，沈毅，钟诗胜. 我国高校新工科建设与教育模式创新实践的探索与思考 [J]. 计算机教育，2021 (2)：99 - 103.
[5] 徐晓飞，沈毅，钟诗胜，等. 新工科模式和创新人才培养探索与实践——哈尔滨工业大学“新工科‘Π型’方案”[J]. 高等工程教育研究，2020 (2)：18 - 24.
[6] 孙康宁，于化东，梁延德. 基于新工科的知识、能力、实践、创新一体化培养教学模式探讨 [J]. 中国大学教学，2019 (3)：93 - 96.
[7] 陈守刚，于美燕，张玥，等. 新工科背景下海洋材料工程专业研究生产学研融合特色培养策略 [J]. 教育教学论坛，2022 (28)：76 - 80.

面向运维能力培养需求的课程教学改革与实践
——以暖通空调运行管理课程为例

余晓平*，贾洪愿，孙钦荣，刘丽莹

（重庆科技大学，重庆 401331）

【摘　要】 随着建设行业转型高质量发展，亟须培养大量面向生产一线和项目现场的运维工程师。针对行业存在的“重技术轻管理、重设计轻运行、重局部轻整体和重硬件轻软件”的普遍现象，暖通空调运行管理课程改革重点解决学生理论学习与工程实践脱节、学习产出评价单一、工程系统能力培养不足等教学问题，课程基于运维工程师实践能力培养导向，融合构思、设计到运行的项目全过程的专业知识与实践能力需求来开展教学实践，探索“理实一体、学创融合”培养模式，对接行业人才需求，提升学生职业发展能力。

【关键词】 产学协同；工程能力；暖通空调；运维工程师；教学改革

0　引言

理论与工程实践脱节、教育与产业脱节是中国高等工科教育发展中面临的突出难题，毕业生难以满足产业界人才要求，也是应届学生就业难的原因之一。建筑环境与能源应用工程专业（以下简称“建环专业”）面向“双碳”目标下暖通空调行业高质量发展的运维人才需求，专业课程建设与教学改革亟须解决的教学问题主要有：

（1）课程内容和教学资源不适应学生信息时代多元化需求。传统课堂注重专业知识传授，学生学到的知识碎片化，不了解各知识点之间的相互关系，不会将学到的知识点织成知识网，遇到工程实际问题往往不知该用什么方法去解决，造成理论与工程实践脱节，难以提升学生的工程实践能力和工程师基本素养。传统教材缺少工程实际案例支撑，缺少项目全过程管理的理念和方法，难以适应运维工程师职业发展的新要求。

（2）教学方法和评价难以支撑运维工程师职业发展能力培养。传统教学模式中，教学场景脱离工程现场，学生不在实战中锻炼，工程实践能力无法得到真正的培养，未能有效提升学生分析和解决问题的工程思维能力，难以形成从设计咨询到运行管理的全过程项目理念。同时，传统教学评价形式单一，评价内容侧重知识点掌握情况，缺少教学反思，未与以学生职业发展能力培养为目标的课程教学目标达成闭环评价。

《高等学校建筑环境与能源应用工程本科专业指南》（TML - JZHJ - 081002—2023）[1] 明确了建环专业培养目标为“通过职业训练后，能在建筑环境、建筑节能、区域能源领域从事研发、设计、施工、运维、生产、咨询等方面的技术与管理工作”。这一表述中的职业岗位，覆盖了面向项目全过程的工程技术人才，把运维与设计、施工放在同样重要的岗位。工科毕业生以从事工程实践为主，工程实践能力不能只靠理论、技术、工具与方法的堆积，还要学会具体问题具体分析的工程系统思维方法[2]。为适应行业发展的新变化，已有学校积极开展以运维为目标的素质培养与教学改革，在人才培养方案中强化了科研素质的顶层设计，利用新工科内涵建设把创新创业能力融入专业实践教学环节[3-5]。

本文以暖通空调运行管理课程为例，以培养暖通运维工程师基础能力为目标，探讨课程资源建设、课堂教学组织和课程教学考核与评价方面的改革实施路径，可供同类课程建设参考。

---

* 余晓平（1973— ），女，博士，教授，系主任。研究方向：人居环境控制与低碳建筑。联系地址：重庆市沙坪坝区大学城东路20号，邮编401331。E - mail：yuxiaoping2001@cqust. edu. cn。

基金项目： 重庆市高等教育教学改革研究项目——“双碳”战略下土木类专业复合型人才培养路径与实践（NO. 233442）、重庆科技学院本科教育教学改革研究项目（NO. 202341）。

1 课程教学目标与教学改革路线设计

1.1 课程教学目标与运维工程师能力构成

暖通空调运行管理课程教学总目标为：学生能掌握暖通空调系统运行管理的一般原理、方法和步骤，熟悉暖通空调系统调试和主要设备运行管理的主要内容，能进行通风、供热和空调系统调试方案选择与组织实施，能针对具体工程实例进行调试方案设计，会编制常规暖通空调系统调试文件，能为将来从事暖通空调系统调试、建筑能源管理和节能改造奠定基础。具体目标有三个，分别从三个层次明确了面向运维工程师岗位的知识、能力和素养要求。

工程师应具备工程知识的应用能力，包括工程技术能力和工程非技术能力两大类。与工程设计师不同，运维工程师面对的项目场景更加复杂，影响项目实施的因素更加多元化，更需要具备复杂工程问题的分析和决策能力。运维工程师具体能力构成见表1。

表1　　运维工程师的能力构成

工程技术能力	（1）分析项目服务对象用户实际需求的能力：确定用户需求。 （2）识别项目实际运行中存在问题性质的能力：观察运行现象。 （3）分析实际问题产生原因及影响因素的能力：收集环控与能耗数据并进行统计分析。 （4）研究提出运行方案来解决实际问题的能力：优化运行方案。 （5）选择或开发适当工具并能使用专业工具的能力；选择恰当专业工具和软件应用的能力
工程非技术能力	（1）项目管理的能力：设定项目运行管理目标并实现运营价值。 （2）沟通表达的能力：上传下达确保项目信息畅通，能进行有效沟通和人际交往。 （3）团队合作的能力：指导和合理安排项目成员的运行日程。 （4）专业协同的能力：协同多专业实施运行方案，同时能与工程设计方、项目建造方、产品供应方等协调解决运行中的问题。 （5）风险判断的能力：评估实际运行方案的有效性，涉及环境安全风险、能源资源成本和项目管理绩效等。 （6）作为项目负责人培训项目组其他人员的能力：能组织项目实施并实现运维管理目标。 （7）开放学习的能力：在现有技术和方法的基础上，能把新技术、新方法应用于实际项目运行优化方案的创新能力

1.2 课程教学路线设计

伴随"互联网+"教学改革的深入，教学方式、学习需求和学习模式都在发生变化，教学设计应贯彻以学生为中心、产出导向和持续改进的工程教育理念。本课程通过出版新形态立体教材、建成教学案例资源库、开展双主体教学实践和多元学习评价，基于产学融合面向运维工程师岗位培养学生工程系统思维能力，达成了课程教学目标的教学闭环，如图1所示。

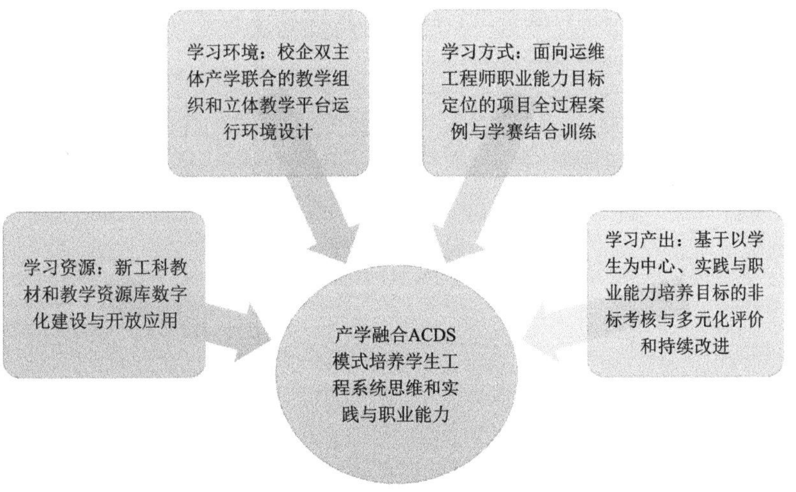

图1　基于产学融合ACDS模式的教学创新设计与教学目标达成

课程基于ACDS教学模式开展课程建设与教学创新实践。ACDS意指能力（ability - oriented）、构思（conceive）、设计（design）和模拟运行（simulation），教学基于能力导向，从构思、设计到运行的全过程所涉及的专业知识与实践能力需求来安排课程，学生利用实际工程项目为载体将多门专业理论课程和项目实训贯穿起来，学生能完成一个从工程项目构思、设计到运行模拟研究的全过程，通过理实一体、学创融合培养学生工程系统思维能力和实践应用能力，对接行业人才需求提升学生职业能力。

2　立体教材建设与教学资源开放共享

新形态立体教材以《暖通空调运行管理》[6] 为例，教学内容案例在线更新，实现教材即课堂。教材每章内容按照数字化立体教材进行编写，包括教学说明、教学目标、导入语、正文、本章小结、习题与讨论、达成评价，其中，正文中主要知识点的工程应用通过二维码链接提供补充工程案例和拓展阅读在线资源。与教材配套的视频、拓展素材在平台上线，形成开放学习的共享资源，满足学生个性化学习需求。根据课程定位和教学需求变化来建设教材，实现教材与教学的深度融合，如图 2 所示[7]。

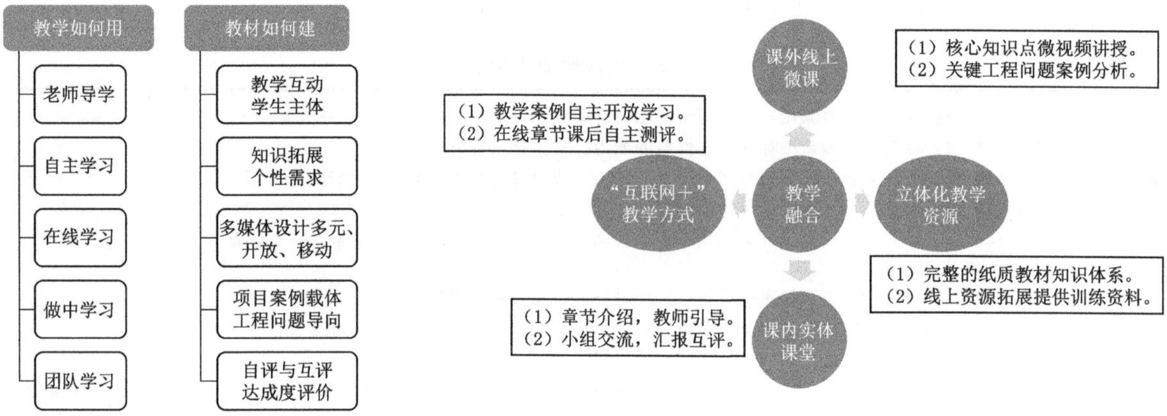

图 2　基于教学融合的新形态立体教材建设

以案例为载体的实践性教学内容，能够有效提高学生的参与度，形成对话、质疑、研讨的实践学习氛围，同时引导学生从认识工程到参与项目实践，再到研究工程问题的系统思维训练，为学生掌握分析和表达复杂工程问题的能力奠定基础。教学资源实现了以问题导向，线上线下学习资源相结合，学生可以开展个性化混合式学习，能形成识别、表达和分析暖通空调系统运行管理工程技术问题的思维方法和实践能力。

3　基于项目的“学赛结合、做中学”的产学双主体的教学实践

在课程实施中，教学设计贯穿工程实践活动全过程及其要素的工程实践思维，通过以项目为载体的工程技术与非技术要素集成，正好形成了人才培养全过程的工程思维能力培养设计[8]。面向暖通运维工程师岗位能力培养，基于以项目为载体的项目全过程要素，同时基于 12 条工程教育认证毕业要求的全过程教育理念，贯通工程实践能力与职业能力培养的路径设计如图 3 所示。

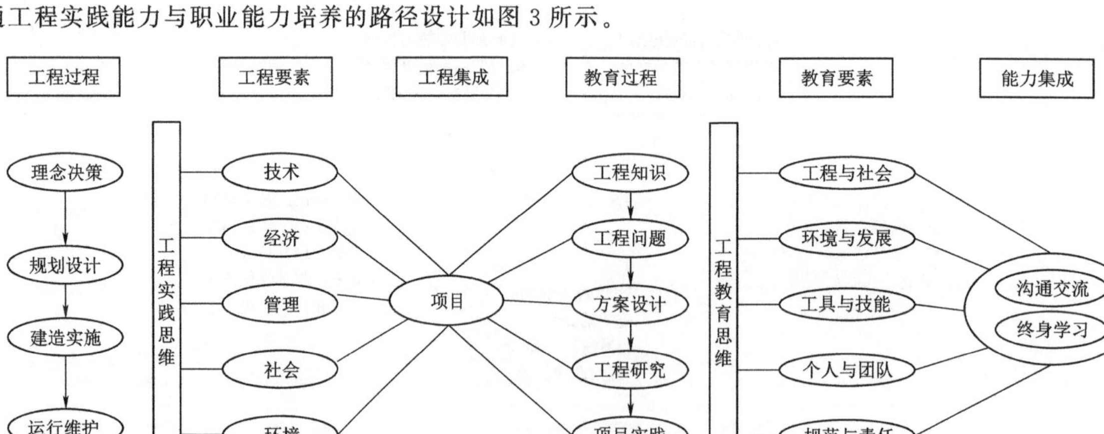

图 3　贯通工程实践能力与职业能力培养的路径设计

本课程作为新工科专业特色课程，围绕学生复杂工程问题的工程能力培养目标，形成项目全过程的ACDS训练模式：先确定用户需求或问题→确定研究需求或问题→提出解决方案→选择最佳解决方案→制造模型→测试、评估方案→反馈评价方案→项目实施与后评价，从而建立从理论到实践再回到理论的闭环螺旋上升的综合应用能力。

课程面向运维工程师能力培养的要求，企业一线工程师参与课程资源建设与教学实践，形成校企双主体双师型教学团队。以工程实际项目为载体，依托校园建筑项目、美的空调实操室和企业项目资源等，结合学科专业竞赛的专题训练项目，引导学生以问题为导向，将小组大作业和综合实训环节与制冷空调创新竞赛选题结合，利用开放实验室进行创新实训，形成以赛促学和运维能力培养导向的开放学习氛围。同时，利用虚拟仿真实验平台，强化学生的软件应用能力和大数据分析能力来适应解决复杂工程问题的数据应用能力要求。

4　课程目标达成多元化考核评价

课程采用多元化方式进行全过程考核评价，通过教学反思进行持续改进。课程考核将专业理论知识、实践应用能力和工程师素养提升结合，通过教学目标达成报告评价学生能力培养实效。对2017—2020级学生对应课程教学目标达成情况进行分析，可见学生解决复杂工程问题的能力呈现逐年显著提升的趋势，如图4所示。

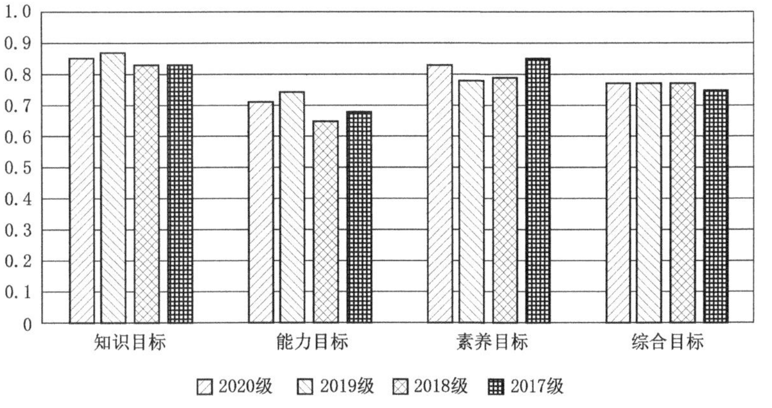

图4　近四年课程目标达成情况

课程组织教学团队通过教学后评价开展教学反思，尤其是围绕如何把控案例教学实施过程、提升教学实效，如何尊重学生需求个体差异、增强项目实践的获得感等，探索“以赛促学”和“做中学”培养学生工程实践能力的有效性。

5　结语

课程有效实现项目式教学设计，将理论教学与项目实践融为一体，符合本科专业高年级学生高阶能力培养要求，培养学生工程系统思维能力和解决复杂工程问题的实践能力，促进运维工程师职业发展能力提升。

学生通过课程项目实践，提炼出工程真实问题开展专题研究，结合创新创业训练项目成果，参与学科专业竞赛，获得各级各类奖项和荣誉。近3年，本专业学生参加学科竞赛共取得“全国节能减排大赛”“中国制冷空调行业大学生科技创新大赛”和“‘海尔磁悬浮杯’绿色设计与节能运营大赛”等省部级和国家级奖项15项50余人次，获得各级各类创新创业训练项目10余项。

在教学实践过程中，课程团队联合企业工程师形成产学双主体育人，注重引导学生能考虑社会、健康、安全、法律、文化以及环境等因素，建立工程多元价值理念和工程职业规范，能够就复杂工程问题与用户进行有效沟通和交流，形成终身学习能力和面向运维工程师职业岗位的发展能力。

参考文献：

[1]　TML-JZHJ-081002—2023. 高等学校建筑环境与能源应用工程本科专业指南［S］. 北京：中国建筑工业出版社，2023.

[2]　潘云钢，付祥钊，陈敏. 对建筑环境与能源应用工程专业本科教育培养工程思维的思考［J］. 暖通空调，2018（4）：1-6.

［3］ 胡云鹏．以系统运维为目标的建环本科生科研素质培养［J］．科教导刊，2020（30）：51－52，105．
［4］ 李楠，文一鸣，谢李杰，等．新工科背景下建环专业人才培养与实践［J］．高等建筑教育，2023，32（4）：49－55．
［5］ 吴小舟，王树刚，王继红，等．工程教育认证背景下建环专业创新创业人才培养探讨［J］．高等建筑教育，2020，29（6）：61－66．
［6］ 余晓平，居发礼．暖通空调运行管理［M］．杭州：浙江大学出版社，2020．
［7］ 余晓平，居发礼，丁燕蕊．工程教育专业认证背景下新形态教材建设研究与实践——以《暖通空调运行管理》教材建设为例［J］．重庆科技学院学报（社会科学版），2021（1）：104－109．
［8］ 余晓平，居发礼，孙钦荣，等．《暖通空调运行管理》培养学生工程思维能力的思考［J］．制冷与空调，2021，35（4）：607－612．

新工科背景下制冷专业工程设计原理课程教改探索

宋健飞*，陈爱强，陈兰

（天津商业大学，天津 300134）

【摘　要】 新工科背景下，学生培养的核心要求之一就是创新。制冷专业的学生在未来承担工程师工作职责中不仅需要能够解决工程系统问题，还要能为社会创造新的价值，这都需要创新能力作为支持。目前，各高校的制冷专业课程设置均聚焦于教授学生“思考什么”，而不是“如何思考”，缺乏对逻辑思维方式的重点培养和训练。因此，本文以新工科要求为基础，针对制冷专业工程设计原理课程进行教改探索，通过拓展制冷专业课程的教学内容，培育新的教学理念、教学模式等，培养具有较强学习能力和良好思维模式的工程人才，为我国制冷产业的发展提供人才支撑。

【关键词】 制冷专业；工程设计原理；教改

0　引言

2017年，新工科的提出为工程教育的理论和实践探索提供了一个全新的视角，丰富了工程教育“中国经验”“中国模式”的内涵[1]。新工科背景下对学生的核心要求之一就是创新：创新思维、创新方法以及创新能力[2]。制冷专业的学生在未来承担工程师工作职责中不仅要能够解决工程系统问题，还要能为社会创造新的价值，这都需要创新能力作为支持。因此，学生在掌握学科专业知识的同时还应具备探究问题的能力，即利用一定的认知方法去主动思考和学习。对于完整的教育体系来说，不仅要在教育过程中传授给学生所要掌握的专业知识内容，还应使学生掌握主动且有效学习的方法，培养、拓展学生的思考方式以及思考逻辑，形成自主创新意识，帮助学生了解不同形式的创新方法[3]。目前，各高校的专业课程设置均聚焦于教授学生“思考什么”，而不是“如何思考”，缺乏对逻辑思维方式的培养和训练，不利于学生在未来职业生涯中的发展[4]。因此，工程设计原理作为制冷专业的专业课程应当结合工程实际案例融入创新思维、创新方法，教授给学生分析解决问题的不同思考路径和逻辑框架，使学生形成清晰的、灵活的思考模式，这也是当前教育的重点任务之一[5]。

本文针对制冷专业学生当前授课形式及内容设置存在的问题，对工程设计原理课程的教学内容、教学目标和教学方式进行改革探索，将课程教学目的由单纯的理论知识传授转向“专业知识、创新思考方式、实践能力”并重的培养，让学生具备不断自我革新的能力、思维模式，紧跟行业发展对人才的需求。

1　现存重点问题及研究思路

1.1　教学资源匮乏

目前，该课程主要以理论教授为主体，现有对应教材数量十分有限，未形成课程内容的有效迭代机制。制冷行业快速发展，行业资源不断重整，制冷技术逐渐渗透到更多的行业领域，对于制冷行业的人才要求也在不断更新，原有的课堂理论已经不能满足制冷专业对于人才培养的需求。因此，应重视工程设计原理课程的教材编写，结合现状重新调整人才培养的目标，明确教材定位，并加强与企业之间的联系，建立教学资源库，始终保证教学资源的更新速度和行业资源迭代同步。

1.2　教学模式陈旧

现有教学模式仍拘泥于课堂学习，课堂知识的实际能力转化程度非常有限，学生的学习能力未能在实践中得到综合利用以及有效发挥，与学生在未来工作中遇到的实际问题脱节。随着社会和技术的发展，各种新

---

* 宋健飞（1991—　），女，博士，讲师。研究方向：生物材料传热传质。联系地址：天津市北辰区光荣道409号，邮编300134。E-mail：songjianfei@tjcu.edu.cn。

基金项目： 天津商业大学校级本科教育教学改革项目（No. TJCUJG2023037）。

的教学方式方法和技术手段不断出现，原有教学模式和手段需根据社会发展、学生真实行为和思考习惯不断改进。教学模式应从理论知识为主转到专业知识＋实践能力＋思维训练中来，基于具体工程实际问题引导学生进行发散性思考，熟悉分析、比较、推理、头脑风暴、逆向思维等不同的逻辑思考方式并运用他们提出解决问题的策略。

1.3 教学内容传统

现有教学内容结构对学生的吸引力不足，理论与技能方法相结合的教学模式转变势在必行。需以新工科建设为指导，以专业知识为载体，培养学生的良好学习能力和思维模式，并在实践中得到进一步升华。制冷行业快速发展，亟待解决课程教学内容与现代产业经济体系环境下的行业发展相适应的问题，构建“及时更新，快速迭代”的动态教学知识内容体系。

2 教改内容及方法

2.1 理论知识传授与技能培养相结合的教学内容重构

构建“理论学习＋技能培养”的知识体系。将教学内容分为基本设计原理理论和技能教学两大模块，以理论知识讲解、讨论、调研，实现教学内容的逐年迭代，培养学生搜集资料、分析问题、建立有效思维逻辑等能力；同时以理论知识为载体，进行技术、优化工具等内容教学，提高学生解决实际问题的手段及能力。

将良好思维模式和效率工具运用融入课程教学。对知识点的学习方法和课后思考题、大作业进行革新，引导学生使用思维导图、流程图等各种效率工具，培养具有创业基本素质和开创型个性的人才。

2.2 场景化、多元化实践教学体系的构建

突破课堂教学限制，增加学生实操环节。以专业为背景，设置课程设计作业，要求学生综合运用、实践课堂中讲授的各种方法、工具、原理。以学生竞赛（例如大学生创新创业、“互联网＋”等）为载体，让学生的学习能力、实践能力得到有效发挥。同时，利用已有的教学、科研平台实现场景化和多元化教学，包括虚拟仿真实验室、校内外实习实训基地等强化学生实践。

2.3 标准化和数字化教学资源的实施

标准化和数字化教学环节，实现教学内容模块化管理，完善建设对应模块的电子文档及学习平台。引入互联网思维，建立教学资源的有效更迭机制，实时复盘和迭代教学过程中发现的问题。打造与外部环境和教学过程的参与方联动的动态教学模式，联合企业专家，打造动态更新的“教学资源库”。同本行业进一步深化交流的同时，拓宽制冷技术的应用领域，构建学科交叉资源库，从根本上服务于实现本专业复合型人才的培养目标。

3 结语

制冷工程师的专业素养、技术水平对于制冷行业的发展及工程建设发挥着至关重要的作用。在实际的工程建设中需要解决的问题往往是复杂多样的，没有适用于所有工况的标准答案。这就要求工程技术人员能够在专业知识的基础上通过合理的逻辑结构、灵活的思维方式，针对特定问题来寻求有效的解决方法。所以一名合格的制冷人才应该在掌握专业知识的同时具有良好的逻辑思维分析能力，而后者往往在学生培养过程中是缺失的，这在很大程度上阻碍了学生未来的职业发展，削弱了其职业竞争能力。本文基于制冷专业工程设计原理课程教学过程中存在的问题，分别在教学资源、教学模式、教学内容等方面提出了相关教改建议，完善并实现工程设计原理课程的培养目标，有利于帮助学生拓宽解决问题的视角、方式方法及创新能力，同时符合当下社会、行业对高水平专业人才的需求。

参考文献：

[1] 郝婷婷．“新工科”研究的热点领域与基本命题——基于知识图谱的分析［J］．煤炭高等教育，2021，39（5）：39-48.

[2] 刘向远，吴兴举，吴克跃，等．基于原始创新能力的特征培养新工科大学生的原创能力［J］．科教文汇，2024（5）：53-57.

[3] 黄晓川．高校劳动教育与创新创业教育“融合育人”的分析思考［J］．科技创新与品牌，2023（10）：79-81.

[4] 赵辉，李茂华，王国栋．大学生创新思维系统的古亭模型构建研究［J］．今传媒，2024，32（2）：140-143.

[5] 张清叶．基于融合式教学的数学逻辑思维创新一流课程建设［J］．内江科技，2023，44（12）：118-120.

能源动力专业硕士产教融合人才培养改革探索

陈华*，何为，王新如，贯利芝

（天津商业大学，天津 100134）

【摘　要】我国产业转型升级与战略性新兴产业的诞生，对我国高校培养工程技术人才提出了新的要求，亟须探索能源动力行业专业人才产教融合培养机制。为了能够更好地适应专业学位硕士研究生（以下简称“专业硕士”）培养的需求，结合天津商业大学能源动力专业硕士人才培养定位和需求特点，从师资队伍建设、实践能力培养模式、规范专业实践形式和创新实践基地等方面探索产教融合人才培养改革和实践，以期提升研究生实践创新能力培养，促进能源动力专业人才培养与行业需求衔接。

【关键词】专业硕士；产教融合；人才培养；工程实践

0　引言

2010 年，教育部提出到 2015 年力争使专业硕士占总规模的 50%以上，这说明我国专业硕士教育已进入制度创新、总体推进、加快发展、全面提高的新的发展阶段[1]。能源动力专业硕士培养建设既要紧跟能源工业技术和信息技术的发展步伐，还需面向现代经济发展的需求，培养具有专业知识体系和创新意识的工程技术人才。现代新兴产业与工程应用的快速融合发展，对能源动力专业硕士培养提出了新的要求，需要在专业硕士的实践体系中主动适应经济发展新常态，并及时进行动态调整。产教融合培养就是解决高校研究生培养与产业发展动态脱节的有效途径[2-5]，因此，围绕校企协同、产教融合构建适应现代产业环境的新型专业硕士育人体系，将其充实到能源动力研究生教育教学过程中，以提升能源动力专业硕士的新工科实践知识和能力在现阶段是非常必要的。

产教融合能够将教育与产业紧密联系在一起，使高校与企业在硕士培养人才的过程中分别实现自身价值和利益。高校通过产教融合提高其人才培养质量，企业则利用高校的创新应用资源、学术性资源与人才资源拓展自身市场发展空间。然而，企业、行业等主体对产教融合价值认识不够清晰，导致其过分关注短期利益而忽视产教融合带来的长远利益，缺乏推动产教融合的动力和迫切性；而高校对自身定位不清晰，对产教融合认识不到位，导致高校无法顺利开展产教融合人才培养活动，硕士研究型人才培养质量得不到有效提升。因此，本文着力于围绕天津商业大学能源动力专业硕士人才培养中产教融合研究与实践存在的不足，分析产教融合对能源动力专业硕士人才培养的必要性，并针对目前人才培养的现状和问题，提出有针对性的改革实践措施，以充分发挥产教融合对能源动力专业硕士人才培养的价值，实现研究生新工科实践知识和能力深度的大幅提升。

1　能源动力专业硕士产教融合培养模式改革的必要性

产教融合能够将教育与产业紧密联系在一起，使高校与企业在硕士人才培养的过程中分别实现自身价值和利益。高校通过产教融合提高其人才培养质量，企业则利用高校的创新应用资源、学术性资源与人才资源拓展自身市场发展空间。然而企业、行业等主体对产教融合价值认识不够清晰，导致其过分关注短期利益而忽视产教融合带来的长远利益，缺乏推动产教融合的动力和迫切性；而高校对自身定位不清晰，对产教融合认识不到位，导致高校无法顺利开展产教融合人才培养活动，硕士研究型人才培养质量得不到有效提升。

能源动力专业硕士产教融合模式的改革与实践有利于提高专业硕士人才培养主体对产教融合价值的认识，从而促使研究型人才培养主体进行自我激励，增强其开展产教融合人才培养的内在驱动力，同时也有助于天

* 陈华（1972— ），女，博士，教授。研究方向：建筑节能技术，制冷空调系统节能优化。联系地址：天津市北辰区光荣道 409 号天津商业大学，邮编 300134。E-mail：huachen@tjcu.edu.cn。

津商业大学研究生培养探索出行之有效的产教融合人才培养模式，使人才具备更加鲜明的实践性研究能力与创新创业精神。

非研究类本科高校在运行产教融合人才培养模式和实践过程中，考虑产教融合培养内容、产教融合培养方式和产教融合培养条件对专业硕士人才培养有直接效果和间接效果，从而有利于统筹考虑产教融合的实践问题，为产教融合提升能源动力专业硕士人才培养质量提供实践路径，提高人才职业能力和个性品质，实现产教融合的育人功能，也有利于实现产教融合对能源动力专业硕士人才培养的与人本体价值，进而实现其社会价值。

2　能源动力专业硕士人才培养现状

2.1　教师队伍工程实践能力亟待提升

目前能源动力专业师资队伍普遍缺乏企业工作经历，对现代产业体系的融入度不足，使得培养的专业硕士在现代工业环境中的创新发展能力不足，导致毕业生解决复杂工程应用问题及推动行业发展的综合能力不强。因此，需要通过校企融合，增强工科师资队伍人才的企业工程能力培养。

2.2　专业硕士工科知识深度和实践能力亟待提升

能源动力专业深度服务于建筑环境、新能源、制冷空调和冷链物流等基础或新兴产业，现代新兴产业与工程应用的快速融合发展，导致工科实践体系适应经济发展新常态的动态调整机制存在欠缺，因此，需要进一步加强校企交叉融合，通过选聘企业工程师人才充实到教师教育教学过程中，提升能源动力专业硕士的新工科知识深度和实践能力。

2.3　产教融合多维度提升专业素养亟待加强

传统工科专业人才培养仍然存在“重知识传授和理解、轻实践和创新”的问题，不够重视职业素养、实践能力、商学价值观和创新能力的协同创新培养。传统的能源动力专业硕士人才培养注重理论知识的传授，但往往缺乏实践性[6-8]，使学生无法掌握实际工作中所需的技能和知识，缺乏实践性的教学也可能导致学生对化工行业的实际情况缺乏了解[8]，当其进入工作岗位后的一些实际问题往往不能通过课本知识解决，导致学生不能快速适应工作状态，进而影响工作效率和质量。因此，借助深化产教融合平台建设，强化校企协同育人，加强职业素养、“工匠”精神教育，形成在家国情怀基础上的注重能力提升的新工科人才培养模式，达到提升人才培养的高度。

3　能源动力专业硕士人才培养改革措施

根据天津商业大学机械工程学院能源动力专业硕士培养和管理工作的具体过程，结合学院的实际情况和实践经验，从 4 个方面阐述能源动力专业硕士产教融合人才培养的相关改革措施，切实提高专业硕士人才培养的质量。

3.1　以学科发展战略为依据，优化师资结构

不断完善教师培训制度，鼓励教师参加国内外培训、进修与学术交流。每年组织教学专题学习、科研专题学习、学术专题学习、教学方法与实践专题学习、教学设计专题学习、教学创新专题学习、教学模式探究专题学习、新兴实验教学课程建设与应用专题培训、育人能力与育人实践专题学习、科研能力提升专题培训等，不断提高教师教学水平和科研业务能力。

同时制定高层次人才和青年博士引育政策，加强教师发展研修培养计划，整合并完善理论与实践、校内与校外导师相结合的产教融合专业师资队伍。制定青年教师个性化科研教学培养方案，为青年指导教师配备“教学导师”。加强校企合作，通过“走出去、请进来”的方式实现“双师双能型”教师队伍建设（图 1）。

3.2　以专业知识和工程实践能力融合为出发点，探索新型实践能力培养体系

立足专业硕士培养基础，调整能源动力专业硕士人才培养方案中各知识模块内容，深入推进产教融合，制定面向行业未来人才需求的专业硕士实践基地建设标准。以实际工程实践案例为依托，充分利用创新创业平台，提升研究生专业素养。依托校企联合授课模式，深化知识体系改革，由企业工程师、市场营销师等针对典型研发、设计、创业案例与学生进行交流，以提升学生精益制造意识、成本意识、专业研发能力等综合素质。

构建企业真实的生产研发环境，提升校企联合研发中心的人才培养重要地位；与企业签订合作协议，企

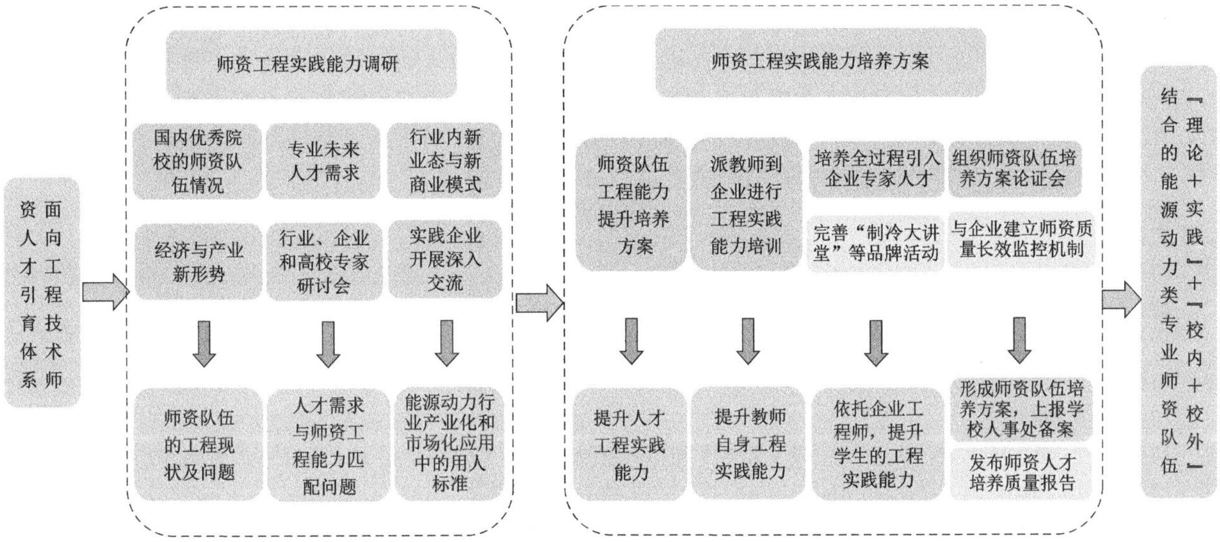

图 1　专业师资队伍培养方案实施路线图

业工程师和校内研究生建立新型导师关系，使得学生可以亲身感受企业的工作氛围，在实践中提升创新创业能力。此外，以产业链需求为导向，打破学科壁垒，进一步通过选聘企业高级工程技术人才，充实到研究生教育教学过程中，完善研究生实践基地，围绕校企协同、产教融合进一步构建适应现代产业环境的新型工程育人体系。

引入企业创新训练计划项目。通过企业设计的实际课题，深化大学生创新创业实践项目的转型升级。以工程技术为依托重构创新创业比赛。充分利用本专业教师指导的全国实践与科技竞赛转化成果及平台，发挥企业导师和校内导师的双重优势，择优培育具有商业价值的工程创新项目，强化商业模式引领技术创新的示范作用，培养学生创新创业的积极性。

3.3　创建校企创新人才培养基地，加强研究生实践能力培养

天津商业大学联合中国制冷学会、中国制冷空调工业协会、烟台冰轮环境技术股份有限公司等 27 家单位组成了冷链能源技术创新人才培养联盟，制定与行业需求匹配的冷链能源人才培养新标准，深化产教协同育人，树立制冷空调行业人才培养新标杆。每年选拔品学兼优的学生，派遣至企业参与产品的设计、研发、检测的各个环节，助推新一轮人才培养质量提升。

校内成立研究生学术沙龙，每周定期为研究生提供线上学术交流报告 70 余次，开拓了研究生学术视野，提升了研究生的学术兴趣。同时鼓励在读研究生参加国内外学术交流活动，组织了多次网上专业前沿技术讲座和线上国际会议。近三年有 110 余人次参加中国工程热物理学会热力学、传热学分会的学术年会，中国制冷学会的冷冻冷藏学术年会，国际应用能源学术会议等学术交流活动。

3.4　专业实践规范化，完善双导师制度

能源动力专业硕士培养中严格要求实行双导师制，即以校内导师为主、企业导师参与负责指导的课程学习、开题报告、专业实习实践训练和学位论文相结合的培养方式，其中企业导师为校外与本领域相关的专家。校内导师着重培养研究生的理论知识，校外导师着重培养研究生的实践能力，并基于此构建专业硕士培养的教学体系。研一阶段，主要由校内导师负责研究生的基础课程的教学，着重研究生的专业理论知识和科学素养培养；研二阶段，在企业实习实践，由企业导师负责实践课程的教学和研究项目的开展，着重研究生工程实践能力培养；研三阶段，则由双导师的培养相结合，完成研究生科研训练和学位论文撰写。

专业实习实践的过程考核对保证实践教学的质量至关重要。现有专业硕士实践教学大多是以实践总结或实验报告等形式来进行考核，只要有实践单位加盖的印章就基本上可认为完成了实践教学环节。这种“形式上”的考核方式是无法保证“实质上”的实践教学质量的，必须加强实践过程的控制。因此，学校应尽可能地实行研究生集中实践，教师或导师可以随时进行有效监控。对于在本地实践的学生可以随时现场检指导；对于在外地实践的学生，导师通过合作导师反馈，可随时了解学生每日现场实习实践情况。

4 结语

随着国家各领域对专业硕士需求规模越来越大，如何提高专业硕士的实践能力是天津商业大学培养的关键。本文从 4 个方面阐述天津商业大学能源动力专业硕士产教融合人才培养的相关改革措施，逐步引导学生主动创新，以此来增强学生的实践创新能力，全面提升能源动力专业硕士人才培养效果，为我国能源动力行业的发展培养高层次、创新型、复合型的合格人才。

参考文献：

[1] 田红，胡章茂，卢绪祥，等. 基于创新基地的能源动力类专业研究生培养模式的研究与实践 [J]. 中国现代教育装备，2017 (11)：57 - 59.

[2] 方菁华. 产教融合对应用型本科人才培养的价值及其实现路径研究 [D]. 广州：广东技术师范大学，2022.

[3] 田红，陈冬林，李觉元，等. 论能源动力类专业型硕士研究生实践能力培养 [J]. 中国现代教育装备，2015 (19)：73 - 76.

[4] 高亚锋，丁勇，陈金华，等. “双一流” 背景下建筑环境与能源类专业型学位硕士研究生培养模式探讨 [J]. 高等建筑教育，2020，29 (3)：10 - 16.

[5] 李娟华，刘昆明，刘晋彪，等. 新工科背景下地方院校化工专业硕士研究生 “双导师制” 培养模式浅析 [J]. 广州化工，2020，49 (6)：169 - 170，174.

[6] 何岚. 全日制专业硕士培养现状及对策——以北京航空航天大学机械专业为例 [J]. 北京航空航天大学学报 (社会科学版)，2021，34 (2)：154 - 160.

[7] 古绍彬，康怀彬，徐宝成，等. 专业学位硕士应用型人才培养体系的构建与实践 [J]. 农产品加工，2021 (10)：104 - 106.

[8] 杨泰华，雷学文，姜天华，等. 地方高校全日制硕士专业学位研究生基于能力培养的实践教学模式探索 [J]. 教育教学论坛，2020 (23)：230 - 232.

加强能源动力类研究生课程建设以提升科研创新能力

陈华*，何为，王志强

（天津商业大学，天津 300134）

【摘 要】本文探讨了加强高等教育中能源动力类研究生课程建设对提高研究生培养质量、满足国家需求、提高研究生工程研发能力和创新实践能力的重要性，同时针对当前的问题提出了研究生课程建设的探索和实践。通过遵循“以学生为中心”的创新教学理念，持续改进教学内容和方法，并着重培养学生的实践能力、科研能力以及创新能力，旨在提高研究生工程研发能力和创新实践能力。

【关键词】能源动力类研究生；课程建设；科研能力；创新能力

0 引言

随着能源动力行业及相关领域的快速发展，我国对能源动力专业人才的需求愈发旺盛，而研究生教育作为高层次人才培养的主要形式，在培养高质量能源动力专业人才方面具有举足轻重的地位。为进一步夯实理论基础，培养学生自主创新能力，提升能源动力类研究生教育质量，聚焦高层次创新型人才培养，使研究生更能服务国家重大需求，适应行业对人才工程实践和科研创新能力的更高要求，需要进一步实施教学改革，探讨如何加强课程建设与教学质量，从而推动研究生科研能力和创新能力的提升[1-3]。

能源动力行业是国家重点发展领域，培养该领域的专业人才至关重要。研究生教育在此过程中扮演着重要角色，而研究生课程在培养高质量人才中具有关键的地位。本文将深入剖析当前能源动力类研究生课程建设中存在的问题，并从教学内容、教学方法、科研训练、创新能力培养 4 个方面提出改进建议，以提高能源动力领域的研究生教育质量。

1 能源动力类研究生课程建设现状

当前能源动力类研究生课程面临诸多问题，包括教学内容过时、传统的教学方法有待更新以及对实践培训和研究技能训练的重视程度不足等。这些问题最终将影响培养学生适应行业所需的实践和创新能力，从近几年我国高校能源动力领域的发表论文数量及其影响力等指标来看，能源动力类研究生课程建设仍有待进一步加强。

1.1 教学内容滞后

目前部分高校能源动力类研究生课程的教学内容大量构建在过去的理论体系和技术方法基础上，无法满足当前我国能源动力行业发展的新需求。能源动力类研究生课程体系建设中存在的主要问题是课程体系缺少足够的宽广度和纵深度，不具有前沿性和前瞻性，课程设置不能反映研究生教育高层次的特点，忽视基础理论、研究方法、跨学科知识等方面的训练和创新能力、科学精神及学术品质的培养。课程结构过于单一，课程内容忽略与实际产业发展趋势及技术融合，更新速度慢。

1.2 教学方法不尽完善

传统的教学方法以教师为中心，大多数研究生并没有依据自己的能力发展需要对现有的课程体系发挥主动学习和探索的积极性，他们长期处于顺从状态，习惯于根据既定的课程进行学习，遵从培养单位和教师的安排，很容易导致学生对所学知识缺乏实际应用的能力，从而降低了其创新能力。研究生作为成人在智力发育上已经具备较强的思维力、较高的创造力，尤其是经过了系统的专业知识学习和经验积累，掌握了相当的

* 陈华（1972— ），女，博士，教授。研究方向：建筑节能技术，制冷空调系统节能优化。联系地址：天津市北辰区光荣道 409 号天津商业大学，邮编 300134。E-mail：huachen@tjcu.edu.cn。

专业技能后，研究生的创造力一般处于较高水平，能够尝试独立地进行一定的专业研究活动。只有充分发挥研究生的主动性，深度激发其个人价值取向，才能使研究生迸发出新的活力[5]。

1.3 实践教学与科研训练不足

研究生教学内容要强调理论性与应用性的有机结合，突出案例分析和实践研究，教学过程要重视案例分析、现场研究、模拟训练等方法，注重培养学生研究实践问题的意识和能力。而实践应用与科研训练能力培养在研究生教学中往往受到忽视，实践课程设置相对落后，科研训练机会有限。部分高校能源动力类研究生课程中，实践教学环节存在较大问题。例如，课程训练与科研培训的衔接不够，科研训练课时较少，创新创业训练普及度不高等。

1.4 创新能力培养薄弱

在能源动力类研究生培养中，创新能力培养环节相对薄弱，应培养研究生严谨的科学态度以及创新创业意识与团队意识，提高研究生科学研究能力、创新能力以及实践动手能力，学会用科学与创新的思维发现实际问题，解决实际问题。但目前缺乏系统性的创新能力培训和实践机会，如定期开展论文研究和学术活动、定期开展学术讨论、参加能源动力专业的国内外相关学术交流活动并进行报告交流等的机会不足。

2 能源动力类研究生课程建设的改革理念与策略

面向国家重大需求和百年未有之大变局，能源动力类研究生地培养要充分发挥课程建设的教育功能，将国家战略需求与学科建设、工程技术研发、专业实践融通，贯穿培养全过程。教育工作者应本着以学生为中心、促进学生实际应用发展的原则，建立以提升研究生科学研究能力、创新能力以及实践动手能力为主旨的研究生课程建设体系。

2.1 更新教学内容

课程设置是课程体系的具体化，课程设置最能反映课程的内容结构。研究生教育课程体系改革应优化公共基础课程的设置，增大任选课程比重构建研究生个体课程体系，重视跨学科课程、研究方法类课程和前沿性课程的设置。课程应具有典型的跨学科和职业方向特征，尽可能避免大量基础理论的专业知识，更多偏重于较务实的专业课程，体现学科特色的专业内容，同时结合任课老师的科研课题和研究经历，开设多学科性质的交叉课程，且在课程内容上引入最新的行业趋势及技术发展方向，更新教材以培养学生的实际应用能力。

2.2 教学方法创新

研究生教学应该突出以学生为中心，课堂授课过程除了采用传统教学方法外，进一步采用创新的教学方法，例如尝试采用团队合作教学方法、探究式教学方法相结合等新颖多样的教学模式，让学生忙起来、动起来，积极参与到学习过程中，引导学生进行研究性学习。尽可能选择工程案例分析、小组讨论的方式，促进学生充分参与，提高学生整合、建构知识的能力和系统的工科思维，启发思考，自主研究，激发学生主动实践与自主研究的内驱力，培养学生自主学习能力、工程实践能力和创新精神与批判性思考能力。并将课程思政元素融入教学内容与课堂讨论，加深学生对国家政策、节能战略的理解，提高学生的社会责任感及行业担当。

2.3 强化实践能力与科研训练

研究生实践能力培养需要突破传统课堂的局限，实施教学融合的“大课堂”，把行业企业、联合培养基地、工程实验室、社会纳入课堂范畴，建立多维课堂，开展基于项目的实践教学，把企业实际需求融入教学中，打造符合研究生发展认知规律、富有实效的课堂教学模式。在课程建设上，与企业共同制订人才培养目标和培养方案，共同开发校企合作课程，共同编写精品教材。实施“引进来、走出去、强培训、促提升”师资融合等策略，提升师资队伍工程实践教育能力。倡导“引进来”，开展“行业专家上讲台计划”，每年聘请企业家、资深工程师来校或在企业讲学，把企业教学资源引入课堂，并结合企业工程实际需求与校内教师在课程内容、教学方法等方面进行交流。开展实际工程练习、模拟训练、设计任务练习、实践项目设计等，针对实际案例进行模拟训练，锻炼研究生对理论知识的实际应用能力。

2.4 研究生科研创新能力提升

研究生科研能力和实践能力的提升需要进一步加强校企交叉融合，通过选聘企业工程师人才，充实到教师教育教学过程中，提升能源动力类研究生的新工科实践知识和能力可通过实际项目实践和研究型活动，使学生能够应用所学理论，熟练掌握技能，为其未来职业发展奠定基础。充分利用产教融合优势，引入企业创新训练计划项目。通过企业设计的实际课题，深化大学生创新创业实践项目的转型升级。以工程技术为依托重构创新创业比赛。充分利用本专业教师指导的全国实践与科技竞赛转化成果及平台，促进课程实践与企业项目融为一体，达到既系统讲授理论知识，又将产业研究新成果、新技术及时纳入教学之中，培养研究生实践创新能力。

3 结语

研究生课程建设需要从实践层面明确课程目标，构建合理的课程体系，改革课程设置，加强能源动力类研究生课程建设对于培养能够应对国家能源动力行业需求的高素质专业人才至关重要。通过实施创新教学实践、强调实践培训以及培养研究与创新技能，可以有效提高研究生教育质量，更好地服务国家战略和产业需求。

参考文献：

[1] 郝德贤，牛新春. 我国研究生课程建设的理论基础、政策变迁与改革实践 [J]. 研究生教育研究，2023 (1)：1-10.

[2] 熊玲，卢开聪，许勇，等. 以服务国家重大需求为导向的工程类专业学位研究生课程建设的探索与实践 [J]. 学位与研究生教育，2023 (8)：13-21.

[3] 刘吉营，闫春辉，庄兆意. 构建应用型暖通研究生培养模式探索——以山东建筑大学暖通研究生为例 [J]. 教育现代化，2020 (35)：24-27.

[4] 汪霞，卞清，孙俊华. 论学术学位研究生课程体系建设 [J]. 学位与研究生教育，2015 (10)：30-34.

[5] 王传毅，黄俭. 基于价值取向分析的我国研究生课程体系优化研究 [J]. 学位与研究生教育，2016 (7)：42-47.

基于 CiteSpace 的我国新工科教育研究的知识图谱分析（2017—2024 年）

史耀广*，刘斌，朱宗升

（天津市制冷技术重点实验室，天津商业大学工程热物理基础及工程国际联合研究中心，冷冻冷藏技术教育部工程研究中心，农业农村部农产品低碳冷链重点实验室，冷链物流研究中心，天津商业大学，天津 300134）

【摘　要】 为了从更宏观的角度了解 2017—2024 年质量提升时期我国新工科教育的发展状况，利用信息可视化软件 CiteSpace 对中国知网上关于新工科教育领域的 1502 篇文章进行了科学计量分析。通过发文数量与期刊分布、研究热点、关键词聚类、关键词凸现等分析，客观呈现国内新工科研究概貌。结果显示，经过几年的发展研究，新工科教育研究从高速发展期进入了平实发展期，将向更加成熟和深入的方向发展；新工科教育研究已成为跨学科研究，主要涉及心理学、社会学、经济学和教育学；研究热点主要集中在新工科、人才培养、工程教育、实践教学、产教融合等建设上；研究趋势主要集中在新工科特征与理念、课程与教学改革、创新创业教育等几个方面。

【关键词】 知识地图；新工科教育；可视化分析；研究热点

0　引言

新中国成立以来，我国高等工程教育经历了三个阶段的深刻演变和发展：技术范式阶段（1949 年至 20 世纪 80 年代末）、科学范式阶段（20 世纪 90 年代至 2010 年）和工程范式阶段（2010 年以来）[1-4]。在这三个阶段中，我国高等工程教育实现了规模和质量的大幅跃升，位居世界工程教育前列。工程教育研究在过去 20～30 年中已发展成为一个跨学科的学术研究领域，是我国高等教育的最大领域之一[5]。目前，我国高等工程教育正面临国内外的多重机遇和挑战，如新一轮科技革命和产业改革、全球再工业化浪潮、新经济的发展，国家战略调整和产业转型升级[6-7]。我国从 2010 年开始启动卓越工程师教育和培训计划，并于 2017 年开始实施新工科倡议，同时设立两批新工科研究和实践项目，数量分别为 612 个和 845 个，旨在促进植根于我国整体高等教育体系的工程教育改革。

通过几年的发展研究，新工科概念在理论建构、定性研究和实践探索等方面取得了显著成果和突破。然而，尽管许多研究从不同角度探讨了新工科的内涵、特征和实施路径，但仍缺乏对新工科教育研究进展的系统、定量的统计分析。因此，本文拟采用定性与定量相结合的研究策略，对新工科提出 7 年来的主要进展、阶段性特征和发展趋势进行详细梳理和总结。该类研究旨在全面系统地评价新工科教育研究和实践探索的现状，揭示其发展主题、研究热点和未来趋势，为深化新工科理论研究、推动其实践深化和广泛实施提供有力支撑，助力我国高等工程教育在新的历史条件下创新引领发展。

1　研究方法

1.1　数据

研究中使用的数据是通过从中国知网进行检索获得的。实际上，从中国知网检索到 1585 个数据源，通过仔细研究数据源或完整版本（如有）的摘要和摘录的内容，人工清理了数据源样本。最后，共获得 1502 篇文献引文。

---

* 史耀广（1990—　），男，硕士，助理研究员。研究方向：教育管理，教育研究。联系地址：天津市北辰区光荣道 409 号，邮编 300134。E-mail：shiyg@tjcu.edu.cn。

基金项目： 天津市高等学校教学改革资助项目（No. A231006903）、天津商业大学校级研究生教改资助项目（No. 23YJSJG0124）。

1.2 研究工具

信息可视化是一种借助计算机软件技术手段，将抽象复杂的数据转化为直观、易于理解的图形或图像展示的过程，其核心在于提升科研人员对深层次信息的理解与洞察力。通过动态图形的可视化分析手段，能够在海量文献资料的基础上揭示出科学研究的演进路径、聚焦点以及创新前沿。换言之，信息可视化充当了一种导航工具，助力科研人员精准把握当下研究动态，前瞻未来发展趋势，并在纷繁复杂的知识体系中发掘崭新的研究思路与视角。

本文以 CiteSpace 6.3 R1 这一文献计量学专业软件为工具，针对新工科教育领域的学术文献展开深度探究，关注点集中在作者合作网络、文献引用关系以及关键词共现模式。CiteSpace 以其强大的可视化知识地图构建能力，被广泛应用于揭示学科领域的研究脉络、揭示知识架构的演变进程，以及对未来研究走向进行预测。

在本次研究中，运用 CiteSpace 的可视化功能，对新工科教育领域的文献进行细致剖析，重点关注作者、关键词以及被引文献网络这三个关键维度。这些元素共同构成了反映科学知识领域内在联系与结构特征的复杂网络，而知识图谱这一先进的文献解析技术则能够对该网络进行全面、系统且科学的刻画，使得科研人员能够清晰洞察知识体系的组织结构、合作研究模式的规律，以及热点议题与发展趋势的动态变化。

1.3 研究过程

首先，根据新工科教育领域的参考文献，构建知识集群。这个聚类对于接下来的步骤是必要的，以确定知识图谱中的主要聚类，并突出显示该知识领域最有影响力的文献。此外，基本知识组群将有助于研究每个组群的演变和未来趋势，并从时间轴的角度确定关键文献。

其次，根据关键词在相关文献中的出现频率，识别新工科教育领域的热点和前沿。同时，关键词爆发也可以揭示新工科教育的演变，确定最新的研究趋势。关键词爆发指一个变量的值在相对较短的时间内发生显著变化，CiteSpace 采用这一方法来确定研究前沿。

2 新工科教育研究热点分析

2.1 发表论文数量与期刊分布

发表论文数量是衡量一个研究领域发展态势的重要指标。由图 1 可知，新工科教育领域的年度发文数量整体呈现波动上升的发展态势，说明了政、教、研、企等四界对工程教育研究的高度关注。教育部于 2017 年提出开展有关新工科的研究和实践。2017—2021 年，新工科教育发文数量呈上升趋势，因为在此期间，教育部发布了一共两批的新工科研究与实践项目；2022—2024 年整体发文量变化不大，每年在 240 篇左右，也说明经过几年的发展研究，新工科研究从高速发展期进入了平实发展期，将向更加成熟和深入的方向发展，依旧会保持较高的热度与关注度[10]。

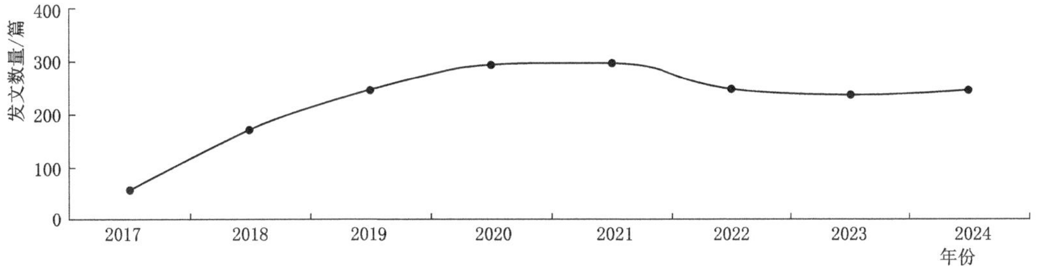

图 1 2017—2024 年新工科教育研究相关文献发文数量

从图 2 看出，期刊分布比较广泛，有 14 种期刊，被引用次数超过 120 次。这些期刊主要关注心理学、社会学、经济学和教育学。这表明新工科教育研究已成为跨学科研究。

2.2 关键词共现及研究热点分析

研究热点是指在较短的时间内，一组相互关联的论文所共同关注的焦点。关键词是一篇学术论文的主旨和灵魂，是一个高度概括和提炼的研究问题，是研究热点的重要指标。因此，可以从关键词频率的变化中抽象出某一领域的研究热点和主要特征。本研究从 CiteSpace 的节点类型中选取“Keyword”进行关键词共现网络分析。节点越大，节点越重要。

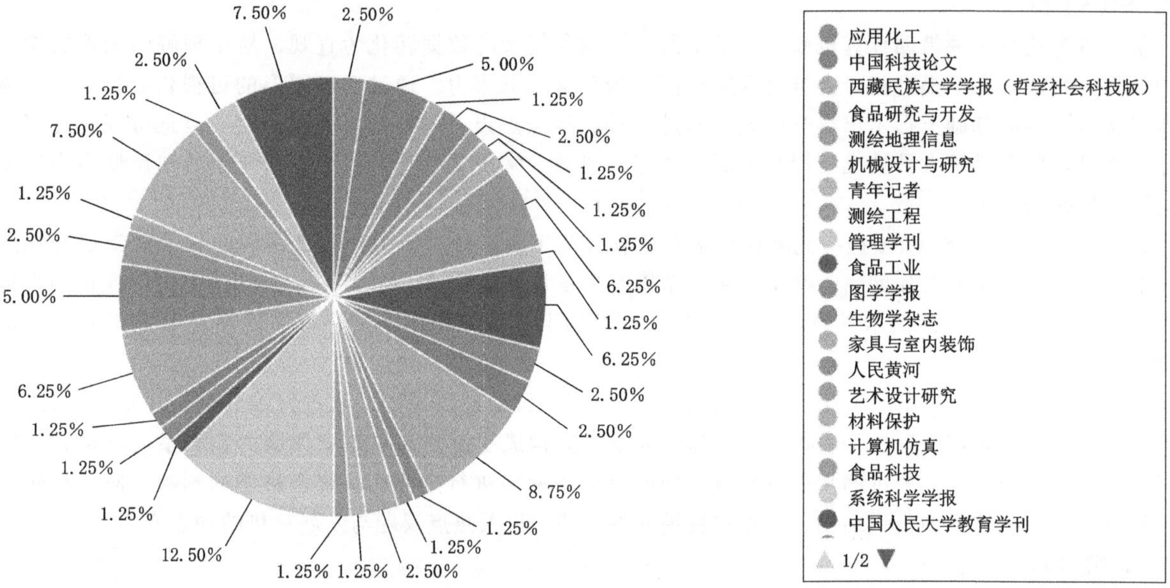

图 2　新工科教育研究相关文献期刊分布

在关键词共现图谱中，关键词的中心性（centrality）反映了其与其他关键词连接的紧密程度，关键词的节点越大表明该关键词在文献中出现的频次越高。新工科关键词共现图谱（图 3）中共有 402 个节点，695 个连线，网络密度为 0.0086，联系较为紧密。由表 1 可知，除新工科外，人才培养（146 次）、工程教育（80 次）、教学改革（78 次）、实践教学（60 次）、产教融合（58 次）、实验教学（48 次）、课程体系（40 次）、课程思政（34 次）、虚拟仿真（33 次）、教学模式（31 次）、创新创业（31 次）、专业建设（30 次）这几个关键词的频次与中心性均较高，表明这些关键词与新工科建设有极强的联系，也代表了新工科研究的重要关注点。此外，中心性较高的关键词还包括学科交叉（0.08）、人工智能（0.07）、创新实践（0.06）等，这些关键词在新工科研究领域的知识网络中起到了较强的桥梁和纽带作用，在知识结构演化过程中也扮演着重要角色。

图 3　关键词共现图谱

2.3　关键词聚类及研究主题分析

聚类视图（cluster）能够体现聚类间的结构特征，突出关键节点及重要连接，将关键词按照相似程度归类，从而更加全面、准确地把握我国新工科研究的主题内容，如图 4 所示。本次聚类的模块值（modularity measure）为 0.6274（大于 0.3），平均轮廓值（mean silhouette）为 0.8591（大于 0.7），表明聚类结构是显著且令人信服的。根据聚类成员的大小以及轮廓值过滤掉较小的类，并使用标签（LLR）算法提取聚类标签。聚类标签编号为#0～#9，见表2。

表1　高频关键词统计

频度	中心性	关键词	频度	中心性	关键词
839	0.98	新工科	27	0.11	培养模式
146	0.26	人才培养	27	0.07	人工智能
80	0.25	工程教育	22	0.08	学科交叉
60	0.12	实践教学	20	0.06	创新实践
58	0.14	产教融合	20	0.03	协同育人
31	0.06	创新创业	20	0.03	地方高校
30	0.08	专业建设			

表2　关键词聚类信息

聚类编号	节点数量/个	聚类轮廓值	聚类名称	标签（LLR）
#0	76	0.977	新工科	新工科、新工科建设、课程思政、数字经济、高等工程教育、工程人才、师资队伍
#1	40	0.849	人才培养	人才培养、专业建设、包装工程、地方高校、核心能力、专业特色
#2	40	0.867	课程体系	课程体系、教学模式、课程建设、创新实践、通识教育、学科建设、专业认证、创新实验、教学实践
#3	32	0.731	产教融合	产教融合、协同育人、人工智能、产业学院、课程改革、学科将晒、专业布局、科研创新、专创融合
#4	28	0.838	新文科	新文科、创新、交叉融合、改革、实践、产出导向、内涵发展、乡村振兴、工科院校
#5	26	0.662	教学改革	教学改革、课程思政、案例教学、翻转课堂、互联网+、创新动力、五位一体、课程思政、案例教学、专业硕士、三寓三式
#6	24	0.918	实验教学	实验教学、虚拟仿真、实验平台、智能制造、能力培养、大数据、数字孪生、物联网
#7	24	0.749	工程教育	工程教育、大工程观、学习模块、智慧能源、新体系、前沿交叉、三耦四融、工程科学
#8	22	0.839	实践教学	实践教学、创新创业、工程训练、教学体系、创新设计、创新体系、工程实践、培养体系、教学体系、校企协同、创客教育

2.4　关键词突现及时区视图

同时，进行了关键词选择，以清晰显示不同年份的研究热点及其相互关系和演变。时区线图能够从时间维度清晰地展示该研究领域的知识演进以及文献的更新和相互影响，图5展示了2017—2024年新工科研究领域关键词的变化与关系。2017年处于初始探索阶段，研究热点为工程教育、产教融合、人工智能、人才培养等。2020年后，课程思政、专业认证、实践能力、创新创业、新经济、课程体系、跨学科等关键词成为研究热点，关键节点趋向多元化。

突现词探测工具能够表征主题词的变化趋势，其基本原理是某个关键词的词频在短时间内激增，研究热度在短时间内迅速上升，被探测形成突现热点。突现词通常具有时间延续性，可以为学科研究前沿领域和发展趋势的判定提供依据，见表3。整体来看，生成的5个突现词突现强度均不高，且持续时间不长，课程思政、实践平台是2022年后出现的关键词，总体表明新工科研究热点较为分散，研究主题丰富、迭代速度较快。

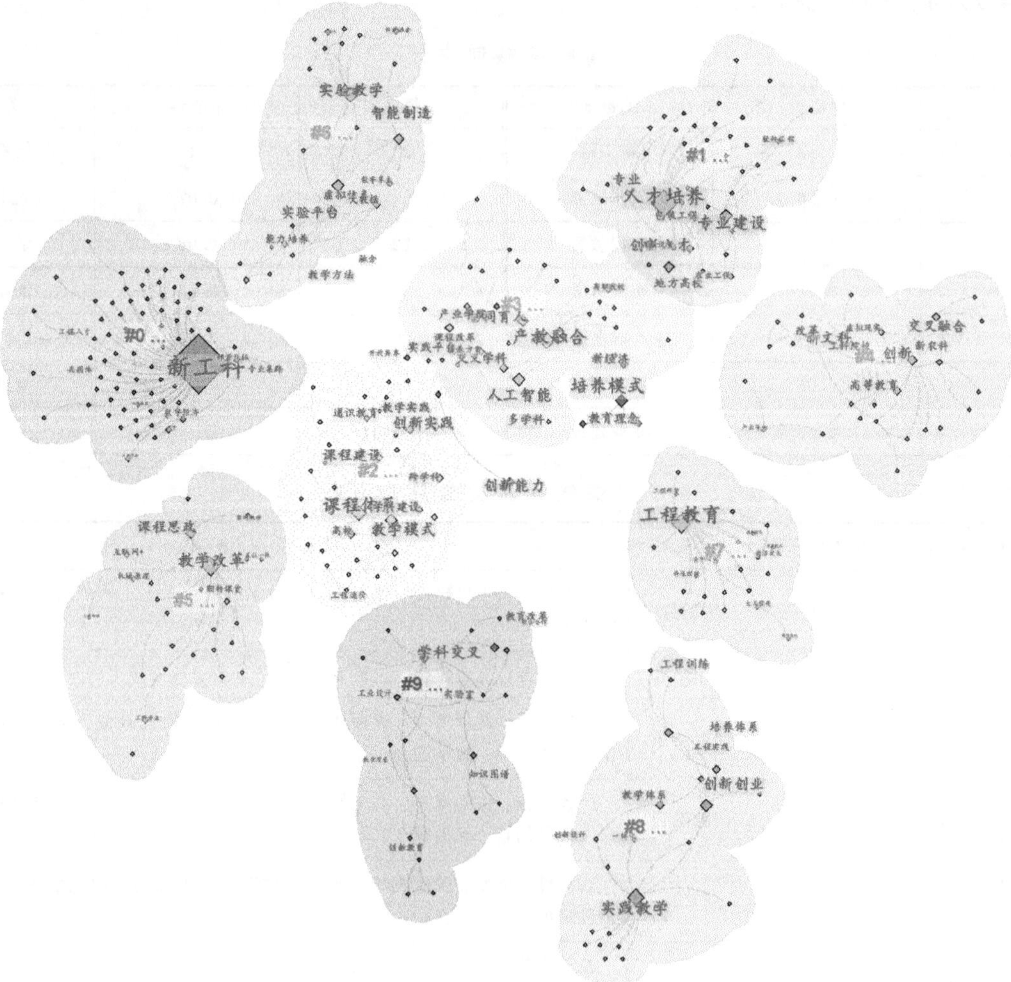

图 4　关键词聚类图谱

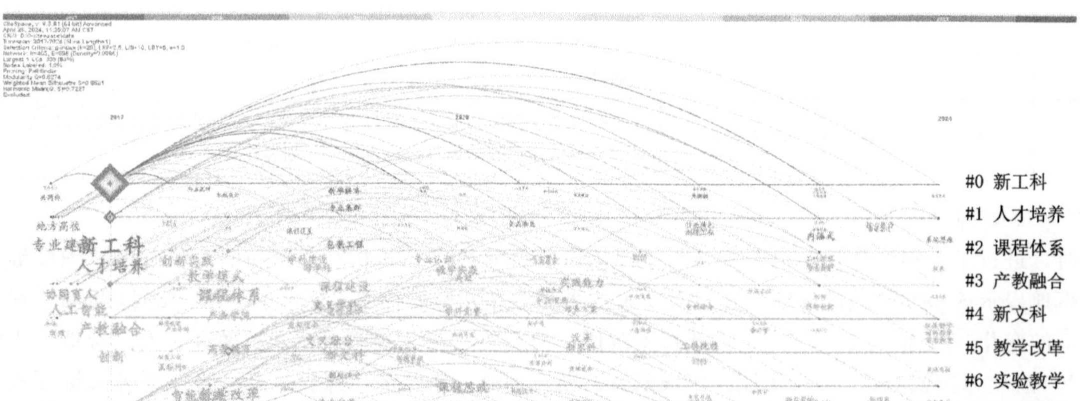

图 5　2017—2024 年新工科研究领域关键词时区线图

表 3　　突现词表

突现词	年份	影响	起始年份	结束年份	2017—2024 年
创新创业	2017	4.62	2017	2018	
创新教育	2018	2.51	2018	2019	
教学体系	2018	1.83	2018	2019	
课程思政	2020	4.95	2022	2024	
实践平台	2017	2.01	2022	2024	

3　新工科教育研究的热点与趋势

本文利用 CiteSpace 对 2017—2024 年我国新工科教育领域的研究热点和研究前沿进行分析，对于之前的文献 [9]，结合对新工科研究关键词突现表、关键词共现时区图的分析，本文对图 4 的聚类结果进一步归纳整合，结合表 1、表 2 中新工科高频关键词凝聚子群分析结果，将研究主题归纳为 3 个类别。

3.1　新工科特征与理念

该类别包括新工业革命、新经济、数字经济、产业变革、工程教育、课程思政、培养模式、人才培养、培养体系等关键词。

新工科强调跨学科、跨领域的深度融合，打破传统工科专业的壁垒，促进机械、电子、信息、材料、生物、能源、环境等多学科间的交叉协作，形成适应新技术、新产业发展的新知识体系和学科架构。新工科倡导与产业界的深度合作，推动教育链、人才链与产业链、创新链的有机衔接，通过项目教学、企业实习、创新创业实践等方式，培养具备创新精神、实践能力和跨界整合能力的复合型、创新型人才。随着科技与社会问题的复杂化，新工科教育不再满足于简单的学科叠加，而是追求深层次的跨学科整合，如工程与数据科学、生物技术、人文社科等领域的深度融合，旨在培养能够跨越传统界限，解决复杂问题的全能型工程师。在新工科教育中，要更加重视培养学生的可持续发展意识和社会责任感，通过课程设计、项目实践等，让学生了解工程活动对环境、社会的影响，鼓励他们成为有道德、负责任的工程专业人士。紧跟科技前沿，将人工智能、大数据、云计算等新兴技术融入教学内容与方法，同时营造鼓励创新、容忍失败的教育氛围，激发学生的创新潜能。

3.2　课程与教学改革

该类别包括课程体系、教学模式、课程建设、创新实践、通识教育、专业认证、创新实验、教学实践、教学改革、课程思政、案例教学、翻转课堂、教学资源、产出导向、能力培养等关键词。

传统工科和新工科都非常重视课程建设，但传统工科更注重多方合作、创新创业能力的培养，新工科更注重交叉融合基础上的新专业建设[12]。通过分析相关研究内容，新工科教育在课程与教学改革方面主要取得了以下几方面的成果：

（1）课程体系创新。建立了以学生为中心、跨学科融合的课程体系。新工科教育打破了传统工科专业的界限，整合了信息技术、智能制造、新能源、生物工程等新兴领域知识，设计出既覆盖工程基础知识，又包含跨学科选修课程的新型课程体系，增强了课程的灵活性和适应性。

（2）教学模式转变。推广了项目制学习（PBL）、案例教学、翻转课堂等新型教学模式。这些模式鼓励学生主动探索、团队合作，通过解决实际工程项目或模拟案例来学习知识，提高了学生的实践能力、创新能力和问题解决能力。数字化教学资源建设，充分利用现代信息技术，如在线课程、虚拟仿真实验、大数据分析等工具，丰富教学资源，实现了线上线下混合式教学，为学生提供了更广阔的学习平台和个性化的学习路径。

（3）产教融合深化。通过校企合作，建立了实习实训基地、产业学院等，将产业界的实践项目、真实案例引入课堂教学，促进了理论与实践的紧密结合，提升了学生的工程实践能力和就业竞争力。

（4）评价体系改革。引入了基于学习成果的教育（outcome - based education，OBE）理念，构建了以能力培养为导向的评价体系，不仅考核学生知识掌握程度，更重视其应用能力、创新能力、团队合作能力等综合评价，促进了教学质量和学生能力的全面提升。同时将工程伦理教育纳入课程体系，通过课程、讲座、案例分析等形式，强化学生的职业道德意识和社会责任感，培养其成为有担当的工程师。

这些成果表明，新工科教育在课程与教学改革上取得了显著进展，不仅适应了新技术、新产业的需求，也为培养未来社会所需的复合型、创新型工程人才奠定了坚实的基础。

3.3 创新创业教育

该类别关键词包括创新创业、创客教育、产业需求、协同育人、产学合作、工程实践等。

新工科背景下的创新创业教育旨在培养学生的创新精神、创业意识和创业能力，具体体现在以下几点：

（1）创新创业课程体系，构建涵盖创新思维训练、创业基础理论、商业模式设计、法律财务知识、团队建设与领导力培养等多维度的创新创业课程体系，为学生提供系统的创新创业知识教育。创新创业实践平台，设立创新创业孵化器、创业园、创客空间等实体平台，提供场地、资金、技术支持等资源，为学生创新创业项目落地提供孵化环境。同时，搭建线上服务平台，如创新创业信息网、在线辅导系统等，实现资源的便捷共享和远程协作。

（2）校企合作与产业对接。与行业企业、投资机构、政府部门等建立广泛合作关系，引入企业家、投资人担任创业导师，举办创业论坛、创业沙龙、创业路演等活动，为学生提供行业资讯、市场分析、融资渠道等产业资源，助力学生对接市场需求，提高创业成功率。

（3）创新创业竞赛与激励机制。举办或参与各级各类创新创业大赛，通过竞赛激发学生的创新热情，提升创业实战能力。同时，设立创新创业奖学金、创业种子基金、优秀创业项目奖励等激励措施，对有潜力的创业项目给予资金支持和荣誉表彰。

（4）创业教育与专业教育融合。将创新创业教育融入专业教育全过程，通过案例教学、项目实训、创业模拟等教学手段，使创新创业教育与专业课程相互渗透，培养学生的跨学科创新思维和基于专业背景的创业能力。

新工科教育的未来趋势在于不断深化其核心特征，创新教学模式，强化实践与创新能力的培养，最终目标是培养出能够引领未来科技发展，驱动产业创新，具有国际竞争力的复合型工程人才。

4 结语

本文通过绘制2017—2024年我国新工科教育的知识地图，直观地展示了该研究领域的研究热点。结合文献内容，新工科教育研究热点主要集中在新工科、人才培养、工程教育、实践教学、产教融合等建设上。研究趋势主要集中在新工科特征与理念、课程与教学改革、创新创业教育等几个方面。经过这些年的发展，新工科教育研究已成为跨学科研究，同时新工科教育研究已经从高速发展期进入了平实发展期，将向更加成熟和深入的方向发展。

参考文献：

[1] 陆国栋．“新工科”建设的五个突破与初步探索［J］．中国大学教学，2017（5）：38-41.

[2] 崔庆玲，刘善球．中国新工科建设与发展研究综述［J］．世界教育信息，2018，31（4）：19-26.

[3] 朱高峰．中国工程教育发展改革的成效和问题［J］．高等工程教育研究，2018（1）：1-10，31.

[4] 马廷奇．高等工程教育转型与工科专业建设的实践逻辑［J］．国家教育行政学院学报，2018（2）：36-42.

[5] Klassen M，Jesiek B K，Zheng L. Institutionalizing engineering education research：comparing Australia，China，and the United States［M］//Engineering，social sciences，and the humanities. Cham：Springer International Publishing，2023.

[6] 陆国栋，李拓宇．新工科建设与发展的路径思考［J］．高等工程教育研究，2017（3）：20-26.

[7] 林健．面向未来的中国新工科建设［J］．清华大学教育研究，2017，38（2）：26-35.

[8] 陈燕．新工科研究进展与前瞻［J］．天津大学学报（社会科学版），2020，22（3）：214-222.

[9] Zheng L，Wei S. Institutionalizing engineering education research（EER）in China under the context of new engineering education：departments，programs，and research agenda［J］．The International Journal of Engineering Education，2023，39（2）：353-368.

[10] Shen J，Li T，Wu M. The new engineering education in China［J］．Procedia Computer Science，2020，172：886-895.

基于虚拟仿真技术的产教协同育人模式探讨

刘晔*，钱苏昕，白涛，鱼剑琳

（西安交通大学能源与动力工程学院，陕西　西安 710049）

【摘　要】依托先进虚拟仿真技术，构建融合了真实实验、虚拟仿真、计算互联、校企共建的多维融合低碳型实践教学创新模式教学平台，实现线上线下—现场远程多维度的混合式教学。通过产业项目转化为教学内容、课程实验，将高校育人、企业用人、校企共建有机地结合起来，为专业教学打造统一、开放个性化的平台，实现育人场景全覆盖、教学信息全贯通的低碳、高效产教协同育人教学新模式。

【关键词】虚拟仿真；人才培养；合作育人

0　引言

制冷与低温技术作为能源技术的分支之一，在工业革命以来得到了飞速的发展和广泛的应用。从传统的制造加工业到高新技术智能制造产业，从国防军工科技到航空航天技术等国民社会经济的各环节都离不开制冷低温技术及其装置设备。制冷与低温技术的高速发展带来了对该领域专业人才需求的持续增长，这也对制冷低温专业高等工程教育的人才培养提出了巨大的挑战。

在现有的专业型人才培养体系中，针对工程类专业的课程教学，一般分为理论知识教学和实践应用教学两部分，这其中理论知识教学主要以课堂讲授的形式为主，教授学生基础专业知识、基本职业素养和专业素质的基础教育手段，而实践应用教学环节则侧重于学生的专业应用能力和实践操作能力，这两种教学模式互相联系、互相支撑、互相补充，以此培养学生毕业时具备综合的工程专业特色实践能力和创新能力[1-3]。然而，在现有的工程类专业学生培养过程中，在实验场地、时间分配、考核比重等因素的综合影响下，教学形式更多地以课堂理论教学为主，形式单一的实验实践教学环节逐渐被边缘化，学生开展实验实践课程的参与性和积极性差，实验教学过程容易流于形式、无所收获。再加之本科生的工程专业知识和经验有限，制冷与低温专业相关实验内容也多与压缩机、制冷剂、液氮等高速运转设备、易燃易爆化学制剂和高温/低温工质流体接触频繁，实验教学操作过程的安全风险较大，不能完全让学生独自实操全部实验内容。这些众多因素导致学生所能得到的工程实践知识和动手实操经验很有限，距离课程实践教学目标还有一定距离。

2018 年 9 月，《国务院关于推动创新创业高质量发展　打造“双创”升级版的意见》（国发〔2018〕32 号）提出要求强化大学生创新教育培训，把创新创业教育和实践课程纳入高校必修课程体系。2022 年 4 月，教育部文件《加强碳达峰碳中和高等教育人才培养体系建设工作方案》（教高函〔2022〕3 号）也明确指出，拓展人才培养合作路径和方式，将绿色低碳理念纳入教育教学体系，深化产教融合，启动碳达峰碳中和领域教学改革和人才培养试点。针对能源、交通、建筑等重点领域，在国内有条件的综合高校和行业高校中，加快建设一批在线课程、虚拟仿真实验课程的培育项目[4]。与此同时，随着教育教学数字化、网络化、智能化的不断发展，更为丰富高效、绿色低碳的真实实验——虚拟仿真融合式实践教学环节在高校专业教学活动中的重要性将会愈加明显。互联网时代正在打破传统中学校和教师对学习资源的垄断，教育的途径和方式正在发生质的变化。未来大学教育中灌输知识的分量会降低，实际操作和讨论的课程将增加。这其中，虚拟仿真实验教学环节的建设是高等教育信息化建设的重要内容，是推动高校实验教学改革与创新的重要方向[5-8]。与传统实验室相比，虚拟仿真实验教学中心具有实验条件便利、安全性高

---

* 刘晔（1988—　），男，博士，副研究员。研究方向：制冷空调节能新技术、低 GWP 制冷剂开发。联系地址：陕西省西安市碑林区咸宁西路 28 号，邮编 710049。E-mail：liuye52t@xjtu.edu.cn。

基金项目：中国高校产学研创新基金——云中大学项目“智慧校园下的绿色低碳实践教学模式创新研究”（2022MU048）。

和实验成本低等方面的优势，在高校实验教学中的地位越来越重要。因此，构建基于传感器数字化测试技术、虚拟仿真技术、热工测试技术，融合真实实验、虚拟仿真、计算互联、校企共建的产教协同育人实践教学创新模式势在必行。

1 制冷系统虚拟仿真平台介绍

在西安交通大学能源与动力工程学院制冷与低温工程系的教学体系内，蒸气压缩制冷技术是国家精品课程、国家网络资源共享课程包括制冷与低温技术原理、先进制冷低温技术、热泵技术、制冷装置等制冷方向本科生专业理论教学课程中最重要的专业核心知识教学点，要求学生掌握与此相关的制冷循环的工作原理和制冷装置的运行特性。现有课程体系理论性强、实践环节过于薄弱。尽管本专业每年均组织本科生在校内焓差室、校外企业开展制冷专业的实践教学活动，但实验设备仅有一台，且为了保障学生的安全，学生无法逐一全流程实操，因此导致学生对制冷空调系统的运行过程，尤其是对变工况调控过程的认知严重不够。出于安全性的考虑，目前制冷行业正在广泛研究的环保微可燃（A2L）和可燃（A3）制冷剂以及混合制冷剂无法在教学实验装置中演示，更无法演示实际制冷系统中因制冷剂泄漏、压缩机、风机开机顺序错误导致的系统故障。因此，学生所掌握的制冷系统实践应用知识技能相对欠缺。

而相比现有的实体制冷系统物理实验平台，制冷系统虚拟仿真平台具有如下显著优势：

(1) 积极调动学生自主学习能力。虚拟仿真平台每个学生都能实操，有效避免了制冷系统物理实验平台无法上手的局限性。仿真平台具有丰富的可探索自由度，可研究变工况、系统结构参数、制冷剂的系统性能变化规律，学生还可实时开、关风机和压缩机，探索系统的动态特性和故障特性。

(2) 可规避制冷系统物理实验平台的安全性制约。虚拟仿真平台允许学生探索业界正在使用和未来计划使用的微可燃和可燃制冷剂，而不会引起任何安全隐患。

(3) 快速低成本学习制冷系统的动态特性和调控特性。实际制冷系统在压缩机启、停和变负荷调节时往往需要很长的时间才能达到稳定，物理实验的时间成本高，在有限的学时内往往无法演示和学习。虚拟仿真平台允许快速预测制冷系统在压缩机、风机启停和变工况调节时的动态过程，学生可以快速、有效地掌握原先没有机会接触但很重要的知识。

(4) 可视化。热力循环系统仿真计算技术和 FLASH 动画技术可以有效、生动地再现分体式房间空调器等制冷空调的结构组成和各设备的运行状况，使学生更好地理解制冷空调设备的运行流程和工作原理，强化教学效果。同时，相比物理实验平台，虚拟仿真平台可以得到更丰富的参数（例如系统各位置的温度、压力、流量、制冷剂干度），帮助学生更全面地理解制冷系统的工作特性。因此，构建基于制冷系统虚拟仿真技术的新形态虚拟—实体实验平台，开展产教融合育人新模式教学活动对于提升制冷专业人才综合技能水平具有极大的推动作用。

2 产教协同育人模式构建与效果分析

围绕国家精品课程、国家网络资源共享课程包括制冷与低温技术原理、先进制冷低温技术、热泵技术、制冷装置等制冷方向本科生专业理论教学课程，依托制冷与低温实验室已有的焓差法空调器测试平台、冰箱测试环境室、冰箱压缩机量热计、换热器性能测试台等实体实验设备，结合教学团队优势科研方向与学术特色，将教学与科研紧密结合，相促相长，构建基于制冷系统虚拟仿真技术的新形态虚拟—实体实验平台，即产教协同育人教学新模式。依托高精度的传感器数据测控技术以及虚拟仿真等现代化教育技术，构建融合了真实实验、虚拟仿真、计算互联、校企共建的产教协同育人实践教学创新模式教学平台，以此开展创新实践教学研究、产教融合模式探索和教学成果评价。可将课堂理论教学、现场实践教学与虚拟仿真实验教学相结合，实现教学资源更生动、教学活动更丰富、教学管理更高效、效果评估更科学的本科生专业教学目的。新形态下的产教育人新模式平台构建主要包括以下几个方面内容：

(1) 将现有热工测试实体实验台与虚拟仿真实验台结合，开发适用于本专业的虚拟仿真教学基础底层软件模块，具体包括人机交互界面、部件仿真模型库、控制算法模型库、制冷剂物性数据库、元件 FLASH 动图库等素材模块，可以提供制冷循环性能计算、制冷系统/元件性能仿真模拟、元件工作原理动图展示、仿真模型优化及验证等教学功能，涵盖理论课堂讲解、动图原理演示、仿真平台操作、数据验证总结等四大方面的教学方法。

(2) 让学生在掌握制冷理论循环基本理论之后，利用制冷系统虚拟仿真实验平台，可自行探索实际制冷系统的工作特性、探究并总结实际参数对制冷系统性能的影响规律；熟悉制冷系统关键部件的工作原理和仿真模型构建方法；探索不同制冷剂得到的制冷系统性能变化规律，总结实际制冷系统中制冷剂选配准则；探索制冷系统在启动和停止阶段的动态特性，总结变化规律……让学生直观地学习制冷系统各组成部件及运行过程，掌握制冷系统工作原理以及性能预测手段和计算方法；加深了学生对制冷空调系统的性能预测模拟仿真方法和系统动态特性变化规律的认知。通过该平台可让学生切身参与、体验到制冷行业相关产品的运行特性研究、产品技术创新开发等综合实践环节。

(3) 围绕制冷系统虚拟仿真教学实验平台开发的研究方向，先后完成构建人机交互界面、部件仿真模型库、控制算法模型库、制冷剂物性数据库、元件 FLASH 动图库等素材库；开发制冷循环性能计算、制冷系统/元件性能仿真模拟、元件工作原理动图展示、仿真模型优化及验证等教学功能模块等。具体涵盖蒸气压缩制冷循环系统的工作流程设计与性能计算；蒸气压缩制冷系统部件仿真模型的构建；系统仿真模型和控制模型的集成和调试运行；教学实践环节评价等方面。

(4) 开展混合式教学模式及深度校企合作方式探索分析。探索建立实体实验—虚拟仿真实验融合的低碳型教学实验体系，实现线上线下—现场远程多维度的混合式教学。探索产业项目转化为教学内容、课程实验的方法和路径，提升校企资源深度融合的实际效果，打造传感器数字化测试与评价校内实践平台、校外实践基地双平台运行模式，明确双平台运行下的人才培养与校企合作制度。

(5) 开展教育活动推广及成果评价模式研究。研究基于该教学平台与产业化推广的校企合作机制，完善产教融合实施具体方案与实践教学效果评价准则。指导学生开展实验实践及创新创业教学活动，具体内容包括：制冷空调系统认知部分主要通过指导教师的引导讲解，学生基于 FLASH 动图库完成所有系统设备的工作原理认知和工作流程学习，掌握不同设备的使用场景和注意事项，该环节的考核评价以指导老师根据实验报告及仿真过程中学生的沟通交流情况综合评判成绩；现代化控制逻辑开发和制冷系统性能仿真控制部分为创新性实验，按照指导老师引导或者学生自主选择动态调整实验内容，学生可以自由选择仿真或控制的对象以及各个部件具体的仿真模型及相应的控制手段，完成不同难度、内容、复杂程度的实践实验教学，这部分的评价考核为开放式的动态评价，根据实验报告及仿真过程中学生的沟通交流情况综合评判成绩。最终总结校企资源深度融合经验，完善并推广传感器数字化测试与评价校内实践平台与校外实践基地双平台运行下的人才培养与校企合作机制。

通过构建融合了真实实验、虚拟仿真、计算互联、校企共建的产教协同育人实践教学创新模式教学平台，让学生直观地学习制冷系统各组成部件及运行过程，掌握制冷系统工作原理以及性能预测手段和计算方法；加深学生对制冷空调系统的性能预测模拟仿真方法和系统动态特性变化规律的认知。通过该平台可让学生切身参与体验到制冷行业相关产品的运行特性研究、产品技术创新开发等综合实践环节。与此同时，也可实现教学场景全覆盖、教育信息全贯通，为专业教学打造统一、开放、个性化的教学平台。通过该教学平台，可探索建立实体实验—虚拟仿真实验融合的低碳型教学实验体系，实现线上线下—现场远程多维度的混合式教学。探索产业项目转化为教学内容、课程实验的方法和路径，提升校企资源深度融合的实际效果，打造基于传感器数字化测试的信息化教学校内实践平台与校外实践基地双平台运行模式，明确双平台运行下的人才培养与校企合作制度。制冷专业产教融合育人模式如图 1 所示。

3 结语

通过构建融合了真实实验、虚拟仿真、计算互联、校企共建的产教协同育人实践教学创新模式教学平台，充分发挥新形态教育资源平台优势，融合线上—线下—校园—产业资源，实现线上线下—现场远程多维度的混合式教学。探索产业项目转化为教学内容、课程实验的方法和路径，提升校企资源深度融合的实际效果，将高校育人、企业用人、校企共建有机地结合起来，为专业教学打造统一、开放、个性化的平台，实现育人场景全覆盖，教学信息全贯通的低碳、高效产教协同育人教学新模式。

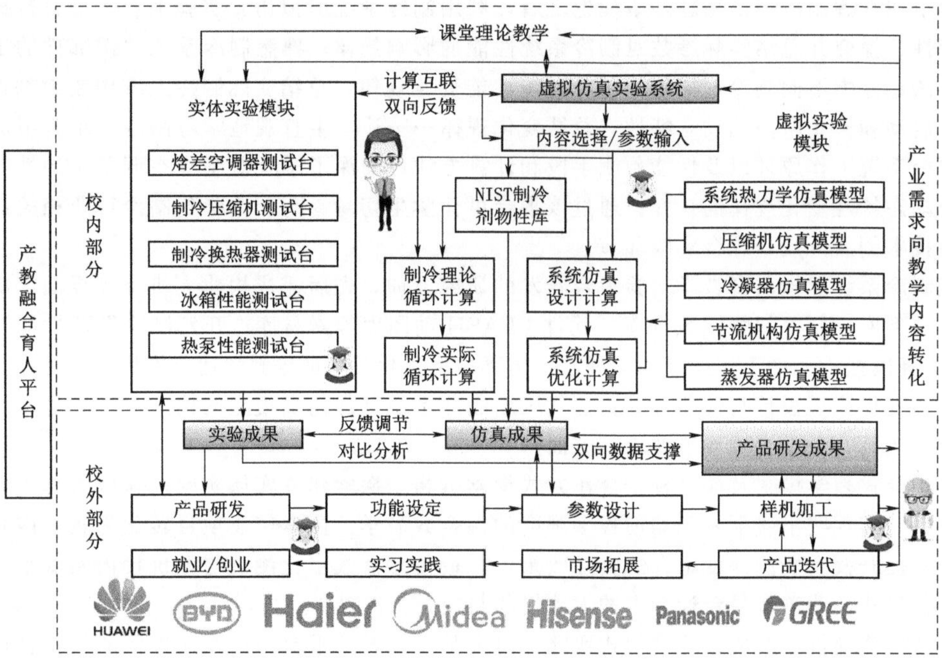

图 1　制冷专业产教融合育人模式

参考文献：

[1] 雷冬，朱飞鹏，殷德顺，等. 力学虚拟仿真教学实验室建设的探讨 [J]. 实验技术与管理，2014，31 (12)：95-96，100.

[2] 孙欢，陈剑波，邹同华. 虚拟仿真实验教学中心的建设与应用 [J]. 实验室科学，2017，20 (3)：145-148.

[3] 邹家柱，程品晶. 高校虚拟仿真实验室建设总结 [J]. 中国电力教育，2014 (18)：80-81.

[4] 李平，毛昌杰，徐进. 开展国家级虚拟仿真实验教学中心建设提高高校实验教学信息化水平 [J]. 实验室研究与探索，2013，32 (11)：5-8.

[5] 王卫国. 虚拟仿真实验教学中心建设思考与建议 [J]. 实验室研究与探索，2013，32 (12)：5-8.

[6] 赵宏，郭蕴. 基于问题逻辑认知模式的成果导向教育研究 [J]. 中国大学教学，2023 (3)：73-79.

[7] 叶彪，李敏. 能源与动力工程专业制冷方向特色化人才培养方式探析 [J]. 科技视界，2018 (16)：109-111.

[8] 孙兴华，吕立杰. 朝向跳脱知识的搬运：本科教学实践的反思 [J]. 现代教育科学，2024 (1)：114-119.

流体输配管网课程教学中基于郭永怀事迹的德育设计

王友君*[1,2,3]，陈志鹏[1]，程新宇[1]，于静[4]，孙晓琳[1]，沈恒[1]，胡俊[1]

（1. 上海海洋大学制冷与空调系，上海 201306；
2. 农业农村部冷库及制冷设备质量监督检验测试中心，上海 201306；
3. 上海水产品加工及贮藏工程技术研究中心，上海 201306；
4. 潍坊未来实验学校，山东 潍坊 261061）

【摘　要】流体输配管网是建筑环境与能源应用工程专业的专业基础课。其中，涉及流体力学基本原理的公式多冠以外国人的名字，而郭永怀同志曾在流体力学领域取得辉煌的成绩。通过分析郭永怀的生平简介、主要贡献以及诸多感人瞬间，能够让当代中国大学生很好地理解“两弹一星”精神，有利于培养当代中国大学生的爱国主义情怀和社会主义核心价值观。因此，流体输配管网教学大纲加入郭永怀同志的事迹可以很好地实现《高等学校课程思政建设指导纲要》（教高〔2020〕3号）针对理工类专业课程所提出的目标：培养学生探索未知、追求真理、勇攀科学高峰的责任感和使命感；培养学生精益求精的大国工匠精神，激发学生科技报国的家国情怀和使命担当。

【关键词】郭永怀事迹；流体输配管网；“两弹一星”精神

0　引言

流体输配管网是建筑环境与能源应用工程的专业基础课，它包括流体输送系统的结构和功能、流体力学基本原理、流体输配管网设计、流体输送动力设备以及管网与动力设备匹配等方面的内容。其中，基本原理和公式多冠以外国人的名字，如伯努利方程、基尔霍夫定理、柯西公式、莫迪公式、雷诺数定义、阿里特苏里公式、谢维列夫公式等[1]。这容易给学生一种现代流体力学全是西方人的贡献，西方人远比中国人优秀的假象。

关于流体力学的认识和应用，中国古代早已取得过辉煌的成就，如都江堰水利工程、郑国渠、灵渠、京杭大运河、南旺分水枢纽、坎儿井等。虽然近代中国饱受欺辱，大部分仁人志士主要致力于民族独立和国家解放，科学技术明显落后于西方。但是，为数不多的从事流体力学理论和应用研究的科学家在如此艰难困苦的时代背景下依然取得了傲人的成就。其中，“两弹一星”勋章获得者中唯一的烈士——郭永怀，就是最典型的代表之一。

2016年12月7—8日，全国高校思想政治工作会议在北京召开，会上强调：“所有课堂都有育人功能，不能把思想政治工作只当作思想政治理论的事，其他各门课都要守好一段渠、种好责任田。”2020年5月28日，教育部发布《高等学校课程思政建设指导纲要》（教高〔2020〕3号），指出课程思政建设的重要内容之一是：“培育和践行社会主义核心价值观。教育引导学生把国家、社会、公民的价值要求融为一体，提高个人的爱国、敬业、诚信、友善修养，自觉把小我融入大我，不断追求国家的富强、民主、文明、和谐和社会的自由、平等、公正、法治，将社会主义核心价值观内化为精神追求、外化为自觉行动。”因此，在流体输配管网课程教学大纲制定和教育教学过程中，针对流体力学基本原理这一章节的知识点，引入郭永怀同志的先进事迹，以期培养当代工科大学生的社会主义核心价值观。

---

* 王友君（1980—　），男，工学博士，副教授。研究方向：高等院校工科专业的德育设计。联系地址：上海市浦东新区沪城环路999号，邮编201306。E-mail：wangyoujun@shou.edu.cn。

基金项目：教育部产学合作协同育人项目（No.201902061008、No.201902250004）、上海海洋大学本科课程思政示范课程培育项目（A1-3413-23-000116）。

1 生平简介

郭永怀（1909 年 4 月 4 日—1968 年 12 月 5 日），男，中国共产党党员，出生于山东省荣成市滕家镇，是我国著名的力学家、应用数学家和空气动力学家。1935 年，毕业于北京大学物理系；1945 年，获美国加州理工学院博士学位；1957 年，被选聘为中国科学院学部委员（院士）；1968 年 12 月 5 日，因飞机失事不幸牺牲；1968 年 12 月 25 日，被中华人民共和国内务部授予烈士称号；1999 年，被授予研制“两弹一星”有突出贡献的科技专家，并荣获“两弹一星功勋奖章”；2018 年 7 月，国际小行星中心把编号为 212796 号的小行星命名为“郭永怀星”。其生前照片以及参与研究的核弹模型如图 1～图 4 所示[5-6]。

图 1　郭永怀（左一）与夫人李佩（左二）在回国地船上

图 2　郭永怀（右一）指导研究生的瞬间

图 3　郭永怀（左一）手持爆炸成型试件

图 4　郭永怀参与研究的核弹模型

2 主要贡献

郭永怀同志对世界和中国的贡献主要体现在两个方面：一方面是在航空流体力学和应用数学领域的理论创新；另一方面是参与新中国力学专业的建设，以及全程或指导、或主持、或参与了原子弹、氢弹、导弹、火箭、卫星等领域的技术攻关，见表 1[2-6]。前者让郭永怀同志跻身成为航空领域的一流科学家；后者捍卫了国家安全和民族尊严。

表 1 所列事实说明：中国人不仅古代在流体力学领域取过辉煌的成绩，在现代的流体力学领域里仍有一席之地。郭永怀同志是在国家积贫积弱条件下成长起来的科学家，已经能够与外国人并驾齐驱。随着我国国力和教育水平的提高，当代大学生应该坚信：只要我们自强不息，在各个领域都能领先世界。

表 1　　郭永怀同志的主要贡献

主要贡献	序号	内 容 简 述
跨声速流与应用数学的理论研究	1	发表《跨声速流动不连续解》《可压缩无旋亚声速和超声速混合型流动和上临界马赫数》《关于中等雷诺数下不可压缩粘性流体绕平板的流动》《弱激波从沿平板的边界层的反射》等重要论文，破解了跨声速流中的“声障”的难题
	2	改进了庞加莱、莱特希尔的变形参数和变形坐标法，发展了奇异摄动理论，被钱学森命名为 PLK 方法，其中 K 即指郭永怀
新中国力学专业建设以及“两弹一星”相关工作	3	参与制订了我国《1956—1967 年科学技术发展远景规划纲要》，确定高等学校力学专业课程设置
	4	负责原子弹弹头结构设计、引爆方式等方面的研究，领导场外试验委员会，对于核装置引爆方式，提出“争取高的，准备低的，以先进的内爆法为主攻研究方向”
	5	在氢弹研制中，提出的氢弹弹体的航条蒙皮结构，大大减轻了氢弹的重量，为我国第一颗氢弹成功空投奠定了基础
	6	负责指导反潜核武器的水中爆炸力学和水洞力学等相关技术的研究工作、两弹结合研制工作、潜地导弹、地对空导弹、氢氧火箭发动机和反导弹系统的研究工作、长征系列运载火箭材料与燃料的研究工作以及“东方红”卫星的组织领导工作

毛泽东在《论十大关系》的讲话曾经中指出：“我们不但要有更多的飞机和大炮，而且还要有原子弹。在今天的世界上，我们要不受人家欺负，就不能没有这个东西。”邓小平说过：“如果六十年代以来中国没有原子弹、氢弹，没有发射卫星，中国就不能叫有重要影响的大国，就没有现在这样的国际地位。这些东西反映一个民族的能力，也是一个民族、一个国家兴旺发达的标志。”所以，“两弹一星”是维护国家安全和民族独立的重要科技力量。郭永怀同志为“两弹一星”做出的卓越贡献正是一名科研工作者科技报国的具体体现。

3　感人瞬间

郭永怀同志的一生有许多感人的瞬间（表 2），如北京大学毕业后从物理学专业转为航空工程系流体力学专业，面对国外的高薪诱惑毅然选择回国，与下属同甘共苦在大漠苦寒之地研究“两弹一星”，牺牲的最后一刻不忘保护机密文件，一生为国却没能来得及为女儿买一双棉鞋。

表 2　　郭永怀同志的感人瞬间

感人瞬间	序号	内 容 简 述
初心立志选定专业	1	郭永怀的出生地荣成市距离北洋水师总部刘公岛约 70km。甲午战败的壮烈和屈辱给幼年的郭永怀种下爱国的种子
	2	1937 年，抗战全面爆发。面对山河破碎，郭永怀深感中国航空工业的落后，毅然前往国立西南联合大学航空工程系学习流体力学，从此开启科技报国之路
他乡求学不忘祖国	3	在康奈尔大学工作时，被问及“如果发生战争，是否愿意为美国服兵役？”“是否愿意加入美国国籍？”郭永怀坚定地回答：“否！”
	4	当美国取消中国学者出境的禁令后，郭永怀和夫人李佩立即着手回国，并不惜烧掉自己多年来积累的讲义和科研手稿
不畏艰难铸剑大漠	5	苏联撕毁协议，撤走专家，中国核工业举步维艰之时，周总理找到郭永怀，问他：是否愿意到大漠主持原子弹研究工作？面对“环境艰苦、远离亲人、隐姓埋名，被人误解”等困难，郭永怀想都没有想，斩钉截铁地回答：“我愿以身许国！”
	6	1964 年 10 月 16 日下午，中国第一颗原子弹爆炸成功。已是满头花白头发的郭永怀却因过度疲劳晕倒在现场
保护文件舍命忘我	7	1968 年 12 月 4 日晚，郭永怀携秘密实验数据回北京汇报工作。次日凌晨，飞机着陆时失事着火。当人们辨认出郭永怀的遗体时，发现他和警卫员牟方东紧紧地抱在一起，而那只装有绝密资料的公文包却毫无损伤
许国忠烈负家颇多	8	1968 年 10 月，郭永怀收到女儿的来信，说到插队的农村太冷，想要一双过冬的棉鞋。但是，直到 12 月牺牲时，郭永怀都没能来得及为女儿买一双棉鞋

表 2 所列感人瞬间充分说明：作为一名科研工作者，郭永怀的爱国情怀是一以贯之的，既继承了传统仁人志士的“富贵不能淫，贫贱不能移，威武不能屈”，又发扬了现代爱国人士的“洋装虽然穿在身，我心依然

是中国心”，同时也体现了中国共产党人不怕牺牲、艰苦奋斗的精神和毫不利己，专门利人的精神。作为一位伟大的科学家，为了护佑中国人民，他解决了那么多的科学难题，但是在那个寒冷的冬天，他却没来得及为女儿买一双过冬的棉鞋。这种舍身为国的精神，当代大学生不应该忘记。

4 结语

20世纪50年代中期，面对国际上严峻的核讹诈形势，以毛泽东为核心的党中央第一代领导集体毅然作出发展原子弹、导弹、人造地球卫星，突破国防尖端技术的战略决策。1964年，我国第一颗原子弹爆炸成功；1967年，我国第一颗氢弹空爆试验成功；1970年，我国第一颗人造地球卫星“东方红一号”发射成功。1999年9月18日，江泽民在表彰为研制“两弹一星”作出突出贡献的科技专家大会上，阐述了“两弹一星”精神，即热爱祖国、无私奉献，自力更生、艰苦奋斗，大力协同、勇于登攀。

通过学习郭永怀同志的事迹，不难理解“两弹一星”精神是爱国主义、集体主义、社会主义精神和科学精神的生动体现，是中国人民在20世纪创造的宝贵精神财富，对于全面建成小康社会，实现中华民族伟大复兴的中国梦具有重大意义。郭永怀同志值得当代大学生奉为终生学习的楷模。

参考文献：

[1] 付祥钊，肖益民. 流体输配管网 [M]. 3版. 北京：中国建筑工业出版社，2010.

[2] 肖菲. 郭永怀：永不陨落的星辰 [J]. 保密工作，2021 (12)：45-48.

[3] 陶遵臣. 怀瑾佩瑜，“夫妻星”闪耀星空 [J]. 春秋，2021 (6)：23-28.

[4] 韩延明. 百年红色精神谱系之八 “两弹一星”精神 [J]. 党史博采（上），2021 (15)：4-9.

[5] 李波. 丹心照汗青——郭永怀在1968 [J]. 力学与实践，2023，45 (6)：1456-1461.

[6] 中国科讯. 郭永怀：鞠躬尽瘁，以身许国 [J]. 高科技与产业化，2022，28 (7)：67-69.

建环专业本科毕业设计的教学改革与实践

郑国忠*，李晓静，刘博想，时国华，高月芬

（华北电力大学，河北　保定 071003）

【摘　要】毕业设计是建筑环境与能源应用工程专业（以下简称建环专业）的重要实践环节，是培养学生工程实践能力和创新意识的重要教学组成部分。针对建环专业毕业设计教学特征和专业认证（评估）的要求，本文从完善设计任务、设立企业导师、开展课程思政、制定进度甘特图、改进考核方式等方面提出了毕业设计教学改革的系统化方案，探索并形成了基于任务标准、双导师制、思政育人、进度引导、全要素评价的建环专业毕业设计质量提升的教学模式。本文对于建环专业本科毕业设计教学改革具有重要的参考意义，也可为其他工科设计类实践环节教学探索提供新思路。

【关键词】毕业设计；专业评估（认证）；企业导师；思政；考核方式

0　引言

毕业设计是建环专业学生综合和灵活运用大学期间所学理论知识的集中实践环节，旨在培养学生综合运用所学知识分析和解决工程实际问题的能力，提高学生的计算机应用能力和独立工程设计的能力，最终培养学生工程思维、协作精神以及开展科学研究工作的综合能力[1]。

华北电力大学建环专业自2000年开始招生以来，建环专业毕业设计已经完成19轮次的实践，其教学改革历经下述几个阶段：

（1）借鉴阶段。此阶段为前几轮次，主要为从无到有，借鉴兄弟院校经验开展毕业设计教学工作，特点为多人一图，未建立本校特色。

（2）探索阶段。在上一阶段的经验基础上，开始尝试结合本校特色进行相应探索工作，如电厂项目的引入、数值模拟的开展、结合建筑设计等，此阶段在一定程度上开拓了选题的范围，但出现设计工作量参差不齐、设计深度不够、重论文轻设计轻图纸的问题。

（3）规范阶段。结合上一阶段出现的问题，本阶段持续改革，选题时坚持一人一图、统一建筑图纸要求，建立设计成果清单，在图纸数量、深度、共性问题上进行统一要求，此阶段解决了毕业设计的规定动作问题，至此建环专业毕业设计教学工作进入了稳定发展阶段。

随着我国工程教育专业认证工作的持续推进[2]，华北电力大学建环专业的专业评估（认证）工作也摆上了议事日程，如何结合专业评估（认证）要求开展毕业设计的教学改革，持续提升毕业设计质量，成了亟待破解的新问题。本文即以此问题为出发点对建环专业本科毕业设计的教学改革与实践进行介绍。

1　对标指南标准，强化薄弱环节，统一毕业设计任务

为统一毕业设计设计任务，保证毕业设计满足专业评估（认证）要求，首先对最新发布的《高校学校建筑环境与能源应用工程本科专业指南》[3]进行研读，结合高等学校建环专业评估（认证）标准，详细梳理指南标准对于毕业设计的要求：①需要进行方案论证，对冷热源方案和空气处理方案进行方案比较、技术经济分析；②需要有企业或行业专家参与毕业设计的指导与考核；③需要制定系统全年节能运行调节和自动控制方案；④提倡建筑信息模型（building information modeling，BIM）技术的应用。

在此基础上，将毕业设计任务划分为两大类：基本任务和自由任务。

（1）统一规定基本任务，在常规设计任务之外，主要包含：①经论证分析确定整个建筑的空调方案；

---

* 郑国忠（1982—　），男，博士，副教授。研究方向：建筑环境与能源应用工程。联系地址：河北省保定市永华北大街619号华北电力大学62信箱，邮编071003。E-mail：ansystem@126.com。

基金项目：华北电力大学动力工程系教育教学改革项目资助。

②进行冷热源方案的论证比较和技术经济分析；③进行暖通空调系统的运行调控分析，包含空调系统的季节性变化、负荷变化的运行工况调控与分析以及节能措施。

（2）自由任务为指导教师可酌情考虑的设计任务，主要包含：①进行暖通空调系统全年能耗计算；②进行气流组织方案数值模拟；③基于 BIM 软件进行绘图。

通过统一规定基本任务，毕业设计的工作量、设计深度、设计广度可基本保持一致。对于学有余力的同学，可通过自由任务鼓励其努力钻研，与专业设计竞赛结合完成有一定难度的设计工作。

2 引入企业行业专家，设立企业导师，完善毕业设计指导模式

为引入企业或行业专家参与毕业设计的指导[4]，采用企业导师和专题讲座两种形式。在院系的企业导师统一选聘指导和审核下，华北电力大学建环专业从保定市相关设计院共引入了 9 位企业导师，采取了双导师制的毕业设计指导模式。根据专业教师、企业行业专家的知识储备特点和指导时间特征，理顺专业教师、企业行业专家在指导中的分工。专业教师侧重于选题、工程计算、设计进度把控、论文撰写审核，企业行业专家侧重于方案论证、步骤优化、程序化、设计深度把控、图纸规范化。同时，邀请企业行业专家利用讲座的形式分专题、设计不同时间节点为专业教师和学生讲授设计过程中的工程问题，解决设计过程中学生的疑惑。讲座的专题涉及负荷的计算、空调系统方案论证、冷热源方案技术经济分析、特殊空间气流组织、图纸深度及规范性、设计步骤及注意事项、BIM 在毕业设计的应用等。

3 开展课程思政，提升毕业设计育人效果

在华北电力大学建环专业培养目标的总体框架之内，制定了毕业设计课程思政目标[2,5-8]：培养严谨、实事求是的科学态度；培养社会责任感，树立节能、环保、可持续发展意识；理解遵守标准、规范在设计中的重要性，培养学生正确的工程思维、健康的工程伦理和优秀的职业素养；培养分工协作、团队合作精神。

首先，确定了全过程、全时空的毕业设计课程思政总体育人模式。其次，结合设计进程，在设计内容和设计环节中挖掘思政元素，或者在方案论证中寻找需要呈现的价值观和思维方式，完成了课程思政元素提炼和融入教学设计表。最后，指导教师在指导过程中将思政教育穿插于专业知识实践中，将理性的专业知识实践和感性的思政教育有机结合起来，实现在实践中学习践行课程思政，使课程思政知行合一。

毕业设计课程思政教学范式设计如图 1 所示。

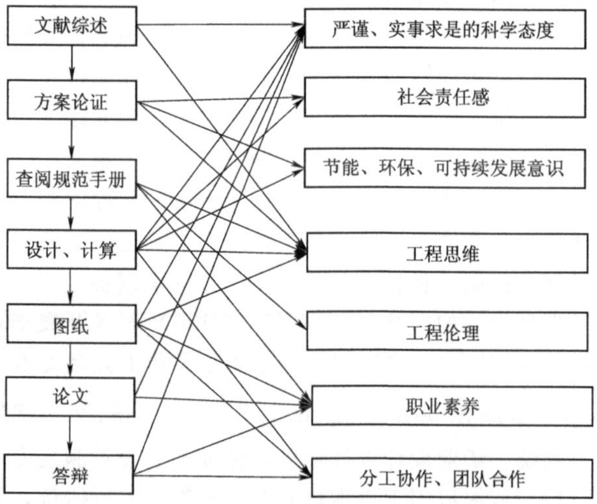

图 1 毕业设计课程思政教学范式设计

4 拆解毕业设计内容，分解毕业设计步骤

在进行毕业设计过程中，学生经常对毕业设计步骤及时间分配、设计完成深度、设计阶段成果感到疑惑，这导致他们不能主动解决毕业设计过程中一个个设计任务和设计问题，而是变成“等、靠、要”，极大影响了毕业设计的进程和质量。

为解决上述问题，需结合企业行业专家的共同力量，梳理毕业设计任务，拆解毕业设计内容，分解毕业设计步骤，明确每一步设计步骤需完成的设计内容。根据学校毕业设计总体时间安排，在此基础上绘制毕业设计进度计划甘特图，同时罗列阶段成果清单及完成标准，使毕业设计规范化、程序化、直观化。结合绘制的设计进度计划甘特图，录制一定量的微课视频，分布于不同的时间节点，使毕业设计的指导随时化、可视化。

5 改革考核方式，完善成绩组成，科学评价学生毕业设计质量

传统的毕业设计成绩通常为答辩小组根据答辩总体情况给出，给分较笼统，不细致，不能充分合理评价毕业设计的质量，也未能科学权衡平时表现、图纸、论文和答辩情况的表现。为解决传统给分方式的问题，在多年的指导实践中，借鉴理论课程成绩组成，将毕业设计成绩分为指导教师评分（满分 100 分，占总成绩 30%）和答辩小组评分（满分 100 分，占总成绩 70%）两部分。

指导教师评分由指导教师根据学生平时的学习态度、工作纪律、分析问题和解决问题的能力、工作任务

的完成情况、设计的质量等给予评分。答辩小组评分由答辩小组根据学生的图纸表现、毕业论文质量和答辩表现分别给分。其中，图纸表现（满分 100 分，占总成绩 25%）主要考查图纸质量、图纸规范性、系统设计合理性、设备布置及管线设计、图纸深度等；毕业论文质量（满分 100 分，占总成绩 25%）主要考查计算方法是否正确、计算数据是否可靠、内容是否全面、层次是否合理、语言是否通顺、撰写是否符合规范等；答辩表现（满分 100 分，占总成绩 20%）主要考查学生回答问题的全面性、正确性和流利性。总成绩根据各部分给分及其权重计算得出，最终成绩采用五级评分制给出：优（90≤总成绩≤100）、良（80≤总成绩<90）、中（70≤总成绩<80）、及格（60≤总成绩<70）、不及格（总成绩<60）。

答辩采用公开答辩形式进行，指导教师回避。答辩小组由专业教师和企业导师共同组成。评优学生安排在同一小组进行。答辩时，学生先汇报毕业设计工作，而后评委根据设计工作提出后续修改工作，并提出 3～5 个问题，学生进行回答。

上述改革措施优化了毕业设计成绩的组成，科学评价了学生毕业设计质量，即考虑了图纸、论文和答辩表现，也将平时表现纳入总成绩评定。此外，企业导师参与答辩，也满足了需要有企业或行业专家参与毕业设计考核的要求。

6　结语

作为建环专业综合应用的一门课程，毕业设计的教学改革以专业指南标准为纲，以提升毕业设计质量为抓手，通过完善设计任务、设立企业导师、开展课程思政、制定进度甘特图、完善考核方式，探索出了一条适合华北电力大学建环专业培养目标的毕业设计教学模式。通过近两三年的实践，这种改革模式大大提高了毕业设计完成度和质量，也为建环专业实践环节的教学提供了参考经验。

后续教学改革可通过邀请企业行业专家、专业教师、学生，通过问卷调查、座谈会等形式，对毕业设计的指导方式、设计过程中存在的问题、质量的提升措施提出改进意见，建立毕业设计质量反馈机制，持续改进毕业设计质量。

参考文献：

[1]　王兰，刘斌，郝长生．“新工科”背景下建筑环境与能源应用工程专业毕业设计的持续改进 [J]．教育观察，2024，13（1）：67-69.

[2]　王勇，刘猛，陈金华，等．对标工程认证基本要求的毕业生设计选题探索 [J]．高等建筑教育，2024，33（1）：36-43.

[3]　教育部高等学校建筑环境与能源应用工程专业教学指导分委员会．高等学校建筑环境与能源应用工程本科专业指南 [M]．北京：中国建筑工业出版社，2023.

[4]　李栋，齐晗兵，张云峰，等．校企联合指导建环专业毕业设计模式创新与实践 [J]．教育教学论坛，2017（35）：13-14.

[5]　李俊梅，孙育英，简毅文，等．在课程设计和毕业设计环节培养建环专业学生的建筑节能意识 [J]．教育教学论坛，2016（5）：69-70.

[6]　关晓．“课程思政”典型教育案例分析——以暖通空调专业课为例 [J]．安徽建筑，2024，31（2）：115-116.

[7]　张玉瑾，王雪锦，孙勇，等．新工科背景下建环专业毕业设计教学改革与实践研究 [J]．山西青年，2021（24）：53-54.

[8]　马凤娟，李涛．“专业—思政—实践”一体化教学模式在“毕业设计”课程中的应用 [J]．黑龙江教育（理论与实践），2024（6）：58-61.

“双碳”与新工科背景下制冷机制造工艺教学改革探索

赵松松*，朱宗升，刘斌，张娜，陈爱强

（天津商业大学，农业农村部农产品低碳冷链重点实验室，
天津市制冷技术重点实验室，天津 300134）

【摘　要】我国作为全球制造业超级大国，具备低碳与创新综合能力的制造专业人才是实现我国“双碳”目标的关键。本文针对当前制冷机制造工艺课程现状，总结了“双碳”与新工科背景下教学内容、教学模式及师资队伍建设等方面存在的问题。在改革探索方面，提出首先加强跨学科知识的融合，强调环保、节能和可持续发展的理念，引入实际案例和应用场景，形成更加综合、多元的知识体系；其次提高信息化教学水平，联合企业共建实践基地，在实践中提升综合创新能力；最后加快推进“双师型”跨学科师资队伍高质量建设，构建协同育人的教学及多元化评价体系。

【关键词】“双碳”；新工科；制冷机制造工艺；教学；改革

0　引言

在全球气候变化的背景下，实现“双碳”目标已成为国际社会共同关注的焦点。实现碳达峰碳中和，是贯彻新发展理念、构建新发展格局、推动高质量发展的内在要求，是党中央统筹国内国际两个大局作出的重大战略决策。2024 年 1 月发布的《中共中央　国务院关于全面推进美丽中国建设的意见》明确提出“到 2035 年，广泛形成绿色生产生活方式，碳排放达峰后稳中有降”等目标任务[1]。同时，新工科教育的兴起也为工程教育领域带来了新的机遇和挑战。制冷行业尤其是冷链物流行业，一方面担负着国家民生工程的时代艰巨使命，另一方面则关系国家安全与食品安全，自然也是“双碳”目标下概莫能外的重点领域。然而其涉及大型冷冻冷藏及储运设备，同样是一个能源消耗大、碳排放多的领域[2]。周雁翎提出要结合先进的技术装备，从冷链物流产业链上、中、下游全链条、全环节入手，融入智能化、科技化、数字化物流系统，通力合作积极落实具体行动，共同打造一个高效的绿色低碳冷链供应链，实现经济效益和生态效益的结合[3]。李佳明等指出我国基础设施建设不足且分布不均，低碳技术落后，冷链物流信息化程度低是制约我国冷链物流行业低碳发展的重要因素[4]。庄兆意等以制冷技术课程为例，从引入虚拟仿真实验平台、加强教师团队建设和形成“理论授课＋虚拟仿真＋工程实训”三合一教学体系等角度探索教学改革，实现提高学生自主学习能力和创新创业能力的教学目标[5]。在这样“双碳”及新工科的背景下，制冷机制造工艺课程作为制冷行业装备制造板块的重要课程，其低碳化、数字化、智慧化的教学改革显得尤为重要。本文旨在探讨“双碳”与新工科背景下制冷机制造工艺课程的教学改革，以期培养出既具备扎实理论基础，又具有实践能力和创新精神的制冷机械制造人才。

1　制冷机制造工艺课程教学现状

天津商业大学始建于 1980 年，自建校之初制冷专业就被作为一项重点学科设立，是我国成立较早的制冷专业院系。经过 40 余年的发展，天津商业大学能源与动力工程专业获批成为国家级一流本科专业建设点，拥有近 20 个省部级及以上教学和科研平台，师资力量雄厚，培养了一批批具有高度社会责任感、深厚商学素养的复合型应用型创新创业人才。制冷机制造工艺课程作为制冷专业的一门专业课，着重阐述制冷系统制冷机与附属设备的制造工艺，其课程安排主要分为课堂授课、实验课程和综合实践课程；课程总课时为 32 学时，

---

* 赵松松（1988—　），男，博士，副教授。研究方向：制冷系统控制策略优化。联系地址：天津市北辰区光荣道 409 号，邮编 300134。E－mail：songsongzhao@tjcu.edu.cn。

基金项目：国家一流本科课程制冷装置设计（A231006901）、工程师职业道德与责任（24KCJS0110）。

其中理论授课为24学时，实验课程为4学时，综合实践课程为4学时。课程内容包括制冷压缩机的制造工艺与装配工艺、冲压成型工艺、塑料成型工艺、焊接及其检验的方法、压力容器制造工艺、换热器的制造工艺、冷藏箱的隔热工艺、制冷装置装配工艺等内容。参考教材包括：《制冷装置制造工艺》（李宇春主编，人民邮电出版社）、《机械制造工艺学》（王先逵主编，机械工业出版社）、《制冷装置制造与维修工艺》（韩耀明主编，机械工业出版社）、《压缩机制造工艺》（金光熹主编，机械工业出版社）、《压力容器结构与制造》（王志斌主编，化学工业出版社）等。此课程旨在使学生对制冷机的加工工艺特点、方法有总体和基本的认识，能进行各种制冷机制造工艺的设计、工艺规程的制订。然而，随着近些年学科的不断发展，以及相关制冷专业方向的不断调整，现行的制冷机制造工艺课程知识体系及参考教材陈旧、教学方案较为单一的课程体系和填鸭式的课堂教学模式，已无法满足当今社会对于制冷工程类专业的创新型、复合型、应用型人才的需求。

2 “双碳”与新工科背景下制冷机制造工艺教学问题

教材内容及其知识体系单一。当前课程参考教材年代久远，以主要参考书籍《制冷装置制造工艺》为例，于2003年出版后再无更新，内容陈旧，知识体系单一，往往无法及时反映最新的科技发展和社会变革情况。

在交叉学科融合方面，现有教材往往缺乏对不同学科之间联系和互动的深入探讨。特别是本课程涉及多学科交叉领域，如金属工艺、机械制造、压力容器、高分子化工等，需要进行更多的深入融合和协同创新。这导致学生在面对复杂问题时无法综合运用所学知识进行解决。在信息化和低碳化方面，现有教材往往缺乏相关的内容和案例，这导致学生在学习和实践中无法充分理解和应用这些现代化理念。

在教学方式方法上，主要仍以课堂授课为主，实践环节为辅的方式，缺乏与现代教育技术相结合的内容和形式，使学生在学习过程中无法充分利用信息化手段提高学习效率和实践能力。教学师资团队方面同样以工程热物理或制冷专业的教师为主，缺乏机械、材料及化工等专业领域的教师协同授课，无法使同学们全面细致地了解内在的机理问题及各学科之间的内在联系，知识碎片化严重。

3 制冷机制造工艺教学改革与探索

（1）教学内容方面。优化完善制冷机制造工艺课程教材，及时将新的科技进展和社会热点融入教材中，亦可组织优势师资团队编著新教材。同时，添加必要的跨学科知识内容，打破传统学科壁垒。引入更多的实际案例和应用场景，让学生了解这些理念在实际操作中的具体应用。同时，也可以加强与相关行业的合作，共同开发具有针对性的教材和教学资源，形成更加综合、多元的知识体系。针对“双碳”目标，教学内容应强调环保、节能和可持续发展的理念，将绿色制造技术、新型制冷技术装备、精密仪器加工技术等前沿内容融入课堂。同时，结合新工科教育的要求，加强跨学科知识的融合，如将信息技术、大数据等与制冷机制造工艺相结合，拓宽学生的知识视野与信息化水平。

（2）教学模式方面。进一步提高信息化教学水平，在教育中加强信息化技术的应用，如在线教育、智能教学等，提高教育教学的效率和质量。同时，也应培养学生的信息素养和数字化技能，使他们更好地适应信息化社会的发展。持续加强实践教学，结合生产实习，联合企业共建实践基地，切实落实实践教学环节，由企业负责学生实践环节成绩的考核与评定。让学生更多地参与实践活动，提高他们的动手实践能力和解决问题的能力。同时，学校也应提供更多的实践教学资源和平台，支持学生的实践创新活动。

（3）师资队伍建设方面。依托学校多元化、多层次的人才体系，整合完善跨学科专业师资队伍，涵盖物理、机械、材料、热力学、化学、管理等多学科教育资源，加快推进“双师型”师资队伍高质量建设，提升课堂教学与工程实践相结合授课的实际效益，构建协同育人的教学及多元评价体系。此外，教学过程中老师们应积极引导学生更多地考虑经济性指标和“双碳”概念的应用，培养学生的环保意识和经济思维。同时，也应关注产业发展和环境保护的平衡，推动可持续发展。

4 结语

“双碳”与新工科背景下，制冷空调与冷链物流行业的绿色低碳高质量发展对制冷专业人才的培养提出了新的挑战，制冷机制造工艺课程作为重要的专业课，在培育具有低碳和创新综合能力的制冷工程专业人才过程中有着非常重要的地位。鉴于当前制冷机制造工艺课程的教学现状，其改革势在必行。本文首先总结归纳了“双碳”与新工科背景下教学内容、教学模式及师资队伍建设等方面存在的问题。在改革探索方面，提出首先加强跨学科知识的融合，强调环保、节能和可持续发展的理念，引入实际案例和应用场景，形成更加综合、多元的知识体系；其次提高信息化教学水平，联合企业共建实践基地，在实践中提升综合创新能力；最后加快推进“双师型”跨学科师资队伍高质量建设，构建协同育人的教学及多元化评价体系。为培养出既具备扎实的多学科理论基础，又具有实践能力和创新精神的复合型制冷机械制造人才奠定基础。这对于推动制冷行业的绿色可持续发展和实现“双碳”目标具有重要意义。

参考文献：

[1] 许福，张旭辉，曹国栋，等.“双碳”与新工科背景下土木工程材料教学问题及改革对策研究［J］. 高教学刊，2024，10（10）：127-131.

[2] 刘天一，董文仙，王彤，等. 新工科背景下“食品工程原理”教学改革探析［J］. 食品工业，2024，45（4）：190-192.

[3] 周雁翎. 双碳目标下冷链物流高质量发展研究［J］. 中国储运，2024（3）：126-127.

[4] 李佳明，杨淑霞.“双碳”背景下我国冷链物流发展策略研究［J］. 中国物流与采购，2023（15）：96-98.

[5] 庄兆意，王斌，刘乃玲，等. 新工科背景下基于创新能力培养的制冷技术课程教学改革与实践［J］. 大学教育，2023（4）：53-55.

基于社会发展与需求的冷热源工程课程教学方法探讨

牛建会*，吴芋洲，张晨旸，安泽龙

（河北建筑工程学院，河北　张家口 075000）

【摘　要】冷热源工程是供热、供燃气、通风及空调工程专业重要的专业技术课之一，具有重要的实践指导意义。随着社会发展、南北方地区的气候差异以及国家节能减排的需求，现有的课程结构与内容并不能满足学生需求。同时随着科技发展，暖通设备市场上也出现许多现有冷热源工程课程中未提及的设备，为满足学生实践需要，对课程内容进行改进势在必行。本文将从课程内容与结构方面具体探讨如何建设更适合社会需求且符合时代发展的冷热源工程课程。

【关键词】冷热源工程；课程结构；节能减排；社会发展

0　引言

供热、供燃气、通风及空调工程专业是我国普通高等学校土木工程学科的下属二级学科专业，已经有上百年的历史，是一个相当成熟的专业[1]。其主要目的是培养学生对工业及民用建筑的供热、供燃气、通风及空调系统的设计、安装以及研发。主要学习的专业课包含：传热学、流体力学、工程热力学、建筑环境学等。冷热源工程是供热、供燃气、通风及空调工程专业的重要专业课，学习这门专业课要求学生具有一定的专业基础知识，通常为已经学习过传热学、流体力学、工程热力学等的具有良好专业基础的学生开设，主要讲述的内容为冷热源的基础知识与实际应用，包括冷热源设备的基础知识，冷热源设备使用范围。要求学生形成对建筑选取冷热源设备以及进行冷热源设计的能力。但现有的课程内容以及课程结构无法满足学生完成冷热源设计的需求，同时课程内容也存在着与时代脱钩的问题，文章就这些内容展开讨论。

1　冷热源工程现有课程内容

冷热源工程课程从制冷基础知识开始教授，衔接了工程热力学的基础知识，这要求学生应具备良好的基础知识储备。冷热源课程基本内容如图 1 所示，主要分为冷源和热源两部分，冷源部分讲述了制冷基本知识、制冷剂与载冷剂、制冷压缩机、制冷系统设备与机组、吸收式制冷及设备和蓄冷技术；热源部分讲述了供热锅炉、热泵并介绍了其他热源；最后对冷热源系统设计以及冷热源机房设计进行讲述。

1.1　冷热源工程原理

制冷基本知识章节向学生讲述了理想逆卡诺循环的组成、原理及评价指标。制冷剂与载冷剂章节要求学生掌握各种制冷剂的性能指标，熟悉制冷剂的命名规则与分类。制冷压缩机章节要求了解活塞式、螺杆式、离心式制冷压缩机的工作原理。制冷系统设备与机组章节要求学生掌握蒸汽压缩机制冷系统的典型流程与工作特性及其影响因素。制冷系统设备与机组章节要求学生掌握蒸汽压缩机制冷系统的典型流程与工作特性及其影响因素。蓄冷技术章节要求学生建立起蓄冷技术的基本概念以及熟悉各种蓄冷系统的基本组成和应用特点。供热锅炉章节要求学生掌握锅炉热平衡及正反平衡法分析锅炉热效率的方法和锅炉水循环指标及蒸汽品质保证措施。热泵章节要求学生掌握不同热泵的系统形式、热泵热回收系统形式以及各种系统形式在实际工程中的利用特点，熟悉不同热泵在建筑空调供热中的各种系统应用方式以及应用要点，并掌握可再生能源在热泵系统中利用的各种形式。

1.2　冷热源工程计算

制冷基本知识章节重点讲解了蒸汽压缩式制冷循环的基本构成和热力计算[2]。制冷压缩机章节要求学生

---

* 牛建会（1981—　），女，博士研究生，副教授。研究方向：制冷及低温工程。E-mail：zjknjh@163.com。

基金项目：河北省级研究生精品课程冷热源工程建设项目（KCJPX2023048）。

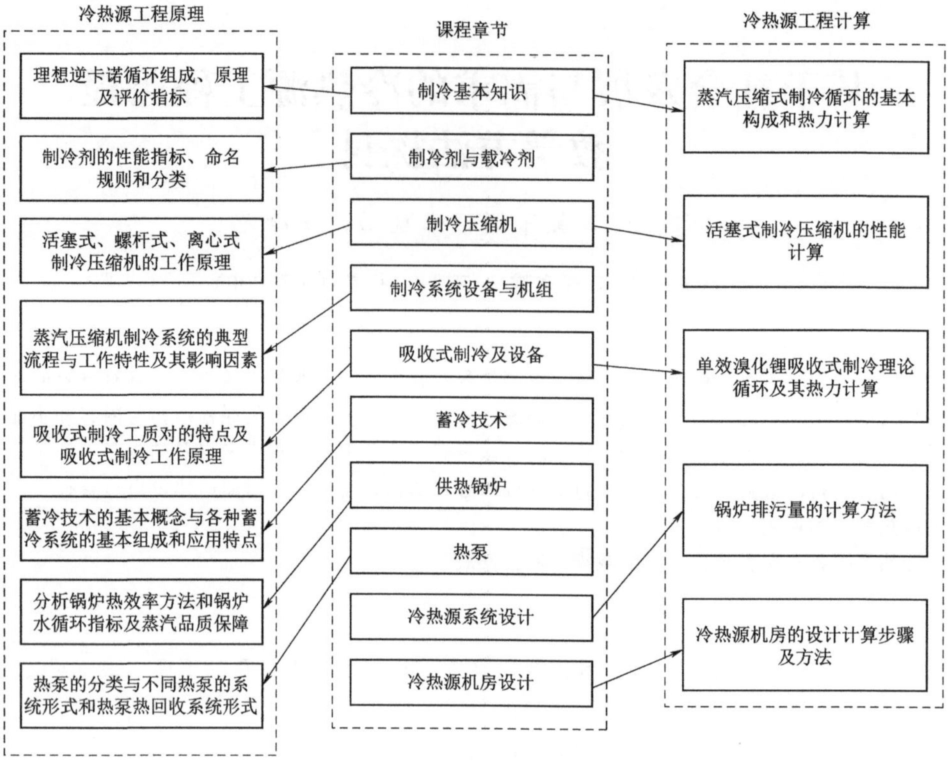

图 1　冷热源课程基本内容

掌握活塞式制冷压缩机的性能计算。吸收式制冷及设备章节要求学生掌握单效溴化锂吸收式制冷理论循环及其热力计算。冷热源系统设计章节要求学生了解冷热源水质管理的重要性，熟悉锅炉给水的除氧原理及设备，掌握锅炉的排污量的计算方法。

从课程各环节布置来看，冷热源工程的讲授从原理出发，由冷热源各个部件的学习再到冷热源整个系统的设计学习。当学生学习完冷热源工程这门课，应能够独立完成如下要求：①扎实掌握各制冷剂与载冷剂的选用要求并清楚各制冷剂的优缺点；②掌握蒸气压缩式制冷循环过程、技术及系统的设备组成，掌握制冷循环计算及系统性能分析[3]；③掌握一定的冷热源系统设计，并能够选取合适的冷热源设备。

2　对现有课程结构与课程内容的思考

2.1　课程结构

图 2 为现有课程结构，从课程结构可以看出，现在对冷热源工程这门课的讲授主要集中在冷热源系统各部件如压缩机与制冷机以及冷热源整个系统的理论计算，辅以冷热源系统其他部分的原理讲述。通常这门课的讲授多以课件 PPT 为主，讲授完原理便讲授各部件的性能热力计算，这样的好处是能够使学生拥有扎实的原理知识与冷热源设计所需的计算能力，使学生能够胜任工作中的研发设计需求。但冷热源工程作为供热、供燃气、通风及空调工程专业研一所开设的专业课，与研究生未来所要进行的实验有着紧密的关联，这就注定冷热源工程是一门与实践结合十分紧密的专业课，这就要求冷热源工程课程的讲授形式不能只局限于纸上谈兵。

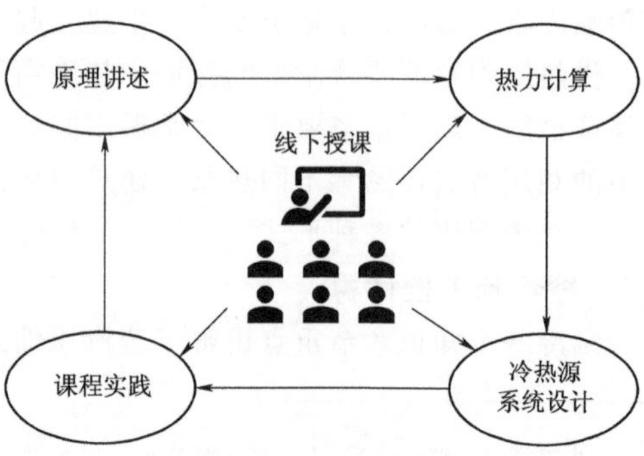

图 2　现有课程结构

2.2　课程内容

2.2.1　现有内容指导实践效果不佳

现有的课程内容在基础内容方面有以下问题：

(1) 制冷剂章节内容不能满足学生需求。制冷剂章节的讲授主要以介绍各制冷剂的参数为主，这种讲授方式容易使学生对各制冷剂优劣没有直观的感受，使得学生在学习这一章节后并不能很好地理解各制冷剂之间的区别从而在日后工作中对制冷剂的选择产生疑惑。

(2) 冷热源部件章节内容形式不合适。制冷压缩机与吸收式制冷及设备章节，对各类型压缩机与吸收式制冷机的讲授主要以动图与视频为主，这会导致学生无法真正理解其结构原理，导致在面对实际制冷压缩机与吸收式制冷机时出现眼高手低不能正确使用各部件的现象。

2.2.2 课程内容未能因地制宜

蓄冷章节对不同地区学生无法做到结合实践教学，在现有的课程规划中蓄冷技术占有一个章节，而对于北方城市天气炎热时间较短，蓄冷技术无法达到预期效果并且居民需求不高，对于从事北方建筑暖通设计的学生较为鸡肋。同时现有章节缺少蓄热技术相关知识，随着南方经济的发展以及北方对新的供暖方式的需求，新型的蓄热技术使用逐渐增多。在课时日渐紧缩的情况下，学习不符合地区需求的章节不仅无法指导学生进行实践，同时也会减少其他章节的授课时长，造成老师与学生授课与学习时间上的紧迫。

2.2.3 课程内容未与时俱进

在现有的课程规划中，供热锅炉内容主要以传统的燃煤、燃油和燃气锅炉为主。而随着科技的发展以及国家《"十四五"节能减排综合工作方案》(国发〔2021〕33号）中城镇绿色节能改造工程对北方地区清洁取暖的指示，传统的锅炉无法满足节能减排的需求，而电锅炉的出现则能满足这些要求。这就要求授课教师在讲授供热锅炉章节不能只局限于现有内容，更应该与时俱进增加新型节能锅炉的课程内容。

热泵作为一种优良的清洁能源取暖设备，因符合国家节能减排的需求而常常出现在北方的建筑中，同时随着南方经济的发展，南方居民冬天用暖需求的呼声越来越高，对于传统的锅炉式集中供热具有造价高、管路布置难度大等问题，不符合南方城市的需求，所以采用造价低廉、管路布置相对简单的热泵来满足南方居民的取暖需求。这些都证明社会对于热泵技术的需求与日俱增。这也就要求学生应学会以热泵为基础来进行冷热源系统设计，而老师在讲授冷热源工程课程时也应增加热泵章节的比重。

通过冷热源工程的学习，学生掌握了压缩机、制冷机原理与以锅炉为基础的冷热源系统设计。却无法对实际制冷机与压缩机的各部件产生联系，缺少实际动手能力。部分课程内容不适应学校所处地区的实际情况导致学生学而无用。同时课程内容的落后也使得学生所学知识无法满足国家对节能减排的要求，无法进行节能改造等深层次研究。

3 课程结构与内容的建设方案

供热、供燃气、通风及空调工程专业的学生就业方向除了传统的空调与供暖设计，还有建筑节能设计与新型供暖设备研究等就业方向。同时为了响应国家对北方地区的清洁取暖改造指示，因此冷热源课程结构在原有的冷热源基础讲授、传统供暖设备研究的基础上，应增加清洁能源、固体蓄热、各类热泵的知识技术。

为了解决课程内容与学生未来从事工作不匹配的问题，应从以下方面进行建设。

3.1 增加与基础内容相关的实践

在讲授制冷剂、压缩机和制冷机等冷热源系统部件时应与实践进行结合，以做实验的方法让学生直观地感受到不同制冷剂的优缺点，锻炼学生面对不同工况下选择相应制冷剂的能力。与设备厂家进行校企合作，或与工程实习进行联立，让学生对压缩机和制冷机等设备进行拆装，充分了解各部件作用以及安装方式，让学生能够做到手里摸着，脑里想着，做到实践与理论相结合，避免学生在以后的工作中出现眼高手低或者只懂技术不懂原理的问题，为国家培养知行合一的新时代工科硕士。

3.2 结合学生就业地区对课程内容增减

现有的冷热源工程课程内容中的蓄冷技术章节在北方寒冷地区对学生指导意义略少，北方地区的任课教师在讲述此章节时可以适当进行删减，同时结合学校情况进行蓄热技术方面知识的讲授。南方地区随着经济的发展和人民生活水平的提高，对于冬日供暖的呼声日益见长，对于暖通专业供暖设计的需求也逐渐增加，蓄热技术则是供暖技术中不可或缺的一部分，所以南方地区学校也应增加蓄热技术的讲解。

3.3 结合生活实际对课程内容增减

锅炉章节现主要以传统燃煤、燃油和燃气为主。而电锅炉作为一种新型锅炉具有占地面积小、启停速度快、控制精度高、运行维护方便、高效节能、绿色环保等优点[4]，贴合我国节能减排方针并且适合作为供暖锅炉的供热热源，因此课程内容中应适当加入电锅炉原理与发展现状。

冷热源工程课程现有的热泵内容较为浅显，同时教师授课时对热泵章节内容较不重视，期末考核热泵章节占比较少，而为了实现国家的“十四五”节能减排计划，实现北方清洁供暖，热泵技术是不可或缺的一部分。同时南方冬天居民对于供暖的需求逐渐增加，但传统锅炉集中供暖并不符合南方城市的情况，而热泵技术则因其体积小、造价低等优点，更适合对南方进行供暖改造。因此增加热泵章节占比对供热、供燃气、通风及空调工程专业的学生毕业后所进入建筑节能改造的领域或者南北方供热建设都有较好的指导意义。

3.4 课程结构的改进

随着教育改革，各专业课的课时逐渐缩减，授课教师合理安排各章节讲授时间占比十分重要，对于冷热源工程课程来说，在原理讲解的基础上，利用所学知识去指导学生进行实践至关重要。

在讲授原理时教师应积极利用线上资源来辅助线下课堂进行原理讲解，增加学生知识面，如利用 B 站、中国大学 MOOC 和学习通等拥有丰富视频课资源的平台来讲解专业最新前沿技术，以此培养学生兴趣与知识面，甚至可以将一部分较简单易懂的知识向学生指定网络视频课学习，辅以线下课程检验学生学习情况，以达到缓解课时不足的难题。在专业计算方面，通过课本例题锻炼基础计算能力，同时结合学生所处环境，让学生分组讨论和计算教室或宿舍所用暖通设备能耗，锻炼学生实践计算能力。同时积极利用 QQ 群、雨课堂来配合讲授内容、发布课堂测试[5]。合理利用学生线上视频课自学与平台完成课堂作业，有助于培养学生科研自驱力和意志力，促进学生专业素质和素养的提升[6]。

在实践方面，提前布置学习任务，通过线上视频课程让学生提前了解实操内容。线下课由老师引导，学生分组讨论完成课程设计。课后进入实训基地或合作企业进行实际操作，总结实践中出现的问题，最后再返回课堂由老师进行答疑。完成学习原理—讨论方案—实际操作—问题总结—老师答疑的课程循环，图 3 为改革后的课程结构。

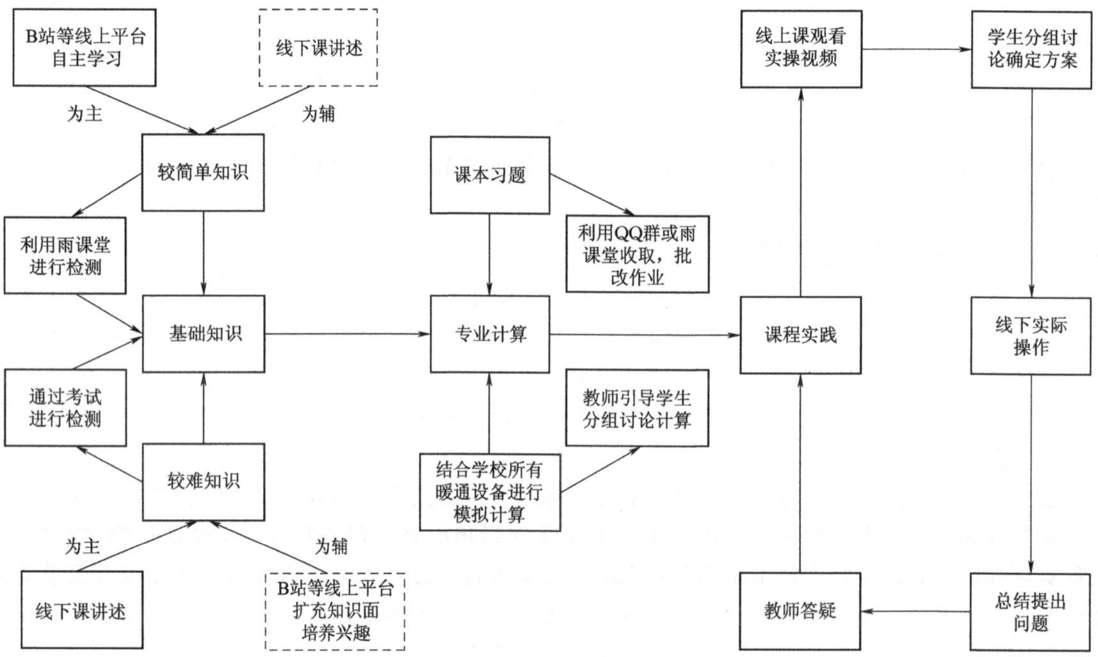

图 3　改革后的课程结构

4　冷热源工程课程思政建设

除了对冷热源工程课程的课程结构与内容进行建设，还应进行冷热源工程课程的思政建设。高校不但要向学生讲授专业知识，还要培养学生正确的价值观，将知识传授与价值引领相结合，教书与育人相统一，打通文理壁垒，让学生发现专业科学的真善美，使冷热源工程课程体系更加时效化和立体化[7]。

此外，冷热源工程作为工科专业课程，通常开设在土木工程的二级学科专业中，这就注定冷热源工程课程与现实生活息息相关，将思政建设摆到与专业知识同等地位才能培养出拥有专业技术与职业操守的暖通工程师。同时冷热源工程课程涉及的制冷剂、供热锅炉和热泵等环节，与能源环境问题紧密相连，例如酸雨、臭氧层破坏、环境污染问题都与制冷剂滥用离不开关系，而供热锅炉是北方冬天雾霾严重的原因之一，热泵则是国家开展节能减排不可缺少的一环。冷热源工程思政建设有助于学生树立科学发展观，提高工作中的环保意识，更负责地为社会做出贡献。

因此，冷热源工程课程的思政建设对于培养学生的综合素质、塑造职业道德、提升社会责任感以及强化课程教育效果都具有重要的意义。

5 结语

冷热源工程作为供热、供燃气、通风及空调工程重要的专业课程，具有非常重要的实际指导意义，但随着社会需要的发展，高校应结合学校所处地区、毕业生就业方向，以及学校自身特质合理安排课程结构与内容的布置，同时结合课程思政建设，为国家与人民培养出具有高尚职业道德与具有符合实际需要的专业型暖通人才。

参考文献：

[1] 刘猛，喻伟，蒋琰．基于工匠精神培养的冷热源工程课程教学改革与实践［J］．教育教学论坛，2017（38）：132－133.

[2] 丁勇，刘猛．冷热源工程课程结构体系建设探讨［J］．高等建筑教育，2011，20（2）：77－78.

[3] 欧阳琴，欧阳敏，付峥嵘，等．高等教育改革形势下“冷热源工程”课程体系建设再思索［J］．福建建筑，2014（11）：119－120.

[4] 张铜宇．浅析电锅炉应用及锅炉房设计［J］．中国设备工程，2023（7）：120－122.

[5] 宋翀芳，雷勇刚，杜保存，等．建筑冷热源课程混合式教学模式探索与实践［J］．高等建筑教育，2023，32（1）：185－191.

[6] 俞炟，王海龙，王家彪，等．新媒体时代下工科教学模式探索与实践——以流体力学课程为例［J］．高教学刊，2023，9（27）：113－116.

[7] 孙彦红，鲁进利，王昌龙，等．信息化教育背景下冷热源工程课程思政建设探索［J］．安徽工业大学学报（社会科学版），2022，39（2）：64－65.

"大思政"格局下工程流体力学实验教学改革与实践

刘聪*，盛健，霍中言，陈甜甜，张丁文

（上海理工大学，上海 200093）

【摘　要】 课程思政是新时代高校课程改革的核心内容，更是现代高等教育体系中不可或缺的一环。工程流体力学实验是能源与动力工程学院的必修专业课程，本文从工程流体力学实验教学课程思政的意义、工程流体力学实验课程的思政改革、教师队伍建设的重要性三个方面，以期在工程流体力学实验课程教学中实现"三位一体"的教学目标，即知识传授、能力培养和价值塑造的有机结合。培养具有良好品质和强烈社会责任感的高素质创新型人才。

【关键词】 课程思政；实验教学；教学改革；工程流体力学实验

0　引言

全国高校思想政治工作会议于2016年12月7—8日在北京召开，会上强调，高校思想政治工作关系高校培养什么样的人、如何培养人以及为谁培养人这个根本问题。要坚持把立德树人作为中心环节，把思想政治工作贯穿教育教学全过程，实现全程育人、全方位育人，努力开创我国高等教育事业发展新局面。

"把思想政治工作贯穿教学全过程，开创我国高等教育事业发展新局面"是新时代国家对于高等教育的要求[2]。课程思政作为新时代高等教育的重要组成部分，其核心在于将思想政治教育融入课程中，让思政元素自然渗透，构建一个全方位、多角度、相互支撑的思想政治教育体系。这种春风化雨、润物无声的教学方式，旨在帮助学生树立正确的世界观、人生观和价值观，坚定"四个自信"，实现知识传授、能力培养和价值引领的有机结合。

工程流体力学实验是上海理工大学能源与动力工程学院的一门专业必修课程，开课时间为大三上学期，课程设置为16学时的实验教学。工程流体力学实验是能源与动力工程、环境工程专业的学科必修课程，它的实验课程全面概括了流体力学中水静力学、流体运动学、流体动力学、流体运动相似理论、黏性流体力学基础、管路阻力计算、气体动力学基础等主要知识点，使学生从掌握经典和现代的实验技术起步，理论联系实际并加深理解理论知识，培养学生的实验操作能力、理论联系实际能力、解决问题能力。通过工程流体力学实验，使学生掌握基本操作技能，增强感性认识，巩固并加深对基本概念的理解，学会整理、分析和解释实验数据，为今后的专业学习和从事科学研究奠定良好基础。

本文将依据工程流体力学实验课程的授课内容，认真审视课程中包含的思政元素，深挖课程所承载的思政教育功能。将课程思政建设置于教学改革的核心地位，通过教学实践中的积极探索与实践，力求实现知识传授与思政教育的紧密结合，达到协同育人的优良效果。为其他能源动力类实验课课程思政教学改革的开展提供一定参考。

1　工程流体力学实验教学课程思政的意义

1.1　工程流体力学实验课程思政的必要性

随着社会经济的飞速发展，人类的生活发生了巨大的变化和进步，但与之而来的能源问题也日益突出，实现能源可持续发展遇到了瓶颈[1]。习近平总书记强调，新时代新征程上，思政课建设面临新形势新任务，必须有新气象新作为。落实立德树人根本任务，坚持思政课建设与党的创新理论武装同步推进。在这样的新

* 刘聪（1992—　），女，学士，助理实验师。研究方向：工程热物理。联系地址：上海市杨浦区军工路516号综合楼C区，邮编200093。E-mail：cliu@usst.edu.cn。

时代背景下，党和国家对为社会输送人才的高等教育学府提出了更高的要求。对于人才的培养不仅要注重知识与技能的“硬实力”，也要关注思想与品德的“软实力”。教育阶段正是学生形成正确的世界观、价值观和人生观的关键时期[2]，加强思政教育不仅有助于学生强烈爱国情感、良好思想品德、较强法制观念的培养，也有助于提升国民素质，推动社会和谐健康发展，为推进中华民族辉煌的中国梦提供有力支撑[3]。在课程教学中不断强化思想政治教育，是实现立德树人的育人目标的重要途径。

工程流体力学实验作为能源与动力工程学院的专业必修课，在课程中融入思政教育也是高校思政工作建设的需要。能源与动力工程学院工程流体力学实验课程思政建设的目标是让学生具备基于能源与动力工程专业基本理论和方法开展基础实验的能力，引导学生深入理解流体力学的基本原理和实验方法，同时培养学生的科学精神、创新能力和工程伦理意识，激发他们对祖国的热爱之情，帮助学生树立正确的人生观和价值观，发扬社会主义核心价值，培养学生的职业责任感和时代使命感，以应对当前新时代背景下能源可持续发展等诸多挑战[4]。

1.2 “大思政”格局下工程流体力学实验的价值定位

工科实验课程是基于实验室开展的，而实验室是高校教学科研的基本场所之一，是学校组织实验教学、开展科学研究、培养学生实践能力、激发创新精神和活力的重要基地，具有功能、资源、实践和创新多重优势[5]。所以实验课程既是大学办学实力和水平的体现，也是高校实现育人功能的重要平台，在培养德智体美劳高素质全面发展人才，增强大学生学习力、创造力、实践力的过程中，发挥着举足轻重的作用。

思政教育是构建在人基础之上的一项社会实践活动，立足于“现实的人”。思政教育功能表现为对社会发展和对人的发展所起的作用。在尊重人、引导人、丰富人、升华人，促进人的全面发展，充分彰显“以学生为中心”的教育理念等方面，与实验课程的教育具有共同性和相通性，因此，将课程思政融入高校实验课程教育不仅具有重要意义，而且具备现实可行性。

2 工程流体力学实验课程的思政改革

2.1 在实验课程中融入课程思政的内涵

工程流体力学实验作为一门理工科课程，涉及的各个实验项目包含辩证唯物主义知识，并且与生产实际关系密切，蕴含着较强的逻辑性和科学性，在立德树人方面优势明显[6]。例如开设的每一个实验项目都是实验人员经过大量的科学实践和大胆的创新研究的结果，每个实验项目都是对学界前辈严谨、求实、创新的科学素养与敬业精神的充分体现。教师在课堂上教给学生的实验步骤和方法看似简单，但是蕴含了科学家在设计这些物理实验时背后的科学素养和态度，这为高校的育人提供了源源不断的动力[7]。因此，实验教师只有将教学内容中的科学人文内涵先挖掘出来，将其融入实验项目教学的每一个环节，才能在向大学生传授知识的同时，培养他们的科学人文素养。

2.2 深挖课程思政元素，丰富教学内容

在给学生教授实验课之前，实验教师应该先挖掘出教材上所有实验项目所涉及的人文、科学、爱国主义等价值的内涵，将其恰当地融入实验教学的各个环节，从而实现润物细无声的育人效果。

在实际教学中可以结合工程流体力学的实际应用和前沿技术，引入水利工程、环保工程等领域的实际案例，让学生在解决问题的过程中感受到工程流体力学知识的应用价值和其背后研究人员承担的社会责任。另外，某个流体实验所需的仪器研发也是很好的切入点。在实际教学中可以引导学生深入思考工程实验师所面临的挑战，这些挑战可能来自技术难题、资源限制，甚至可能是前所未有的理论或设计概念。然而，面对这些困难，工程实验师们展现了锲而不舍的探索精神。他们通过反复试验、调整和优化，不断地改良实验仪器，以推动实验的进展。这种锲而不舍的探索精神、实事求是的批判精神以及团队协作精神，不仅是工程实验师们取得成功的关键，也是推动科学研究和技术进步的重要动力[8]。

通过在实验课堂上深入讲述上述案例，并强调其中蕴含的人文科学素养，大学生们才能够更好地领会每一堂实验课背后所蕴含的工科内涵与精髓。这些实例不仅是关于技术进步的，更是关于科学精神、探索精神和团队合作精神的。可以引导学生理解科学研究的艰辛与乐趣，激发他们的好奇心和求知欲，培养他们的创新精神和实践能力。对于育人工作具有深远的影响，为培养全面发展的高素质人才打下了坚实的基础。

2.3 改革实验课程教学方法和考核机制

工程流体力学实验课程思政的实施应以课程目标为核心，为了达到课程的教学目标，在教学过程中将对

教学内容进行持续的调整优化，把思政元素融入教学设计中，在课堂教学中强化思政教育。同时开发整合教学资源，充分综合利用网络教育平台等，采用线上、线下混合教学模式，采用案例式教学、视频教学、课堂讨论、专题报告等多种教学手段，在传递专业知识的同时不断提高学生的思想道德品格及职业素养，最终实现人才的全面培养[9]。

在线上教学中，“课程思政”德育元素可以激励学生深入思考，而“四个革命、一个合作”能源安全新战略的理念则可以通过播放时效性较强的课堂思政教学视频，让学生更加清楚地认识到能源发展的重要性和必要性，激励他们对能源类专业知识的学习热情以及对专业学习的认同感和使命感。在线下教学中，可以采用互动式、讨论式、案例式等多种教学方法，激发学生的学习兴趣和主动性。同时，可以结合虚拟仿真技术、多媒体教学等现代教学手段，提高教学效果和教学效率，激发学生的学习兴趣和学习主动性。

考核是一种评估手段，旨在衡量学生对理论知识的掌握程度以及教学效果的质量。在思政格局下，工程流体力学实验的教学改革需要紧紧围绕其教学目标和立德树人两项任务来开展，所以在课程考核上，采用了多元评价方法。为全面提升学生的综合素质，强化学生的德育和思政教育考核，运用目标评价与过程性评价，理论与实践、思想价值观与专业知识相结合的评价模式。工程流体力学实验课程的总成绩分为平时成绩和实验报告成绩，所占比例为四比六。课程的平时成绩，是考勤及课堂表现，课堂表现就包含了上课过程中对于预习材料的理解和一些思政问题的讨论。在实验报告中，除了考查学生对专业实验知识的掌握程度，更要着重评估他们在解决实际问题时所展现出的能力，包括如何灵活运用所学知识和方法论，鼓励学生进行深入思考。这可以通过设置开放性问题来引入对思想价值观的考核，例如“作为当代大学生，你打算如何利用你的专业知识在所学的领域内推动‘双碳’目标的实践?”通过回答类似问题，可以促进学生对新时代可持续发展的深入思考，加深专业认同感。

3　教师队伍建设的重要性

在思政格局下，实现“思政课程”向“课程思政”的转变是每位任课教师所肩负的重要职责。在工程流体力学实验课程中融入课程思政的目的，在于通过本课程的学习帮助学生成长，培养学生的动手能力和思考解决问题的能力。这就要求实验教师讲课过程中，不能仅仅传授基础的流体力学知识和实验技能，也要紧盯社会发展，将最前沿的研究动态和成果融入所涉及的流体力学实验课程中去[6]。

实验教师是实验教学的核心组织者，他们扮演着启迪学生思想、引导学生成长的重要角色。良好的师德师风对学生的世界观、价值观和人生观的塑造起着关键作用。全面推进课程思政建设，需要教师们在授课中充当学生学习的引导者[10]。这要求高校教师不仅要不断提升自身的业务素养，还要树立正确的思想政治观念。只有不断加强思想政治学习，确保在课堂上始终与党的政策、方针、路线保持高度一致，教师才能向学生传递正能量，弘扬社会主义核心价值观[11]。

综上所述，构建一支优秀的教师队伍是实现高质量实验课程思政教学的基石，这支队伍必须师风正派、政治可靠、业务精湛。这是确保思政教学深入人心的必要保障，也是落实立德树人根本任务的核心要素[2,11]。在日常教育教学工作中，教师需持续自我提升，积极投身于各类主题培训、高级研修及教学观摩等活动中，以不断深化对教育职责和职业使命的理解，进而提升思政工作能力[12]。同时，定期组织教师团队开展资源分享和思想交流活动，共同探讨和解决课程思政教学中的挑战，以全面提高教学团队的思政教学水平。通过这些举措，将教师培养成为拥有强烈“德育意识”和高超“德育能力”的新时代教师，使他们能够在课程教学中如春雨般渗透思政教育，实现润物无声的育人效果，从而为课程思政教学的高质量发展提供坚实保障。

4　结语

在新时代的大背景下，高校思政工作的全面推进成为关键一环，对于工科类的课程而言，必不可少的一环是将思政内容与专业实验课程相结合。对于实验课程而言，其不仅仅是传递科学知识的平台，更是培养生态文明意识和责任感的重要阵地。因此，作为工程流体力学的教师，必须深入思考、挖掘和提炼实验课程中的思政内涵，将其与当前的思想政治理论相结合，这是实现立德树人目标的重要途径，同时也为达成“教学成才目标”提供有力支撑。这种结合不仅使学生掌握专业知识，更在无形中培养他们的思想政治觉悟和道德品质。只有实现从“单独的思政课程”到“课程中的思政元素”的转变，才能真正彰显出实验课程的德育价值。

参考文献：

[1] 彭章娥，黄栩淳．“城市环境安全学”中化学专题和课程思政元素探讨［J］．广东化工，2022，49（6）：225－226．

[2] 彭莘媚，李云萍，贺银菊，等．“大思政”格局下有机化学课程教学改革初探［J］．云南化工，2020，47（5）：184－187，190．

[3] 任婧，马溪平，包红旭，等．“立德树人”背景下《环境化学》课程思政教育教学改革与实践［J］．广东化工，2021，48（15）：248－249．

[4] 冯冬冬，张宇，尹胜君，等．能源动力类专业课程思政建设探索与实践［J］．高教学刊，2024，10（9）：185－188，192．

[5] 白亮，孟兆磊，赵雨霄．“大思政”视域下高校实验室育人功能的实践路径研究［J］．北京科技大学学报（社会科学版），2024，40（3）：53－60．

[6] 单锋，刘莉莉，刘嘉，等．探讨大学物理实验教学中的课程思政教学案例——以霍尔效应实验为例［J］．大学物理实验，2024，37（2）：116－120．

[7] 丁益民，徐钱欣，蔡亚璇，等．新时代背景下大学物理实验的课程思政教学初探［J］．大学物理实验，2022，35（4）：150－154．

[8] 刘晓宇．在高中物理教学中深度融入德育的教学设计与实施［D］．呼和浩特：内蒙古师范大学，2023．

[9] 李颖，岳娇，袁阿娟．“课程思政”与“线上＋线下”实践教学模式的探索与构建［J］．教育教学论坛，2020（52）：59－60．

[10] 孙斌，左匡天，于晓燕．大思政理念下信管专业课程思政改革与实践——以“面向对象程序设计”课程为例［J］．科教文汇（上旬刊），2020（1）：111－114．

[11] 谢晓芸．环境化学课程思政教育的探索与实践［J］．中国现代教育装备，2021（21）：84－85，92．

[12] 刘杰．新时代“大思政”背景下高等数学课程思政的探讨［J］．科教文汇（中旬刊），2021（29）：59－61．

基于产业协同的现代冷冻冷藏技术及云控制管理课程建设与探索

张娜*，刘一卿，陈爱强，朱宗升，胡开永，刘斌

（天津市制冷重点实验室，天津商业大学机械工程学院，天津 300134）

【摘　要】 随着经济、产业的迅速发展，高校人才培养面临着越来越多的挑战和机遇。基于产业协同的现代冷冻冷藏技术及云控制管理课程建设与探索是一项具有重要意义的工作。通过拓展产业协同育人深度、面向问题反馈的教学方法改革、多维度考评体系建设，以及建立面向学生及产业的双向反馈机制等措施，以提高学生的实践能力和创新能力，为培养更多优秀的冷冻冷藏技术及云控制管理人才做出贡献。

【关键词】 产业协同；冷冻冷藏；云控制管理

0　引言

随着科技进步及产业的迅速发展，冷冻冷藏技术在食品、医药、生物科技等领域的应用越来越广泛，为推动我国冷链物流发展提供了重要支撑[1]。特别是在云计算、大数据等新一代信息技术的推动下，冷冻冷藏技术的智能化、网络化、远程化趋势日益明显[2]，高校人才培养面临着越来越多的挑战和机遇。产业发展对高校人才培养提出了更高的要求，需要不断调整和优化人才培养模式，以适应市场需求和产业发展趋势[3]。为了培养适应这一发展趋势的高素质人才，有必要对现代冷冻冷藏技术及云控制管理课程进行教学建设与改革探索。

基于产业协同的现代冷冻冷藏技术及云控制管理课程教学，将学校与企业、研究机构等产业界深度融合，共同开展教学活动，旨在提高学生的实践能力和创新能力，使学生更深入地了解冷冻冷藏技术的实际应用和市场需求，提高其学习的针对性和实用性；同时借助企业的设备和资源，学生可以更好地进行实践操作，提高其动手能力和解决问题的能力；且通过与产业界的交流与合作，教师可以了解最新的技术动态和发展趋势，为课程内容的更新和教学方法的改革提供依据。

1　课程简介与目标

现代冷冻冷藏技术及云控制管理是一门多学科交叉的课程，主要知识体系涉及传热学、工程热力学、流体力学、食品学、组织结构学、信息工程、管理等学科，是将冷冻冷藏设备、装置和食品生产工艺结合的桥梁。通过课程开设，学生对冷链物流全过程会有一个较为全面的理解，同时了解和掌握现在冷冻冷藏技术及云控制管理的基本概念、组成环节、发展趋势等知识，培养学生的创新设计能力，为学生未来投身于中华民族的伟大复兴的建设奠定坚实的基础。

1.1　课程目标

现代冷冻冷藏技术及云控制管理主要围绕冷冻冷藏技术及云控制管理展开，讲述冷冻冷藏技术及云控制管理的发展历程、基础知识和最新进展。配合灵活多样的教学过程，实现现代冷冻冷藏技术及云控制管理课程目标。

（1）获得冷冻冷藏技术及云控制管理的基础知识。包括食品品质变化机理、预冷、冻结、冷藏、冻藏等基本原理，以及在此基础上冷冻冷藏工艺和特点，掌握冷冻冷藏相关技术装备的设计、运行及冷链物流大数据管理要点。该目标主要通过校内教师和企业导师的课堂讲授实现。

（2）获得科技文献阅读和写作能力。获取资料、掌握资料、总结写作是研究生需要具备的基本能力。本

* 张娜（1989—　），女，中共党员，博士，高级工程师，硕士生导师。研究方向：食品冷冻冷藏及高效制冷技术。

基金项目： 国家一流本科课程制冷装置设计、天津市普通高等学校本科教学质量与教学改革研究计划重点项目（A231006901）、天津商业大学研究生教学项目（23YKCSZ0116）。

课程教学过程中，包含课下的文献阅读和冷冻冷藏论文写作，完成后可以使研究生获得基本的科技论文阅读和写作能力。该目标主要通过教学活动中教师组织、安排的课下学习活动实现。

（3）获得协调、组织、思辨和创新能力。通过教学过程中安排的分组思考、讨论、汇报等工作，使研究生学习自我组织、思辨和总结、演讲等能力，培养学生的综合素质。该目标主要通过课堂教学活动安排分组讨论环节实现。

1.2 课程内容体系构建与特色

根据现代冷冻冷藏技术及云控制管理发展趋势，本课程的主要授课内容主要包括冷冻冷藏技术现状、冷冻冷藏技术生理基础知识、差压预冷技术、冰温技术及其关键控制、真空贮藏技术及原理、磁场速冻技术及原理、LED光照保鲜技术及原理、冷链物流云平台监控与数据挖掘和扩展等方面。课程教学内容设置见表1。

表1　现代冷冻冷藏技术及云控制管理课程教学内容设置

章节	教　学　内　容	重 点 与 难 点	学时
第一章 冷冻冷藏技术现状	①我国食品供应安全；②我国食品质量安全；③冷冻冷藏技术现状	我国易腐食品供应方面存在问题题及保证食品供应安全的意义	4
第二章 冷冻冷藏技术生理基础知识	①多孔介质传热传质理论；②食品生理学基础；③食品病理学基础	生物组织多孔介质属性及其传热传质特性	8
第三章 差压预冷技术	①差压预冷发展历史；②差压预冷方式及其特点；③压差预冷装置设计要点	压差预冷方式工作原理和技术特点、风量均匀分配设计	2
第四章 冰温技术及其关键控制	①冰温保鲜的机理与发展历程；②冰温保鲜技术的要点与影响因素；③冰温保鲜装置设计要点	冰温技术保鲜机理；冰温保鲜装置结构特征与设计要点	2
第五章 真空贮藏技术及原理	①真空贮藏技术理论基础；②真空贮藏工艺特征与影响因素；③真空贮藏装备计	基于贮藏理论基础进行工艺设计，并进一步开展装置设计	2
第六章 磁场速冻技术及原理	①磁场速冻的理论基础；②磁场速冻技术影响因素；③磁场速冻装置设计与优化	磁场影响生物组织冻结过程机理及影响的多样性	2
第七章 LED光照保鲜技术及原理	①LED光照保鲜技术理论基础；②LED光照保鲜技术影响因素及调控；③LED设备设计要点	光照条件下的植物生理活动规律；LED光源调控及优化	2
第八章 冷链物流云平台监控与数据挖掘	①冷链数据采集与云传输技术；②冷链物流云平台监控系统；③冷链云监控大数据挖掘与应用	云传输网络搭建；大数据甄别与分析应用	4
第九章 扩展	自选3篇近5年冷冻冷藏技术英文文献阅读，翻转课堂	内容组织、课堂把控	6

基于产业协同的现代冷冻冷藏技术及云控制管理课程，不仅深入探讨了冷冻冷藏技术的核心原理和应用，还广泛涉及了云控制管理的理论与实践。该课程的主要特色体现在以下几个方面：

（1）课程内容的时代性和动态性。冷冻冷藏技术及云控制管理是一门快速发展的学科，目前已经形成了冷链物流学科群。作为一门新技术课程，课程内容结合产业的冷冻冷藏新技术随时更新，从而引导学生的创新精神。特别是结合教师的科研项目，将相关的最新前沿传授给学生。

（2）课程内容的基础性和交叉性。现代冷冻冷藏技术及云控制管理涉及多个学科，技术发展很快，但是基本的原理没有变化，如多孔介质传热传质理论、果蔬生理、病理等基本理论。因此在本课程中，适当地加入一些基本理论，增强了学生对技术发展的历史发展、脉络的理解，从而促进学生创新思维的发展。

（3）授课方式的实践性和多样性。在互联网时代，历史知识获得已经不存在障碍，如何在课堂上实现历史知识和实践、应用和创新结合是课堂教学改革的重点，也是突出课程特色的重要方面。通过“名人”“名师”“名企”进入课堂和学生亲临其境的模拟报告，实现了“互动”“质疑”和“辩论”的教学模式。

2 教学方法创新探索

（1）拓展产业协同育人深度。通过课程讲授、课程讨论、课外阅读和课外写作四个模块组织教学，利用产学合作、产教融合、科教协同、国际合作等手段，聘请了行业专家、名企进入课堂。从传授知识到答疑解惑、引领指导学生掌握终身学习和快速适应产业变化的能力方面加强课程组教师的能力提升。根据实时授课条件，会邀请国内外著名学者，中国制冷学会、中国制冷空调工业协会、丹佛斯在中国的相关公司、烟台冰轮环境技术股份有限公司、大连冰山集团有限公司、约克（无锡）空调冷冻设备有限公司，福建雪人股份有限公司等校外导师根据课程内容上课。

（2）面向问题反馈的教学方法改革。在授课方面，改变传统的满堂灌的知识传授方式，通过基于问题学习、基于项目学习、探究式学习等形式，鼓励学生自己发现问题和解决问题，领会解决问题的过程；要求学生根据生源地的环境和特色农产品进行冷冻冷藏技术的应用，让学生获得学有所用的成就感，培养学生的专业兴趣。通过上述教学方法的综合运用和实施，获得教学过程中的“互动”“质疑”和“辩论”的效果。

3 教课程考核评价方式

（1）多维度考评体系建设。学业评价是引导学生发现学习兴趣，愿意以热情和信心投入到学习中去的一个重要途径。在学业评价中，采取了综合评价方式，包括课堂表现、研究报告、课堂提问、课堂质疑、创新设计等五个方面，每个方面赋予不同的权值，综合进行学业评价。

（2）建立面向学生及产业的双向反馈机制。为了确保教学改革与产业发展需求保持同步，建立面向学生和产业的双向反馈机制。学生可以通过这一机制对课程内容、教学方式等提出意见和建议；而产业发展对标企业则可以通过该机制提供最新的技术动态和市场需求，为教学提供实际参考。这种双向反馈不仅能够让教学更加贴近实际需求，也能够促进产学研的深入融合。

从目前课程开设的情况分析，绝大多数工程硕士认为这门课程对提高他们的理论基础、工程设计能力和创新思维有很好的帮助。

4 结语

基于产业协同的现代冷冻冷藏技术及云控制管理课程建设与探索，旨在提高学生的实践能力和创新意识，促进人才培养和产业发展的良性互动。通过优化课程内容结构、加强产业协同以及建立双向反馈机制等措施的实施，预期能够取得显著成效。未来，需继续深化教学改革，并不断完善和优化课程体系建设及考核方式，同时，也要密切关注产业发展动态，及时调整教学方案和内容，确保人才培养与产业需求始终保持紧密联系，不断提升在冷冻冷藏技术和云管理领域人才培养的核心竞争力。

参考文献：

[1] 本刊编辑部.2024年全国“两会”中的冷链物流发展建议［J］.物流技术与应用，2024，29（S1）：10－13.

[2] 黎其健，陈大贝，伍佳文，等.大数据背景下农产品冷链物流发展路径研究［J］.物流技术与应用，2024，29（S1）：84－91.

[3] 陈元电，陈静，徐胜.新工科背景下产教协同培养实践创新能力［J］.科教文汇，2023（24）：107－110.

研究生新生学术素养教育与科研适应性培养探索与实践

郭璐娜，代宝民*，刘圣春，李雪强，陈勇

（天津市制冷技术重点实验室，天津商业大学机械工程学院，天津 300134）

【摘　要】 研究生教育在培养创新人才、提高创新能力、服务经济社会发展、推进国家治理体系和治理能力现代化方面具有重要作用。相比于本科阶段，研究生教育侧重于深度和专业化的研究，研究生新生在本硕衔接阶段的平稳快速过渡尤为重要，加强新生学术素养教育与科研适应性培养是完成这一过程的关键环节。本文对研究生新生学术素养教育和科研适应性培养方法进行梳理，对研究生新生在研究生入学阶段的学术素养教育给出切实可行的行动方案，并对高校教育工作者在本硕衔接阶段的人才培养工作提供具体的实践参考。

【关键词】 研究生新生；本硕衔接；学术素养；科研适应性

0　引言

2020 年 7 月，习近平总书记就研究生教育工作提出重要指示，并强调完善人才培养体系，加快培养国家急需的高层次人才。然而目前大多硕士研究生新生入学时学术研究能力欠缺、学业准备不足，导致入学后进入研究生学习和学术研究的状态较慢，很难快速适应研究生阶段的学习和科研节奏。目前，对学习适应性影响因素的分析主要分为主观适应性和客观适应性[1]。学习动机、认知需求、专业承诺、自我效能感是主观适应性的具体体现[2]，总体上以上因素的积极性与学习适应性呈显著正相关关系[3]。对于客观适应性，主要取决于院校层面、家庭、性别等因素[4]，因此，针对研究生新生在本硕衔接阶段的培养需要从主观适应性和客观适应性两方面开展。本文旨在通过调研研究生新生的科研经历、专业技能及学习动机等要素，从主观适应性和客观适应性两方面开展学术素养教育和科研适应性培养的探索与实践，以期为研究生培养方式提供新的思考。

1　科研经历和专业技能调研与分析

为了全面掌握研究生新生在本硕衔接阶段的科研主观适应性情况，以天津商业大学机械工程学院动力工程及工程热物理学科的 2023 级研究生新生作为被试对象展开问卷调查，其中男生 37 人，女生 22 人。被试对象的专业分布为：制冷与低温工程专业 26 人，工程热物理专业 17 人，热能工程 16 人。通过调研被试对象是否具备科研经历、掌握何种专业技能以及学习动机和目标规划等方面内容，分析目前研究生新生群体的科研经验、科研能力以及存在的问题。

1.1　科研经历

了解研究生新生的科研经历能够帮助导师和学校了解其科研背景、技能水平和科研潜力，进而有助于导师确定每位学生在研究生阶段需要的培训和指导方向。通过调研被试对象有无科研论文撰写、学术会议报告、专利撰写、实验室经历、科研项目书撰写等相关科研经历，得到图 1 所示结果。具有上述科研经历的学生的平均比例为 18.31%，即在调查的学生中，大约有 18.31%的学生有过至少一种科研经历。参与度最高的项目是具有实验室经历，占总人数的近 39%，其次有 25%的学生参与过科研项目书撰写，而参与学术会议报告的人数最少。

---

* 代宝民（1987—　），男，博士，副教授。研究方向：制冷热泵系统优化节能、新能源集成热力系统构建、非共沸工质相变传热传质、自然工质替代等。联系地址：天津市北辰区光荣道 409 号天津商业大学，邮编 300134。E-mail：dbm@tjcu.edu.cn。

基金项目： 天津市高等学校研究生教育改革研究计划项目（No. TJYGZ19）、天津商业大学研究生教育教学改革研究项目（No. 23YJSJG0120）、天津市新一轮教学成果重点培育项目（项目名称：面向绿色低碳冷链行业高层次卓越人才培养体系构建与实践）。

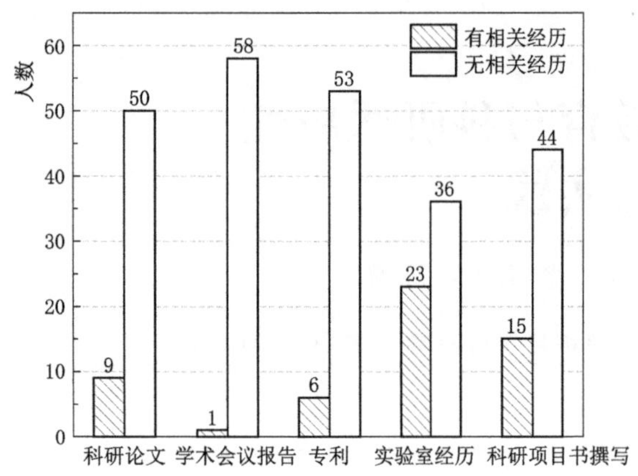

图 1　相关科研经历参与情况

图 2 是各类科创比赛参与情况，可以看到有 42.9% 的学生未参与过相关科创比赛。在各类比赛中，“互联网+”有 22.1% 学生参加，表明该比赛对学生较为吸引，或者提供的机会较多。在行业竞赛中，包括中国制冷空调行业大学生科技竞赛等其他比赛，因其与本科阶段所属专业紧密相关，参与度较高，为 22.2%。相比于科创比赛，大学生创新创业项目的执行时间更长，对于学生创新思维及专业能力的锻炼更为充分。图 3 展示了大学生创新创业项目参与情况，结果显示大量学生未参与任何科研项目，参与校级科研项目的学生最多。国家级和省级科研项目的难度与竞争性更大，因此参与人数相对较少。

结合以上数据表明，硕士生新生在入学前有过科研经历的占比较小，在新生入学教育中为所有学生提供基础的科研方法和技能培训尤为必要，特别是针对未参加过科研活动的学生群体。同时，考虑增加更多初级、入门级科研项目，便于学生参与，并通过实践提高其科研兴趣和能力。

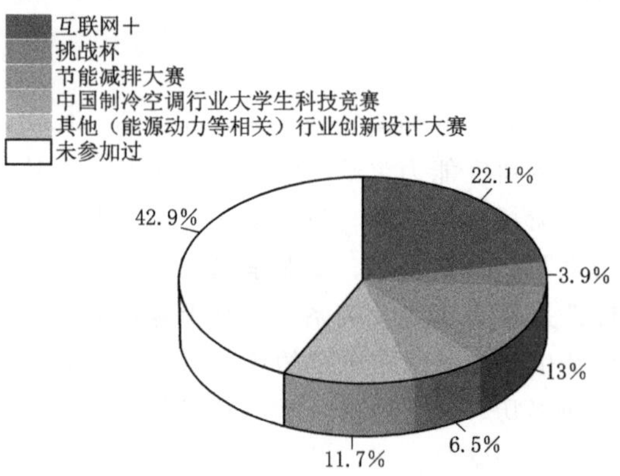

图 2　各类科创比赛参与情况

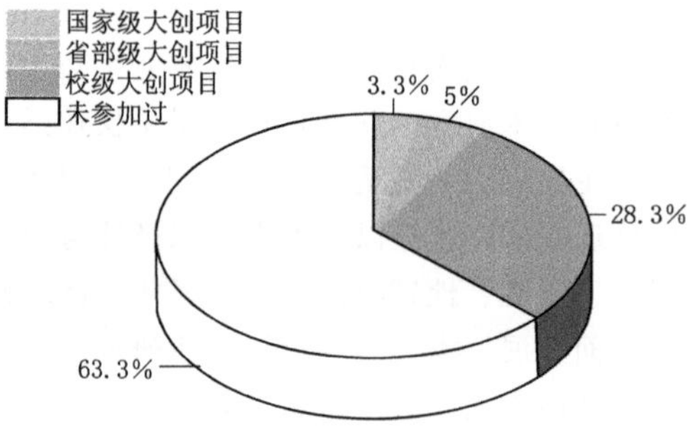

图 3　大学生创新创业项目参与情况

1.2　专业技能

文献阅读能帮助研究生构建深厚的学术基础，有效识别和界定研究问题，从而推动知识领域的发展。文献阅读对于研究生的学术成长和职业发展至关重要。同时，相关专业技能的学习与积累是科研工作中不可或缺的组成部分，掌握专业软件和技能能够显著提高研究效率，并且帮助解释和处理复杂的学术问题。本文重点从文献阅读与检索、专业技能与软件掌握情况对于被试对象进行了调研。

图 4 是学生阅读国内外文献数量的统计结果。超过 85% 的学生阅读过中文文献，超过 30 篇的学生有 7 人，10～20 篇的有 16 人。对于外文文献，近一半的学生有阅读经验，大部分集中在 10 篇以内，这也反映了语言的熟悉程度对文献阅读选择的影响。而鉴于英文文献在学术研究中的重要性，学校和导师需要重点加强学生的专业英语学习和外文学术文献阅读能力的培养，特别是对于那些在本科阶段外文文献阅读较少的学生。

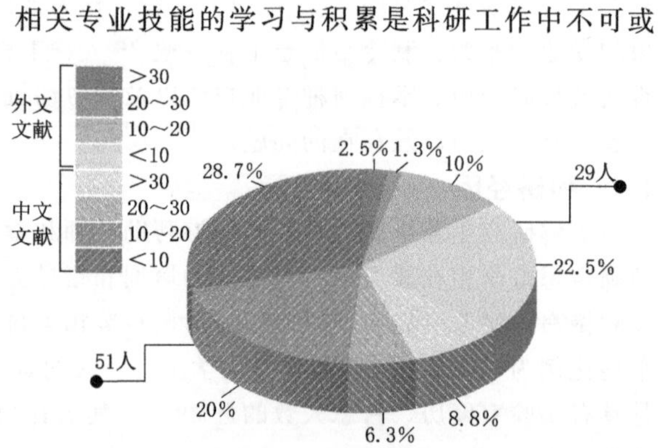

图 4　国内外文献阅读数量统计结果

高效的文献阅读离不开准确的文献检索和准确的数据库选择，表 1 展示了学生常用文献检索方式的使用分布情况。中国知网作为主要的信息获取来源，在新生群体中使用率最高，使用人数超过 90%。Web of Science 和 Elsevier 数据库是重要的学术资源，但其使用频率相对较低，这可能与资源的可访问性或用户对于这些资源的熟悉度有关。而其他 Springer 数据库、Proquest 硕博数据库等平台的使用人数均小于 5%，鉴于以上的分布情况，需要通过培训课程增强学生对各类专业数据库的认识和使用技巧，帮助学生更有效地获取和利用信息。

表 1　常用文献检索方式的使用分布情况

文献检索方式	使用人数	在被试总数中占比/%	文献检索方式	使用人数	在被试总数中占比/%
Web of Science	21	35.59	EI 数据库	3	5.08
Elsevier 数据库	12	20.34	中国知网	55	93.22
Springer 数据库	2	3.39	万方	26	44.07
Proquest 硕博数据库	1	1.69	Google 学术网页搜索	24	40.68
IDL 期刊全文数据库	2	3.39	其他	8	13.56

学生对于专业技能的掌握情况从实验设计、数据收集、统计分析、编程软件、模拟仿真计算、二维三维绘图及文献综述多方面进行分析。表 2 中，会使用二维三维绘图软件的学生最多，占比达到了 91.53%，结合图 5 可以发现 CAD 软件的使用最为普及，其次是 Solidworks。30%～40%的学生能够通过编程和模拟仿真开展科研工作，编程软件主要是 Matlab 和 C++，模拟仿真包含了 Fluent、Comsol 等，但对于不同模拟仿真软件，会使用的学生均不足 10 人。同时，具有实验技能和统计分析经历的学生较少。针对学生掌握度较低而本专业常用的软件，需要增加相关的培训课程，提高学生的技能水平和使用频率。

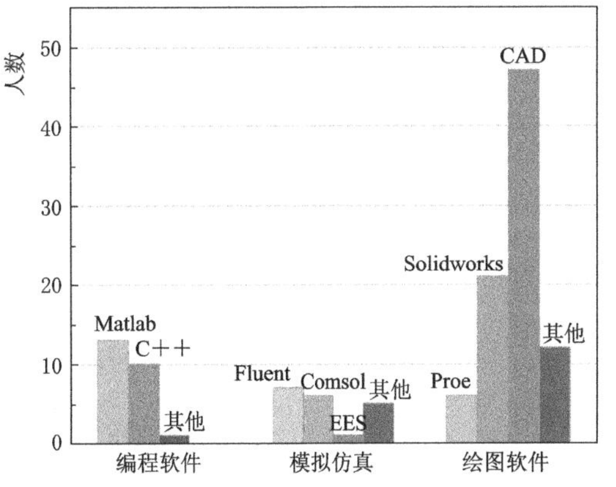

图 5　各类软件使用人数统计结果

表 2　专业技能与相关软件掌握分布情况

专业技能/软件	掌握技能人数	在被试总数中占比/%	备　注
实验设计	6	10.17	
数据收集	10	16.95	
统计分析	7	11.86	
编程软件	24	40.68	Matlab、C/C++、其他
模拟仿真计算	19	32.20	Fluent、Comsol、EES、其他
二维三维绘图	54	91.53	CAD、Proe、Solidworks、其他
文献综述	6	10.17	

1.3　目标规划

在主观适应性方面，除了以上学习能力因素，学习动机与学习态度对主观适应性同样具有重要影响。采取五点等级计分法，对于被试对象的科研兴趣进行统计分析，得到表 3 结果。以 1～5 分表示科研兴趣由低至高，3 为中间值，依据表 3 数据得到被试对象科研兴趣的平均值为 4.05，较中间值高 1.05，整体科研兴趣程度处于较高水平。

表 3　科研兴趣整体水平统计表

科研兴趣程度	分　数	人　数	科研兴趣程度	分　数	人　数
兴趣非常高	5	16	兴趣较低	2	2
兴趣较高	4	32	兴趣很低	1	0
兴趣一般	3	9			

图 6、图 7 分别给出了研究生新生学习动机和预期目标的具体分布。通过分析图 6 中学生选择继续深造的主要动机，职业发展和技能提升占据主导地位，对专业的热爱和缓解就业压力分别有 35 人和 32 人选择，表明研究生新生中大部分人对自己的专业领域有深厚的兴趣和热情，希望通过进一步学习提升相关专业技能。同时，对未来职业前景的考虑也是重要因素，这也强调了研究生教育在职业规划中的战略重要性，以及学生对于未来职业机会的积极预期。

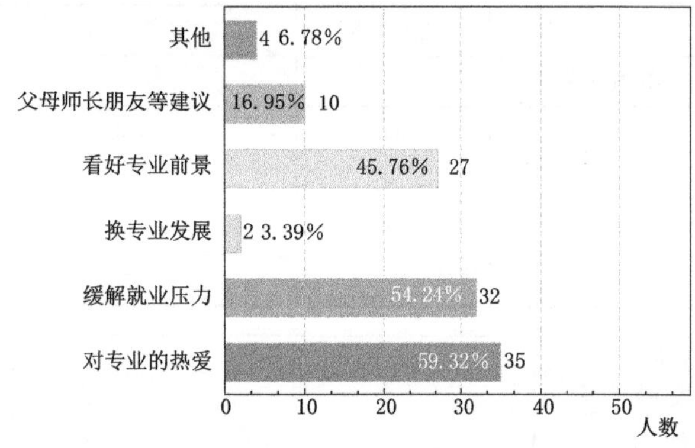

图 6　攻读研究生学习动机分布情况

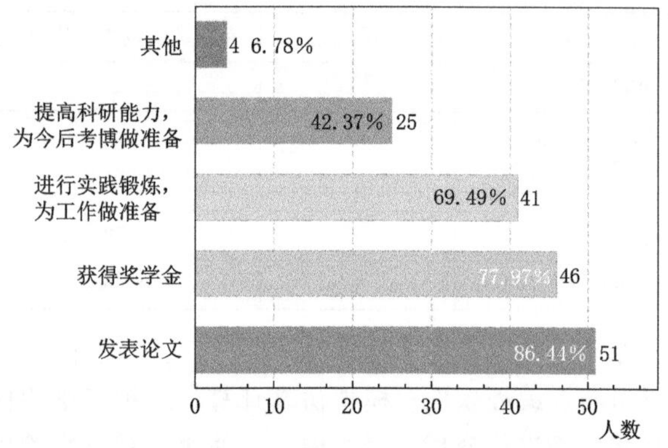

图 7　研究生阶段学习预期目标分布情况

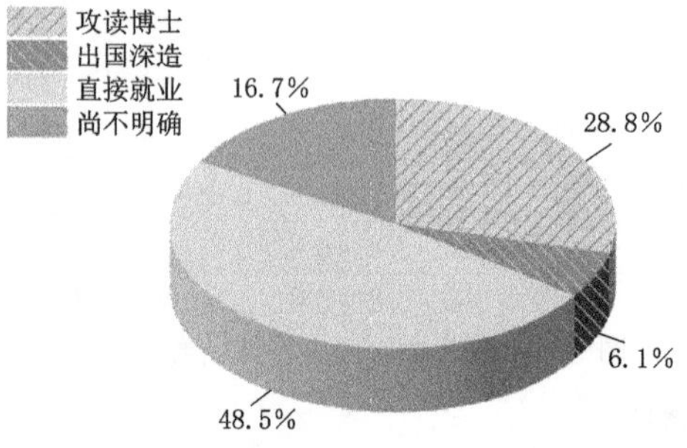

图 8　毕业后预期去向的占比统计结果

根据图 7 所示，发表论文是被试群体在研究生阶段最主要的目标，占总人数的 86.44%，其次有 46 人选择了获得奖学金。结合图 8 中对于毕业后预期去向的占比统计，直接就业占总人数的 48.5%，在研究生学期阶段希望能够进行充分的实践锻炼，为工作做准备的人数到了 41 人。相应的，图 8 中 34.9%的学生预期毕业后继续出国深造或攻读博士，这部分学生在学习目标中对应选择了提高科研能力。

综上所述，通过科研经历、专业技能和目标规划三方面的调研分析，研究生新生群体具有较高的科研兴趣，对于研究生阶段的目标集中于学术素养和科研能力的提升。但同时，在科研经历和专业技能方面均有所欠缺，大部分学生尚无相关科研经历，阅读和检索外文文献的能力有待加强，专业应用软件需要进行系统性针对性学习。因此，针对以上问题，在研究生新生入学教育中，需开展针对性个性化学术素养教育和科研适应性培养。

2　本硕衔接阶段培养方式探索与实践

基于问卷调查分析结果，针对研究生新生在本硕衔接阶段的培养方式展开了探索与实践。具体措施包括：以学术导论讲座形式进行学业规划和科研方向的指导；讲座与集中课堂教学相结合，培养学生文献检索与管理的能力，熟悉论文写作与投稿的基本方式；借助学术会议、研讨会等形式邀请国内外学者进行学术交流；依据研究方向针对性开展科研仪器和实验装置的参观讲解等。

2.1　学业规划与专业技能

在研究生新生入学教育阶段，根据调研结果安排项目组博士教师针对研究生学业规划和学业适应性进行介绍，通过辅导员组织机械工程学院的研究生新生集体参加线下学术讲座。讲座从如何快速进入研究生角色、一名合格的研究生应该具备的素质等方面，引导学生增强自我角色转变意识，在本硕过渡期加强自我约束与管理。增强信息整合与判断力，结合自身兴趣志向，在研究方向、导师等方面做出理性选择，使得研究生新生全面了解研究生阶段的科研学习任务与方法，及时制定学业规划。提供关于如何选择课程以及支持学生的研究方向和职业规划的建议，包括必修课程和选修课程的选择策略，以及如何平衡课程负担和研究工作。

关于文献阅读和论文写作技能，通过学术讲座从如何确定自己的研究方向、如何获得一个好的创新点、如何搜寻和检索文献、如何进行文章写作和投稿等方面进行讲解。提高研究生自主查找文献及论文书写的能力，提升研究生新生对于论文写作的认识，使得刚入学研究生对论文写作方面的内容有更加清晰的理解，创建良好的学术氛围，从而可以更快地过渡到研究生的学业生活当中。在此过程中，强调科研活动中的伦理规范，包括数据的真实性、研究诚信以及合作者之间的道德责任。在研究生入学后，针对机械工程学院动力工程及工程热物理专业的研一学生，进一步讲授专业外语文献阅读、论文写作指导等专业课程，每门课程 16 学时，对研究生文献阅读和学术论文撰写能力进行强化，为后续毕业论文开题、学术研究、论文撰写和投稿夯实基础。

结合调研结果，研究生新生在软件使用方面水平差异较大，针对专业通用编程、模拟仿真软件对学生进行集中培训。首先，介绍软件的基本知识，包括软件的基本概念、界面布局、功能模块等，帮助学生了解软件的基本操作和使用方法；其次，针对学生所学专业领域常用的专业软件，介绍其功能和应用场景；最后，通过实例演练和案例分析，让学生在实际项目中应用所学软件，加深对软件功能的理解和掌握。

2.2 学术思路与科研方法

学术思路与科研方法的学习对于研究生至关重要。通过系统学习学术思路，能够培养学生的批判性思维和创新意识，从而更好地理解学术问题、构建研究框架。同时，掌握科研方法能够帮助其有效开展科学研究，提高研究质量和效率，为未来的学术生涯和职业发展打下坚实基础。通过邀请国内外知名学者进行报告或交流会，定期组织学术沙龙、前沿学术论坛以及研究生学术年会，为研究生新生提供学习资源与平台。

参加学术交流能够高效吸收适用于个人的学术思路和科研方法，报告人能够为学生提供学术指导与引领，有经验的学者通常拥有丰富的学术经验和深厚的学术造诣，他们的指导能够为新生提供权威的学术引领和指导，帮助学生建立正确的学术思路和研究方向。分享过程中，学生能够获取科研过程中的方法论、技巧和经验，掌握科学的研究方法和策略，提高研究效率和成果质量。并且学术活动能够及时传递最新的学术进展和研究成果，帮助新生跟上学科发展的最前沿，了解学科趋势和热点，为未来的学术研究提供参考和借鉴。开展学术活动是研究生新生入学教育中一种必要且高效的举措，它能够为新生提供全方位的学术指导和启发，促进其学术成长和发展。

2.3 仪器使用与操作规范

在研究生新生入学教育阶段，通过辅导员对研究生进行分组，安排项目组博士教师带领学生进入动力工程及工程热物理学科下的各实验室参观高端实验仪器设备和实验台。

各组教师首先向学生介绍所使用仪器的基本原理和工作机制，帮助学生理解仪器的运作方式；其次，说明实验系统组成和功能，以便学生能够正确地识别和操作；分步骤地演示仪器的正确操作流程，并强调每个步骤的重要性；演示如何进行数据采集和处理，包括参数设置、数据记录、数据分析等方面的操作，强调数据的准确性和可靠性对研究结果的重要性；重点强调安全操作的重要性，包括仪器的安全使用和个人防护措施。通过参观实验室使学生对学术实验研究方法形成直观上的认识，对已有的实验测试技术和方法进行了解，增强学生的科研兴趣，为下一步进入实验室开展科学研究奠定基础。

3 实践反馈与后续措施

在进行研究生新生学术素养教育与科研适应性培养实践过程中，及时对被试对象进行跟踪调研，包括科研思路的形成、科研软件认识和掌握情况、对研究生学业阶段的认识和规划、文献检索和阅读、论文撰写等进行调查和总结，并实时调整研究内容，根据学生反馈，上述各方面均得到了显著提升。同时在此过程中，通过收集学生意见，发现存在以下问题：

（1）集中授课课程内容与实际科研工作的关联性有待提升，理论知识与实际科研工作的需求不匹配，导致学术知识与实践脱节，难以顺利应用到实际项目。

（2）软件等技能学习中，不同学生的学习需求和进度可能不同，如何满足个性化学习需求是挑战。

（3）研究生新生的心理压力较大，研究生阶段的学术要求较高，新生可能面临学科知识的深度和广度增加、研究任务的独立性和复杂性提高等挑战，导致心理压力增加。

综合分析以上问题和产生的原因，考虑后续可采用以下措施：

（1）设计集中授课课程时，着重考虑实践性，通过引入真实案例、实验操作、案例分析等方式，使课程内容与学生未来从事的科研工作直接相关。设计课程评估与反馈机制，收集学生对课程内容与实际科研工作关联性的反馈意见，及时调整和优化课程设计。

（2）建立在线资源平台，提供视频教程、实验指导和学习资料，让学生随时随地进行学习和实践；提供个性化辅导服务，包括一对一指导、小组讨论等形式，根据学生的学习进度和需求，提供针对性的辅导和支持。

(3) 组织师兄师姐见面交流会，并鼓励新生之间相互交流和互助，分享经验和情感，建立支持系统，让学生感受到团队的温暖和支持。除了借助学校提供的心理咨询服务，学院或课题组等定期组织心理健康教育活动，向新生介绍如何应对压力、调节情绪、保持心理健康等知识和技巧，增强学生心理抗压能力。

4 结语

本文以天津商业大学机械工程学院动力工程及工程热物理学科的2023级研究生新生为例，开展了研究生新生学术素养教育和科研适应性培养的探索与实践。对研究生新生在本硕衔接阶段的学术能力、专业技能等进行调研与分析，根据存在的问题，从学术规划、专业技能、学术思想、科研方法、仪器使用以及操作规范等方面，有针对性地开展学术素养适应性培养，使学生顺利完成从本科生到研究生的角色转换，平稳过渡到研究生学习和学术研究阶段，为研究生新生适用性培养提供了参考。本文切实关注研究生新生在本硕过渡阶段的学术素养情况、科研能力启蒙与入学后的适应性问题，有助于一线教师和高校管理者了解研究生新生的学业科研准备的态度与行为，从而对研究生新生提供合理有效的指导，为提高研究生创新能力提供借鉴。

参考文献：

[1] 张村，王潇杰，刘世奇. 专题式教学模式下研究生学习情况分析及策略研究——以资源与环境类研究生为例 [J]. 高教学刊，2023，9 (19)：5－8，14.

[2] Boulter L T. Self－concept as a predictor of college freshman academic adjustment [J]. College Student Journal，2002，36 (2)：234－246.

[3] Chemers M M，Hu L T，Garcia B F. Academic self－efficacy and first year college student performance and adjustment [J]. Journal of Eductional Psychology，2001，93 (1)：55－64.

[4] 边静. 硕士研究生学业自我效能感与学习适应性关系研究 [D]. 兰州：兰州大学，2014.

天津商业大学新能源科学与工程本科专业建设的创新实践

代宝民*，郭璐娜，刘圣春，王倩倩

（天津市制冷技术重点实验室，天津商业大学机械工程学院，天津 300134）

【摘 要】 新能源科学与工程专业立足于国家发展规划，旨在培养新能源领域的跨学科复合型人才，具有明显的多学科交叉特点。为促进新能源专业与传统专业的深度交叉融合，高效发挥学校的传统学科优势，本文以天津商业大学新能源科学与工程专业为例，开展了新能源科学与工程本科专业建设的创新实践。以培养具备新能源与制冷空调双重专业知识背景和商学素养的复合型人才为目标，通过改革教学模式、深化校企协同机制、加强师资队伍建设以及完善保障措施等方式，提出了特色化的人才培养新模式，为地方高校的新工科专业建设提供思路与实践参考。

【关键词】 专业建设；新能源科学与工程专业；学科交叉；校企协同

0 引言

为深化工程教育改革，促进创新驱动发展，我国提出开展新工科的工程教育改革工作，在新形势下要深化工程教育改革，促进新工科的建设与发展。相较于以前的工程教育，新工科具备了新的内涵，通过继承与创新、交叉与融合、协调与共享等新途径，培养多元化和创新性的卓越工程人才[1-3]。

新能源科学与工程专业主要为快速发展的新能源（风能、太阳能、生物质能等）领域培养跨学科复合型人才。而目前国内大部分新能源专业的建设基于传统能源学科，无论在课程设置还是在教学内容上，很难糅合入其他学科的基础知识和研究进展，即较难真正实现学科交叉，较难适应日新月异的产业发展需求。在新工科背景下，如何更好实现新能源科学与工程专业建设过程中的学科交叉，是一个关键问题。同时，社会发展和科技进步对于各专业类人才的层次与类型的需求有所差异，教育部高等学校教学指导委员会发布的《普通高等学校本科专业类教学质量国家标准》中的“能源动力类教学质量国家标准”指出：“鼓励各高校根据自身的办学条件和专业特色准确定位人才培养类型，并选择与之相适应的人才培养模式。”因此，如何结合高校自身办学历史和行业背景，有侧重地进行人才培养，对于专业建设十分必要[4]。

基于上述学科交叉和适应性人才培养的需求，本文以天津商业大学新能源科学与工程专业为例，从人才培养现状、教学模式的改革、校企合作机制、师资队伍建设等方面，提出了适用于本校的个性化专业建设的创新实践模式，以期为新工科专业型人才的培养提供案例参考。

1 专业建设基础与专业定位

面对环境污染与能源危机的双重压力，我国于2020年提出“双碳”目标，社会对新能源人才的需求大幅上升。基于能源与动力工程和建筑环境与能源应用工程两个国家级一流本科专业建设点，依托冷链能源优势学科，天津商业大学在2020年获批新增新能源科学与工程专业，是学校重点建设和发展的新工科专业。目前，学院拥有热能与动力工程国家级实验教学示范中心、天津商业大学—冰轮环境技术股份有限公司国家级工程实践教育中心、冷冻冷藏技术教育部工程研究中心、农业农村部农产品低碳冷链重点实验室、天津市制冷技术重点实验室等近20个国家级和省部级教学科研平台，同时学校作为首批“国家级实践基地”建设单位，为新专业的建设提供了良好的实践平台。

---

* 代宝民（1987— ），男，博士，副教授。研究方向：制冷热泵系统优化节能、新能源集成热力系统构建、非共沸工质相变传热传质、自然工质替代等。联系地址：天津市北辰区光荣道409号天津商业大学，邮编300134。E-mail：dbm@tjcu.edu.cn。

基金项目：天津商业大学本科教育教学改革项目（No. TJCUJC2023025）、天津市普通高等学校本科教学改革与质量建设研究计划项目（No. B231006903）、天津市新一轮教学成果重点培育项目（项目名称：基于产教融合共同体的商科数字化应用人才培养模式）。

基于天津商业大学办学历史和在冷链能源学科的传统优势，针对新能源行业与制冷空调行业相互交叉延伸对具有多重知识背景人才的实际需求，新能源科学与工程专业旨在培养具备新能源和制冷空调双重专业知识背景和商学素养的具有较强工程实践和创新能力的交叉型、复合型人才。毕业生可在新能源及其与制冷空调交叉融合领域从事相关工程技术的开发利用、设计、优化运行及生产管理工作，以满足新能源及其与制冷空调领域融合的相关产业发展对教学、科研、技术开发、工程应用、经营管理等方面的专业人才需求。

2 专业建设采取的措施及成效

以新工科建设为指导，以产业创新需求为导向，以新能源、制冷产业链龙头企业为依托，构建了适应未来行业人才需求的培养模式，专业建设与实践研究思路如图 1 所示。首先，从专业建设情况、现有课程体系与专业特色定位三方面进行调研分析，明确人才培养目标；其次，寻找专业需求与本校特色的结合点，并依据专业认证通用标准修订培养方案，根据培养方案，开展课程体系、教学模式、师资队伍及改进保障四方面的建设与实践。

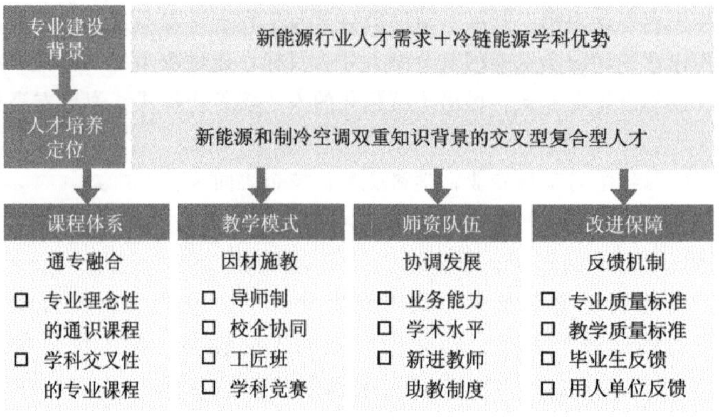

图 1　新能源科学与工程专业建设与实践研究思路

2.1 构建“通专融合”的课程体系

面向新能源行业人才需求，发挥学校在冷链能源学科领域的优势，依据培养制冷、空调行业所需的与新能源交叉融合的核心人才和创新人才的专业定位，针对培养方案进行了修订。新课程体系建设遵循新工科背景人才培养“通专融合”原则，强调能源类基础理论课程学习，把握新能源专业主线，结合制冷专业特色，按照“调研分析—通识与专业融合设计—专业知识梳理—专业课程体系总体规划”实施路径，制定了图 2 所示的科学合理的培养方案课程体系。

专业课中包括太阳能利用原理与技术、生物质能源转换与利用、氢能利用原理与技术、储能原理与技术、燃料电池技术等新能源方向课程。同时设置了部分具有制冷特色的课程，以实现交叉复合型人才的培养，具体有新能源热泵制冷技术、新能源热质传递原理与设备、流体机械能转化原理与技术、能源动力装置设计等课程。其中，新能源热泵制冷技术和新能源热泵技术应用与创新开发属于项目式教学课程，“做中学”的模式能够提高学生对热泵制冷技术的实际操作和跨学科整合能力，通过实践中的创新与团队合作，有效提升学生解决实际问题的能力和行业适应性。此外，培养方案结合了天津商业大学的特点，坚持深化商科特色培养，设置了能源经济学、能源管理基础等工科商科交叉课程，将商学素养有机融入至人才培养过程，高效落实培养具有高度社会责任感、深厚商学素养的复合型应用型创新创业人才。

2.2 创新“因材施教”的教学模式

教学模式的创新需坚持“因材施教”原则，本专业施行本科生导师制，为学生提供个性化的学术和职业发展支持，通过与导师的一对一交流，学生可以获得更多研究项目的参与机会，从而在实际操作中提升自己的研究能力和学术素养。并且可以根据学生的特点和需要，提供更为精准的学习资源和指导，使教育更加符合个人发展需求。

积极建立校外实习基地，深化校企协同育人机制，举办“科学家、工程师进课堂”，帮助学生了解学科前沿和社会需求。本专业与四季沐歌科技集团有限公司、北京华源泰盟节能设备有限公司和光大环保能源有限公司建立了学生实习基地，使学生能接触项目工程，实际操作相关的设备和程序。

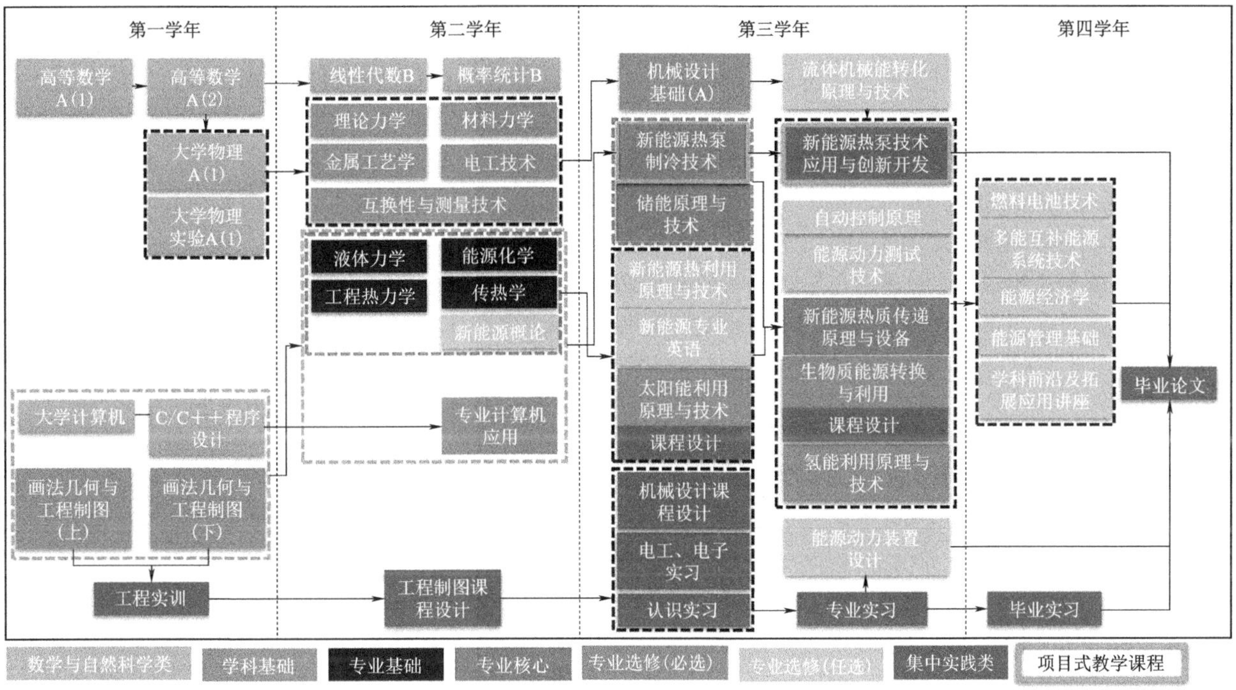

图 2　培养方案课程体系

"因材施教"的教学模式重点根据不同学生的特点及发展规划提供不同的培养措施。针对毕业直接就业的学生，对其大四学年相应课程进行针对性改革，以"工匠班"的形式，在大四学年输送到企业接触实际工程，参与到企业产品的设计、研发、检测的各个环节，助推新一轮人才培养质量提升；针对有科研兴趣的学生，积极指导并支持学生利用课余时间参加各类科技竞赛、项目，以赛促学，如中国"互联网+"大学生创新创业大赛、全国大学生节能减排社会实践与科技竞赛、中国制冷空调行业大学生科技竞赛、天津市高校暖通制冷创新设计大赛等。在此过程中，本专业同学取得了良好的成绩，收获成果见表1与表2。

表 1　　创新创业竞赛获奖情况

竞赛名称	级别	奖项	数量
大学生节能减排社会实践与科技竞赛	国家级	一等奖	2
		二等奖	1
		三等奖	2
	市级	一等奖	1
中国"互联网+"大学生创新创业大赛	国家级	银奖	1
		铜奖	1
天津市高校暖通制冷创新设计大赛	市级	环保创意先锋	2
		优秀奖	1
中国制冷空调行业大学生科技竞赛	市级	二等奖	1
		三等奖	1

表 2　　大创项目数量

年份	国家级	市级	校级
2022	3	2	11
2021	2	3	4
总计	5	5	15

2.3 加强协调发展的师资队伍建设

近些年本专业依据多元化招聘策略，积极引进具有不同学科背景、专业技能和工程经验的教师，以丰富师资队伍的多样性。并且针对特定学科和紧缺领域，开展定向招聘，确保教育资源在各学科间平衡发展，教师团队中青年教师占据较高比例。

加强业务能力和学术水平协调发展的师资建设是培养特色应用型人才的重要保障。本专业提出新进教师助教制度以提升青年教师的业务能力，即通过老教师的传帮带和自身实践，逐步积累经验，从而保证教学质量不断提高，为青年教师提供成为高水平教师的成长路径和支持。

同时，通过走出去与引进来双重措施，加强对外交流，如校内外学术会议、专业性研修、国外学者计划等方式促进教师学术水平的提升。此外，为了鼓励教师跨学科合作，组建学科交叉的教研团队，促进学科间的资源共享和知识整合，学院定期举行冷链能源技术学术沙龙，邀请校外、校内相关领域学者进行报告。采用以上多方面措施，旨在建设一个高质量、高效能、互补协调的师资队伍，为专业的发展提供坚实的人才支持。

2.4 完善改进与保障措施

在专业建设中，建立有效的质量保障、反馈和持续改进机制至关重要，能够促进教学创新和课程调整，确保教育内容持续更新，同时响应学生需求和社会发展，提升学生的学习体验和职业适应性。构建专业建设质量保障、反馈和持续改进机制，包含专业质量标准和教学质量标准，本专业依据图3所示路径实施改进与保障措施。

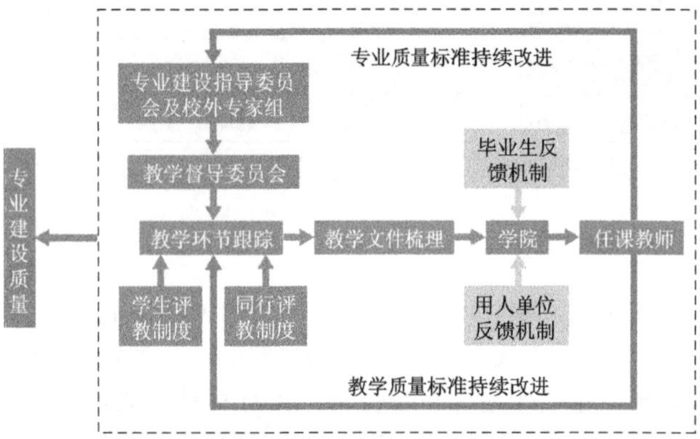

图3 专业质量保障、反馈及持续改进机制示意图

首先，学校设立了专门的质量保障部门，负责监督和评估教学质量、课程内容和教学方法，制定适用于本专业的明确的教学标准和质量指标，确保教学活动符合预设的教育目标和标准；其次，定期进行课程内容评审，以确保课程内容与最新学术发展紧密结合。实施同行评教制度，让教师互评教学方法和课程内容，促进教学方法的改进。在此基础上，定期组织教师研讨会，提升教学水平。

在反馈和持续改进方面，定期收集在校学生对课程、教学质量和学习资源的反馈，通过问卷调查、面谈等方式，设立学生反馈平台，鼓励学生提出意见和建议。同时引入毕业生反馈机制，实现专业质量标准的持续改进，而因本专业为新建专业，尚无毕业生，因此在毕业生反馈机制方面仅提供策略参考。采用调查问卷、走访、电话或网络等形式采集用人单位对学生知识构架和素质的要求；采集毕业生对人才培养各环节所提出的评价及建议，并建立数据库，常态化跟踪毕业生的发展状况，进而以反馈信息为导向，修订专业质量标准与教学质量标准。

3 结语

本文以天津商业大学机械工程学院新能源科学与工程专业为例，开展了新工科背景下有学科交叉融合需求的本科专业建设的创新实践。通过梳理专业建设的现状与背景，结合本校在冷链能源领域的优势，面向制冷空调行业中新能源领域的交叉人才的培养目标，本专业提供了从课程体系、教学模式、师资队伍及改进保障机制等多方面出发的具体的专业建设实践方案。此方案能够平衡专业需求和自身特色，有侧重地培养出具备创新能力的新能源、制冷空调交叉融合的专业人才，并且为国内外同类专业建设提供借鉴和启示。

参考文献：

[1] 李正良，廖瑞金，董凌燕. 新工科专业建设：内涵、路径与培养模式 [J]. 高等工程教育研究，2018 (2)：20-24，51.

[2] 陆国栋，李拓宇. 新工科建设与发展的路径思考 [J]. 高等工程教育研究，2017 (3)：20-26.

[3] 罗春华，董秋静，李瑞乾，等. 新工科建设和工程教育认证背景下材料类专业人才培养模式探索与实践——以阜阳师范大学材料类专业为例 [J]. 大学教育，2023 (4)：124-126.

[4] 陈昊，马菁，余宾宴，等. 教学质量国家标准背景下本科专业人才培养方案的探索——以能源与动力工程为例 [J]. 广东交通职业技术学院学报，2015，14 (4)：45-49.

能源动力工程国家级实验教学示范中心（上海理工大学）阶段性总结与建设思考

盛健*，李凌，张华，武卫东

（上海理工大学能源与动力工程学院，上海 200093）

【摘　要】 上海理工大学能源动力工程国家级实验教学示范中心（以下简称“示范中心”）对标教育部《国家级实验教学示范中心管理办法》（教高厅〔2016〕3 号），结合上海市产业及学校学科特色，坚持育人为本、产业为要、科教融合、创新发展。近五年，聚焦国家“双碳”目标，大力培养实验师资队伍，加大实验教学软硬件投入；优化示范中心网站、创建虚拟仿真实验教学平台，充分嵌入信息化技术以提升实验教学、课程建设、教学管理、课外创新实践等工作成效；密切开展产教融合协同育人，共建共享高水平实验教学资源；构建了“5＋7＋X”先进实验教学和实验室管理体系，实验课程均按照“三个维度”“四个层次”先进实验教学模式构建实验项目和课程内容。

【关键词】 国家级实验教学示范中心；实验教学；总结展望

0　引言

国家级实验教学示范中心是教育部规划的国家级实验教学示范平台，旨在为高校组织高水平实验教学、培养学生实践能力和创新精神的重要教学基地。自 2005 年启动建设以来，全国共建成 895 个国家级实验教学示范中心，分布于 388 所高校（含军队院校）[1-2]。

为加强国家级实验教学示范中心建设与管理，提升实验教学水平和实践育人能力，发挥示范引领作用，根据中共中央办公厅、国务院办公厅印发的《创建示范活动管理办法（试行）》以及教育部办公厅印发的《国家级实验教学示范中心管理办法》（教高厅〔2016〕3 号）有关要求，教育部高等教育司部署了《关于开展国家级实验教学示范中心阶段性总结工作的通知》（教高司函〔2023〕3 号）[3]。上海理工大学能源动力工程国家级实验教学示范中心根据通知要求认真进行五年阶段性实验教学、建设与管理等工作总结。从示范中心的建设基础与积淀、近五年建设成果（制度、队伍、课程等）、建设亮点与经验等方面进行了系统梳理，并对未来的建设进行了探讨，以便践行教育部高等教育司对提升教书育人和示范引领作用的要求。

1　已有建设基础

如图 1 所示，实验中心于 1960 年随上海机械学院动力机械工程系设立而创建，基于 1906 年成立的沪江大学蒸汽机室和内燃机室等实验教学与装置积淀。学校隶属机械工业部期间，大力拓展能源动力专业并建设实验教学中心，下设 8 个本科教学实验室。学校划归上海市属后，正式成立动力工程实验中心，统筹实验教学资源并进行系统建设，师资、教学设备、场地和管理体系均大幅提升，统一服务全校能源动力类实验课程建设及教学。

2009 年申报获批建设能源动力工程国家级实验教学示范中心，按照教育部新标准高要求持续建设实验课程和硬件条件，并创新实验室管理机制，因此 2012 年正式通过国家级实验教学示范中心验收并授牌。

近年来，示范中心着力虚拟仿真先进教学方法、新能源科学与工程和储能科学与工程等新专业教学实验建设；同时，践行优质资源共享，服务社会，获批建设上海市学生（青少年）科创教育基地和上海市级重点现代产业学院。

---

* 盛健（1985—　），男，工学博士，高级实验师，硕士研究生导师。研究方向：新型制冷空调技术，热工测控技术。联系地址：上海市杨浦区军工路 516 号动力馆 201 室，邮编 200093。E-mail：sjhvac@usst.edu.cn。

基金项目： 上海理工大学 2023 年度本科教学研究与改革重点资助项目（23Z001）。

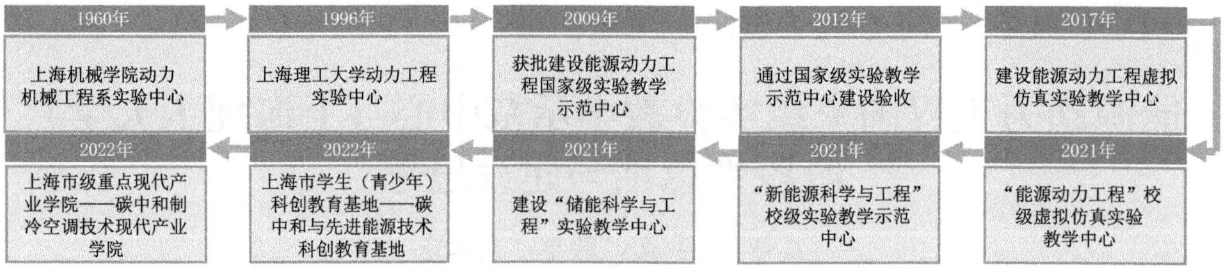

图 1　上海理工大学能源动力工程国家级实验教学示范中心发展历程示意图

2　近五年建设成效

示范中心发扬上海理工大学依托行业、产学研相结合的办学传统，贯彻“对接行业，改造专业，引导就业”的理念，坚持育人为本、产业为要、科教融合、创新发展，通过交叉、开放、融合，建立“外圈双循环”运行架构和实践教育体系，培养产业急需的应用型、复合型、创新型、国际化人才为教学目标，构建了“专业基础—专业—综合—创新”分层次、模块化的实验教学体系。

2.1　育人理念与教学体系

示范中心对标国际化和新工科要求，树立了先进的教育理念和实验教学观念，以立德树人为根本任务，以知识传授、能力培养、素质提高协调发展为指导思想，以培养具有国际视野和创新能力的工程型、应用型、管理型高素质人才为教学目标，建设成为具有鲜明特色、国内一流的能源与动力工程专业的实验实践和创新能力培养基地，形成显明的示范效应和辐射效应。

示范中心的建设依托上海理工大学优势和特色学科动力工程及工程热物理和机械工程两个一级学科博士学位授权点；能源与动力工程和建筑环境与能源应用工程两个国家级一流专业，以及过程装备与控制工程和新能源科学与工程两个上海市一流专业。每年承担能源与动力工程、过程装备与控制工程、新能源科学与工程、储能科学与工程、建筑环境与能源应用工程、环境工程、食品科学与工程、食品质量与安全、制药工程等 9 个相关专业约 35000 人时数的基础实验和专业实验教学任务。因此，建立了先进的“5＋7＋X”实验教学和实验室管理体系，如图 2 所示，“5”为能源动力类的 5 大基础实验，“7”为 7 个专业/方向的专业实验，“X”为按照新工科和“双碳”目标设置的基于先进数字化教学手段和开放探究式课内外创新创业实践的实验实践课程等。所有实验课程均按照“三个维度”“四个层次”先进实验教学模式构建实验项目和课程内容，如图 3 所示。示范中心不断丰富实验教学内容，创新实验教学方法，增强实验实践教学各环节的关联性并与大学生创新创业训练和科技竞赛等有机结合，取得优异成绩。以“实践育人”为核心，立足于新工科建设理念与实践，把学生的工程实践能力与创新精神培养作为人才培养的首要任务。面对碳中和背景下人才培养的新挑战以及高等工程教育内涵式发展的新要求，集聚优质工程教育资源，实现引领未来中国绿色低碳发展的卓越人才培养工作。

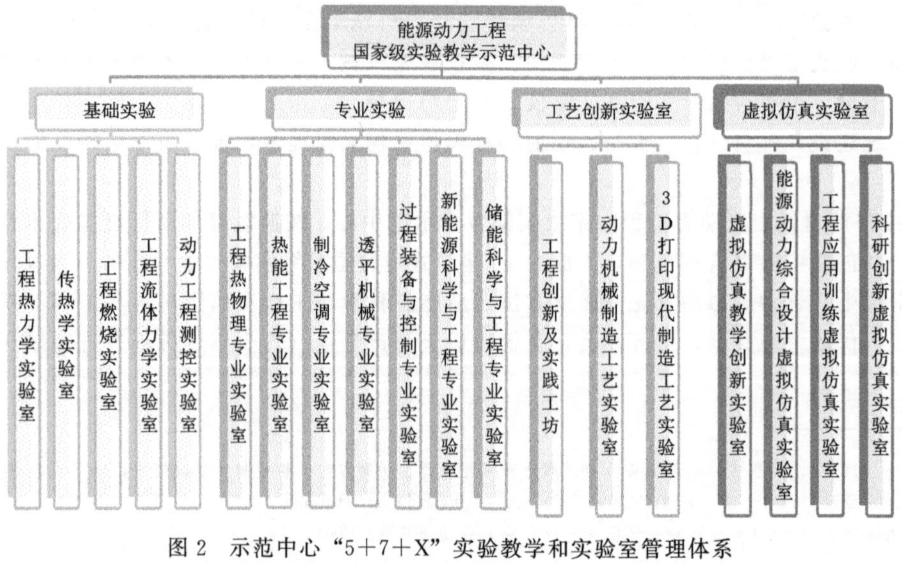

图 2　示范中心“5＋7＋X”实验教学和实验室管理体系

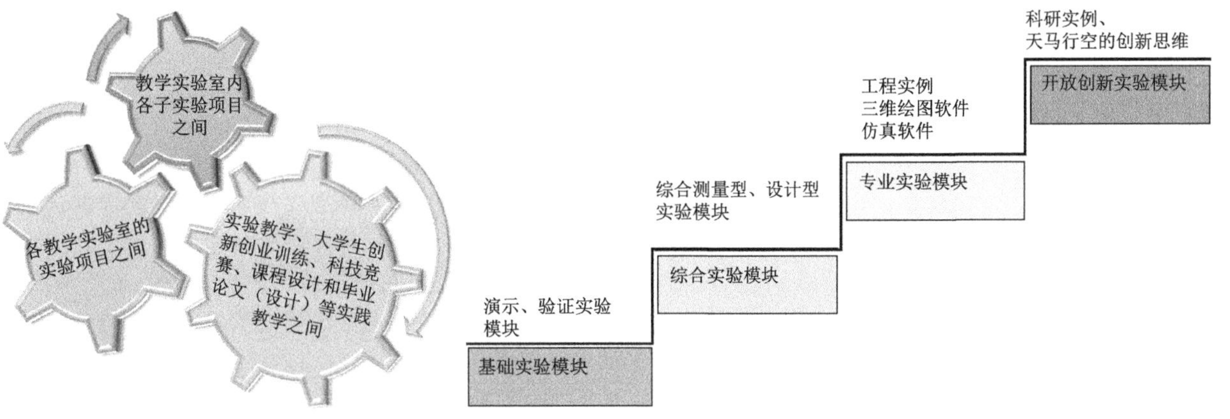

图 3 “三个维度”“四个层次”先进实验教学模式

示范中心在基础实验、综合实验、专业实验和开放创新实验四个层次上，将实验教学、大学生创新创业训练项目、科技竞赛、课程设计和毕业论文（设计）“五位一体”有机融合，构建结构合理、层次分明、重点突出的多层次多种教学环节的实验教学体系，建立多元实践教学评价方法，锻炼学生的实际动手能力、创新思维和解决复杂工程问题的能力，充分发挥“三全育人”作用[4]。

2.2 制度建设

示范中心按照《国家级实验教学示范中心管理办法》（教高厅〔2016〕3 号）要求进行命名和开展工作，学校成立了国家级实验教学示范中心建设和管理委员会，由教学校长担任管理委员会主任，教务处、规划处及学院等相关部门领导担任委员。聘任高水平教授（教学副院长）担任示范中心主任，并报主管部门备案。

示范中心自建设时，即成立教学指导委员会，聘请院士担任教学指导委员会主任，先后聘请 18 名国内外和企业专家担任委员，校外专家超过 1/3。每年均召开教学会议，审定示范中心重点工作规划、实验教学改革和建设方向。

示范中心贯彻学校相关管理规定，制定了系列规章制度，并细化了示范中心主任、副主任工作职责，各实验室负责人、实验教师等教学与管理职责等，制定了示范中心人才队伍培养办法，建设并运行示范中心网站作为实验教学管理、实验课程预约、实验室开放等工作平台。此外，还建立了示范中心虚拟仿真实验教学平台用于示范中心所有虚拟仿真实验课程的教学、管理与建设等。

在学校教务处、资产设备与实验室管理处的指导下，服务学院建立了学院—实验中心—实验室三级安全责任体系，按照国际先进标准配置和设置安全实施，学院及示范中心安全稳定运行，五年来未发生安全责任事故。

2.3 教学改革与研究

示范中心根据“卓越工程师”培养计划与新工科创新能力培养要求，按照基础知识、专业素质、综合能力协调发展的人才培养理念，以强化实践能力为重点，以培养复合型高层次人才为目标，以“依托学科、特色创新、科学管理、创建一流”为发展方针，改革实验教学体系和实验教学方法，强化实验中心示范引领、辐射带动的重要作用。近年来，获批教育部第二批新工科研究与实践项目 1 项（制冷空调行业“政产学研用”多元主体深度融合协同育人机制模式探索与实践 E－NYDQHGC20202210），国家级思政示范课程 1 项，省部级教改项目 51 项［其中教育部产学合作协同育人项目 25 项，教育部能源与动力工程教学指导委员会教学研究与实践项目 4 项（重点项目 1 项，一般项目 3 项），上海高校本科重点教学改革项目 2 项］，省部级课程建设项目 30 余项（上海市高校重点课程、精品课程、一流课程、思政示范课程和团队等共 19 项，上海市高校精品课程 1 项、重点课程 6 项、示范课程 2 项，上海市一流本科课程 8 项、思政示范课程 1 项，思政示范团队 1 项）。

示范中心积极联系国内外高校和著名企业，联合开展人才培养和教学研究，获批教育部产学合作协同育人项目 25 项，自制或改装教学仪器 9 台（套），积极参加中国高等教育学会举办的博览会及教学大赛并获得二等奖、三等奖多项，校企联合自制实验教学仪器获奖证书如图 4 所示。

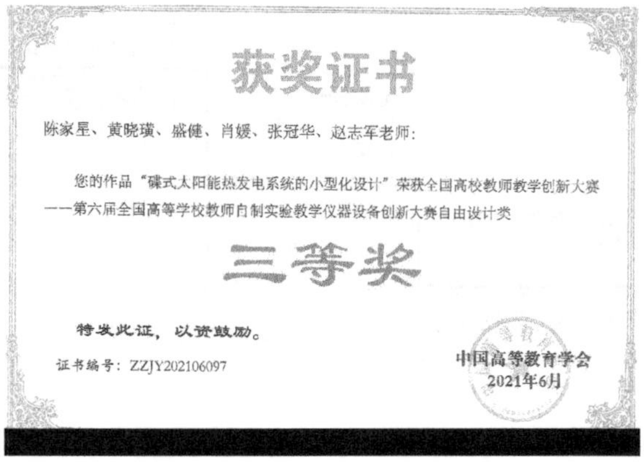
获奖证书

陈家星、黄晓璜、盛健、肖媛、张冠华、赵志军老师：

您的作品“碟式太阳能热发电系统的小型化设计”荣获全国高校教师教学创新大赛——第六届全国高等学校教师自制实验教学仪器设备创新大赛自由设计类

三等奖

特发此证，以资鼓励。

证书编号：ZZJY202106097

中国高等教育学会
2021年6月

图 4　校企联合自制实验教学仪器获奖证书

示范中心还联合校外科研院所及企业开发虚拟仿真实验项目，将前沿科技成果及行业产业先进技术转化为虚拟仿真实验教学项目，既用于本科生、研究生教学，包括中西部高校师生，例如，河南理工大学、河南科技大学、喀什大学等，又用于行业企业人才培训等。近年来，获批市级虚拟仿真课程 4 门，校级建设虚拟仿真课程 7 门，相关线上虚拟仿真实验教学课程用于相关高校及企业的技术培训和安全教育。示范中心编写教材 12 本，包括“十三五”国家级规划教材以及实验教材，英文专著 3 本。

2.4　教学条件保障

实验教学基础设施是学生实践能力培养的支撑与保证。示范中心由学校教务处和能源与动力工程学院双领导管理，并得到充分支持，保障师资队伍、实验空间、教学仪器、数字化和虚拟仿真等先进技术手段应用于实验教学的持续改进[5]。

示范中心现有教师 65 人，既包括国家百千万人才、国务院学科评议组成员、全国杰出专业技能人才、国家科技进步奖获得者等高校教师，也聘请了国家行业协会理事长、秘书长、行业院所负责人、企业技术骨干、海外专家等海内外企业教师，实验教学与理论教学共同备课、协同教学，及时引入科研最新成果和行业最新技术及工艺，用于实验和理论教学的同时，更新完善教材中相关内容。示范中心教学团队尤其重视领军人才的培养与引进，特别是储能科学与工程等相关热点专业高端人才和教学名师。

实验教学空间不断拓展，现有实验实践教学实验室 20 个，总建筑面积 9400m^2，每年经费投入约 600 万元。

2.5　产教融合协同育人

示范中心聚焦国家“双碳”目标和新工科教学要求，根据学校定位（上海市属重点应用研究型大学），充分利用能源动力学科校企合作办学优势和历史积淀，积极开展产学合作协同育人实践，入选上海市碳中和技术创新联盟和绿色低碳服务机构，并作为碳中和制冷空调技术现代产业学院的重要支撑，2022 年获批上海市现代重点产业学院，“政产学研用”多元主体协同育人模式获得中国高等教育学会校企合作双百计划典型案例，教育部产学合作协同育人项目优秀项目案例，全国机械工业设计创新大赛优秀指导教师奖等荣誉。

以“实践育人”为核心，立足于新工科建设理念与实践，把学生的工程实践能力与创新精神培养作为人才培养的首要任务。依托中国制冷空调工业协会等协会学会及企业资源，作为主办单位之一，每三年主办一次中国制冷空调大学生科技竞赛。每年主办学校节能减排大赛，积极组织师生参加中国“互联网＋”大学生创新创业大赛、挑战杯等科技竞赛，近三年获得中国“互联网＋”大学生创新创业大赛国家金奖、银奖，中国制冷空调行业大学生科技竞赛一等奖，“挑战杯”全国大学生课外学术科技作品竞赛一等奖，全国大学生节能减排社会实践与科技竞赛一等奖等 130 余项，依托行业定期承办全国行业大赛，如图 5 所示。

图 5　依托行业定期承办全国行业大赛

2.6　科普科创实践课程

示范中心落实习近平总书记讲话精神“激发青少年好奇心、想象力、探求欲，培育具备科学家潜质、愿意献身科学研究事业的青少年群体”，建设碳中和与先进能源技术科创教育基地，推动科创教育走近学生，帮助青少年拓展创新思维、提升科学研究能力[6-7]，通过整合优质教育资源，聚焦绿色能源技术科学普及和科创教育，以开放实验室、走进中小学校园等方式，策划组织形式多样的“科学训练营”活动及开设

"碳中和与先进能源技术"系列科创课程，深入到青少年群体的学习生活中，定期接待大中小学生跨学科跨学段科创活动，如图 6 所示。

图 6　示范性科普科创实践教育

为学生提供双创条件，营造浓厚双创氛围。每年获批国家级、市级和校级大学生创新创业训练项目超过 100 项，学院同时配套支持优秀项目。在本硕博师生共同体模式下，将创新创业教育从大二做到大四毕业：既是创新创业训练项目，取得相应学分；又是科创课题，丰富课余学习、拓展能力；还是毕业论文课题，做深做实，每年均取得多项百篇优秀毕业论文。

设置服务全学院的创新创业教育实践基地，提供 3D 打印机、可编程电源、信号发生器等通用性仪器仪表和工具，促进科创活动；同时成立制冷协会、新能源与储能协会等学生社团，作为实践基地、科创基地的管理者和使用者。因此，指导的学生在新工科能力提升、论文撰写与发表、专利和软件著作权的申请以及科技竞赛等方面的表现均逐年进步。

3　建设亮点

（1）服务国家战略，践行以学生为中心的实验实践教学改革创新。示范中心聚焦"双碳"目标对能源动力类专业及毕业生的要求，按照贴近行业产业最新发展和需求，打造全链条行业产业联盟，促进校企深度合作和良性互动的建设原则，紧密围绕学生创新实践能力的培养，重构实验教学体系，优化示范中心网站信息化教育与管理功能，提升实验课程安排与实验预约、实验课程预习、实验报告提交、实验课外答疑与创新互动等实践育人质量。

强化本硕学生实验室自主开放管理与创新创业实践平台公共服务机制，有机嵌入"教师—研究生—本科生"师生共同体跨学段"三全育人"模式探索，瞄准区域经济社会发展和行业企业需求的结合点，建立学校与政府、行业、产业集群联动发展机制。依据国家课题和企业项目，建设科研项目课程 80 余项，以设备研发为导向，以工程项目为驱动，平均每个项目覆盖 3～5 个学生。因此，"多层面产学研合作的科技创新及人才培养"和"政产学研用多元主体协同育人碳中和制冷空调技术现代产业学院"分别获得 2021 年和 2022 年中国高等教育学会校企合作双百计划典型案例。

（2）示范引领跨学科跨学段新工科绿色低碳科创教育，将新工科教育向基础教育学段延伸。绿色低碳发展国民教育体系建设是将习近平生态文明思想和绿色低碳发展理念贯穿于国民教育体系各个层次和各个领域的重大教育改革[8]。示范中心探究了跨学科跨学段新工科绿色低碳科创教育，组建了以院士为领军的大中小学师生为主体的高水平生态型科创教育团队，形成师生科创共同体；编写绿色低碳普适性科普读物和专业课程教材；创建大中小学一体绿色低碳科创课程，强化培养践行绿色低碳理念、适应绿色低碳社会、引领绿色低碳发展的新一代青少年，并获批上海市学生（青少年）科创教育基地。

4　建设思考

示范中心是高校组织高水平实验教学、培养学生科研实验与创新实践能力及创新精神的重要教学基地，因此，高水平人才引进、稳定的师资队伍、实验场所和仪器设备的持续投入是保障示范中心校内外教学质量及示范引领能力的关键。

根据学校"十四五"规划，进一步提升国家级实验教学示范中心在本科教学、实验室开放、科普科创活动等方面发挥示范引领作用，主要突出：第一，"实验系列"师资队伍的职称晋升办法，进一步稳定实验教学师资队伍，提升实验教师对实验教学的总结和建设水平，建立由正高级实验师、高级实验师、实验师等组成的实验教学团队；第二，在实验与理论教学中的作用，信息化智能化技术在实验室安全管理、一流线上课程、一流线上线下混合式课程及一流虚拟仿真实验课程等方面的支持和投入。进一步发挥高校实验室在教学和科研方面对学生动手能力、分析和解决复杂工程问题能力的培养，提高学生综合素养，提升人才培养质量。

此外，进一步重点强化信息化建设，探索信息化的教学与实验室管理模式，进而促进实验室教学与管理水平、提升服务能力，实现资源共享利用最大化。

参考文献：

[1] 高东锋，李泰峰. 国家级实验教学示范中心建设回顾、总结与展望 [J]. 实验技术与管理，2017，34 (12)：1-5.

[2] 黎春红. 国家级实验教学示范中心建设作用及存在问题的研究 [J]. 科技风，2023 (30)：155-157.

[3] 韩丽辉，冯婷，高原，等. 新工科背景下冶金工程国家级实验教学示范中心建设探索与实践 [J]. 中国现代教育装备，2024 (3)：49-52.

[4] 宋琪，石小涛，余晓云，等. 信息技术在国家级实验教学示范中心管理中的应用 [J]. 集成电路应用，2022，39 (9)：90-91.

[5] 胡刚刚，杨志平，付忠广. 建设一流能动类国家级实验教学示范中心 [J]. 中国电力教育，2021 (11)：73-75.

[6] 季林丹，朱剑琼，徐进. 国家级实验教学示范中心十年建设工作总结 [J]. 实验室研究与探索，2014，33 (12)：143-146.

[7] 吕汝金，魏德强，刘建伟，等. 依托国家级实验教学示范中心的创新创业教育新范式研究与实践 [J]. 实验技术与管理，2021，38 (8)：20-24.

[8] 毛桂芸. “双一流”建设背景下高等学校国家级实验教学示范中心建设与管理研究 [J]. 中国现代教育装备，2020 (15)：31-33.

基于CDIO理念的项目式教学在空气调节课程中的探索与实践

王小娟*，孙淑臻，王雪娇，赵玉祝，宗荣，孙海朋

（潍坊理工学院，山东　青州 262500）

【摘　要】空气调节是能源与动力工程专业（以下简称“能动专业”）的一门重要的专业课，传统的教学模式已不能满足工程培养需要。本文首先分析了传统教学目标导向下的空气调节课程教学现状和存在的问题；然后在CDIO理念的指导下，结合潍坊理工学院能动专业现状，将枯燥的专业课理论知识与实践创新相结合，以工程项目为载体，构建立体式创新理论课程体系。对空气调节课程的教学目标、教学内容、教学方法、考核方式等方面进行教学改革，旨在培养学生的创新型思维，以达到培养学生分析问题和解决实际工程问题能力的目的，有利于实现以能力为本位的课程教学。

【关键词】CDIO理念；实践能力；项目教学；空气调节

培养具有实践创新能力的应用型新工科人才是能动专业重要的人才培养目标。以理论知识简单讲授为主的教学方法显然难以适应社会发展的需要，也难以调动学生的学习积极性[1]。空气调节课程是高校能动专业一门实践性较强的专业课程。因此，基于CDIO理念促进人才培养模式的转变，对空气调节课程传统的实践教学模式进行改革，借助CDIO工程项目为载体架构的课程体系，可以成功实现基础课程、学科课程、专业核心课程和综合实践课程之间的相互嵌合。最大限度地发挥该专业在能动专业人才培养中的关键性作用，从而加强学科建设，深化教学改革。

1　传统空气调节课程教学存在的问题

1.1　理论与实践断层，学生理论知识掌握不扎实

传统的教学模式是以课堂上专业课程的理论知识传授为主，而空气调节课程最大的特点是实践性、应用性和综合性强。课程讲解后配套的空气调节课程设计的实践性教学环节，并没有很好地解决帮助学生对理论知识的深刻理解和灵活应用的问题，反而反映出学生对专业课知识点遗忘现象严重，对重要知识点的掌握零零散散、不系统等问题。导致学生在大四毕业设计课题上综合应用知识的能力不足，因此，教学效果不理想，学生理论与实践脱节。为提高专业课程教学质量，就必须合理设置及更新学科实践教学内容。

1.2　教学过程中学生的主动学习积极性不够

在课堂教学的过程中，以教师为主体，采用板书结合多媒体课件，通过教师讲解专业课程知识，学生的实践经验为零，跟不上老师的讲课思路，对课上所讲知识点领会不深刻，从而导致学生在课堂上以听为主，不断记笔记，但是自己对专业知识的思考不深，对理论知识缺乏感性认识，这样他们既不能很好地吸收、消化知识，也常常会对这样的课程产生乏味、厌倦的感觉，从而失去学习兴趣[2]。由于对课堂上理论知识的理解不深刻，学生在后面的专业实践教学中也缺乏主观能动性，因此，无法达到专业课程相应的实践性教学目标。导致学生认为学习专业课程没有实际用处，工作中也并不需要这些理论知识和技能，学生被动式的学习专业课程仅仅是为了应对期末考试或者升学考试。

1.3　学生专业认知不清晰，学习定位不准确

工科学生对自己的专业不了解，课外时间与其他专业的学生缺乏沟通交流，有些学生对自己的专业学习没有一定的规划，还沉迷在自己的游戏娱乐世界。新工科提出了培养具有实践创新能力、社会竞争力强的高

---

* 王小娟（1986—　），女，硕士，副教授。研究方向：低品位能源利用及节能技术。联系地址：山东省青州市云门山南路9888号，邮编262500。E-mail：wangxiaojuanlsxy@126.com。

基金项目：2022年山东省本科高校教学改革研究项目（No. M2022140）。

水平复合型人才。因此，高校人才培养着眼于培养实践创新型人才，必须从多方面深入分析，深化教学改革。

2 以工程项目为载体，构建立体式创新理论课程体系，改革传统教学

首先在CDIO教育模式指导下对课程体系进行优化设置，核心课程建设方案的合理性直接关系整个专业建设的成效。工程项目为课程实验设计和毕业设计项目，完整地贯穿于整个本科教学阶段。通过将课程实验实践环节、校外实践基地和书院第二课堂学科竞赛平台有机结合，形成一个综合实践平台。综合实践平台依托工程项目，循序渐进，从基础实验到创新实验，并且借助校外实践基地和竞赛平台实现创新成果的转化，不仅是实践教学体系中提高实践教学成果的一个有利补充，而且有利于促进大学生形成“课内学习—自主思考—课外实践—创新研究”的研究性学习能力，从而达到良好的教学效果，提高学生的学习兴趣与积极性，培养养出综合素质高、应用能力强，面向生产、管理和服务一线的应用型本科人才，使得专业课程教学改革更加迫切。

教育要充分尊重学生的学习主体地位，发挥好教师作为学习促进者的作用，改革传统的教学方式，彻底打破理论教学与实践教学“各自为政”的局面[3]，使学生在掌握基础理论知识的前提下，积极参与各类学科竞赛、创新创业大赛等项目，将能动专业打造成特色鲜明的应用型本科专业。空气调节作为能动专业一门理论性和实践性都很强的专业课程，基于CDIO理念，借助CDIO工程项目为载体架构的课程教学体系，既符合解决现实问题的需要，也具备很强的可操作性。课程教学改革实施过程如下：

2.1 确定课程教学目标

基于CDIO理念的教学目标是让学生能够把所学专业知识转化为解决实际工程的能力。所以，空气调节课程的教学目标是学生学习完本门课程后，能在多方面的实训实践中提升自己的工程创新意识，在工程实践中具备发现问题解决问题的能力，从而培养出学生的工程创新素质和科研创新能力。具体为：将空调负荷的计算、空调系统的选择、空调设备的选型和气流组织等理论知识应用于实际空调工程的案例分析和实际工程的空调系统设计中，通过实训项目锻炼学生的实践能力，顺利完成空气调课程的教学目标，如图1所示。

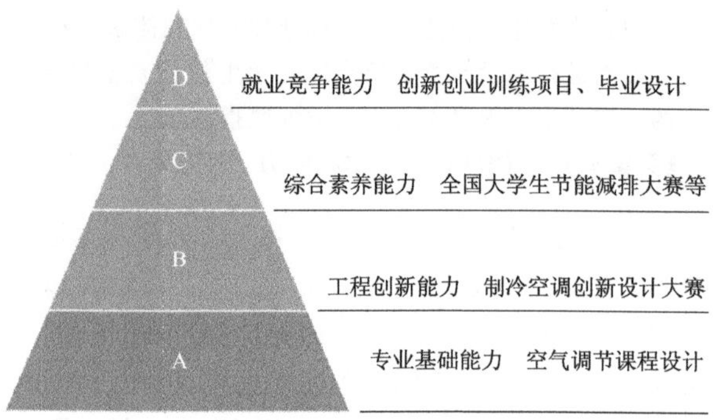

图1　OBE教学理念的空调课程的教学目标

2.2 采用CDIO工程项目为载体架构的课程实践教学体系强化教学内容

制订教学计划，合理设置课程的教学内容和教学进度。建立包含基础实验、技能实训、课程设计、毕业设计的实践教学体系，包含认识实习、金工实习、毕业实习的实习教学体系以及以学生自主参与的大学生科技竞赛和创新创业项目为主导的创新实践体系，形成以能力培养为核心，以提高工程实践能力为目的，促进学生全面协调发展的实践教学体系。使得学生在掌握原有理论知识的基础上，能够对当前空气调节方面的一些节能新理念新技术和各种空调节能新设备有所认识，使学生的知识体系能够符合当前社会发展形势[4]。在各种实践训练中，让学生明白一个建筑完整的空调系统设计包含了哪些环节（表1），在每个环节中加深对相应专业理论知识的掌握，理论联系实际，顺利完成空调系统的设计。在实践教学中，有助于培养学生综合运用所学专业基础课和专业课知识在实践中发现问题、分析问题、解决问题的能力，提高学生的独立思考和独立操作能力。

表1　　空调系统设计的知识与能力目标

设计环节	教学内容与能力目标
空调系统的选择及风管的计算	对一栋建筑物进行负荷计算、设备选型及风管的布置，掌握空调负荷计算、设备选型及风管与气流组织的计算过程
空调水系统的选择与计算	对空调水系统进行分析，掌握空调冷冻水及冷却水的选择与计算
空调系统的噪声计算能力	对一套空调图纸噪声进行计算，掌握噪声计算的方法及消音器的选择

2.3 优化课程教学过程性考核方式

课程教学考核是评价教师的“教”和学生的“学”的一个重要的过程。在CDIO教学理念下，着重培养

学生的实践能力、创新能力、解决问题能力及团队协作能力，通过工程实践项目，让学生了解课程在实际工程中的地位与应用情况。在教学阶段中及时对学生的实践训练进行检查和考评，并以此作为学生综合成绩的依据，从而激发学生的学习动机，积极有效地推动专业理论知识的学习，从而不断加强实践环节的建设和管理，深化教学内容和课程体系改革，建立科学合理的实践教学评价体系[5]。检查内容首先是学生对空气调节课程重要知识点的掌握情况，如空调系统方案确定是否正确、风管流速的选取和管径的选取是否正确，以及风管在图纸上面位置布置是否正确、图纸绘制是否清晰等，考查学生对相关理论知识的掌握程度以及规范的熟练程度。此外，项目式教学考核还能考查学生的团队合作意识、节能环保意识、实践创新能力，以及在丰富多彩的活动中实现自我价值，提高学生的综合实践能力。

3 基于CDIO理念的项目式教学模式的实践效果

在CDIO工程教育的课程体系下，更能体现以市场为需求的导向，增强学生的岗位能力和综合素质的培养，学习的效果更为明显；突出专业课程对创新创业的技术与技能的支撑作用，强调学生创新创业实践能力的培养，落实专业技术、技能的转化效应；将枯燥的专业课理论知识与实训实践、创新创业有效结合，从而实现人才培养模式的改革创新；使学生更好地学习空气调节这门课程，学生变被动接受为主动学习理论知识，而且课堂气氛活跃；学生对手机的依赖情况明显减少，凸显学生的学习主体地位，充分体现了“学生为主体，教师为主导”的现代教学理念下的教育模式，很好地解决了传统教学中理论与实践脱离的问题。对培养具有节能减排理念，富有社会责任感，具有创新思维、竞争意识和工程实践能力的应用型工科人才有一定的作用。

参考文献：

[1] 练丹魔，黄国安，伍雪. CDIO理念下环境设计专业项目化实践教学改革［J］. 低碳世界，2024，14（2）：181－183.

[2] 袁慧宇，赵娟，李璟. 基于CDIO理念的C程序设计项目教学改革实践［J］. 福建电脑，2019，35（1）：77－78.

[3] 何叶从. 空气调节课程教学实践中的问题与改革思路分析［J］. 新课程（下），2015（5）：118.

[4] 张红婴，刘伟，罗凯. 空气调节课程“校企联合，项目驱动型”教学模式改革研究［J］. 高等建筑教育，2014，23（2）：90－93.

[5] 杨启尧，程森，吴豪，等. 基于CDIO理念的电子技术课程项目式教学改革与实践［J］. 浙江水利水电学院学报，2014，26（3）：90－92.

工科院校能动类大学物理课程思政探究

孙淑臻*，王小娟，王雪娇，孙海朋，单雪媛，赵玉祝，宗荣

（潍坊理工学院新能源工程学院，山东　青州 262500）

【摘　要】习近平总书记在全国高校思想政治工作会议上指出把思想政治工作贯穿教育教学全过程，各类高校都在全面深化、积极贯彻落实习总书记的号召，开展通过课堂教学途径立德树人，将思政元素融入各门学科，培养学生树立正确的世界观、人生观、价值观。各科教师也在积极响应号召，做好教书育人的工作职责。教好书是每位老师应尽的义务，育好人才是教师终生的职责。百年树人，树人先立德，培养学生健全的人格比掌握具体的知识和技能更加重要。因此，在大学物理教学中将思政元素与大学物理课程有效融合，推进大学物理课程思政教学迫在眉睫。

【关键词】大学物理；课程思政；教学改革

0　引言

大学物理是工科本科院校的一门专业基础课，是学生学习专业知识和进行科学创造的前提条件。本校新能源工程学院能源与动力工程专业是山东省一流本科专业，尤其在国家“双碳”目标当下，责任重大。在此专业中，大学物理分为大学物理（一）和大学物理（二），分别开设在大一下学期和大二上学期，共计 96 学时，是学生学习后续专业知识课程的基础铺垫。大一下学期，学生对大学校园生活环境以及自身学习习惯养成仍处在适应阶段，大学物理作为该专业学生的入门专业基础课，在引导学生养成良好的习惯、提高自身道德素质、形成科学的理想信念、树立正确的人生价值观等方面起着非常重要的作用。在长期的办学实践中，学校也始终把教学改革研究作为提高教学质量、提高人才培养质量的重要举措，大力支持与鼓励教学改革。因此，必须要推进大学物理教学的改革和创新：将思政元素与大学物理课程有效融合，推进大学物理课程思政教学的改革和创新；调整大学物理教学内容中的思政元素，尤其是增加与专业课程衔接紧密的思政知识点，更加贴近学生所学专业，提高学生的学习兴趣，增强教师的教学效果。

1　加大物理任课教师对思政内容知识尤其是与专业相关的思政元素的学习深度

就大学物理而言，包括“力、热、电、光、原”五大部分，课程本身内容多理论性强，加上高校物理教师基本都是物理学出身，思政内容本身有所欠缺，所以在思政元素入课堂的时候很容易会出现生搬硬套的现象，将思政内容直接讲给学生，无法做到课程与思政的有效融合，学生可能会出现被说教的感觉，从而也无法起到润物细无声的作用。因此应该从多方面入手，探寻思政与大学物理课程有效融合的途径，努力拓宽自身思政知识面，尤其是与专业相关的思政元素。课程与思政，不应该是泛泛地物理相加，更应该是让他们发生化学反应[1]。课程思政既不能生搬硬套，也不能牵强附会。课程思政不是将思想政治课的内容知识直接搬到课堂教学中，而是将与本课程相关的思政内容潜移默化、自然地融入课堂教学。课程里融入思政，不能使学生感觉唐突，产生被说教感，而是使学生能够在轻松地教学课堂中自然而然地接受思政元素，从而使课程思政达到春风化雨、润物细无声的效果[2]。

2　思政元素入教学大纲，编写合理的教学设计，实现有效融合的教学新模式

结合学校办学定位、专业特色以及课程特点，深入挖掘思政教育资源，将思政元素写入教学大纲，将建设目标融入课程教学设计，教学设计中加入人文情怀（父母养育恩）、环保意识（科技发展能源利用带来环境污染，树立节能环保思想）、榜样力量（“两弹一星”精神，中国导弹之父钱学森的艰难归国路）、探索创新精

---

* 孙淑臻（1986—　），女，硕士，讲师。E-mail：461117205@qq.com。

基金项目：2022 年山东省本科高校教学改革研究项目（No. M2022140）。

神（日心说，量子论产生）等，完善课程内容，改进教学方法，润物细无声。如图1所示，在绪论开篇讲为什么要学习物理学时加入三次工业革命，让学生们感受到物理学上每次理论突破都将带来社会大的飞跃，感受到知识的力量以及身上的历史责任，敢于攀登，勇于创新；讲力学中力的累积效应时引入能源可持续发展，量变到质变，让学生们团结协作，持之以恒，坚持不懈[3]；在讲电磁学知识的时候介绍一下我国的前沿磁悬浮列车，有利于增强学生自信心和民族自豪感，激发其学习大学物理的兴趣以及爱国情怀。培养学生的历史责任感和爱国情怀，树立为国家发展奉献的理想信念。学生思想道德素养、求真务实、探索精神和创新意识有所提高[4]。学生不再畏惧物理课堂，学习大学物理的兴趣更加高涨，在物理教学中引入思政元素，使大学物理课堂更加轻松愉悦、更加合理化。

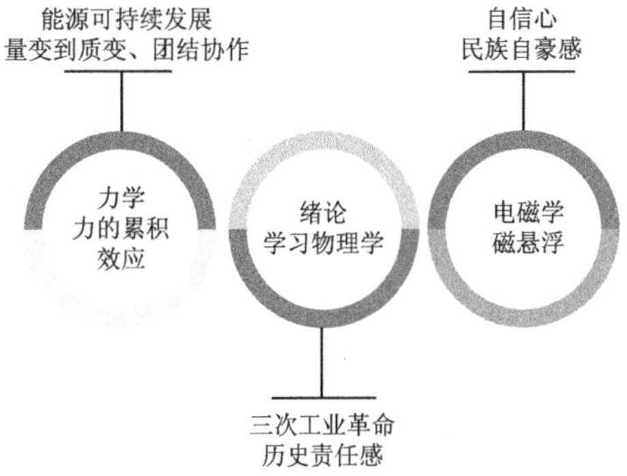

图1 思政元素与教学的有效融合

3 调整传统的考核办法，加入思政元素的考核，对学生的学习进行更综合的评价

将考核办法进行调整，增加过程性考核的比重，在平时成绩中增加对思政元素的考核，对学生的学习进行更综合的评价。平时成绩占50%，期末成绩占50%。例如，可以让学生撰写一两篇物理中科技引领时代的开放性小论文，或者大学物理知识中体现哪些思政元素相关性的学习报告等，学生在文章撰写的过程中不仅可以加深对大学物理知识的理解，还能够激励学生们刻苦钻研，体会到祖国的强大、知识的力量，激励他们勇攀高峰，帮助他们树立正确的科学观、掌握科学方法、形成高尚的科学精神、提高科学素养[5]，从而也能改变他们对学习大学物理的看法。

4 结语

本文初步探讨工科院校能动类大学物理课程思政，在大学物理教学中引入思政元素，有利于帮助学生树立正确的世界观、人生观、价值观。教好书是每位老师应尽的义务，育好人才是教师终生的职责。百年树人，树人先立德，培养学生健全的人格比掌握具体的知识和技能更加重要。但在实际的推行过程中会面临一些问题，如何权衡好物理知识和思政元素的学时分配，如何更加合适地引入思政元素等，但只要潜心研究，相信在大学物理教学加入思政元素会达到润物细无声的成效。

参考文献：

[1] 杨祥，王强，高建．课程思政是方法不是“加法”——金课、一流课程及课程教材的认识和实践［J］．中国高等教育，2020（8）：4-5．

[2] 陈国华，程敏熙．将课程思政融入大学物理课堂的综述［J］．物理通报，2021（3）：2-6，12．

[3] 王小力．大学物理课程思政研究与实践［J］．中国大学教学，2020（10）：54-57．

[4] 刘俊娟，李晓芬，魏增江．大学物理与思政元素创新融合教育的研究与实践［J］．物理通报，2022（5）：61-62，67．

[5] 曹海霞．“新工科”背景下大学物理课程中融入课程思政的实践与探索［J］．物理通报，2020（12）：9-12．

教育数字化背景下虚拟仿真实验教学管理平台探索

张丁文*[1]，盛健[1]，陈甜甜[1]，刘聪[1]，赵帅[2]

（1. 上海理工大学，上海 200020；2. 南昌工学院，江西　南昌 330000）

【摘　要】教育数字化是当代教育发展的重要趋势，它利用数字技术来改进教学方法、提升教学效果，并推动教育资源的优化配置。在这一背景下，虚拟仿真实验教学管理平台应运而生，为教育领域带来了深刻的变革。本文分析和整理了虚拟仿真实验教学管理平台的现状和问题，结合本校平台的实践经验，在虚拟仿真实验教学数字化转型大背景下，探讨了如何建设以学生为中心、开放共享顺畅、分层管理高效的虚拟仿真实验教学管理平台，对高校建设相关平台有一定借鉴意义。

【关键词】教育数字化；虚拟仿真；实验教学；管理平台

0　引言

随着信息技术与教育教学的深度融合，教与学的方式正在发生深刻变革，数字化转型已成为高等教育高质量发展的必然要求[1]，教育数字化正成为我国开辟教育发展新赛道和塑造教育发展新优势的重要突破口。数字化是信息化发展的时代特征和高级阶段[2]，教育数字化转型被认为是将数字技术融入教育，以创建智能环境、赋能教学场景、推动教与学产生改变的过程[3]，同时也是将数字技术整合到教育领域的各个层面，推动教学、组织、评价全方位变革，形成开放、适应、柔韧、永续的良好教育生态的过程[4]。

虚拟仿真技术作为信息化时代的关键技术，在高等教育数字化转型，尤其是实验教学数字化转型过程中发挥着重要作用。虚拟仿真实验教学依托虚拟现实、多媒体、人机交互、数据库和网络通信等技术，构建高度仿真的虚拟实验环境和实验对象，为学生提供沉浸式的实验操作体验。而虚拟仿真实验教学管理平台则集虚拟仿真实验资源和应用于一体，为教师和学生提供更加开放、便捷、高效的教与学新体验。虚拟仿真技术和实验教学的融合发展模式成为落实高等教育数字化战略与新时代实验教学示范中心建设的重要内容[5]。

尽管各大高校积极响应实验教学数字化转型，陆续建设了院级或校级虚拟仿真实验教学管理平台，但仍然存在一些尚未解决的问题，例如平台功能设计与实际教学模式脱节等。本文在整理归纳相关问题的基础上，探索了如何构建以学生为中心、开放共享顺畅、分层管理高效的虚拟仿真实验教学管理平台，使数字化真正赋能教育全过程，为学生提供更高质量、更加公平、更多选择、更加便捷、更加开放、更加灵活的教育服务，满足不同学生的个性化教育需求。

1　虚拟仿真实验教学管理平台建设现状与问题

1.1　虚拟仿真实验教学管理平台建设现状

2013 年，教育部正式启动对国家级虚拟仿真实验教学中心的建设[6]，引起了国内高校的积极响应。仅 2013—2015 年间，300 个国家级虚拟仿真实验教学中心获批[7]。然而各个中心在一定程度上存在资源分散、共享程度低、示范辐射效应不足、缺乏统一的实验教学管理平台等问题，没有真正实现“共建共享”的建设初衷[8]。因此，越来越多的高校开始致力于建设在线开放共享的虚拟仿真实验教学管理平台。哈尔滨工业大学能源科学与工程学院以能源动力相关课程群和应用型研究生培养基地为基础，建设了本、研一体化开放式虚拟仿真实验室教学管理和共享平台[9]。西华大学建筑与土木工程学院探索了虚拟仿真平台在工程管理专业实验教学中的应用，建设了基于云技术和大数据的 BIM 建筑虚拟仿真教学实验平台[10]。大连理工大学电工电

* 张丁文（1994— ），女，硕士，助理实验师。研究方向：动力工程测控。联系地址：上海市杨浦区军工路 516 号，邮编 200020。E-mail：zdw0707@usst.edu.cn。

子国家级虚拟仿真实验教学中心为统筹管理实验课堂，搭建并实现了远程实验教学全过程一体化管理平台[11]。以上平台的建设体现了教育方式的深刻变革，其将实验环境、设备、过程等虚拟化，为学生提供沉浸式的在线实验体验。这种变革不仅突破了时空限制，使学生可以随时随地进行实验操作，还提高了实验安全性，降低了实验成本。

1.2 虚拟仿真实验教学管理平台建设问题

虚拟仿真实验教学管理平台的设计与建设对实验教学管理和资源共享效率影响巨大。然而，大部分高校虚拟仿真实验教学管理平台的功能设计并没有参照实际教学过程，导致虚拟教学资源的集成、管理和共享面临着相当多的困难和问题[12]。

1.2.1 功能设计与实际教学脱节

一些虚拟仿真实验教学管理平台在功能设计时未能紧密结合具体的学科内容和教学目标，导致平台上的实验项目或教学资源与实际教学内容脱节。这使得教师在使用平台时难以找到合适的教学资源，或者需要花费大量时间进行二次开发，增加了教学负担。另外很多功能设计往往基于理想化的教学场景和需求，可能未能充分考虑实际教学中的复杂性、多样性和变化性。这导致平台的功能在实际应用中可能无法完全满足教师和学生的需求，或者使用起来不够便捷，影响了教学效果。

1.2.2 实验教学资源简单堆砌

在虚拟仿真实验教学管理平台中，如果实验教学资源只是简单堆砌，那么平台的使用效果将会大打折扣。首先，未经分类和整理的资源堆砌在一起，使得学生在查找和使用特定资源时面临极大的困难，这不仅降低了学生的使用体验，也影响了教师实验教学的效率。其次，简单堆砌的资源往往只是静态的信息展示，缺乏互动性和个性化学习的支持，这使得学生在使用平台时缺乏参与感和兴趣，难以充分发挥虚拟仿真实验教学的优势。

1.2.3 平台开放共享程度低

部分虚拟仿真实验教学管理平台可能设置访问权限，使得某些用户或机构无法获取所需的虚拟仿真实验资源。这种限制可能基于学校、专业或课程等因素，导致资源无法在不同高校或机构之间自由流通。此外，一些平台未能有效实现学生学习数据、实验成果等信息的共享，使得教师和其他用户无法充分利用这些数据来优化教学方法和提升教学效果。还有一些平台可能未能提供足够的在线讨论和交流功能，或者未能有效支持学生之间的协作学习，这限制了用户之间的交互与合作，影响了平台的开放共享效果。

2 虚拟仿真实验教学管理平台建设实践探索

2.1 平台概述

虚拟仿真实验教学管理平台依托于上海理工大学能源动力工程国家级实验教学示范中心，集资源共享、课程学习、互助交流、教学管理、项目申报等于一体，面向各个学院及校外学习者开放，其功能架构如图1所示。平台建设符合“高阶性、创新性、挑战度”要求，着力还原真实实验的教学要求、实验原理、操作环境及互动感受，具有较强的逼真性、推演性、交互性、可信可用性。

平台门户网站如图2所示，对虚拟仿真课程资源、产学研合作动态成果、高精尖企业人才需求、创新型人才培养体系等内容分模块分层次进行数据化展示，有效推动了产教双方精准化匹配融合。平台后端架构如图3所示，以“学生”“教师”“教务”“系统管理员”四角色为主体，通过角色赋权，打通师生间的沟通及管理壁垒，形成互动、互利、互补、共赢的新型虚拟仿真实验教学管理模式。

平台为学生提供了一个实践操作的全新维度。在虚拟仿真环境中，学生可以自由地进行各种实验操作，无须担心设备限制或实验材料的供应问题。这种实践操作的灵活性不仅拓宽了学生的实验视野，还培养了他们的动手能力和解决问题的能力。同时，还打破了传统实验室的学科壁垒，为跨学科的综合实践提供了可能。学生可以在虚拟环境中进行燃烧学、流体力学、工程热力学等多个学科领域的综合性实验设计和操作，培养更全面的知识结构。另外，教师可以借助平台方便地组织和管理实验课程，实时掌握学生的学习进度和效果。同时，平台还支持虚拟仿真实验资源的共享和复用，提高了教学资源的利用效率。这不仅有助于降低教学成本，还有助于推动教育公平。

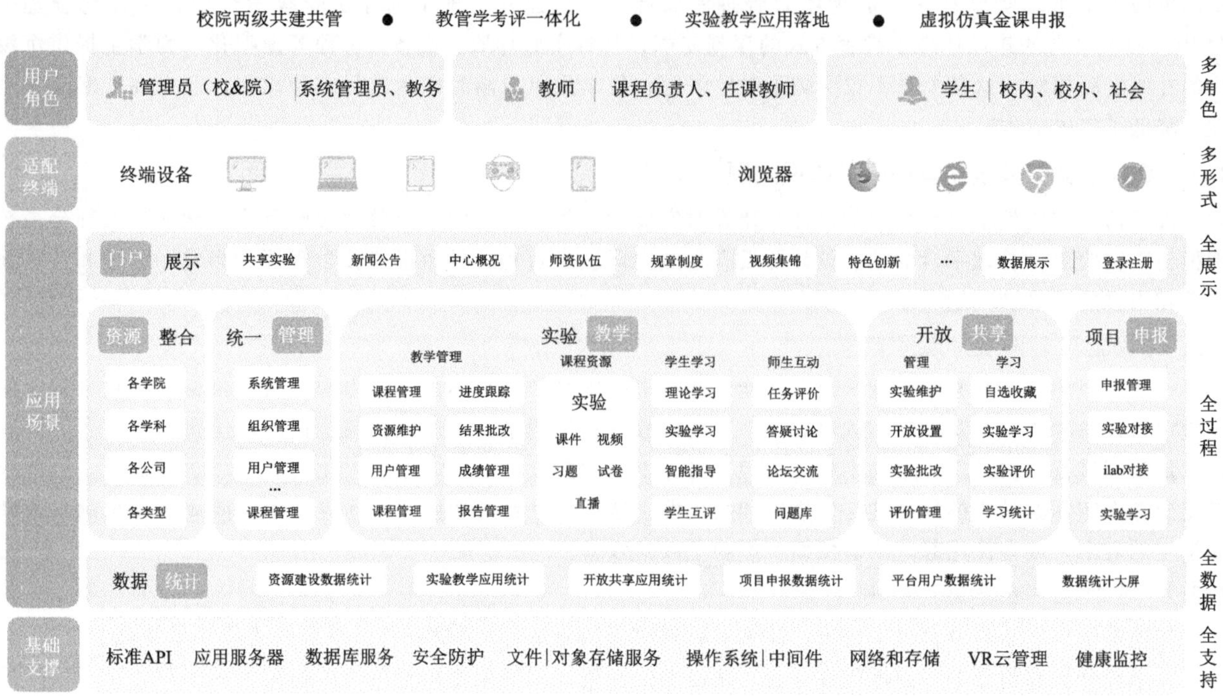

图 1　平台功能架构

2.2　平台特色

2.2.1　以学生为中心

虚拟仿真实验教学管理平台以学生为中心的特色不仅体现在最初的设计理念上，更体现在平台最终的功能实现上。

（1）多种资源分类安排。平台为学生提供了文档课件、视频预习、虚拟实验以及课程试卷四种类型的学习资源，同时对其进行了详细的分类和标签化，使学生能够方便地查找和筛选所需资源进行在线学习。

（2）实验资源实时评价。学生可以从实验内容、实验质量、教学意义、操作界面、操作步骤、仿真程度等方面对各个实验资源进行实时评价，同时可以对其他学习者的评价进行回复和点赞。

（3）实验结果在线互评。平台设有“单体”和“分组”两种互评模式。单体模式下，系统自动分配以个人为单位的互评范围让学生进行实验结果互评。分组模式下，系统自动分配各组成员，以组为单位进行互评。学生在两种模式下均可按照教师设定的互评规则对其他同学的实验学习结果进行在线互评。

图 2　平台门户网站

除此之外，平台还为学生提供了丰富的互动交流功能，如论坛答疑、问题库答疑、聊天室答疑和留言评价互动回复等。

通过以上功能，平台可以为学生提供不同类型的学习资源，满足个性化学习需求，同时赋予学生更多的话语权，提高其学习参与度和兴趣，使之以主人翁的姿态来进行虚拟仿真实验的学习。

2.2.2　开放共享顺畅

平台从资源共享和数据共享两个方面实现了顺畅的开放共享。首先在资源共享方面，平台内所有类型的虚拟仿真实验教学资源均可以设置“完全开放”功能，即不仅对校内师生用户开放，还对国家实验空间 ilab

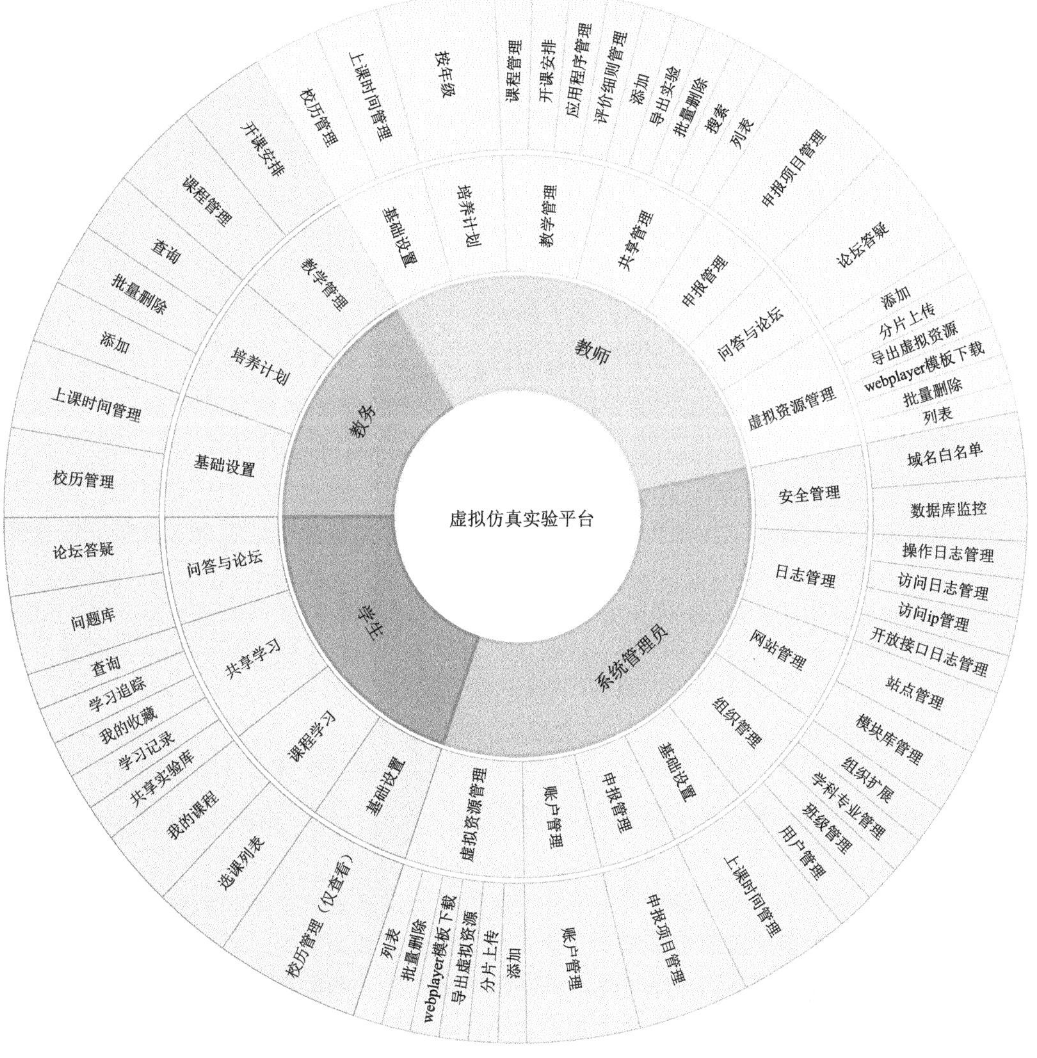

图 3　平台后端架构

对接用户甚至临时用户开放。由此，不携带本平台用户身份信息的人也能通过网页链接访问到实验资源页面。与此同时，经与平台对接后的外部学习资源也可展示在平台上，供用户学习。其次在数据共享方面，平台内的授权用户均可通过“数据看板”查看平台在线用户数、院内用户数、实验空间用户数、临时用户数、专业数量、课程数量对比统计图、学院资源数量对比统计图、学院开课数量的对比统计图等。平台用户统计图如图 4 所示。除此之外平台还能与国家实验空间 ilab 进行数据共享，当本平台实验与实验空间成功对接后，实验空间用户即可通过长链接访问到本平台的实验页面。当实验空间用户做完实验提交后，系统会给出结果反馈，同时系统会将实验状态、实验成绩、实验报告、实验开始时间、实验结束时间、实验时长数据回传给实验空间。

2.2.3　分层管理高效

平台管理采用以系统管理员、教务和教师三角色为主体的管理模式，通过精细化的角色管理授权，确保不同主体能够管理其对应的内容，从而实现分层次、高效率的平台管理模式。

（1）系统管理员。作为平台的最高权限拥有者，系统管理员负责整个平台的稳定运行和安全管理。他们可以创建、修改和删除用户账户，设置用户的访问权限，监控平台的运行状态，以及处理可能出现的系统故障。系统管理员的权限使得他们能够全面掌控平台，确保平台的稳定性和安全性。

（2）教务。教务人员在平台管理中扮演着至关重要的角色。他们主要负责课程管理、学生信息管理以及教学计划的制定和执行。通过平台，教务人员可以方便地发布课程信息、安排教学计划、管理学生成绩等。

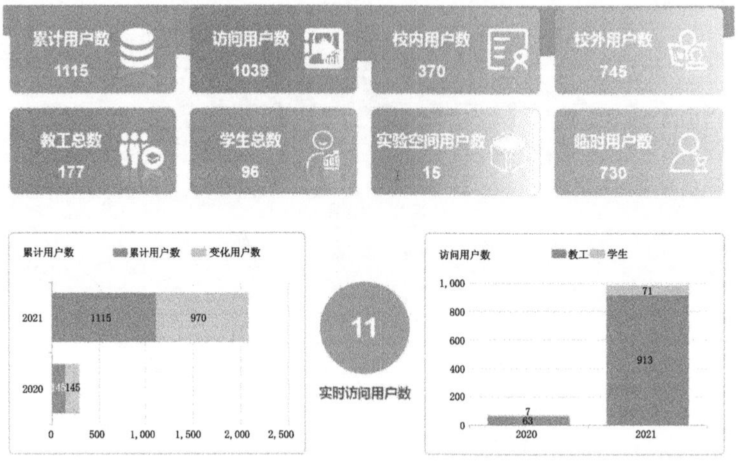

图 4　平台用户统计图

同时，他们还可以监控教学进度，确保教学质量的稳步提升。教务人员的有效管理，有助于提升教学质量和效率。

(3) 教师。在平台管理中，教师主要负责教学资源的管理、在线教学活动的开展以及学生作业的批改与反馈。他们可以通过平台上传课件、发布作业、组织在线讨论等，与学生进行实时互动。同时，教师还可以利用平台的数据分析功能，了解学生的学习情况，以便更好地调整教学策略。教师的积极参与和有效管理，有助于提升学生的学习效果和满意度。

通过实施这种以系统管理员、教务和教师三角色为主体的分层次、高效率的平台管理模式，可以有效提升平台的管理效率和服务质量，促进教育教学的创新发展。

3　结语

教育数字化背景下，虚拟仿真实验教学管理平台正逐渐成为推动教育改革和创新的重要力量。我们要善于利用数字技术、借助虚拟仿真实验教学管理平台推进高等教育的转型升级，不断提升教育品质、更新教育理念、改进教育手段、变革教育模式，为学生提供多样化的学习场景和优质资源。当前平台建设取得了一定的成效，但对于虚拟仿真实验教学的数字化转型来说，还任重道远。相关教育从业者应逐步形成从重点关注资源建设的“虚拟仿真实验教学 1.0”阶段，向加强平台建设、促进共享应用以及支持物理空间与虚拟空间相融合的“虚拟仿真实验教学 2.0”阶段转变的共识，真正做到教育、科技、人才“三位一体”协同发展，使教育数字化向集成化、智能化、国际化推进。

参考文献：

[1] 吴砥，李环，尉小荣. 教育数字化转型：国际背景、发展需求与推进路径 [J]. 中国远程教育，2022 (7)：21-27，58，79.

[2] 刘增辉. 教育部教育信息化专家组成员郭绍青：教育数字化是教育信息化的高级发展阶段 [J]. 在线学习，2022 (5)：18-20.

[3] 舒杭，顾小清. 数智时代的教育数字化转型：基于社会变迁和组织变革的视角 [J]. 远程教育杂志，2023，41 (2)：25-35.

[4] 祝智庭，胡姣. 教育数字化转型的实践逻辑与发展机遇 [J]. 电化教育研究，2022，43 (1)：5-15.

[5] 李琰，张佳琳，饶星，等. 基于数字化的高校虚拟仿真实验教学平台建设与实践 [J]. 实验室研究与探索，2023，42 (10)：233-238.

[6] 孔繁晟，蔡秀兰，贲永光. 虚实组合教学模式在制药工程专业实验课中的应用研究 [J]. 广东化工，2021，48 (5)：269-270，286.

[7] 代方方，费贵强，李磊，等. 化工类虚拟仿真实验教学中心建设与实践 [J]. 实验技术与管理，2019，36 (10)：279-281，296.

[8] 祖强，魏永军，熊宏齐. 江苏省高校虚拟仿真实验教学共享平台建设与实践 [J]. 实验技术与管理，2019，36 (5)：1-4，46.

[9] 翟明，姜宝成，宋彦萍，等. 基于虚拟仿真平台的能源动力类本、研一体化实验教学与管理实践 [J]. 实验室研究与探索，2020，39 (5)：187-192.
[10] 杜德权，卢永琴. 虚拟仿真平台在工程管理专业实验教学中的应用 [J]. 科技经济市场，2022 (8)：100-102.
[11] 巢明，谢梦琦，高庆华，等. 远程实验教学全过程一体化管理平台建设研究 [J]. 工业和信息化教育，2022 (1)：76-81.
[12] 彭敬东，张浩. 高校虚拟仿真实验管理与共享平台存在问题浅析 [J]. 数字技术与应用，2019，37 (12)：217-218.

工程热力学实验装置创新设计与新工科教学改革
——以压缩式制冷循环实验台为例

陈家星*[1]，盛健[1]，杨旭凯[2]，左旭[1]

[1. 上海理工大学，上海 200093；2. 微牛顿（山东）科技开发有限公司，山东　济南 250098]

【摘　要】针对工程教育和新工科建设背景，针对现有工程热力学实验存在教学仪器设备集成化程度高，学生可动手操作空间小，测量显示手段落后等不足，以压缩式制冷循环实验台为例，讨论实验装置的创新设计思路，通过对蒸发器和冷凝器进行可视化设计，帮助学生直观观察实验现象，增进对理论知识的巩固。依托新实验台，开展新工科教学改革，基于OBE教学理念，提出任务引导式教学方法，增强学生的学习自主性，激发探索兴趣，培养探索精神和创新能力。

【关键词】压缩式制冷循环；实验装置设计；教学改革；新工科

0　引言

工程热力学是工程教育中的重要学科之一[1]，它对于培养工程学生的实践能力、创新思维和问题解决能力具有重要作用。然而，在传统的工程热力学实验教学中存在一些问题，如教学仪器设备集成化程度高、学生可动手操作空间小、测量显示手段落后等不足[2]，制约了学生的学习效果和实践能力的培养。

实验教学作为培养大学生科学精神、实践能力、创新意识的关键环节，对培养拔尖创新人才具有重要意义[3]。实验教学仪器是实践教学的工具和载体，运用教学仪器对开发挖掘学生潜能、培养科学创新思维具有重要意义[4]。教育部出台相关政策，要求专业设置条件之一是有稳定的、可持续使用的专业建设经费并逐年增长，且对专业生均教育仪器设备值做出具体要求[5]。

随着新工科建设的推进和教育改革的深入，对于工程实验教学的创新和改革提出了新的要求[6]。在这一背景下，本文以压缩式制冷循环实验台为例，针对工程教育和新工科建设的需求，探讨了实验装置的创新设计思路[7]，并开展实践教学改革设计。

1　实验原理与装置简介

制冷循环性能系数测试实验是工程热力学课程基本实验之一，通过该实验可了解制冷系统的工作原理、研究其性能特点，以及优化制冷系统的设计和运行参数。此外，实验还可以用于验证理论模型和计算方法的准确性，并指导实际制冷系统的设计与应用。

1.1　实验目的

（1）知识层面。学习蒸气压缩式制冷循环系统的组成及原理，以及制冷量、压缩机功率和制冷循环性能系数的测量和计算方法。

（2）能力层面。提升任务式教学下的团队沟通协商能力、热工参数数字化和使用工具软件计算分析的能力。

（3）素养层面。服务环境可持续发展和节能减排战略，提升制造工艺和工程素养。

1.2　实验原理

制冷循环的定义：制冷循环是将热量从低温热源吸取，向高温热源释放的热力学循环。循环过程从低温

* 陈家星（1985—　），男，博士，实验师。研究方向：能源动力系统集成与关键设备试验研究。联系地址：上海市军工路516号综合楼C409，邮编200093。E-mail：shaou26@163.com。

基金项目：教育部高等教育司2024年第一批教育部产业合作协同育人项目（No. 231103356245825、No. 231104838245127）、教育部高等学校能源动力类专业教学指导委员会“2021年高等学校能源动力类教学研究与实践项目”重点项目（No. NDJZW2021Z-59）、上海理工大学“2022年度本科教学研究与改革项目”重点项目。

端不断地将热量传输到环境介质，以维持低温端低温的热力循环过程。

图 1 和图 2 分别为制冷循环基本热力过程、制冷循环四大部件。

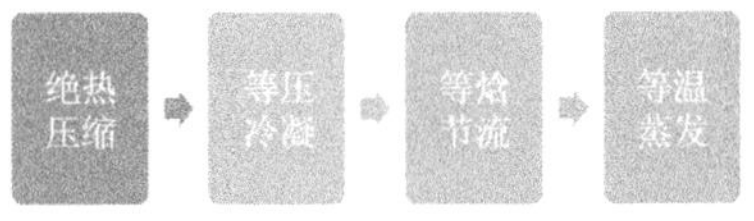

图 1　制冷循环基本热力过程

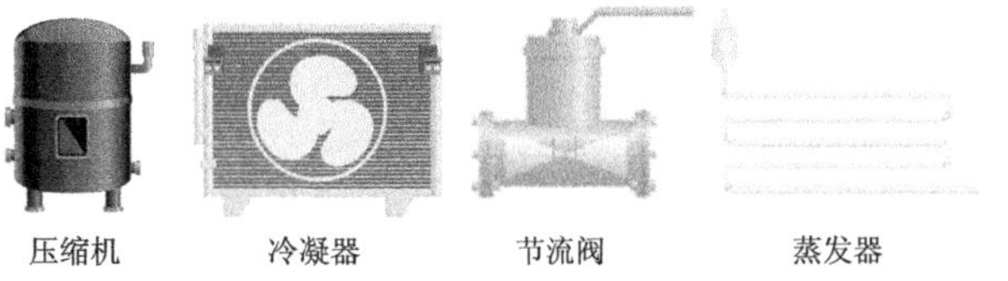

图 2　制冷循环四大部件

1.3　装置简介

实验系统采用第二制冷剂的电量热器法测量制冷系统蒸发器的制冷量，是间接测定制冷量的一种装置，即利用电加热器发出的热量来消耗制冷量，实验装置原理如图 3 所示。

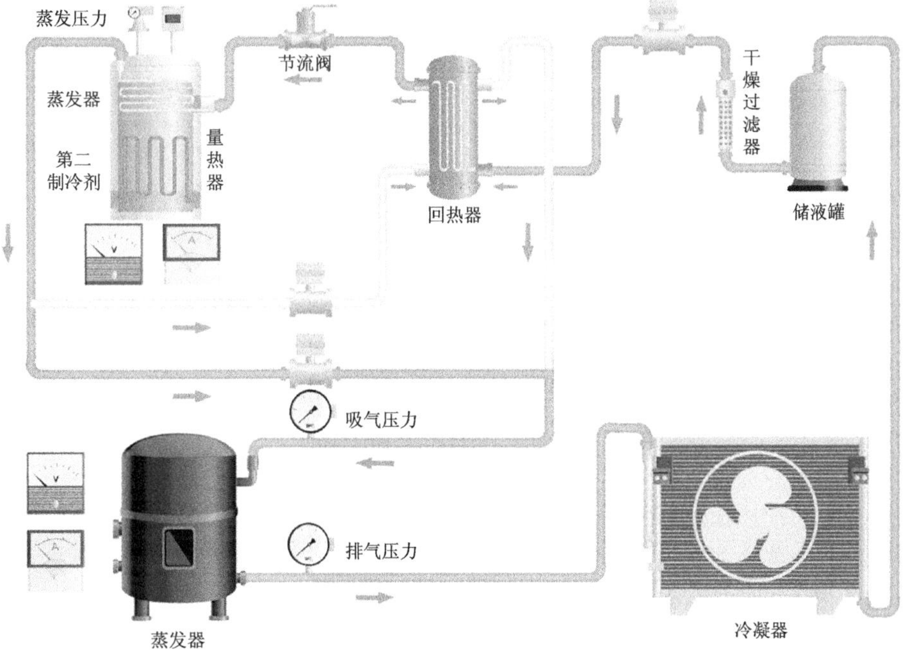

图 3　制冷循环实验装置原理图

实验系统中采用制冷工质 R22 在蒸发盘管中吸热蒸发，使管外蒸气 R11（又称为第二制冷剂）冷凝。为使制冷过程持续不断地进行，R11 被 R22 带走的热量由电加热器不断加热补充，使冷凝的 R11 汽化。系统工况达到稳定时，R22 加热汽化量与 R11 冷却凝结量相等，测得的电加热功率即为 R22 带走的热量。该加热汽化与冷却凝结过程在实验系统中的量热器中完成。

2　实验装置创新设计

2.1　设计理念

实验装置作为辅助实践教学的装置，其设计首先是为教学内容服务的，需要能够准确形象地展示现象或揭示规律。

通过实验原理可知，本实验包含四个热力过程，其中在蒸发器和冷凝器中制冷剂发生了相变，但由于采用风冷冷凝器，无法直观看到制冷剂冷凝过程。由于采取第二制冷器量取热量的方式，蒸发器内置在量热器中，不但无法观察到蒸发器和蒸发过程，而且加深了学生认识系统的难度。

2.2　创新设计

为了对系统进行创新设计，先分析其工作过程：制冷剂在压力温度下沸腾，低于被冷却物体或流体的温度。压缩机不断地抽吸蒸发器中产生的蒸汽，并将其压缩到冷凝压力，然后送往冷凝器，在压力下等压冷却和冷凝成液体，制冷剂冷却和冷凝时放出的热量传给冷却介质（通常是水或空气），与冷凝压力相对应的冷凝温度一定要高于冷却介质的温度，冷凝后的液体通过膨胀阀或其他节流组件进入蒸发器。

针对制冷循环中发生相变的蒸发和冷凝过程无法直观观察的问题，进行创新设计，通过合作企业实现生产，实物如图 4 所示，主要特点包括：

（1）对蒸发器和冷凝器进行重新设计，采用可视化材质，采用水冷方式，可直观演示系统的组成和工作原理，实现对蒸汽压缩式制冷机性能测试。

（2）制冷部件整齐有序地排列在实验台上，实验过程清晰可见，改变了原有实验台制冷部件在地下不方便观察的不足。

（3）实验过程中的关键参数均可测量，包括制冷剂的流量、压力和温度，水的温度，压缩机的功率在内，测量数据实时显示在电子屏幕上。

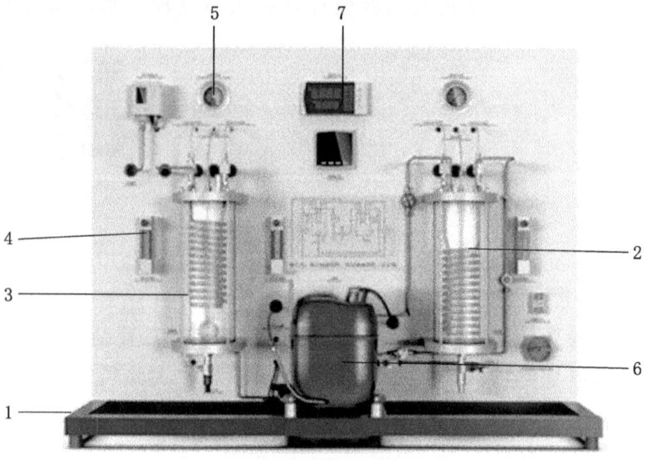

图 4　实验台组成

1—实验台主体支撑结构；2—蒸发器；3—冷凝器；4—流量计；5—压力表；6—压缩机；7—巡检仪

3　教学设计

采用创新设计的实验台开展制冷循环性能系数测试实验，开展基于 OBE 的教学设计，共分为实验准备、实验步骤和总结分析三个环节。

3.1　实验准备

实验前对制冷循环和主要部件进行简单回顾，为了促进教学实施，提前在网络平台提供预习课件和视频介绍，帮助学生详细了解实验装置及各组件的作用，检查和熟悉各测试仪表的安装位置及所测参数的作用；了解和掌握制冷系统的操作规程；熟悉制冷工况调节方法。

3.2　实验步骤

实验开始后对学生进行分组，共有 4 套设备，16 名学生，4 人一组，分工写作，步骤如下：

（1）实验前检查。按照操作指导初始设置后，目视检查设备无明显损伤后开始实验。

（2）冷水机组连接。将冷水机组进出水口与设备侧面的进出水口连接。将机组温度设置为 35℃规定值，防止温度过低导致现象不明显，不易观察。

（3）启动压缩机。冷水机组温度到达设定值后，打开设备上的压缩机运行开关，此时压缩机开始工作。

（4）调节冷冻水流量。调节通过蒸发器的冷冻水流量计上的阀门，使冷冻水达到较大流量。

图 5　实验现象实拍图

（5）现象观察。观察制冷剂的“蒸发”和“冷凝”工作现象，分析产生该现象的原因。

（6）等待数据稳定。先使设备循环运行一段时间，等各测量仪表参数稳定后准备记录实验数据。

（7）曲线绘制。根据实验数据绘制循环曲线。

（8）完成实验。关闭电源与各项开关。

如图 5 所示为实验现象实拍图，冷凝器中，制冷剂从铜管上方凝结成液滴，顺铜管滴下，蒸发器中，在制冷剂上部铜管，发生蒸发现象，出现大量气泡，类似沸腾。

3.3　总结分析

结合实验内容，引导学生结合分工，对实验进行总结分析，包括回顾实验目标、总结实验过程，提升分析和探究能力。

4　结语

制冷技术广泛应用于碳中和相关领域，实现碳中和对制冷技术提出的新需求和更高要求，而产业的发展和技术的突破离不开人才的培养。通过分析现有实验系统的不足，开展了创新设计和教学改革。教学实践表明，先进的实验教学仪器可以更好地激发学生的学习兴趣和志向，设备的可视化使得学生对实验现象的观察更加清楚，加深了对理论知识的理解，未来还需要对传统实验进行更多改进设计，优化教学方式，才能适应教育强国背景下对人才培养的需求。

参考文献：

[1] 迟金玲. 多学科融合的机械专业工程热力学教学改革探索 [J]. 教育教学论坛，2020 (19)：117 - 118.

[2] 陈家星，肖媛，崔国民，等. 任务引导式教学在能源动力类专业基础实验中的实践 [J]. 创新创业理论研究与实践，2023，6 (5)：156 - 158.

[3] 韦建超，韩用顺，张东水，等. 以科研成果促进测绘实践教学升级的探索与实践 [J]. 地理空间信息，2024，22 (3)：123 - 127.

[4] 王晓岗，郑凤，许新华，等. 改造和研发教学仪器推动化学实验教学改革 [J]. 实验室科学，2021，24 (2)：181 - 184.

[5] 吴正顺，梁桂华. 生均教学仪器设备值评估指标探析 [J]. 实验教学与仪器，2014，31 (1)：71 - 72.

[6] 韩建海，仲志丹，王晓强，等. 地方高校机械类专业新工科建设特色发展与实现路径研究 [J]. 高教学刊，2023，9 (10)：52 - 55.

[7] 王永玺，李越，薛永强，等. 多功能模块化流动原理实验装置的创新设计 [J]. 装备制造技术，2019 (2)：19 - 21.

新工科背景下的制冷专业基础实验教学改革

陈甜甜*，刘聪，张丁文

（上海理工大学，上海 200000）

【摘　要】 工程热力学、工程流体力学、传热学等实验课程是制冷专业学生的基础实验课，理论性和实验性较强，知识点琐碎。本文分析了当前实验类课程存在的普遍问题，针对目前高校开设的此类课程，在现有的教学背景下，参照新工科建设的要求，对该类课程的实验教学方法、课程体系和评价机制做出相应改革，旨在全方面培养学生的创新能力，增强学生的学习兴趣，为后期的专业课学习打下坚实的基础。

【关键词】 新工科；基础实验；教学改革

0　引言

为了适应当今世界新一轮科技革命和产业变革的新趋势，教育部提出把全面振兴本科教育作为新时代高等教育改革发展的核心任务，改造、升级传统工科专业，并加快建设、发展新工科专业，进一步提高人才培养质量[1]。

随着我国制冷技术行业的迅猛发展，其在推动未来经济社会发展中的地位愈发凸显。因此，各大高校肩负着培养高质量、适应行业发展需求的制冷技术专业人才的重要使命[2]。在新工科建设的背景下，高校不仅要注重学生的技术基础和知识储备，更应强调人文素养、科学精神和团队合作精神的培养，以满足社会对制冷技术人才素质不断提升的期望。

制冷专业是一个涉及工程热力学、工程流体力学、传热学等多个学科的交叉领域[3]，主要研究如何通过技术手段实现对特定空间或物体的温度控制。该专业在能源与动力工程领域中占有重要位置，具有广泛应用前景，它不仅要求学生具备扎实的理论基础，还要求有较强的实践能力和创新精神。而工程热力学、工程流体力学、传热学实验等实践类课程是制冷专业的基础[4]，作为理论联系实际的主要环节，是学生深化理解和巩固课程理论知识的重要途径，是课堂教授知识的有益补充，有助于学生掌握和熟悉基本科学实验方法，培养学生严谨的、实事求是的科学研究工作作风，也是解决课程教学"两难"问题的重要途径。因此，探索先进、合理，具有创新理念的实验教学内容与教学手段对于保证实验教学效果以及制冷专业的发展具有重要意义。

1　现状分析

1.1　国内教学改革研究现状

实验类课程是以上基础理论课程教学应用的重要环节，多为演示性、对比性和验证性实验，学生按部就班地完成实验，得到预期的结果，不利于突破实验规程或步骤进行创新。王志军等[5] 分析了工程热力学与传热学实验教学中存在的常见问题，提出要重视实验教学，增加实验教学投入，通过改进实验教学方式方法，积极采用多种有益的实验教学模式，增强大学生创新创造意识与能力的实验教学改革与优化方案。

近年来，计算机技术的发展，智慧化、虚拟化的现代实验教学方法逐渐代替传统实验教学方法成为制冷专业本科生实验教学的主要方法。许亚敏等[6] 对工程热力学实践教学模式进行了改革与探索，建立了容器充放气特性及热力学分析虚拟仿真实验，弥补了真实实验中无法提供的各种工况，拓展了学生的研究范围和研究深度。江苏大学张永超等[7] 基于虚拟仿真实验平台技术实现空化现象的可视化与控制，以泵为载体，使学生在理解空化现象的基础上，掌握泵的空化性能与运行特性；掌握空化实验平台的具体操作步骤，学习数据

* 陈甜甜（1998—　），女，硕士，助理实验师。研究方向：化学工程与技术。联系地址：上海市杨浦区军工路 516 号上海理工大学，邮编 200000。E-mail：sweet980714@126.com。

采集与分析方法，以此来达到传授专业核心知识、解释复杂现象、启发专业思维的教学目的。

对于在传统的实验教学中，演示性、验证性实验占据着主导地位，不利于培养学生应用知识的能力和创新意识等问题。于梅春[8] 认为课程实验应打破学科之间的壁垒，全面开放实验室，全方位整合教学资源，鼓励学生根据自身的兴趣提出某个课题，自行进行实验参数、实验过程的设计，通过对实验数据的观察、分析，形成课题的可行性报告，然后进行合理评估。宋志文等[9] 通过优化实验内容结构和创新实验教学方法等教学改革，在演示类实验基础上设置综合性实验，帮助学生夯实流体静力学、动力学能量转换特性等基础性知识的同时，使学生掌握流体力学基础知识的综合性运用。通过在静力学、伯努利方程等传统验证性实验中引入定性分析、定量测量、自主设计环节，形成“实验现象观察定性分析定量测量自主设计”的综合性实验。增加实验教学的启发性、综合性、设计性和创新性，激发学生学习兴趣，致力于培养学生自主分析、研究、设计创新能力。

1.2 课程实验教学存在的问题

（1）教学手段单一，吸引力不足。传统实验教学方法刻板单一，往往遵循固定的流程：学生预先阅读实验指导书进行预习，随后老师详细阐述实验的原理和步骤，学生再按照实验指导书上的固定操作进行实验。在这样的模式下，学生通常只是被动地模仿老师的操作，机械地重复实验过程，且做完即忘，缺乏主动探索和深入理解的积极性。

在一些高校，由于实验台数量的限制，实验大都设置为演示性和验证性实验，学生一般很难获得亲自动手操作的机会，即使运用虚拟仿真平台，也常常受限于操作简单、参数单一等技术限制，根本不可能起到激发学生学习兴趣、增强动手能力、强化理解所学理论知识的目的，更难说培养学生主观能动性、提高实践动手能力和工程创新能力。

（2）课堂互动少，学生积极性不高。在当前的实验课程教学中，课堂互动的模式显得尤为局限，往往仅限于教师提问、学生回答的传统形式。这种互动模式往往只有少数学生能够真正参与到课堂讨论中，对于大多数学生来说，他们可能因为对实验原理或操作步骤的理解不够深入，或者因为缺乏自信，而选择保持沉默。这就导致了课堂上经常出现教师提问却无人回答的尴尬现象。实验课程本应是一个充满探索和发现的过程，学生应该通过亲自动手操作、观察实验现象、分析实验结果来加深对知识的理解和应用，而这种传统互动模式虽然在一定程度上能够检验学生对知识的掌握程度，但远远不能满足实验课程对学生实践能力和创新思维培养的需求。

（3）实验教学内容单一。制冷专业的相关理论课程涉及的知识点繁杂，概念抽象，公式晦涩难懂，作为理论课的补充和实操，受条件限制，相关实验课程往往只涉及简单的操作和参数改变，在这些实验中，学生往往只需要按照实验指导书中的步骤进行机械式的操作，即所谓的照葫芦画瓢，便能够获取到实验数据。虽然这种方式能够帮助学生熟悉实验流程，但却很难培养他们对实验现象背后原理的深入理解和分析能力。

更为关键的是，由于实验内容的局限性，学生很难将所学到的理论知识与实验中的设备和实际生产应用相联系起来。这导致了许多学生在完成实验后，虽然获得了数据，但却无法将其应用于实际问题的解决中。这种理论与实践的脱节不仅影响了学生对制冷技术的全面理解和掌握，也限制了他们在实际工作中的应用能力和创新能力。

2 制冷专业基础实验教学改革

2.1 优化课程体系

在当前的教育体系中，实验课程作为连接理论与实践的桥梁，对于培养学生的实践能力和创新精神具有举足轻重的作用。然而，当前的实验课所涉及的知识点往往过于分散，缺乏系统性和连贯性，难以有效培养学生的综合应用能力。为了改善这一状况，提出将项目式学习（PBL）融入实验课程中，开发综合创新项目式实践教学。

PBL 作为一种以学生为中心的教学方法，强调学生通过参与项目来学习和成长[10]。在综合创新项目式实践教学中，将多个相关的实验项目进行整合，既能适当减少实验课学时，又能形成具有实际应用价值的综合性项目。这些项目不仅涉及多个学科的知识点，还要求学生通过团队合作、问题探究和实验操作等多元化的学习方式，完成项目的各个环节。

在 PBL 的引导下，学生将围绕实验课程的核心问题展开学习。他们需要通过调研、分析、讨论等方式，深入理解项目背景和需求，明确目标和要求。然后根据项目需求，运用所学知识设计解决方案，并进行实验验证。在实验过程中，学生需要记录数据、观察现象，并根据实验结果调整解决方案。此外，学生还需要通过团队合作和互动交流，共同解决项目中的困难和挑战。

与此同时，教师也不再仅仅是知识的传递者，而是站在项目的指导者和推进者的角度为学生提供必要的指导和支持。同时，教师还需要关注学生的学习过程，及时给予反馈和建议，帮助学生不断提高自己的学习能力和实践能力。

通过综合创新项目式实践教学的实施，学生将能够在实践中深化对理论知识的理解，提升问题解决能力和创新思维。他们将学会如何运用所学知识解决实际问题，如何与他人合作完成复杂任务。此外，这种教学模式还能够培养学生的跨学科素养和团队合作能力，为未来的职业发展打下坚实的基础。

2.2 丰富教学手段

（1）针对当前课堂互动少、知识点零碎、教学内容无法与实际相联系等问题，在课前增设微视频板块，由学生联系生活实际，通过拍摄相关微视频来深化对课程内容的理解。视频类型可以分为：理论应用类、实践操作类以及创意展示类。理论应用类微视频主要展示学生如何将理论知识应用到实际生活中。学生可以通过模拟实验、案例分析、现场采访等方式，展示某个理论或概念在现实生活中的应用场景。例如，压气机的运行原理和在生活中的实际应用等。实践操作类视频侧重于展示学生的动手能力和实验技能。学生可以亲自进行相关仪器操作，记录实验过程，并解释实验结果。创意展示类视频鼓励学生发挥想象力和创造力，以独特的方式展示对课程内容的理解。学生可以运用动画、音乐、剪辑等技巧，让枯燥的理论知识“动”起来，对于学生提交的视频，教师可以进行筛选并在课间播放，既活跃了课堂气氛，又能帮助学生加深对知识点的理解。

（2）课前将知识点拆分，每组学生抽签来决定具体讲解哪一部分，在老师讲解到对应部分时，由学生在黑板上进行书写阐述，而后教师根据板书内容展开补充并与同学互动，该环节尽量保证每一位学生都有在黑板上书写的机会。以流量计的标定实验为例，课前将各类流量计对应的知识点划分好，学生抽签后按照不同流量计讲解的顺序，板书原理、对应公式、流量计优缺点、实验注意事项等内容，而后老师负责将这部分知识串联，边讲边在原有板书的基础上进行批阅更正，课程结束后可将黑板内容作为学习资料发送给学生。这样既避免了学生在课堂上羞于开口的窘境，又活跃了课堂气氛，大大增加了实验课的趣味性。

2.3 完善评价机制

当前实验课的评分大部分只由课堂表现和实验报告两部分组成。课堂表现分局限于学生出勤，上课回答问题等，实验报告则依据标准答案对学生进行评分，局限性大，无形中也在告诉学生，做实验不能失败，学生为了结果的标准也不愿意在有限的课堂时间中去做更多尝试，甚至会在课后去篡改、抄袭实验数据。

为此，根据教学手段和课程体系的改革，在实验考核中新增团队互评和创新奖励板块。每次实验结束后，小组成员以匿名的方式从团队协作、沟通能力、实验操作规范性、实验问题解决能力等方面互相评分，教师根据互评结果，结合课堂观察，对团队成员的团队协作能力进行综合评价，确保每个成员都能得到公正、客观的评价。此外，鼓励学生在实验过程中提出新思路、新方法，勇于尝试和探索。评分标准包括实验设计创新、实验方法创新、实验结果创新等方面，学生可以在实验结束后提交创新申请，详细描述自己的创新点及实验成果，作为课堂表现的附加分。如果学生实验数据不理想，学生也可以提交结果分析报告，详细描述实验过程和步骤，分析数据不理想的原因。对于由不可抗因素造成的实验失败（如实验装置损坏等），可向实验指导老师提交情况说明，并视情况安排补做实验。

3 结语

本文针对高校制冷专业基础类实验课程开展效果不好的问题进行了深入分析，为了解决教学手段、内容单一和课堂氛围差等问题，基于我国新工科建设的导向和制冷行业人才培养的实际需求，在课程体系，教学手段和评价机制等方面提出了一系列改革措施。旨在激发学生对实验课程的学习热情，改变传统的授课方式和评价方式，让学生更多地参与进课堂，激发学生的创造力，拓展实验类课程的深度和广度。

参考文献：

［1］ 侯娟，杨光智．新工科背景下高校智能制造课程思政教学改革策略［J］．高教学刊，2024，10（13）：143-146.

[2] 董彬，梁坤峰，朱竹. 新工科背景下基于 CDIO 的能源动力类专业教学改革 [J]. 教育现代化，2019，6 (54)：37-38.
[3] 庄兆意，王斌，刘乃玲，等. 新工科背景下基于创新能力培养的制冷技术课程教学改革与实践 [J]. 大学教育，2023 (4)：53-55.
[4] 赵丹平，吴志光，吴双群. 高校制冷与低温技术课程教改的探索与实践 [J]. 内蒙古农业大学学报（社会科学版），2012，14 (3)：169-170.
[5] 王志军，邓奇根，潘荣锟. "工程热力学与传热学"实验教学改革与优化探讨 [J]. 科教导刊（中旬刊），2020 (29)：137-138.
[6] 许亚敏，顾力强，曹玮. 工程热力学实践教学改革与探索 [J]. 实验室研究与探索，2021，40 (10)：232-235.
[7] 张永超，康灿，吴里程. 虚拟仿真在能源动力类专业实验教学中的应用 [J]. 实验室科学，2024，27 (2)：133-137.
[8] 于梅春. 新工科背景下流体力学教学方法研究与实践 [J]. 当代教育理论与实践，2019，11 (3)：41-45.
[9] 宋志文，牛秋林，杨国庆. 工程教育专业认证背景下流体力学实验教学改革 [J]. 教育教学论坛，2024 (9)：67-70.
[10] 薛明，龙向宇，肖晓，等. 基于 PBL 教学法的开放式实验教学改革探索——以《环境微生物学》课程为例 [J]. 工业微生物，2024，54 (2)：137-140.

接入数字技术的制冷装置设计课程体系构建

朱宗升*，赵松松，刘斌，陈爱强，史耀广

（天津商业大学机械工程学院，天津 300134）

【摘　要】 本文讨论了构建数字化制冷装置设计课程体系的必要性，旨在适应中国绿色低碳转型和“双碳”目标对人才培养的需求。课程强调实践和创新，整合了 AutoCAD、SolidWorks、ANSYS Fluent、Matlab 等工具，以及物联网（IoT）、虚拟现实（VR）/增强现实（AR）和数字孪生技术，以提升学生的设计、仿真和数据分析能力。评价体系采用形成性和总结性评价，结合数字化工具和个性化反馈，确保教学与行业标准同步，培养学生的国际视野和终身学习能力。目标是为制冷行业培养具有专业技能、创新能力和全球竞争力的高素质人才。

【关键词】 制冷装置设计；数字技术；评价体系；人才

0　引言

中国正致力于推动能源结构的绿色低碳转型，以应对全球气候变化挑战，并确保能源安全[1-4]。在国内，中国已经明确了 2030 年实现碳达峰和 2060 年前实现碳中和的目标，并构建了“1＋N”政策体系以推进这一转型。中国正努力通过增强能源生产供应能力、加大非化石能源供给、推动消费侧节能降碳和加强绿色低碳技术创新等措施，构建清洁低碳、安全高效的能源体系。

制冷装置在推动能源效率提升和实现“双碳”目标中起着至关重要的作用[5,6]。作为能源消耗的重要部分，制冷空调设备的耗电量占全社会发电总量的比例显著，因此，提高这些设备的能效是降低总体能源消耗和温室气体排放的关键。制冷行业正通过技术创新，如开发低碳环保材料、使用环保制冷剂、优化系统设计和提升设备匹配控制等措施，来减少能源消耗和碳足迹。通过优化制冷装置的设计，可以显著提高系统的整体能效，减少能源消耗，是制冷领域节能降耗的重要手段，同时这方面的技术也在不断更新迭代。

随着技术的持续进步，制冷装置设计课程亟须更新，以培养能够应对未来挑战的专业工程师。制冷装置人才培养的重要性体现在对市场需求的适应、技术创新的推动、环保意识的提升，以及国际竞争力的增强。然而，当前教育体系面临理论与实践脱节、课程内容更新滞后、创新意识不足以及国际视野不足等问题。

数字经济是未来发展趋势之一，数字技术快速发展对基于产业链体系的产教协同育人提出了更高要求，地方高校现有办学模式以各专业围绕单一行业办学，知识无法覆盖产业链，产教融合渠道、协同育人机制响应迭代速度不够使人才培养目标滞后于产业链人才需求，新型技术无法与传统行业快速融合，无法满足发展数字经济所需要的高素质复合人才需求[7,8]。针对这些问题，建立接入数字技术的制冷装置设计课程体系显得尤为重要。该体系需要培养具备创新思维和实践能力的学生，确保课程内容与技术发展同步，并强化实践教学以提升学生的实际操作技能。此外，课程还应融入环保和节能的理念，拓宽学生的国际视野，并加强与企业的合作，以促进学生的就业竞争力和行业的整体发展。通过这些措施，可以培养出能够引领制冷行业未来发展的高素质人才。

1　课程体系

在数字化时代背景下，教授学生使用先进的设计和仿真工具至关重要。通过学习 AutoCAD、SolidWorks 等计算机辅助设计软件，学生可以进行制冷系统及关键部件的 3D 建模和可视化设计，这不仅提高了设计效率，还增强了空间想象力。同时，利用 ANSYS Fluent、Matlab 等仿真软件，学生能够对制冷系统的性能进行

* 朱宗升（1987—　），男，博士，副教授。研究方向：冷链工艺、制冷设备优化。联系地址：天津市北辰区天津商业大学，邮编 300134。E-mail：zhuzongsheng@tjcu.edu.cn。

基金项目： 国家一流本科课程制冷装置设计和工程师职业道德与规范；天津市普通高等学校本科教学质量与教学改革研究计划重点项目，数字经济背景下冷链能源工程人才产教协同育人机制改革与模式创新，A231006901。

精确分析，预测可能的问题，并进行相应的优化。这些工具的掌握，为学生未来在制冷行业的工作提供了强有力的技术支持。

随着 IoT 技术的兴起，智能制冷系统设计成了行业发展的新趋势。课程中，学生将学习如何将传感器、执行器和通信技术集成到制冷系统中，实现设备的实时监控、故障诊断和远程控制。此外，基础编程技能的教授也不可或缺，学生需要学习 Python 或 C＋＋等语言，以开发控制系统和进行数据处理。这些技能的培养，使学生能够设计出更加智能、高效和用户友好的制冷系统。

数据分析在制冷系统设计和运营中扮演着越来越重要的角色。课程中，学生将学习使用 Excel、SPSS 等工具进行数据收集、处理和可视化，从而对制冷系统的性能进行深入分析。此外，机器学习和优化算法的应用也是课程的重点，学生将学习如何利用这些算法提高制冷系统的能效和可靠性。通过这些训练，学生能够对制冷系统进行科学的评估和优化，满足市场对高技能数据分析人才的需求。

VR 和 AR 技术为制冷装置设计的教学和实践提供了新的途径。通过 VR/AR 应用，学生可以在虚拟环境中进行设备操作模拟和维护训练，无须实际操作昂贵且危险的设备即可获得宝贵的经验。这种教学方法不仅提高了学习效率，而且增强了学生的实际操作能力，为他们的职业生涯提供了强有力的支持。

数字孪生技术是近年来工业界的一大热点，它通过创建物理资产的虚拟副本来进行模拟、分析和优化。在制冷装置设计课程中，学生将学习如何利用这项技术创建制冷系统的数字孪生模型，并与实时数据同步，实现闭环控制。这种技术的应用，使学生能够在设计阶段就预测系统在实际运行中的表现，提前发现并解决问题，大大提高了设计质量和效率。

在知识更新换代极快的今天，终身学习成了每个人的必要技能。在制冷装置设计课程中，教师将为学生提供丰富的在线学习资源，如 MOOCs、专业文献和行业报告，帮助他们持续学习最新的制冷技术和知识。此外，教师还将教授学生如何有效地获取和筛选信息，培养他们的自主学习能力。

实践是检验真理的唯一标准。在制冷装置设计课程中，学生将有机会参与到实验室实践和行业实习中，亲手操作制冷系统，进行设计和测试。这些实践活动不仅能够加深学生对理论知识的理解，而且能够提升他们的实际操作技能。通过与企业的合作，学生还有机会参与到真实的工程项目中，了解行业的最新动态和需求，为他们的职业生涯提供宝贵的经验。

2　课程评价体系

构建一个全面且高效的数字化制冷装置设计课程评价体系，不仅需要确保评价标准的明确性和评价过程的公正性，还需要通过多种评价工具和方法来实现对学习成果的全面检验。

2.1　明确评价目标与标准

评价体系的首要步骤是确立清晰的学习目标，这些目标应该与学生的职业发展、学术要求以及行业标准紧密结合。通过设定具体、可量化的评价标准，学生可以明确知道他们需要达到的学术水平和实践技能。

2.2　多维度评价体系

评价体系应该全面覆盖知识的掌握、技能的应用、创新思维的培养以及团队合作的能力。这要求我们设计多样化的评价工具，比如在线测试、实验报告、设计项目、案例分析、团队角色扮演等，以确保能够全方位地评价学生的学习成果。

2.3　实施形成性与总结性评价

形成性评价关注学习过程，通过课堂观察、作业反馈和模拟实验操作，为学生提供及时的学习反馈。总结性评价则在课程结束时进行，通过期末考试、课程设计和项目报告等，全面评估学生的学习成果。

2.4　利用数字化工具

数字化工具的使用可以提高评价的效率和精确度。在线测试平台可以快速收集学生的考试数据，电子作业提交系统方便了作业的收集和批改，而学习管理系统（LMS）则可以用于收集学习行为和成绩的统计数据。

2.5　引入同行评价和自我评价

同行评价和自我评价是提高学生批判性思维和自我反思能力的有效手段。通过小组互评和项目合作，学生可以学习如何给出和接受建设性的反馈。自我评价则鼓励学生进行自我反思，识别个人的优势和改进空间。

2.6　收集和分析反馈

反馈是评价体系的重要组成部分。通过收集学生的课程反馈、教师的教学反思和同行评价，可以获得宝贵的信息，用于改进课程内容和教学方法。

2.7 定期课程审查与更新

课程内容和评价体系需要定期审查和更新，以确保它们与当前的行业标准和教育趋势保持一致。需要根据反馈和数据分析结果，不断调整课程结构和评价方法。

2.8 提供个性化反馈

个性化反馈对于学生的学习进步至关重要。根据评价结果，教师可以为每位学生提供定制化的学习建议和辅导，帮助他们克服学习中的困难，发挥个人的优势。

2.9 促进持续改进

评价体系的最终目标是促进课程和教学的持续改进。通过将学生和同行的评价反馈给教师，可以促进教学方法的改进。同时，根据评价结果和行业需求，不断改进课程结构和内容。

2.10 评价结果的透明度

评价结果的透明度对于增强评价的公正性和可信度至关重要。需要向学生公开评价标准和过程，确保他们能够理解评价的依据和结果。

2.11 考虑非技术因素

除了技术知识和技能，评价体系还应该考虑学生的职业道德、责任感和终身学习能力等非技术因素。这要求在评价过程中不仅要关注学生的学术表现，还要关注他们的个人品质和职业素养。

2.12 实施步骤

为确保制冷装置设计课程评价体系的高效运行，促进学生知识和技能的全面提升，同时也推动课程和教学的持续改进，应遵循以下步骤：

（1）在课程设计阶段，明确课程目标、设计评价体系和工具。

（2）在教学实施阶段，进行形成性评价，收集数据，提供反馈。

（3）在课程结束阶段，进行总结性评价，分析数据，总结学习成果。

（4）在课程反馈阶段，收集学生和教师的反馈，进行课程审查。

（5）在课程更新阶段，根据反馈和分析结果，更新课程内容和评价体系。

3 课程建设目标

构建接入数字技术的制冷装置设计课程，旨在实现教学效率与质量的双重提升，同时增强学生的实践能力和创新思维。

首先，该课程通过在线学习管理系统和互动式电子教材提高教学活动的组织效率和学习的互动性。利用VR和AR技术，学生能够在模拟环境中安全地培养实践技能，而CAD和CAE软件的应用则使学生能够进行专业的设计和仿真分析。此外，课程鼓励学生运用数字工具进行创新设计，并通过项目导向学习锻炼其独立思考和问题解决能力。

其次，课程内容的国际化和标准化是建设目标的另一重点。通过引入国际制冷行业的标准和最佳实践，课程确保学生所学与全球行业标准接轨。数字化平台的使用，尤其是多语言教学资源的提供，增强了课程的国际视野。同时，课程注重可持续性，利用数字技术减少物理材料的使用，并确保教学资源的长期更新和可访问性，以适应行业发展和技术进步。

最后，课程评价体系的建立是确保教学质量的关键。通过形成性和总结性评价，课程能够及时反馈学生的学习进度，并使用数据分析工具评估教学方法的有效性，实现持续改进。此外，课程通过在线和远程教学工具促进教育公平，为所有学生提供平等的学习机会，并特别关注为有特殊需求的学生提供支持。这些目标的实现将为学生提供一个与行业发展同步的高质量教育体验，同时为教师提供现代化的教学工具和方法，共同推动制冷技术教育的进步。

4 结语

综合以上讨论，可以明确制冷装置设计课程建设的核心结论如下：

首先，该课程的数字化转型对于提升教学效率和学习体验至关重要。通过整合先进的数字技术，如VR、AR、计算机辅助设计（CAD）和计算机辅助工程（CAE）软件，课程能够为学生提供更加丰富、互动和实践导向的学习体验。此外，课程评价体系的建立，包括形成性和总结性评价，确保了学习成果的及时反馈和教学方法的持续改进。课程内容的国际化和标准化，以及对教育公平和可持续性的关注，进一步增强了课程的全球相关性和长期价值。

其次，课程建设的目标是通过数字化手段全面提升学生的专业技能和创新能力，同时培养学生的终身学习能力和职业发展所需的关键数字技能。与企业的紧密合作为学生提供了宝贵的实习和实训机会，帮助他们了解行业最新动态，增强就业竞争力，并为其职业生涯做好准备。

最后，制冷装置设计课程旨在为制冷行业的未来发展培养出具备高度专业技能、创新能力和全球竞争力的人才，满足行业对高端人才的需求，并推动技术的持续进步和创新。

参考文献：

[1] 李小平．“双碳”减排加速推进传统制造业升级换代正当时［N］．证券时报，2021-10-19（A04）．

[2] 辛靖，王连英．“双碳”愿景对炼化产业的影响及其路径展望［J］．石油学报（石油加工），2021，37（6）：1504-1510．

[3] 赵雪莹，李根蒂，孙晓彤，等．“双碳”目标下电解制氢关键技术及其应用进展［J］．全球能源互联网，2021，4（5）：436-446．

[4] 苏健，梁英波，丁麟，等．碳中和目标下我国能源发展战略探讨［J］．中国科学院院刊，2021，36（9）：1001-1009．

[5] 李达，何中炜，张悍，等．工业制冷系统的运行优化研究与应用［J］．化工自动化及仪表，2024，51（1）：28-31，119．

[6] 尹丽媛．暖通空调制冷系统的优化控制研究［J］．产业与科技论坛，2022，21（14）：38-39．

[7] 陆翰涛，黄赟，陈强．AI技术在数据中心制冷系统智能节能研究和应用［J］．上海节能，2024（4）：667-672．

[8] 刘峥，李元阳，阎杰，等．舟山普陀山机场制冷机房多智能体分布式节能控制系统应用［J］．制冷与空调，2024，24（7）：39-43．

暖通空调教学中 BIM 和 VR 技术应用方法及实践

张学军*，张绍志，高近爽，伍宸亮

（浙江大学制冷与低温研究所，浙江　杭州 310027）

【摘　要】 近年来，建筑信息模型（building information modeling，BIM）技术在建筑行业的应用日趋广泛，虚拟现实（virtual reality，VR）技术也逐渐进入我们的日常生活中。本文将 BIM 和 VR 技术相结合，应用于暖通空调课程教学，不仅提升了教学的数字化水平和教学效果，而且提高了学生的知识综合应用水平，对高校教育中 BIM 和 VR 技术的应用和实践进行了有益探索。

【关键词】 BIM；VR；暖通空调课程；教学改革

0　引言

暖通空调是制冷与低温专业的必修课程，暖通空调设计是本专业学生必须要掌握的技能之一。BIM 技术作为一种建筑业的新兴技术，可以是建筑工程项目管理系统和技术系统，也可以是一种数据化工具[1,2]。它能通过数字化技术建立建筑的三维模型，从而体现建筑所具有特征和信息[3]，在国内外越来越受到重视，行业也需要越来越多能够熟练掌握 BIM 的人才。VR 技术是多媒体技术的高级应用形式，目前已被应用于军事航天、医学、艺术、工程生产等诸多领域。作为国家培养人才的摇篮，相关高校有必要将 BIM 和 VR 技术引入其教学体系中，培养暖通行业缺乏的 BIM 和 VR 技术应用型人才。

本文所述的教学工作可以让学生了解了本专业暖通方面的前沿 BIM 和 VR 技术，提高了专业知识的综合性、挑战度和团队性，有助于培养学生的数字化思维以及多专业协作意识，提升学生的信息技术应用能力；同时为学生提供更加优质的线上线下资源，提高了本课程教学的数字化水平。希望能为我国高校相关工程专业开展 BIM 和 VR 技术教学提供参考。

1　BIM 和 VR 技术在国内外高校教学中的应用现状

1.1　BIM 技术在国内外高校教学中的应用现状

在美国，70％以上的高校已将 BIM 技术结合到各专业课程体系当中。由于美国各高校各自专业的培养方案具有不同的特色，因此开设的 BIM 课程教学重点也不一致。加利福尼亚州立大学工程管理专业中的 BIM 课程，通过 BIM 模型让学生更加清晰地理解建筑设计和计算中的细节[4]。亚利桑那州立大学则会邀请建筑行业的专业人士为同学进行授课，讲解 BIM 的操作和应用[5]。宾夕法尼亚州立大学的建筑工程系让同学们组成团队完成一个实际项目，更注重操作性和可行性[6]。佐治亚大学主要通过网课的形式向同学们普及 BIM 相关的知识，拓宽学生在建筑暖通设计行业领域的视野[7,8]。

BIM 技术目前在国内仍处于起步阶段，已经有一些高校进行了一系列 BIM 技术相关课题研究。清华大学与广联达科技股份有限公司共同成立了 BIM 研究中心[9]。同济大学与鲁班软件双方就工程造价、BIM 技术研究等方面举行合作签约[10]。沈阳建筑大学成立了以 Revit 为主的 BIM 研究中心[11]。华南理工大学建筑学院与 Autodesk 联合创办了建筑物生命周期管理（BLM）- BIM 实验室[12]。大连理工大学从硬件平台等 6 个方面提出了 BIM 研究应用平台的建设方案[13]。

1.2　VR 技术在国内外高校教学中的应用现状

VR 技术具有想象性、交互性和沉浸性三个特征[14]。随着 VR 技术的飞速发展，其越来越多地应用于学

* 张学军（1968—　），男，工学博士，教授，博导，浙江大学制冷与低温工程研究所所长。研究方向：制冷空调系统中的能量回收、利用和控制。联系地址：浙江省杭州市西湖区浙大路 38 号浙江大学制冷与低温研究所，邮编 310027。E - mail：xuejzhang@zju. edu. cn。

基金项目：国家自然科学基金资助项目（No. 5237060051）。

校内的日常教学中。其中比较典型的是美国林登实验室推出的 Second Life（SL）项目等[15]，该平台在西方发达国家有极高的市占率，很多高校和实验室都在该平台上搭建了建筑虚拟模型[16]。

在国内，教育部于 2013 年在全国本科高校开展国家级虚拟仿真实验教学中心的建设和评审工作[17]，并提出要重视该类课程建设的示范引领性和推广性[18]。目前国内部分高校已经建立了 VR 研究室，如东南大学构建了基于桌面仿真的制冷空调虚拟实验系统基本框架，为制冷空调领域的 VR 应用提供了借鉴[19]；宁波工程学院采用 VR 开发的三维虚拟现实技术，可以实现机房虚拟场景的漫游功能[20]。浙江大学也进行了相关方面的探索，比如制冷与低温研究所建设还原紫金港校区的“MC 浙大-紫金港篇”线上虚拟校园项目等。

综上所述，大部分国内高校由于传统培养方案的限制，加之没有具体的 BIM 教学培养标准，并没有将 BIM 技术加入本科阶段的培养方案中。另外国内关于 VR 学习环境支持的教学相关研究和应用还停留在较为初始的阶段，还是以 VR 理论探讨为主，应用层面研究较少，教育教学效果还需进一步明确。为了提升教学的数字化水平和教学效果，提高学生的知识综合应用水平，为国家培养更多专业能力强、技能素质全面的暖通工程师，本文作者在暖通空调课程中将 BIM 技术和 VR 技术相结合，应用于暖通空调的课程教学中，对两项技术在高校教育中的应用与实践做了有益的探索。

2 暖通空调课程教学改革实践的过程与内容

2.1 学生意见和建议收集

2023 年 3—6 月，作者在制冷与低温专业本科三年级学生的必修课暖通空调中实施了教学改革，并于学期末收集了学生的感想与建议，总结了一定的教学经验。根据学生的反馈，部分同学觉得“BIM 可以很好地将我们的设计参数具象化，便于分析判断自己的计算是否合理”“BIM 和 VR 的使用让我感受到了信息技术在设计过程中的价值和重要性”“在搭建管道中遇到了很多问题，这也培养了我们思考解决问题的能力”等。但是部分同学也反映了教学实践中存在一些不足：“课堂方面邀请校外老师介绍的内容太难，对于我们没有基础的同学来说比较难听懂，课后缺乏教师的指导和视频课件等学习资料”“作业方面上机作业完成难度大，花费时间长”“建议增加 VR 台数，可以让同学们在设计过程中就能实时看到风管细节”等。

2.2 改革和优化措施

针对这些问题，作者在今年的课程教学中做了对应的优化和改进。课堂形式上，除了请设计院的老师上理论课，还安排了一次集中课堂上机活动，邀请熟悉 BIM 技术的老师进行演示并答疑。课堂内容上，增加软件实操教学部分，重点介绍 Revit 软件的基本操作；增加 BIM 学习的课时，使同学们能够开展系统学习；讲授的内容与该课程的整个教学过程相联系。作业形式上，将 BIM 作业安排在风管设计计算作业之后；先布置小练习，遵循循序渐进的学习规律；将独立作业改为分组作业，培养学生的合作精神，合理分配每位同学的上机时间；实时跟进作业的完成进度，通过问卷调查的方式及时获得学生的反馈。作业内容上，提高案例与课程内容的结合度；更换更易上手的建筑模型，提高学生的学习效率；布置开放性作业，要求在可选区域进行管道设计，利用理论课程中学到的设计方法进行完整的设计计算与建模任务，而不单纯是风管的绘制操作等。在教学资料方面，在之前的 BIM 学习资料的基础上提高教程和软件的匹配度，增加常用软件操作的视频，加强学习资料与 Revit 暖通部分的关系，建立课程网站，推荐阅读书目等。其中具体优化实践的措施如下。

2.2.1 引领入门

邀请浙江大学建筑设计研究院的两位老师以 BIM 在暖通空调专业中的应用为讲授主题为制冷与低温专业本科三年级的学生上课，如图 1 所示。具体的讲授内容包括 BIM 技术简介、BIM 的价值与应用、项目实例，Revit 软件的基础知识、建模流程、基础构件创建方法、视图创建方法等。课后对学生的讲座满意度进行了问卷调查，结果显示 85.71%的学生认为讲座内容符合期望，10.71%的学生认为基本符合期望，3.58%的学生认为不符合期望，有学生建议实际操作部分讲解更细致一些，这一点可以在之后的教学实践中进行改进。

2.2.2 BIM&VR 软硬件完善

如图 2 所示，研究所为学生自修室配备了一台小型惠普主机，配置为英特尔酷睿 i5 - 8400 处理器，并已安装了 Autodesk Revit 系列软件中的 Revit 2020 版本。此外，还购置了 HTC VIVE Pro VR 眼镜及其官方标配设备，包括传感器、串流盒和手柄等，以提供沉浸式的 VR 体验。这一设备不仅可用于学生学习 BIM 软件和漫游观看建筑模型的 VR 模型，而且通过 Revit Live 插件实现了 VR 模型的转换，如图 3 所示。在完成个人

BIM 模型的搭建后，同学们可以在课程助教的指导下，深度体验和漫游自己的模型，如图 4 所示。

图 1　浙大建筑设计院老师为学生讲授 BIM 和 Revit 操作

图 2　BIM&VR 学习角

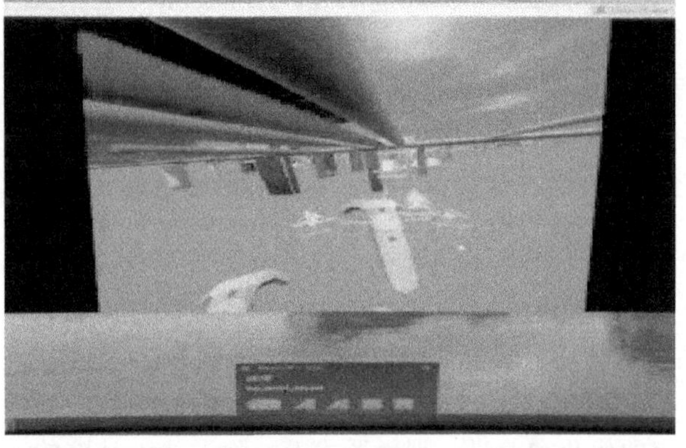

图 3　Autodesk Live 和 VR 观看效果

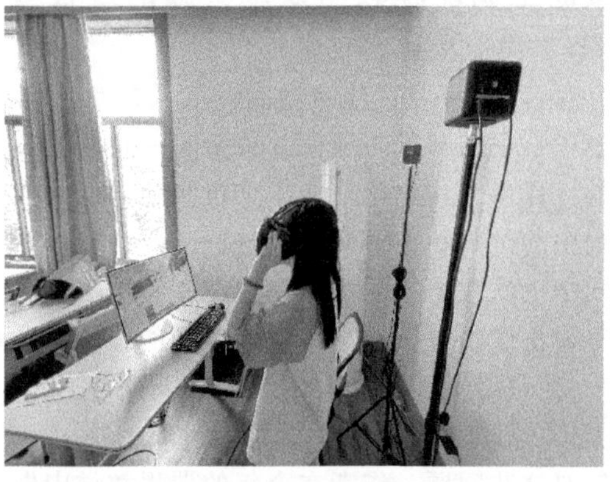

图 4　同学使用 VR 观看自己的 BIM 模型

2.2.3　BIM 教学资源建设

授课教师及课程助教搜集整理了大量 BIM 相关的学习资料并在“学在浙大”教学平台上发布，比如：基于 BIM 的 Revit 机电管线设计案例教程的配套教学视频、PPT、实例文件、Revit 2020 安装包，《实用供热空调设计手册》第二版的电子版全文（可供学生学习风管计算内容）以及某联排别墅的建筑信息模型。

利用浙大图书馆—学科服务—学科资源导航板块，建立了暖通与空调的课程网页，供学生线上开展深入学习。已包含的内容有：课程简介、教学大纲、课程特色、课程教材、BIM 学习视频（软件界面和基本操作、暖通、给排水、电气、族功能的使用等)、理论课学习资料［《空气调节（第四版）》、05K405 新型散热器选用与安装、风机盘管样本］等。为强化学生阅读量和阅读能力，提升课程学习的广度，在以上学习资料的基础上，同时提供了更为复杂的 BIM 实例，该 BIM 实例可以让学生了解到实际的工程建设中 BIM 技术设计可视化、施工具体化和成本透明化的主要优势。

2.2.4　全空气空调设计作业

作业的目标是以《暖通空调》教材第 6 章“全空气系统和空气—水系统”的“全空气系统的送风量、送风参数和新风量”和“定风量全空气空调系统”为理论学习背景，结合实际的案例式教学方法，使学生线上了解 BIM 技术在暖通空调设计中的应用。作业要求学生针对某一具有 BIM 模型的建筑空间进行全空气空调的空气输送管道的设计，在 Revit 软件中绘制空气输送管道，并上传操作过程的录屏视频。在布置作业之前，已经对学生进行了风管设计的课堂教学与 BIM 和 Revit 操作教学。

为培养学生的协作学习能力，每 2 人为一组进行分工合作，首先针对建筑模型楼层平面一层（如图 5 所示）进行空气输送管道的设计计算与阻力校核，上交设计计算书文件。之后利用录屏软件记录 Revit 软件中的风管绘制操作过程，按照教学视频或课件中介绍的步骤，参考配套的 RTE 项目样板文件、RVT 项目文件和 RFA 族文件进行风管绘制，如图 6 所示。

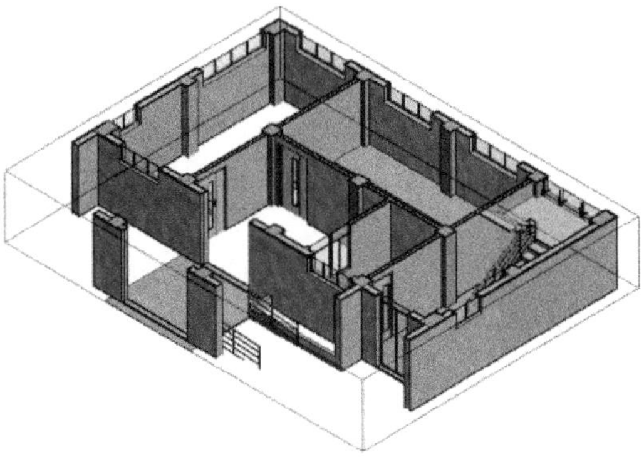

图 5　建筑模型楼层平面一层三维视图

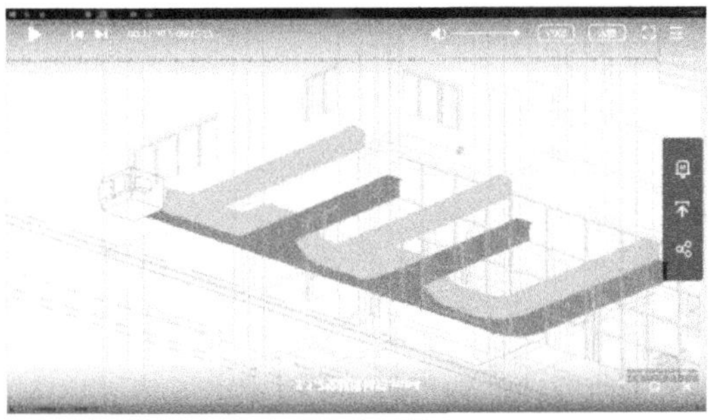

图 6　风管绘制

考虑到部分学生学有余力，提供了更加复杂的联排别墅模型，学生可以自行选择某一层，进行风管的设计与绘制，如图 7 所示。大部分同学作业完成效果较好，如图 8 所示。少数同学完成状况不理想，据调研，主要原因在于投入作业的时间不足，一些同学在作业提交截止日前一两周才开始做。开展节点检查可能是解决该问题的办法。

图 7　联排别墅模型

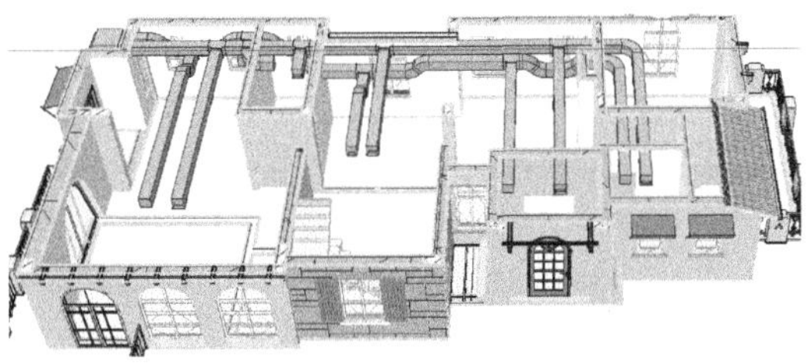

图 8　学生作业部分展示

本次风管设计计算与绘制作业整体上体现了综合性、挑战度和团队性。学习资料较全面，理论设计和软件应用的结合体现了作业的综合性。管路设计具有挑战度，因为本科三年级学生由任意建筑空间直接设计空调系统的经验较少，学生需要考虑以及查询较多资料。设计书的撰写和设计图的绘制联系紧密，学生在画图过程中，设计书也需要不断修改，比如管件的选择须与软件中的族对应。通过自主学习与设计，学生对风管设计的很多细节，包括不同建筑的风管设计速度等有了更具象的概念。利用“学在浙大”教学平台随机分配队员，可以帮助学生提高沟通与合作能力，对团队合作要求较高。

3　结语

在暖通空调课程中引入 BIM 与 VR 技术是大学专业课程改革的一项有力举措。这种教学模式不仅使学生能够亲身体验建筑环境领域的信息化前沿技术，更为他们未来在相关领域的职业发展奠定坚实基础。通过这一改革，预期将实现多重教育效果。首先，学生将深入接触并理解暖通空调领域的 BIM 技术，这有助于培养他们在数字化时代的创新思维与跨学科协作能力。其次，借助 BIM 与 VR 技术的融合，以及互动式的练习形式，学生的探索性思维和知识的综合运用能力将得到显著提升。最后，通过 BIM 和 VR 技术的软硬件支持和案例研究，本课程的教学将实现更高程度的数字化，同时积累在 VR 技术应用于教学领域的宝贵经验。

参考文献：

[1] 曾文海，付伟明．BIM 技术在高校教学中的应用研究 [J]．黑龙江生态工程职业学院学报，2014，27 (6)：85-86.

[2] 赵浩亮，肖迪特，左鑫，等．基于建筑信息模型对异形空间空调负荷的工程求解方法分析与探讨 [J]．制冷技术，2016，36 (6)：56-59.

[3] 王润生，王泉，徐静．BIM 技术在钢结构工业建筑改造中的应用 [J]．青岛理工大学学报，2014，35 (5)：33-36，41.

[4] 张尚，任宏，Albert P C Chan. BIM的工程管理教学改革问题研究（一）——基于美国高校的BIM教育分析［J］. 建筑经济，2015，36（1）：113-116.

[5] Ciszczon H，Chasey A D. Curriculum development for building information modeling［C］. Washington DC：Eco Build America Conference on BIM，2011.

[6] Solnosky R V L，Parfitt M K，Holland R，et al. Team integration through a capstone design course implementing BIM and IPD［C］. Washington DC：Eco Build America Conference on BIM，2011.

[7] Chang Y T，Hsieh S H. A review of building information modeling research for green building design through building performance analysis［J］. Journal of Information Technology in Construction，2020，25：1-40.

[8] Lee N，Dossick C S，Foley S P. Guideline for building information modeling in construction engineering and management education［J］. Journal of Professional Issues in Engineering Education and Practice，2013，139（4）：266-274.

[9] 史娇艳. 广联达携手清华大学创办BIM联合研究中心［J］. 建筑，2013（19）：43.

[10] 秦浩，余洁. BIM建筑信息模型课程在土建类高职院校开设的必要性研究［J］. 新课程研究（中旬刊），2014（7）：51-52.

[11] 王建超，张丁元，周静海. BIM技术在建筑类高校专业课程教学中的应用探索——以沈阳建筑大学为例［J］. 高等建筑教育，2017，26（1）：161-164.

[12] 李雄华. BIM技术在给水排水工程设计中的应用研究［D］. 广州：华南理工大学，2009.

[13] 马良栋，张吉礼，梁若冰，等. 建设BIM研究与实践创新基地的探索［J］. 高等建筑教育，2016，25（1）：150-154.

[14] Onyesolu M O，Eze F U. Understanding virtual reality technology：advances and applications［J］. Advances in Computer Science and Engineering，2011，1：53-70.

[15] Gregory S，Gregory B，Wood D，et al. Rhetoric and reality：critical perspectives on education in a 3D virtual world［C］. Dunedin：Proceedings ascilite 2014，2014.

[16] Wang F，Burton J K. Second Life in education：a review of publications from its launch to 2011［J］. British Journal of Educational Technology，2013，44（3）：357-371.

[17] 李平，毛昌杰，徐进. 开展国家级虚拟仿真实验教学中心建设提高高校实验教学信息化水平［J］. 实验室研究与探索，2013，32（11）：5-8.

[18] 胡斌. 从国家一流本科课程建设谈地方高校本科课程教学改革［J］. 淮南师范学院学报，2021，23（5）：143-148.

[19] 黄翔. 第3届全国高等院校制冷空调学科发展教学研讨会暨第3届制冷空调新技术研讨会在浙大召开［J］. 暖通空调，2005，35（6）：37.

[20] 王海波，王立娟. 节能工程中心虚拟实验教学平台的建设与探索［J］. 宁波工程学院学报，2017，29（4）：100-104.

基于"互联网+"的船舶冷藏集装箱虚实结合实验平台开发及实现

阚安康*，张远，曹丹，纪珺，王为

（上海海事大学商船学院，上海 201306）

【摘　要】 船舶冷藏集装箱是船舶冷藏运输的重要装备，其安全运输及节能研究意义重大。构建虚实结合实验平台是提升当代冷藏运输教育的有效举措，也是教改的时代急需，加速上海海事大学特色专业学科建设的必由之路。基于"互联网+"的虚实结合测控实验是虚拟仿真实验的重要组成部分，通过真实仪器和互联网虚拟技术融合真实环境下实验共享，将虚拟实验应用于远程开放教育。这种方式是课题组立足专业特色建设，对新型教学模式的创新探索，可以有效解决实验现场教学实践无法开展及学生无法亲自参与现场教学的难题，尤其是远程开放教育操纵仪器的难题。本文围绕在远程开放教育环境下基于互联网的测控虚实结合实验特点，以基于真实仪器监控的虚拟实验为例，构建虚拟实验的教学方法和路径，并在此基础上，创新性地提出了远程开放虚拟实验教育的教学新模式。

【关键词】 船舶冷藏集装箱监控平台；虚实结合；互联网技术；虚拟仿真实验教学；远程教育

0　引言

自2019年岁末，新冠肺炎病毒横虐全球，对教育事业造成严重冲击，防控期间全国高校积极响应教育部"停课不停教、停课不停学"的号召，线上教学快速发展，许多优势得以彰显。为了解决实验教学问题，各类学科的虚拟仿真实验平台应运而生，大大促进了线上线下虚实结合混合式实验教学模式的发展和应用。多模式结合的教学模式，充分发挥各自优势，取长补短，有利于教学信息的存储、统计以及资源共享等，是未来实验教学模式发展的主方向。鉴于其具有交互性、直观性、趣味性等优点，后疫情时代，虚实结合的教育模式摒弃了时空限制，如何在充分发挥虚拟仿真实验教学项目功能的同时，回归实验教学的本质，线上虚拟仿真与线下实操并重，虚实结合，助力学生创新精神和实践能力提升，值得探讨。

虚拟仿真实验教学受到国家的高度重视。《国家中长期教育改革和发展规划纲要（2010—2020年）》、《教育部关于全面提高高等教育质量的若干意见》（教高〔2012〕4号）、《教育信息化十年发展规划（2011—2020）》（教技〔2012〕5号）等国家政策文件均提出了要建设高质量虚拟仿真实验教学资源的要求。在《教育部关于加快建设高水平本科教育　全面提高人才培养能力的意见》（教高〔2018〕2号）中提出"推进现代信息技术与教育教学深度融合""大力推进……虚拟仿真实验建设"，《教育信息化2.0行动计划》（教技〔2018〕6号）中也提出"加强……高等学校虚拟仿真实训教学环境建设"。5G网络技术快速发展与新冠疫情期间网课流行加快了教育教学的创新和变革，虚拟仿真实验将成为实验教学改革的发展方向。虚拟仿真实验是依托网络技术、软件技术，数据库技术等，使用计算机构造高度虚拟仿真的实验环境与实验对象，学生在虚拟环境中完成实验过程。虚拟仿真实验相较于传统实验存在众多优势，比如避免了因无法接触实验仪器和设备而不能预习与自学；在虚拟环境中能够避免真实环境因设备原因或偶然因素造成的实验高失败率，对实验有更深的理解；在虚拟实验环境中，学生能够把握实验整体情况，更易掌握实验原理和实验步骤；采用虚拟实验，师生可以摆脱时间、空间和设备等条件的限制，时时处处教和学等。但传统实验也有不可替代的优势，仅仅依靠虚拟仿真实验，对于有些实验来说是达不到预期效果的，甚至无法实现。因此坚持"虚实结合、相互补充、能实不虚、线上线下结合"的理念，虚拟教学环境与真实实验环境、线上教学与线下教学相互取长补短，

---

* 阚安康（1981—　），男，高级工程师，博士/博士后，主要研究方向为船舶冷藏运输与安全节能技术教育及工程实践。联系地址：上海市浦东新区海港大道1550号，邮编201306。E-mail：ankang0537@126.com。

基金项目： 2023年度上海高校市级重点课程项目；2023年上海市教育，学位委员会：研究生教育改革项目。

发挥各自教学模式的优势，打造线上线下虚实结合混合式实验课堂，进而提高实验课程质量。

冷藏集装箱（reefer container）是指一种有良好隔热，且能维持一定低温要求，适用于各类易腐食品的运送、贮存的特殊集装箱。

对于理工科高等院校，实验室是学生获取知识的重要场所。实验教学则是对理论知识再理解和再深化的过程，是提高学生动手能力、培养创新精神和综合素质的一个有效手段。近年来，随着高校规模增加以及人才培养模式改革，传统实验室教学中存在的问题也日益凸显，已经难以满足教学需要。为突破当前教学中存在的困局、强化教学中的薄弱环节，一些高校开始着力寻求和拓展新的教学途径。互联网及虚拟技术的发展给学校优化教学资源、缓解教师压力带来新的教学手段，也给虚拟实验室的建设提供契机。

1 高校虚拟仿真实验教学概述

1.1 虚拟仿真在线实验平台的优势

与传统实验室教学相比，虚拟实验室具有很多优势，具体见表1。虚拟仿真在线实验平台是依托真实船舶冷藏集装箱监控平台、仿真技术、虚拟现实技术而搭建的综合教学平台。该平台依托虚拟仿真在线实验室与实际实验室的优势，为师生开展线上线下的实验活动及开放实验教学提供有利条件，其优势在于：

表1　虚拟实验室相比传统实验室的优势

类型	开放性	经济性	交互性	安全性	共享性
传统实验室	受时间、空间限制	经济性差、易损耗	交互性差、实践强	有安全风险	设备资源不能共享
虚拟实验室	不受时间、空间限制	经济性好、可升级	易操作、具有灵活性和多样性	安全无风险	可共享，实现多方协作

（1）在线开放。虚拟仿真在线实验平台通过网络模式为实验参与者提供服务。教师可以在线授课，在线发布实验任务。学生通过虚拟仿真在线实验平台学习实验知识，操作虚拟实验设备，完成实验任务，获得专业知识与技能。

（2）资源丰富。虚拟仿真在线实验平台提供的资源主要包括在线实验资源库、实验场景和实验设备，解决了场景复制难和场景时空维度受限等难题。学生可以在虚拟实验室中了解职业环境、设备使用流程和使用技巧，并在虚拟环境中反复操作与练习。

（3）实验过程可追踪，实验结果可测评。虚拟仿真在线实验平台提供了实验过程管理、实验结果评价、实验成绩汇总和分析等功能，为教师开展实验教学提供便利。学生利用虚拟仿真在线实验平台进行虚拟实训和实验操作，其实验结果被存储在系统中。学生提交实验结果后，系统的预设评判标准或教师新增的评判标准将对学生的实验结果进行实时测评。学生也可通过虚拟仿真在线实验平台进行自评和互评。实验过程可追踪，便于教师实时关注学生的学习状态。

1.2 虚拟实验室的内涵

虚拟实验室是以互联网数据共享技术为依托，利用真实设备仪器构建的实验平台。该系统可以真实模拟出实验设备及场景，学生也可利用虚拟仪器替代传统实验仪器，在虚拟场景中进行操作与控制，达到实验学习的目的。虚拟实验室无须依赖硬件实验设备，是一种由用户界面、模块化仪器、计算机硬件资源组成的具有数据分析功能的操控系统。

1.3 建设虚拟实验室的必要性

（1）拓展教学手段的需要。传统实验教学拘泥于课堂，往往采用教师演示、学生观看的教学方法，学生动手能力受到束缚，理解不深，创造性不强，学习积极性不高。虚拟实验室可以使教师和学生摆脱时间和空间上的限制，随时随地通过网络进行学习和实验，可以提高学生的学习效率和学习积极性，提升自身的学习和创造能力。

（2）优化整合教学资源的需要。随着当前各高校的不断扩招，教师数量与学生数量相差越来越大，有限的教学资源渐渐无法满足教学要求，有的学校甚至没有实验条件，只能提供给学生基本的理论知识，与培养具有实用型人才的理念相背离。虚拟实验教学可以利用虚拟仪器代替实际设备，不仅能用更为灵活的教学模式圆满完成课程教学的内容，还能缓解学校在资源、场地等方面的困境。另外，虚拟实验教学还能实现不同院校之间的资源共享，合理利用和优化资源，避免因重建造成的浪费，减少经费支出。

2 实验平台建设的目标及内容

该虚拟仿真实验室的建设旨在揭示远洋航线冷藏集装箱箱外动态热负荷变化规律，实现制冷压缩机、冷凝风机、冷风机无级联调；研发冷藏集装箱综合检测和监控系统，在线对船舶冷藏集装箱运输全程进行实时监控和故障诊断；仿真模拟箱内外温度、湿度和速度场分布，对动态热负荷进行CFD定量描述，揭示箱内动态热负荷的变化规律；模拟运输环境的集装箱能耗规律，演示冷藏箱绝热效果，实现运输节能。

实验平台根据船舶冷藏集装箱运输的快速发展、"一带一路"倡议、"海上丝绸之路"和"海运强国梦"对海运航运人才的需求，以船舶与海洋工程上海市重点学科，轮机工程、能源工程特色专业，卓越工程师计划专业，教育部工程教育认证专业，海事大学实验教学示范中心为依托，制定以下课程目标：

(1) 对接国家战略，以"互联网+"为驱动，培养新航运交通人才。航运业是国际贸易发展的重要保障，也是世界各国人民友好往来的重要纽带。在全球新冠疫情蔓延的情况下，航运业为全球抗击疫情、促进贸易复苏、保持产业链供应链稳定发挥了积极作用。冷藏集装箱运输业务，顺应绿色、低碳、智能航运业发展新趋势，为全力恢复和保障全球产业链供应链畅通，促进国际航运业健康发展，推动构建人类命运共同体作出贡献。"互联网+"依托互联网信息技术实现互联网与传统产业的联合，实验平台充分发挥互联网的优势，与远洋冷藏运输人才的培养进行深入融合，升级改造传统实验教学方式，利用虚拟仿真实验平台，提升人才培养质量，满足先进业务人才的需求，培养出实践能力强、创新能力强、具备国际竞争力的高素质复合型人才，最终实现对接与服务国家"海洋强国梦"战略。

(2) 基于科教融合，构建"四位一体、虚实结合"实践平台，实现实验项目示范辐射、服务地方经济（临港新片区、长江三角洲）作用与引领作用。本专业具有海事大学特色，以船舶冷藏运输安全与节能研究中心为依托，历经近20年的发展，构建了冷藏运输技术专业课程体系和实践环节的"四位一体、虚实结合"的实验课程及创新实践平台。

为提高大学生的工程实践能力和创新精神，针对现有硬件平台无法实现的实验内容，开发虚拟仿真平台，构建船舶冷藏运输安全与节能虚拟仿真实验平台是十分必要的。结合校内现有科研平台、校外实践基地，专业教师承担的上百项相关的国家级、省部级等科研项目，"四位一体、虚实结合"，将科研成果转化为教学内容和实验项目，反哺教学。

近两年，全国诸多高等院校新开设了船舶冷藏运输相关专业课程，但部分高校，特别是中西部高校由于教学基础薄弱、实验经费不足等问题，其实验设备与实验项目未能有效跟进与展现，从而造成人才培养质量参差不齐。本仿真实践拟采用多项教师研究成果，内容丰富、技术先进。结合自主开发的实验平台，可以在国内高校起到示范引领作用。

(3) 秉承"忠信笃行"校训，构建多场景、多输入实验环境，培养学生解决复杂工程实践问题。虚拟仿真实验室的建设，旨在培养学生实践能力，工程教育专业认证突出"以学生为中心、以产出为导向"，持续改进教学理念，关注培养学生解决复杂工程问题能力。本专业秉承"笃行"校训，在培养拔尖创新人才方面做了大量实践，教学成果多次获得校级教学成果奖。

实验平台可以通过构建多场景、多输入的实验环节，使学生提升相关关键技术发展和解决复杂工程问题的能力。通过本虚拟仿真实验项目，学生能够：

1) 具备分析冷藏集装箱结构特点、关键部件工作原理的能力。

2) 掌握冷藏机组系统构成，分析海况对其运行稳定性和安全性的影响。

3) 掌握故障诊断的方法流程及应急措施。

3 基于互联网技术的虚拟仿真实验平台开发

3.1 虚拟仿真实验平台的框架结构

根据虚拟实验教学需求，课题组设计了基于互联网技术的虚拟仿真实验平台。平台为四层结构，如图1所示。在用户进行实验操作时，首先通过服务器发送登录请求，验证通过后登录虚拟实验系统。然后用户通过人机交互界面选择实训/实验内容，按照实验步骤开始具体操作，实验完成后平台可将分析结果反馈到终端服务器，最后反馈到用户端进行查询，让学生查看实验结果。

3.2 虚实结合实验教学模式的构思

课题组设计的教学模式导图如图2所示。教学方式主要分为5个阶段。

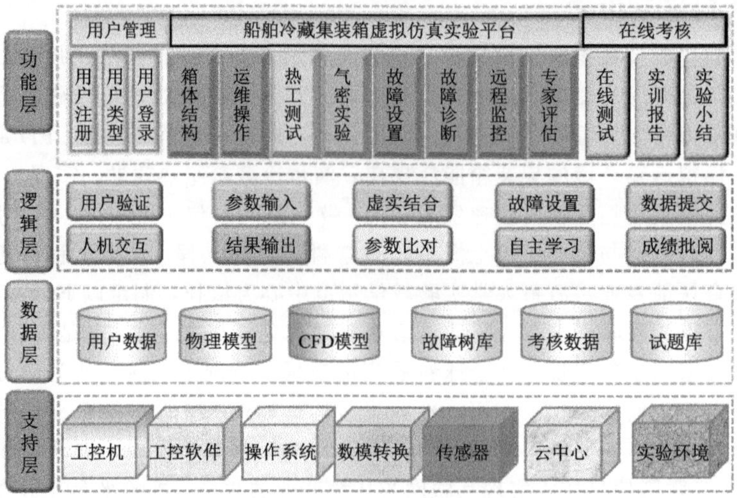

图 1　虚拟仿真实验平台框架结构图

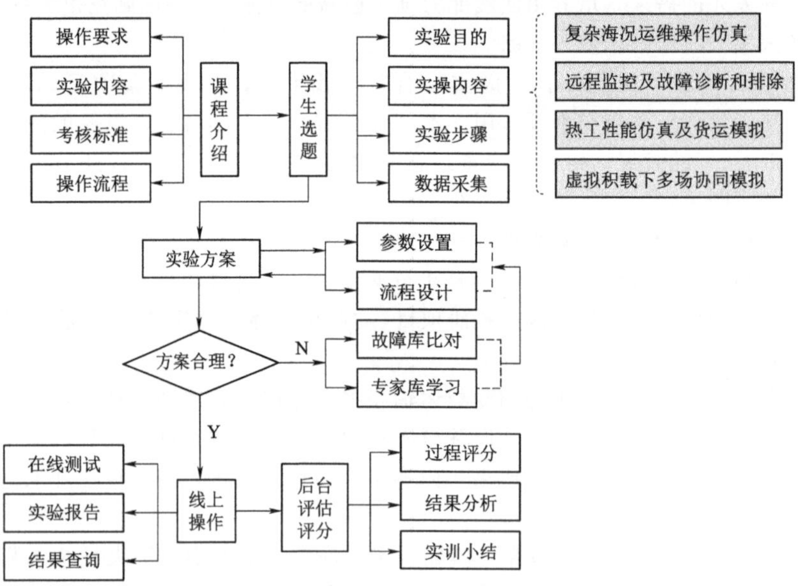

图 2　课题组设计的教学模式导图

第 1 阶段，课程介绍环节。学生可以通过互联网主界面了解课程要求、本课可选实验项目、虚拟仿真实验平台功能与使用方法、实验操作注意事项等。

第 2 阶段，学生选题环节。学生根据课程要求、实验讲义、实验目标及内容和有关论文资料进行学习，确定课题任务，自行设计实验方案、实验流程，选取实验参数。只有参数选取合适才能构建一个可行的实验方案。若学生碰到问题可查阅平台标准故障库和专家库，进行再学习并优化实验方案。该环节主要训练学生对所学知识的综合应用。

第 3 阶段，虚拟仿真操作环节。学生通过实验方案设计后，进入虚拟仿真操作环节。通过实验平台了解冷藏集装箱运行环境、仪器设备工况，通过鼠标操作各种虚拟对象、通过交互界面实现人机交互。完成所有虚拟仿真操作步骤，平台会自动记录学生的实验操作过程。

第 4 阶段，报告提交环节。学生完成规定的实验内容后，虚拟实验报告可自动或手动提交。学生也可以在完成相关内容后，申请进入实体实验室。学生利用约定的或规定的开发时间，依据设计合格的实验方案自主实验、自由探索，学生可线上、线下获得老师的指导与答疑。

第 5 阶段，实验操作评分评估环节。虚拟仿真实验平台里有练习和考核两种学习模式，完成所有虚实结合实验后，撰写实验报告，虚拟仿真实验平台可评分。教师根据学生操作熟练程度、实验结果好坏、实验报告完整性和规范性，以及遵守实验室纪律等方面进行评价。

4　虚拟仿真实验平台开发流程及功能设计

4.1　开发流程

（1）确定方案，设计界面。首先按照设定好的实验内容设计实验方案，选择需要用到的实验器材，选择连接通道与各输入输出控件。然后设定实验参数，为各器材和插件赋值。

（2）设计程序框图。根据实验具体需求，选用所需的程序函数和逻辑结构，将界面中的设备进行连接，并对设定的参数进行分析处理，得出实验结果，形成一个完整的程序框图编程。

（3）运行和调试。运行设计好的程序框图，进行实验分析，并对运行中出现的错误进行改正、优化及调试，直到得出正确结论。

4.2　功能设计

4.2.1　用户登录

登录是用户进入实验平台的主界面，用户按照用户名、密码、身份信息进行验证，当输入信息与数据库内的个人信息完全匹配时显示登录成功。以学生用户为例，当通过身份验证后，进入用户界面，如图 3 所示。

图 3　登录界面

4.2.2　主窗体设计

主窗体主要由窗体、菜单栏、工具栏、状态栏等组成。设计时一般先设计窗体背景和窗体标题。菜单栏主要通过 Visual Basic 中［工具］菜单项下的［菜单编辑器］进行设计。工具栏通过设计 ImageList 控件和 Toolbar 控件实现。状态栏通过设计 StatusBar 控件实现。主界面效果图如图 4 所示。

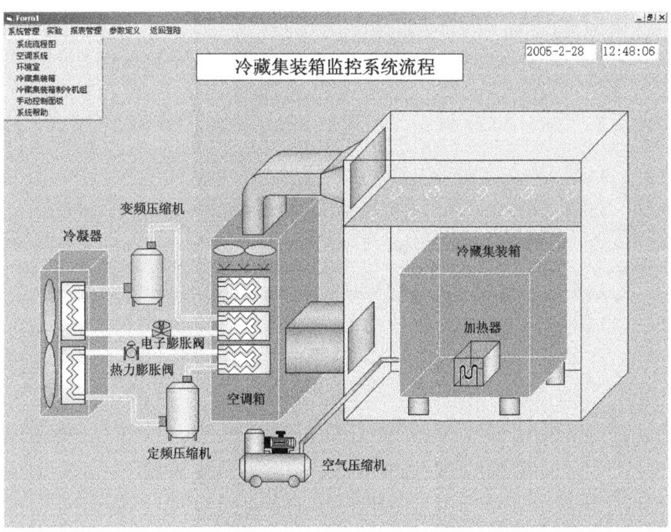

图 4　主界面效果图

4.2.3 数据库访问设计

在 Visual Basic 中通过数据控件、数据访问对象可以实现对数据库的访问。Access 数据库是以关系模型为基础的数据库，是根据表、记录和字段之间的关系进行组织和访问的一种数据库。它通过若干个表（Table）来存取数据，并且通过关系（Relation）将这些表联系在一起。关系数据库提供了称为结构化查询语言（SQL）的标准接口，该接口允许使用多种数据库工具和产品。可视化数据管理器及其子窗口如图 5 所示。具体操作方法此处不再详述。

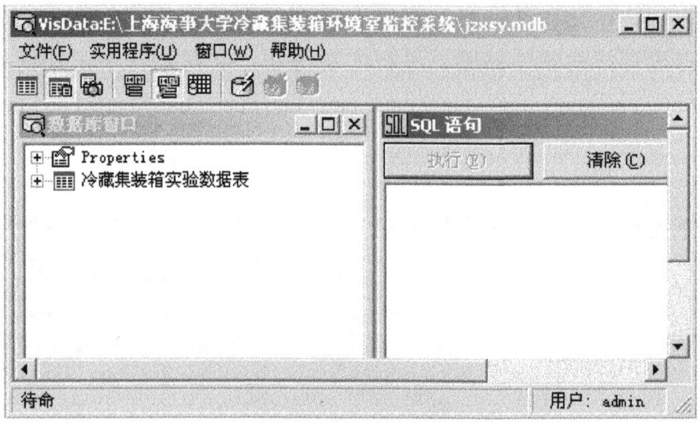

图 5 可视化数据管理器及其子窗口

4.2.4 系统的报表开发

本系统是实时监控系统，各监控点的数据要每隔一小段时间采集和记录一次，因此实时报表每隔一段时间要新添一组数据。考虑到这种情况，采用 MSFlexGrid 控件作为数据录入的主要窗口，通过 TextBox 控件向具有只读属性的 MSFlexGrid 控件的表格内录入监控点的数值，然后通过 For…Next 循语句将 MSFlexGrid 表格内的数据保存到数据表中，以备查询和打印。

历史报表窗口则使用 ADO 对象访问数据库，查询历史记录，并使用绑定控件来显示数据。此外，从历史报表窗口可以进入曲线窗口，在此窗口，以图形方式显示查询数据，可以直观地显示数据的变化趋势和数据的对比分析。采用 MSChart 控件可以制作大部分类型的 Microsoft Graft 图表，可以实现条形图、柱形图、饼状图、散点图、面积图等。历史报表界面及查询曲线界面如图 6 所示。

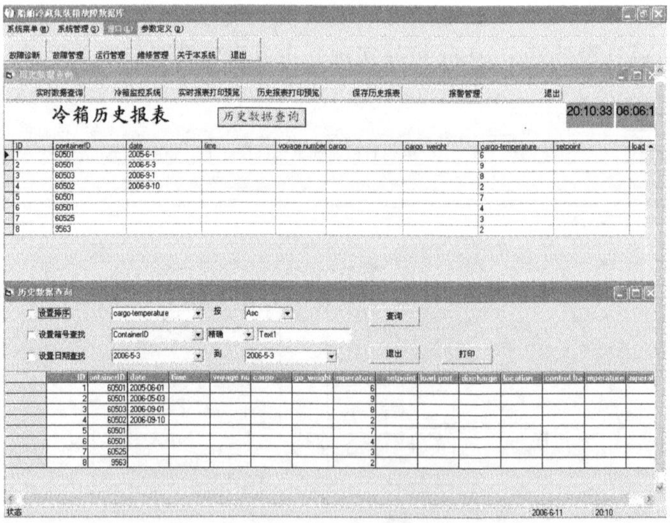

图 6 历史报表界面及查询曲线界面图

4.2.5 远程监控故障诊断系统的设计及开发

船舶冷藏集装箱在运输过程中由于海况复杂多变而易发生故障，一旦发生故障只能是船员到现场检测维修。冷藏集装箱远程故障诊断系统是虚拟仿真实验平台的重点，主要是实现对各冷藏集装箱运行及其故障维修的管理。该系统主要包括冷藏集装箱运行管理、设备监控、故障诊断、维修维护、维修人员管理、用户管理等。冷藏集装箱远程故障诊断系统结构拓扑图如图 7 所示。

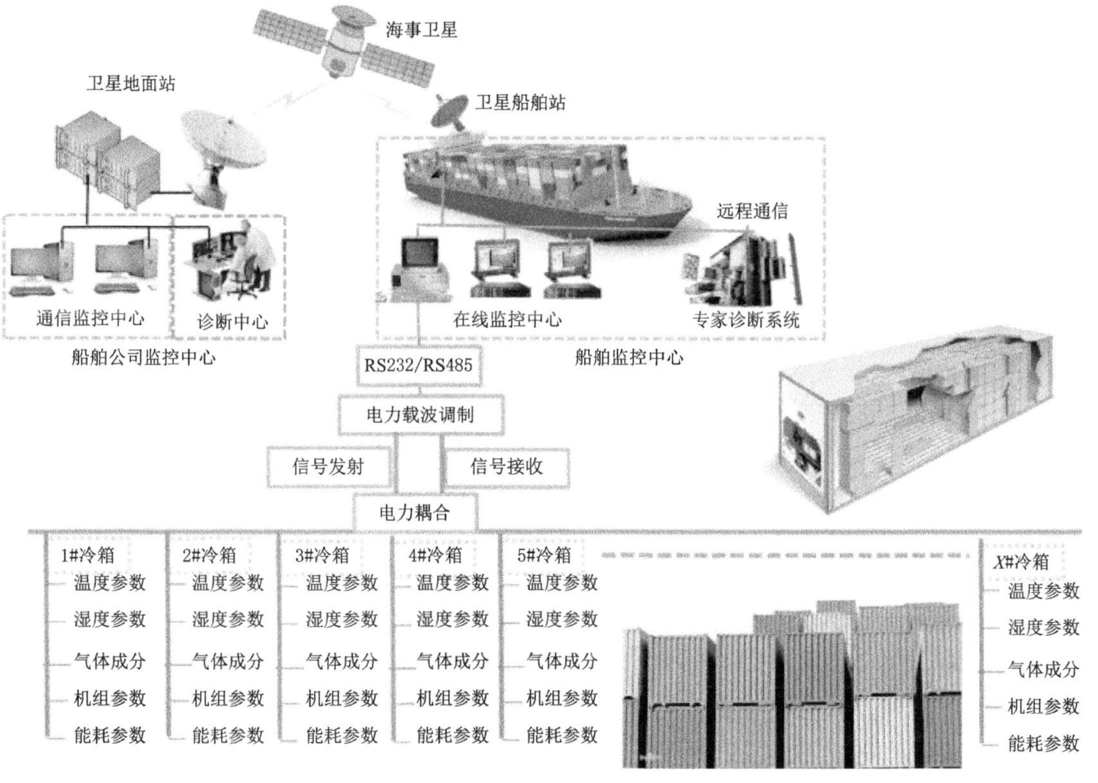

图 7　冷藏集装箱远程故障诊断系统结构拓扑图

5　教学效果分析

为研究虚拟实验教学的学习效果，课题组从中选择知识程度相似的 A、B 两个本科班组进行对照测试，每组 30 名学生。其中 A 组在实体实验室中进行传统现场实验教学，B 组则利用所开发的虚拟仿真实验平台进行学习。学习周期为 8 学时。学习完成后，采用相同考核办法对两组学生进行学习效果检验。不同教学方式效果对比见表 2。

表 2　　不同教学方式效果对比

实验教学方式	平　均　分	及　格　率
传统现场实验教学	84	85.32%
虚拟仿真实验平台教学	92	95.87%

测试结果表明，采用虚拟仿真实验平台教学的学生平均分数为 92 分，比传统现场实验教学方式提高了 9.5%左右；另外，采用虚拟仿真实验平台教学的学生及格率为 95.87%，比传统实验室教学方式提高了 12%左右。由此可见，虚拟实验室教学可有效提高学生的学习成绩，具有更好的教学效果，虚拟仿真实验平台合理、有效。

6　结语

基于“互联网+”的虚拟仿真实验平台是在真实实验设备和实验数据基础上，利用虚拟设备和虚拟操作环境进行实验教学的网络平台，不仅可以为学校优化教学资源、缓解资金和教师缺乏等问题压力，还为高校实验教学拓展了新的教学途径。虚实结合实验教学模式的创新及应用为推动以学生为中心的个性化培养提供了全新思路，可同时满足数百人开展实验设计和虚拟仿真操作。实验教学过程中，遵循“兴趣驱动、学生自主、注重过程、虚实结合”原则，学生可以开展相关领域的多项综合实验，选择自己感兴趣的方向或课题进行实体研究。因此，虚拟仿真实验室与实体实验室的有效结合，实现了无缝对接，丰富了教学内涵。要推动虚实融合、自主设计、研究型实验教学模式的顺利实施，还要构建与之相适应的虚实融合教学体系和开放管理机制，需从硬件和软件两方面建设。软件方面，建立实验教学与实验室开放管理制度，保证教学秩序稳定，确保过程安全，提高开放式实验教学效率，并建立教师督促检查制度和项目目标管理细则；硬件方面，要完善现有学生实验预约系统、实验室远程实时监控系统、实验设备操作管理系统等，使学生能够自由选题。实验室开放为学生自主学习、主动实践提供了保障，线上线下指导为课程顺利实进行提供了有效支撑。通过问卷调查和老师课堂了解，学生对这种新教学模式越来越认可。特别是在只能上网课期间，虚拟仿真实验平台有力地推动了“停学不停课”，满足学生实验课程需求。借助虚拟实验学习，学生可以自由支配自己的学习时间，提高了学习的主动性和积极性。实际测试结果表明，采用虚拟仿真实验平台有效提高了学生的学习成绩，与传统现场实验教学相比具有更好的教学效果。

参考文献：

[1] 张建华，肖中正. 高校智慧实验室资源融合治理与共享机制研究 [J]. 信息记录材料，2021，22 (3)：208-210.

[2] 张丽娟. 基于仿真技术的数字电路 3D 虚拟实验室的设计 [J]. 信息记录材料，2021，22 (3)：61-63.

[3] 李乐欣. 高校虚拟仿真实验室建设与管理探究 [J]. 无线互联科技，2021，18 (2)：84-85.

[4] 孙雷. 基于 LabVIEW 的测控仿真虚拟实验在远程开放教育中的应用研究 [J]. 电脑知识与技术，2020，16 (17)：200-201，221.

[5] 赵莉华，张亚超，金阳，等. 基于 LabVIEW 和 MATLAB 虚拟实验室的实现 [J]. 实验室研究与探索，2014，33 (4)：62-64，67.

[6] 张娟. 基于 LabVIEW 的电子电工专业虚拟现实的设计与实现 [J]. 现代职业教育，2021 (34)：142-143.

[7] 林思宇. 基于 LabVIEW 的虚实结合实验平台的设计与实现 [D]. 长沙：长沙理工大学，2020.

[8] 王林艳，王晓刚. 电工电子虚拟实验室建设的研究 [J]. 电子测试，2019 (20)：126-127，97.

[9] 潘东，张雷，丁贤根，等. 一种船用冷藏集装箱集群测控方法的系统设计 [J]. 船舶工程，2020，42 (2)：85-91，141.

[10] 薛文杰，吴晓东. 海外保障基地冷藏集装箱运输动态监控系统设计 [J]. 军事交通学院学报，2019，21 (4)：27-31.

[11] 聂健波，吕洁印，周受钦，等. 基于低轨卫星和窄带物联网的智能冷链运输终端系统 [J]. 计算机系统应用，2019，28 (4)：119-124.

[12] 徐兆祥，许恩明. 冷藏集装箱智能监控在自动化码头的应用 [J]. 港工技术，2018，55 (3)：80-83.

[13] 曾文军. 基于云服务的虚实结合实验平台设计与实现 [D]. 大连：大连理工大学，2018.

[14] 吴翊. 冷藏集装箱监控技术及应用价值 [J]. 中国远洋海运，2018 (4)：66-67.

[15] 张智华，徐勇，李茂福，等. 船用冷藏集装箱温度精确检测系统的研究与设计 [J]. 南通职业大学学报，2018，32 (1)：70-74.

[16] 赖军威. 基于低轨卫星通信和蜂窝移动通信的冷藏集装箱监控终端开发 [D]. 深圳：深圳大学，2017.

[17] 刘力. 虚实结合的虚拟网络实验平台设计与实现 [D]. 北京：北京邮电大学，2017.

[18] 朱文峰. 码头堆场冷藏集装箱温度智能监控系统设计 [J]. 集装箱化，2015，26 (12)：18-20.

[19] 马瑞鑫. 采用北斗的集装箱监控原型系统研究 [D]. 大连：大连海事大学，2013.

工学融合促知识学习向创新能力转化的教学方法

杨昭*

（天津大学机械工程学院中低温热能高效利用教育部重点实验室，天津 300350）

【摘　要】 制冷与热泵技术是热能动力工程专业本科生的必修专业课程。本文以该课程为例，在积极推进新工科建设的教育背景下，探索通过工学融合促进知识学习向创新能力转化的教学设计实施方法和配套教材建设。运用工学结合的课程教材建设、以感知促认知的教学情境设计、主动释疑式教学过程、隐性渗透教学、线上网络资源建设和多环节课程评价等新方法，保证学生掌握知识的同时，促进学生对知识的进一步理解和升华，转化为解决具体工程问题的能力，多种教学方法配合使用以达到培养学生多方面专业技术能力的目的。

【关键词】 制冷；热泵；教学方法

0　引言

新工科建设是今后我国工程教育发展的新思维、新方式[1]。新工科代表新的产业或行业发展方向，指正在形成的或将要形成的新的工程学科[2]。新工科的建设，一方面要设置和发展一批新兴工科专业，并加强建设、提升质量；另一方面要推动实现现有工科专业的改革创新，探索符合工程教育规律和时代特征的新培养模式[3]。

制冷与热泵技术是能源与动力工程专业的专业核心必修课。本课程旨在围绕课程培养目标，探索贴合新工科背景下理工科专业特点和行业要求的教材建设和教学设计实施新方法。作者结合多年教学和科研研究经验，将近年来国内外制冷与热泵最新技术的发展和教学内容紧密结合，运用工学结合、以感知促认知的教学情境设计、主动释疑式教学过程、堂上堂下交流讨论等新方法，使学生系统掌握、深刻理解制冷热泵新技术涉及的原理内涵和应用特点，尽可能满足科技发展的制冷热泵及新能源高新技术对知识实践能力型人才的要求。

1　教学过程亟须解决的问题

作者在多年的教学实践中深感传统的教材及教学方法的局限性：首先传统制冷教材不涉及内容相近且应用广泛的热泵技术，且内容较为经典，缺乏专业领域技术新发展及相近内容的贯通性，教材内容知识范畴和先进技术盲区束缚了学生的眼界和创新意识；其次教学方法多为堂上教学，缺少实践感知及工学结合所引导的由感性到理性的反复升华过程，导致知识运用和创新能力培养环节缺失；教学环节和模式则多为单一化知识灌输，学生以记忆知识居多，较难满足专业新发展对知识实践能力型人才的强烈需求。具体问题如下：

1.1　教学方法如何促进学用贯通、认知升华和解决问题能力转化

常规教学方法为授课、作业和答疑，学生对知识的记忆多于理解，普遍存在对知识理解肤浅，应用刻板，亟须潜移默化的工程引导感知、工学交叉融合、知识运用和创新意识培养环节，以促进学生将所学知识升华为解决实际问题的能力。

1.2　教材内容如何配合学科前沿发展，强化育人功能

教材是加强学校思政工作的载体，而推进教材建设创新发展是目前高校教学改革的重要目标。由于原课程缺乏系统配套教材，参考教材在学以致用、知识贯通和能源环境意识方面体现不足，而知识面和先进技术的盲区不利于工学融合创新意识培养，因而亟须新教材配合，根据学生个性化发展需求拓展内容，增强教材表现力和吸引力，强化育人功能，使知识学习和能力培养完美契合。

---

* 杨昭（1960—　），女，教授。研究方向：中低温热能高效利用，制冷与热泵。联系地址：天津大学北洋园校区 34 教，邮编 300350。E-mail：zhaoyang@tju.edu.cn。

基金项目：国家自然科学基金资助项目（No. 51936007）；天津大学研究生创新人才培养项目（YCX2024073）。

1.3 教学环节如何满足科技发展对知识实践能力型人才的强烈需求

传统教学环节和教学模式多为单一化知识灌输，较难满足广泛应用于建筑、工农业及航天领域的制冷热泵及新能源高新技术对知识实践能力型人才的强烈需求。新教学环节设置应在培养学生扎实专业基础的同时强力提升工程实践能力。

1.4 如何利用信息化数字资源提升课程应对突发事件的能力

传统教学模式应对突发事件能力较弱，新形势下亟待提升非正常环境下知识传授的有效性和受众空间，充分利用网络空间信息量大和传递迅速的优势，加强课程网络建设，巩固知识和解决难点问题，并获取学生知识掌握情况，快速反馈信息，及时调整教学计划，提高教学效果。

1.5 教学过程如何实现立德育人的目标，同时兼顾综合能力和优秀品质的共同培养

教学过程应实现“老师教”到“学生学”这一中心的转换。在一次次的实践活动和教学任务完成过程中，坚持兴趣激励和创新驱动的原则，激发学生自觉性和创新性，并不断锤炼他们勇攀高峰、勇闯“无人区”、坚忍不拔的意志，培养学生服务国家、造福人类的使命感。使他们成为专业基础扎实、综合素质优秀、充满自信、服务社会的创新型人才。

2 教学方法理念及实施思路

2.1 教学方法实施理念

围绕制冷与热泵技术和能源环境技术课程培养目标，探索贴合新工科背景下，以工学融合促进“知识学习”到“创新能力”转化的教学设计实施方法和配套教材建设。通过“知识学习”和“工程实践”涵盖的教学新方法和配套主编教材内容使两者交叉融合互促统一；运用工学融合、以感知促认知的教学情境设计、主动释疑式教学过程设计；补充设备制造工艺、工作过程、工程应用实例并配合影音动画多媒体讲解；增设教学实验、工程应用观摩和创新项目等多学科交叉的工程实践隐性渗透教学，实现知识升华和创新能力转化……使学生在系统理解牢固掌握制冷热泵新技术原理、能源环境技术知识和应用的同时，提升解决工程问题的能力，教学方法实施理念和思路如图 1 所示。

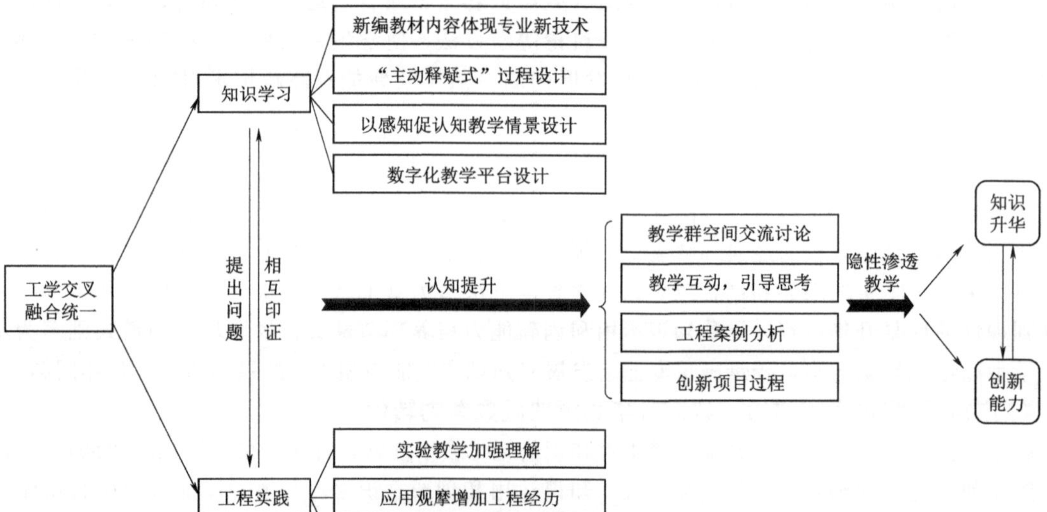

图 1 教学方法实施理念和思路

2.2 与教学方法相适应的教材建设

目前，国内的相关教材，其中有的偏重暖通（或称建筑环境与能源应用工程）专业，有的偏重制冷专业，且大多是把制冷和热泵分开对待，鲜有教材对热泵的基本原理和相关技术进行详细的分析介绍。由于制冷与热泵基本原理相同，主要是输出功能不同，往往一般教材中侧重制冷原理的讲授，忽略了热泵供热的特殊性和复杂性；另外，近年来，制冷与热泵技术在建筑、工农业、航天领域发展迅速，高新技术层出不穷，现有教材内容目前难以满足新技术发展要求，如传统本科生制冷课以传统制冷原理为主，对于制冷热泵新技术发

展鲜有涉及。为此出版了《制冷与热泵技术》，教材在相关热力学原理基础上紧跟新技术发展进程，将制冷热泵原理与技术贯通结合，以制冷与热泵技术最新进展为主线，在调研国内外关于制冷与热泵技术的最新进展的基础上对原有课程进行新的扩充和完善，如图 2 所示。如以往没有的低温空气源热泵、三转子双级压缩、新工质替代等全球最新技术；同时教材配套出版的全书各章整套课件清晰生动地体现了工学融合的课程特色，扩大了受众面并弥补了纸质版教材在展示上的不足，保证了教材内容的科学性和专业实用性，做到原理性教学和新技术发展完美契合和补充更新。

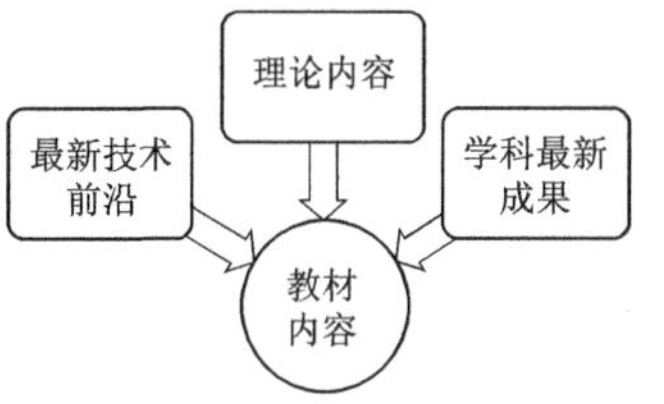

图 2　教材内容的更新和补充

2.3　“主动释疑式”教学过程设计

为改变常规教学方法中以授课、作业和答疑为主的教学形式，教学过程增设多种教学环节，丰富课堂形式，充分调动学生积极性，加深学生对知识的理解和掌握，促进学生将所学知识升华为解决实际问题的能力。以此作为出发点，在教学方法上不断探索改进，注重由感性到理性、由知识到能力的反复演练和升华过程，通过“主动释疑式”（提出问题—发现疑难—重点提问—更正释疑）教学过程设计实施，夯实课程的热力学原理及节能技术的理论基础，同时设计实施“以感知促认知”的教学情境，特别是在系统和部件原理结构、工作过程的授课过程中借助图示、影音和动画，补充由浅入深的制造工艺、工作过程、工程实例和实际技术应用等感性认识的相关内容，以促进学生对知识的进一步理解，并升华到解决实际问题的能力。“主动释疑式”教学过程设计思路如图 3 所示。

2.4　隐性渗透教学和创新能力转化

制冷热泵及新能源高新技术产业发展迅速，过硬的专业基础和较强的实践能力已成为新时代人才的基本要求，新教学环节设置应在培养学生扎实专业基础的同时强力提升工程实践能力。如在课程学习的同时开设实验教学课、实践教学环节，培养学生基本的实践能力和工程意识；又如组织参加一年一次的国际制冷展、大学生创新创业训练计划和中国制冷学会创新大赛等多种实践活动；增设教学实验、工程应用观摩和创新项目设计等工学结合、多学科交叉融合工程实践活动的隐性渗透教学环节，实现知识升华和创新能力转化，激发学习热情的同时，提升创新能力。隐性渗透教学过程设计思路如图 4 所示。

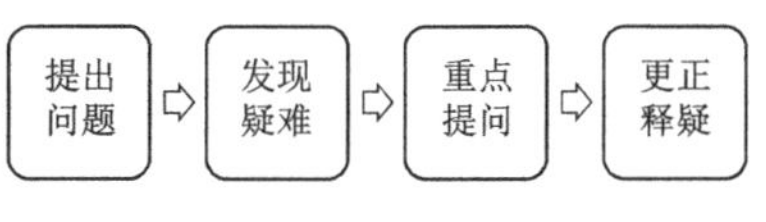

图 3　“主动释疑式”教学过程设计思路

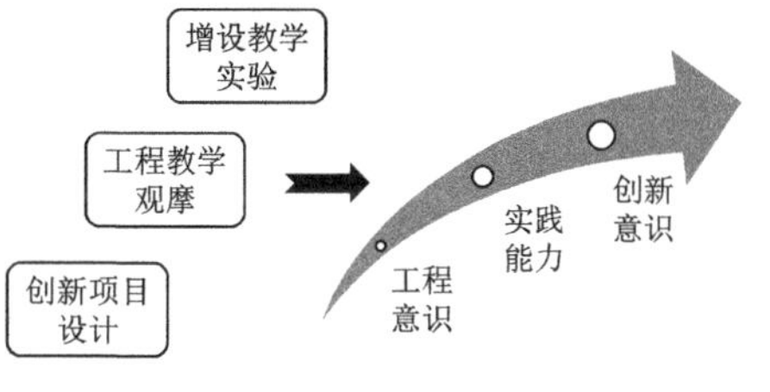

图 4　隐性渗透教学过程设计思路

2.5　与教学方法相适应的教材建设

信息技术的发展为教学模式的革新带来了无限的可能性。在“互联网＋”背景下，线上教育与传统课堂教育相结合的混合式教学得以广泛应用。这种混合式教学将丰富的数字化线上教学资源与传统实体课堂的优点有机结合在一起[4]，扩大了知识受众空间。

为提升新形势下课堂教学应对突发事件的能力，充分利用网络空间信息量大、形式多样和传递迅速的优势，提高知识传授的多样性和有效性，扩大知识受众空间，教学过程借助线上 App 及多媒体课件等生动有趣的新兴手段辅助教学提升学生的学习兴趣，吸引学生们的听讲注意力，同时建立教学群空间作为老师、助教、同学们交流的平台，对学生所提问题及时反馈，还通过课程数字建设，对教学的要点和难点配有专门的视频讲解，教材每个章节配套习题演练、小组讨论和实践教学，巩固知识和解决难点问题，同时获取学生知识掌握情况，快速反馈信息，及时调整教学计划以提高教学效果，为学生复习、解决问题和学习知识提供便利。整体过程注重师生互动，促进朋辈合作学习，营造自由探索的宽松氛围。线上资源建设概念图如图 5 所示。

2.6　多环节课程评价

过程式评价有利于激发学生学习热情和开拓创新的精神，引导学生注重自身全方面发展[5]。教学模式的改革应注重考核学生的学习过程。教师在课程考试评价方面，兼顾学生多个方面做出综合性评价，综合学生课堂提问回答情况、实践效果和实验任务完成情况、创新活动参与程度及具体表现以及期末考核多个方面进行评价，引导学生不要把精力仅放在期末考试成绩上，应注重教学每一个环节和知识点，注重自身综合能力的提升和进步。多环节成绩分布比例如图 6 所示。

图 5　线上资源建设概念图

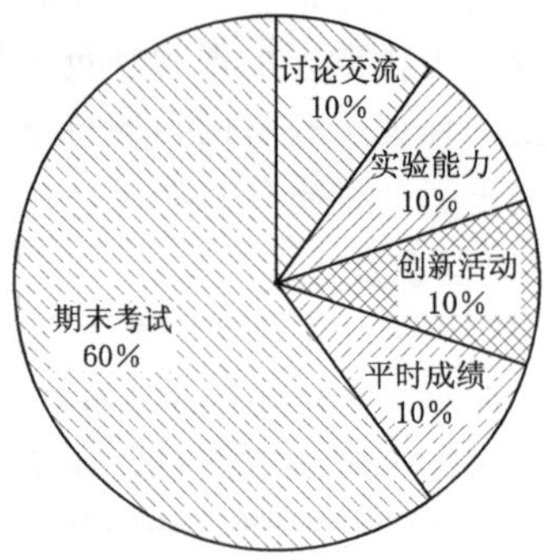

图 6　多环节成绩分布比例

3　结语

新的教学环节和模式设置围绕从“知识学习”到“工程实践”涵盖的多种教学环节和教学模式，使两者相互融合、反复印证，不断促进和相互统一。教材建设上加强知识的融通性，对原有授课内容进行更新和补充；通过“主动释疑式”教学过程设计实施，夯实制冷热泵技术热力学原理的课程理论基础，设计实施“以感知促认知”的教学情境，促进感性认识和提高认知能力；工学结合、多学科交叉融合的工程实践隐性渗透教学，实现知识升华和创新能力转化；信息化课程网上资源建设，提升教学应对突发事件的能力；多环节课程评价方式，引导学生综合性发展。经过多年尝试、补充和更新达到了预期效果，使学生在掌握知识的同时，促进了学生对知识的进一步理解并升华到解决具体实际问题的多学科专业知识精华和工程创新能力。

参考文献：

[1] 钟登华. 新工科建设的内涵与行动 [J]. 高等工程教育研究，2017 (3)：1－6.

[2] 林健. 面向未来的中国新工科建设 [J]. 清华大学教育研究，2017，38 (2)：26－35.

[3] 吴爱华，侯永峰，杨秋波，等. 加快发展和建设新工科　主动适应和引领新经济 [J]. 高等工程教育研究，2017 (1)：1－9.

[4] 冯晓英，王瑞雪，吴怡君. 国内外混合式教学研究现状述评：基于混合式教学的分析框架 [J]. 远程教育杂志，2018，36 (3)：13－24.

[5] 张继. “以过程评价引导自主学习”教学模式的实证研究——以法学专业为例 [J]. 潍坊学院学报，2015，15 (3)：91－95.

工程师职业道德与责任课程产教融合创新实践

宁静红*，陈爱强，陈兰，赵松松，李诚展

（天津市制冷重点实验室，天津商业大学机械工程学院，天津 300134）

【摘　要】 针对同类课程与本专业产业背景相差大、学生对教学内容无感、学习动力缺乏等问题，构建依托于行业的“基本知识＋综合素质＋创新能力”知识体系；通过产教融合对课程体系进行改革，教学方式上大胆创新，75％学时以行业企业社会实践形式，设置了创新创业、商业素养与职业道德、民生保障、国防精神等模块，将抽象的工程师职业道德培养具象化。建立由本行业企业专家构成的校外师资库，以身边的“人和事”讲述“思创故事”。实现专业课程教学与企业发展需求的有效融合。

【关键词】 工程师职业道德与责任；产教融合；教学实践

0　引言

高等教育肩负着培养创新型人才的重要使命，对促进和支撑科技发展，以及行业转型升级起到输送卓越人才的关键作用[1-3]。产教融合是当今高等教育改革的一个重要方向，也是提高人才培养质量的关键途径[4-6]。在此背景下，天津商业大学能源与动力专业工程师职业道德与责任课程，面向党和国家需求，以培养具有崇高道德的制冷人才为根本教学目标，积极探索与实践产教融合的课程体系改革与教学方法的实践。为同类课程体系改革和产教融合实践提供借鉴和启示。

1　课程发展历程及创新背景

能源与动力工程专业是天津商业大学建校之初设立的四个专业之一，工程师职业道德与责任课程是对本专业学生进行思想教育、能力培养，实践立德树人的核心专业课。

40余年来，本专业始终将职业道德与责任教育贯穿于冷库建筑、冷冻冷藏工艺、制冷装置设计等核心课程。为进一步凸显德育的重要性，2011年以卓越工程师计划为契机整合相关内容独立设置工程师职业道德与责任课程，以新工科建设为契机，陆续将创新创业和思政教育等要素纳入教学体系。

该课程先后经历了理论教学—理论教学为主、社会实践为辅—社会实践为主三个发展阶段，开创了本专业以社会实践进行职业道德与责任教育的先河，学生的职业道德、社会责任、创新创业能力和素质得到显著提高。目前，该已获批国家级一流本科课程和省部级创新创业示范课题。课程建设发展历程如图1所示。

2　教学实践的“真实问题”

2.1　课程内容与教学方面

（1）课程内容与工程专业的产业和技术背景不匹配。目前，对于工程师职业道德与责任的教育主要借鉴欧美工程伦理学，侧重工程师的职责与社会历史义务、环境和可持续发展、公众健康、安全及职业伦理等方面。随着教育政策的变化，原有体系下思政、创新创业等方面内容不足；教学内容和案例多依托于建筑、信息、机械等学科，与本专业所面临的产业背景相差较大，学生对教学案例无切实的感受，教学效果对于本专业学生不理想。

---

* 宁静红（1964—　），女，教授，博士。研究方向：制冷系统节能与优化。联系地址：天津市北辰区光荣道409号天津商业大学机械工程学院。邮编300134。E-mail：ningjinghong@126.com。

基金项目：2021年高等学校能源动力类教学研究与实践一般项目（NSJZW2021Y-65）；2023年国家级社会实践一流课程、2022年天津市创新创业教育特色示范课程。

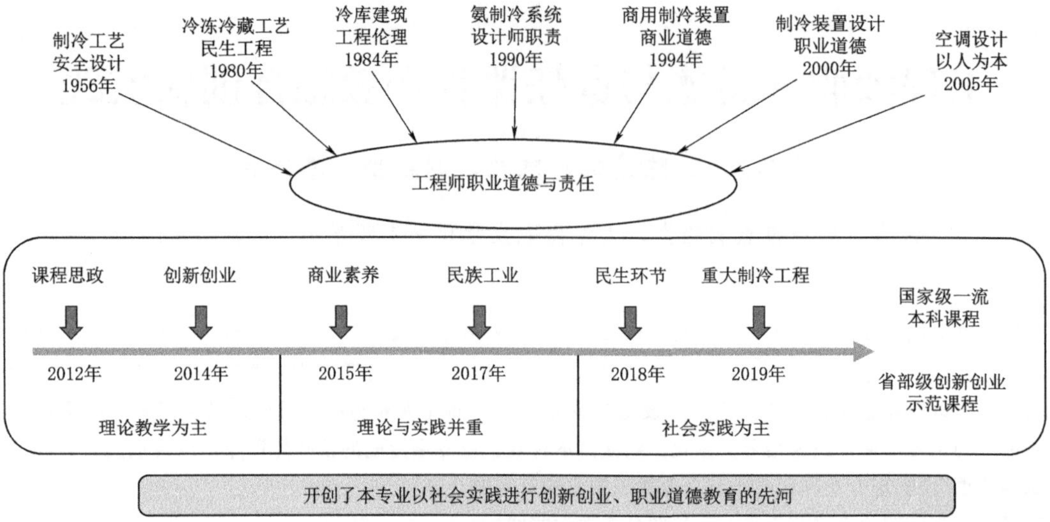

图1 课程建设发展历程

(2) 教学手段较难保持学生注意力，学习动力不足、效果不佳。教学过程以课堂教学的形式进行，教学内容较为抽象且与学生直接相关性弱，导致学生对教学内容不感兴趣，甚至认为仅仅是“说教”。学生对其重视程度不够，学习的内在动力不足。此外，在互联网时代，知识获得已经不存在障碍，使得课堂上学生的学习动力、注意力变成了稀缺资源，教学方法和教学模式的转变势在必行。

(3) 教学目标定位与本专业产业需求存在偏差。本课程作为专业核心教程，应该与产业需求相对应，基于产业背景和需求对教学内容进行精细化设计十分必要。目前现代制冷行业技术和商业模式迭代迅速，教学目标滞后于党和国家对新时代人才的要求。

2.2 课程建设方面

(1) 教学内容与快速发展的行业新特征动态切合机制未建立。新经济背景下，制冷行业快速发展，高等教育对于人才培养的要求也在随着新形势不断变化。亟待构建课程教学内容快速迭代机制，保障教学内容与不断变化的行业人才需求相匹配。

(2) 教学方法与行业的协同性需进一步加强。随着社会和技术的发展，各种新的教学方式和技术手段不断出现，原有教学模式和手段需根据社会发展、学生特点不断改进。需通过制度化建设保证教学方法不断创新，以适应教学内容、教学目标和学生特点。

(3) 教学资源的更新与快速发展的行业需进一步同步。制冷行业资源不断重整发展，制冷技术逐渐渗透到更多的行业领域，原有的课堂案例和企业实践资源仍然不能满足课程的需求。需要建立与企业、专家的共建机制，建立并持续更新“教学资源库”，始终保证教学资源的更新速度和行业资源的迭代同步。

3 产教融合教学的创新举措

3.1 依托于专业特点和专业特色重构课程内容

教学团队对兄弟院校工程师职业道德与责任授课情况、制冷行业人才需求、政策导向进行了深入调研和讨论，构建了基于本专业行业背景的课程内容，分为理论知识和社会实践2个层面的3个模块。基础知识模块包括基本概念和职业道德要求；社会实践模块包括创新创业实践环节、商业素养与道德环节、民生保障环节、国防精神环节、国家重大制冷工程环节和民族工业环节等；价值升华模块包括典型案例分析总结。形成了理论学习与社会实践相融合，理论知识指导社会实践活动，社会实践夯实理论知识，学生感想感悟实现价值升华的“基础知识＋社会实践＋价值升华”课程内容体系。解决了课程内容和能源与动力工程专业的产业技术背景不匹配的问题。课程教学内容见表1。

3.2 以企业社会实践为主进行浸润式教学

本课程确定了“理论＋实践＋升华”的教学流程，教学团队积极寻找行业资源，产教深度融合，完成了

表 1　　　　　　　　　　　　　　　　课程教学内容

模块	环　节	修　订　方　向	目　　标
基础知识	基本概念和职业道德要求	着眼制冷专业密切相关的行业发展，围绕国家重大发展战略	深化制冷工程师的内涵与职业道德
社会实践	创新创业实践	针对全国大学生节能减排社会实践与科技竞赛、中国“互联网＋”大学生创新创业大赛项目	深入培养学生制冷工程创新实践能力
	民生保障	保障民生的冷链物流制冷工程企业实践汇报总结	构建国家食品安全体系，制冷工程师责任使命
	商业素养与道德	优选现代制冷行业企业的商业运作模式	厚植制冷工程中的商学素养、商业道德
	国防精神	丰富“国防记者”社会实践的调研活动案例	加深制冷专业知识学习、科技报国的理念
	国家重大制冷工程	聚焦国家重大制冷工程环境保护、可持续发展理念	重大制冷工程自主创新国产化，学好专业知识报效祖国的爱国情怀
	民族工业	结合大型国有企业新经济发展背景下的现代加工制造技术	认知现代制冷行业，紧跟时代步伐，实现制冷智造强国，民族企业的担当精神
价值升华	典型案例分析总结	依托理论学习，结合社会实践，学生自主感想感悟	强化为人民服务意识、工程与商业道德、自主创新、担当奉献精神、家国情怀等要素

课堂教学向“社会实践为主”的教学模式转变，课时的75％为社会实践，以国有企业、民营企业、军工企业等为载体，将抽象的工程师职业道德培养具象化。教师制订流程、执行、考核，学生需要分组协作参与整个教学过程。创新创业实践环节中学生需要独立完成作品立意、方案设计和作品展示；商业素养与道德环节以校内创业实例为参考，学生选定主题进行方案撰写和路演；国防精神环节学生听取专家讲座，进行采访和调研，撰写制冷在国防领域的应用报告并进行汇报讨论；民生保障、国家重大制冷工程、民族工业环节在校外企业实践基地进行，企业教师讲解，学生以调研、参与设计的方式进行实践。实践教学环节如图 2 所示。

图 2　实践教学环节

以民生保障实践环节为例，学生走进冷链物流装置企业，由企业教师讲解冷链物流的产业背景、发展冷链物流的重要意义、介绍冷链物流装置，指导教师引导学生讨论思考制冷工程师在民生保障中应遵循的职业道德和肩负的责任。随后企业教师结合行业热点、企业发展，在生产装配车间为学生讲解现代冷链物流装置，学生实地感受冷链物流装置的加工制造环境，结合实物踊跃提问。课下安排典型冷链物流装置案例，学生进行调研分析讨论并形成报告汇报展示。学生深刻感悟制冷工程师在民生保障中责任重大（图 3）。

以国防精神环节为例，教师首先介绍国防精神的内涵和特点，邀请制冷行业为我国国防事业做出重要贡献的专家分享感悟。随后安排学生分组对在国防相关领域工作的校友进行采访、对制冷在国防方面的应用进行调研，撰写材料、制作 PPT 汇报，分享所感所悟。通过上述教学模式培养了学生实践能力、沟通交流能力，理解了国防事业与每一位公民息息相关，制冷行业是国防领域的重要组成部分（图 4）。

通过以实践为主进行工程师职业道德与责任教学，使学生深度参与其中，避免了授课过程变为“说教”，

企业教师讲解

学生分组讨论

企业教师现场讲解

学生亲身感受并提问

企业教师解答学生问题

主讲教师引导学生思考

图 3　民生保障环节的企业实践教学

图 4　2023 年制冷行业的国防企业专家进行报告

解决了学生重视程度不够、学习的内在动力不足、参与度不强的问题。深植于制冷行业，以身边的“人和事”讲述“思创故事”。

3.3　教学环境、资源的创设

在师资方面，成立了由 5 名骨干教师组成的校内教学团队，负责教学和课程建设。1 名教师负责基础理论知识教学和资源建设，4 名教师负责实践环节教学工作执行和迭代。另外，实践教学基地的制冷行业内的十余名专家（优秀校友）组成了校外师资库，每年综合实践内容、行业热点等邀请相关教师以报告、指导实践等形式参与教学活动。

围绕课程实践内容，建立了以京津冀企业为核心的实践基地，承担实践教学任务。针对创新创业环节、商业素养与道德环节、民生保障环节、国防精神环节、国家重大制冷工程、民族工业环节等，每年综合考虑实践内容、行业热点等选择执行实践教学任务的企业。

在经费保障方面，设立了专项教学经费，用于支持课程的实践活动，有效扩展了课程的实践范围，增加了课程的灵活度。教学环境与课程资源如图 5 所示。

图 5　教学环境与课程资源

3.4　教学环节与评价改革

2023 年度，该课程在校内进行了理论教学，实践模块分别在各企业开展，如图 6 所示。

制定了课程效果调查问卷，反馈学生的评价和建议，对末尾的教学环节进行淘汰或结合行业热点、企业发展进行深度改革。

4　课程创新特色

（1）面向党和国家需求，以培养具有崇高道德的制冷人才为根本教学目标。聚焦于制冷行业，紧跟学科发展前沿，依托于行业背景、党和国家人才需求，将党和国家对新时代人才的要求落实于制冷行业，结合现代制冷行业和学科发展，将两者有机结合制定课程目标，将课程构筑为高质量制冷专业人才培养的基石。

（2）依托专业特点和学校特色设置教学内容，为行业培养高职业素养人才。结合学校特色和发展定位，依托于制冷行业需求、学校特色组织教学内容，将社会主义核心价值观、创新创业、商学素养、工程师综合素养等要素融入工程师职业道德与责任教育，以毕业的优秀校友为榜样，树立“制冷强国”的使命担当意识，培养具有良好商业道德的制冷人才。

（3）构建理论教学与社会实践相融合的职业道德教学模式。以产教合作企业的社会实践为主开展教学，课时的 75%为社会实践，以国有企业、民营企业、军工企业等为载体，将抽象的工程师职业道德培养具象化，实现浸润式教学。

5　课程成效及推广

通过课程的不断改革，使学生在职业道德、社会责任、创新创业方面的能力和素质得到显著提高。能够积极参与教师科研活动、各项专业比赛，取得了优异的成绩，具体表现如下：

（1）学生发展前景、职业道德与责任明显提升。毕

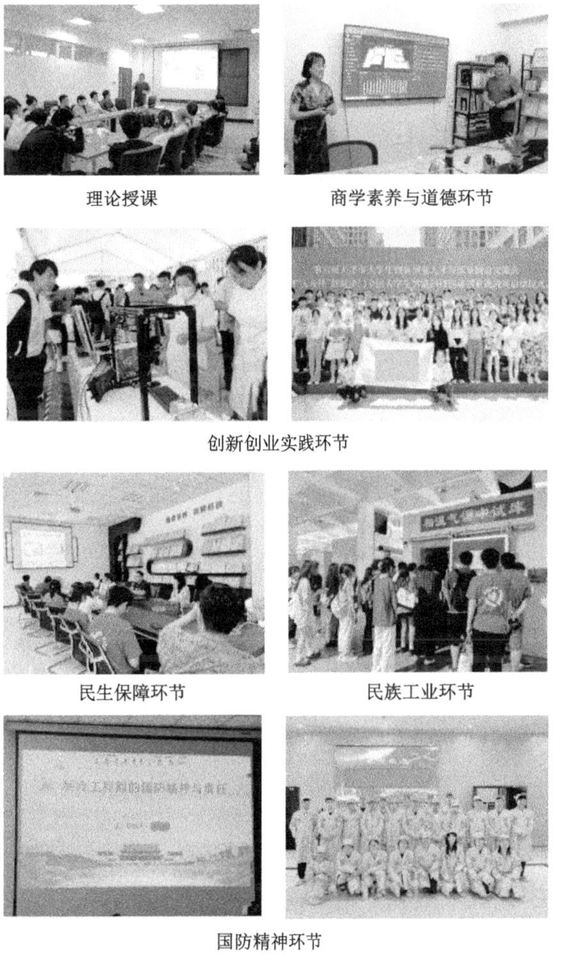

图 6　2023 年度课程实施过程

业后选择到国内名校或出国继续深造，近五年 8 人进入世界知名大学深造，到国内名校继续读研 200 多人；在校学生和毕业校友具有很强的社会责任感，参加了大量志愿活动，协助为学校无偿提供了大量的教学仪器和实习机会。

(2) 创新创业意愿和能力显著提升。近年学生参加学科竞赛种类和数量均有显著增加，参与人数超过了 75％。目前，已获得 2 项中国“互联网＋”大学生创新创业大赛银奖；全国大学生节能减排社会实践与科技竞赛为教育部确定的全国十大大学生学科竞赛之一，2023 年学生在全国大学生节能减排社会实践与科技竞赛中获一等奖 2 项、二等奖 1 项、三等奖 2 项，实现了获奖级别和数量的突破；毕业学生创办公司 3 家。

为不断提升教学质量，每学期对学生、教师和企业进行问卷调查，从而对课程效果进行综合评价和不断改进。调研结果显示，90％以上学生对课程的实施过程很感兴趣，现场化教学过程有利于他们对未来从事行业的了解，从而做好职业规划；多数教师对课程的实施效果满意，专业技术人员及行业中高层管理人员以亲身经历作为素材的讲解，起到了课堂教学的效果；企业对于课程的开展方式很满意，学生在学校期间进入企业进行现场学习，缩短了今后学生进入企业的培养过程，节省了企业培养人才方面的时间。

6 结语

天津商业大学能源与动力专业工程师职业道德与责任课程积极开展基于产教融合的课程体系改革与创新教学方法的实践，从国家与行业需求出发，针对同类课程与本专业产业背景相差大、学生对教学内容无感、学习动力缺乏等问题，构建依托于行业的“基本知识＋综合素质＋创新能力”的知识体系；通过产教融合的教学方式，将抽象的工程师职业道德培养具象化。打造“教学—产业”协同育人，构建多元化教学模式。推进教师与工程师、学生与企业导师多维度对接，共建产教融合育人新生态。打造具有产教融合特色的课程体系，充分发挥天津商业大学能源与动力专业工程师职业道德与责任课程产教融合特色优势，从师资队伍、教学资源、教学内容、教学方法、创新平台和考核评价多维度出发，对课程进行教学改革。提出的工程师职业道德与责任课程建设路径，可为普通本科院校同类专业课程的教学改革提供理论支撑。

参考文献：

[1] 梁策，韩奇钢，于歌，等. 基于产教融合的材料专业课程体系改革研究 [J]. 高教学刊，2024，10 (12)：154 - 157.

[2] 蒋坤朋，徐华蕊，朱归胜，等. 新工科背景下专业核心课程群产教协同探索——以新能源材料与器件专业化学电源设计与工艺核心课程群为例 [J]. 教育教学论坛，2023 (28)：30 - 33.

[3] 李聪，齐福刚，王鑫铭，等. 产教融合模式下金属材料专业实践教学改革研究 [J]. 大学教育，2023 (10)：38 - 40.

[4] 吕月霞，许崇海，杜劲，等. 基于产教融合和科教融汇的机械类专业课程教学改革研究 [J]. 中文科技期刊数据库（全文版）教育科学，2024 (3)：199 - 202.

[5] 王金桂，李天铎，高雨季，等. 地方院校化学类拔尖人才科教融合培养的探索——以齐鲁工业大学（山东省科学院）化学专业实验班为例 [J]. 中文科技期刊数据库（全文版）教育科学，2022 (6)：96 - 99.

[6] 卫翔. 机电一体化技术专业项目课程模式改革分析 [J]. 安徽教育科研，2022 (9)：15 - 16.

流体力学理论及其应用在暖通专业的课程建设方法

王鹿，黄胜，许蔚，王志浩*，李无言，邓诗涵

（昆明理工大学建筑工程学院，云南　昆明 650500）

【摘　要】 本文讨论了流体力学理论及其应用在暖通专业的课程建设方法。首先分析该课程的教学难点，进而提出重视理论基础、突出重点、服务工程的研讨式课程教学原则，并对各环节的教学内容和教学过程组织进行了分析，引导学生对流体力学的重要应用——计算流体力学进行总结与反思，最后给出了该课程的考核方式。本文有助于学生更好地掌握流体力学理论及计算流体力学在工程方向的应用，进而提高该课程的教学质量。

【关键词】 流体力学理论及其应用；计算流体力学；课程建设方法；课程考核

0　引言

近年来，随着暖通空调系统复杂性的增加和节能要求的提高，流体力学理论及其应用课程在暖通专业中显得尤为重要。计算流体力学（computational fluid dynamics，CFD）作为流体力学在数值模拟方向的重要应用，是利用数值计算方法通过计算机求解流体运动的控制方程，揭示流体运动的内在规律的一门新兴学科，被应用到污染物扩散与控制、热舒适度评价、烟气扩散、空调通风系统内部流体输送等所有与建筑环境相关的方面[1-5]。

通过对流体力学理论及其应用课程进行课程建设，将理论教学与实践教学环节紧密结合，深化流体力学和 CFD 基本知识，为学生们分析气流、液流在管道、风道及设备中的流动特性和热传递规律提供理论基础，帮助学生们掌握设计和优化高效、可靠的空调、通风及供暖系统的技能，使学生能够有效解决实际工程问题，提高系统的性能和能源利用效率。

1　教学难点

流体力学理论及其应用的教学存在多方面的难点，这些难点主要来自流体力学的复杂性、多样性以及学生对抽象概念和数学工具的掌握程度。以下是流体力学理论及其应用课程教学中的主要难点：

（1）与流体力学课程进行区分。流体力学理论及其应用为研究生必修课程。学生们在本科已经学习了专业基础课——流体力学，因而掌握了流体力学基本知识。流体力学理论及其应用课程如何与流体力学课程区分，并明确其侧重点和教学目标，使学生既能巩固基本理论，又能应用这些理论解决实际问题，是教学难点之一。

（2）结合暖通专业。流体力学是一门理论性较强的课程，涉及大量的数学公式和抽象概念，如流体静力学、动力学、连续性方程、伯努利方程和湍流等。这些理论在暖通空调系统中的具体应用可能不直观，学生难以理解如何将这些抽象的理论应用于实际的暖通空调系统设计和分析中。

2　课程建设原则

（1）重视理论基础、突出重点原则。首先回顾流体力学基础知识，帮助学生梳理清晰；然后重点讲解 CFD 技术，培养学生的计算和模拟能力。目前 CFD 商用软件在工程界发挥着越来越大的作用，是利用 CFD 研究建筑环境问题、提出改善建筑环境设计方法的强有力工具。通过实践环节，结合项目设计、工程案例分析等多种方式，使学生掌握 CFD 软件的基本操作技巧，以及 CFD 模拟的流程，进而提高学生解决实际工程问题的能力，以便于将来的科研工作和工程实际应用。鼓励学生参与课外科研项目和工程实践，积累实际操

---

* 王志浩（1984—　），男，教授，博士。研究方向：绿色建筑与节能技术、城市人居环境。联系地址：云南省昆明市呈贡区景明南路 727 号昆明理工大学建工楼 628 室，邮编 650500。E-mail：wangzhihao@kust.edu.cn。

基金项目： 中国高等教育学会 2023 年度高等教育科学研究规划课题（23PXZ0205）。

作经验。

(2) 服务工程原则。教学内容应紧密结合工程实际，针对具体的工程问题设计教学案例和实验项目，使学生在解决实际问题的过程中巩固和应用所学知识，培养学生们应用流体力学知识解决问题的工程素养和实践能力。例如，可以选择建筑通风系统设计、水处理系统分析、气流组织优化等具体工程问题，让学生在项目实践中应用流体力学理论和 CFD 技术。

3 课程建设方法

基于上述原则，对暖通专业流体力学理论及其应用课程的建设方法进行了梳理，具体内容如下：

3.1 明确课程目标

知识目标：定义学生应掌握的核心理论知识，包括流体静力学、流体动力学、湍流理论、边界层理论和 CFD 理论基础。

能力目标：学生应具备使用流体力学理论分析工程问题的能力，能够进行基本的流体力学计算和实验操作。

应用目标：培养学生利用 CFD 工具解决实际工程问题的能力，能够解释和分析模拟结果。

3.2 优化课程内容

将课程内容分为课堂授课和上机实践部分。其中，课堂授课部分包含基础理论、CFD 和工程应用和三个模块。

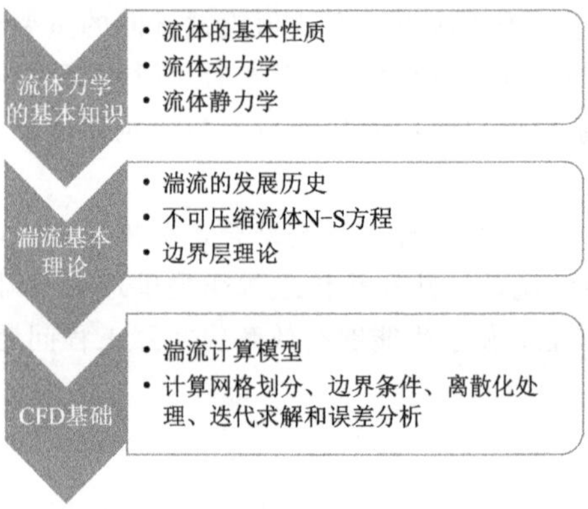

图 1　流体力学理论及其应用课程授课思维框架图

课堂授课分为 48 学时，思维框架图如图 1 所示。首先，介绍本科流体力学的基本知识，包括流体的基本性质、流体动力学和流体静力学等，共计 8 学时。利用视频演示流体流动过程，使抽象概念更加直观。其次，重点深入讲解湍流基本理论，包括湍流的发展历史、不可压缩流体 N-S 方程、边界层理论，共计 16 学时。最后，进行 CFD 基础讲解，共计 24 学时，对 CFD 中的核心内容，即湍流计算模型、计算网格划分、边界条件、离散化处理、迭代求解和误差分析等进行系统讲解。同时，在授课的时候应该分清主次，有的放矢。对于本科所学的流体力学基本知识，回顾基本概念，梳理重要定理和原理（伯努利方程、动量方程和能量方程等）；而对于流体力学的数值模拟手段——CFD，则应作为重点内容进行讲解。

对于上机实践部分，共计 16 学时，上机授课案例总结见表 1。作为流体力学的基本应用，建筑环境 CFD 模拟通过对流体运动控制方程进行数值求解，获得建筑内或内

表 1　上机授课案例总结

对流类型	案　例	示 意 图
自然对流	尺寸：2.18m (H)，0.076m (W)，0.52m (D)，冷墙和热墙分别保持 15.1℃和 34.7℃。简化为二维问题，求空间内流速矢量图、流速和温度分布云图	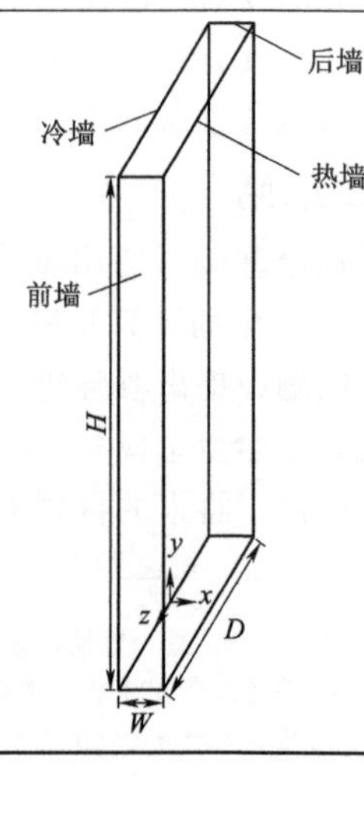

续表

对流类型	案　　例	示 意 图
强迫对流	尺寸：1.0m（Z），1.5m（X），0.3m（Y），送风口和排风口为高度20mm的条缝形风口，V=3m/s，障碍物在X=0.45m和Y=1.05m的位置，H=0.5m壁面和内部温度保持为25℃，简化为二维问题，求垂直方向流速矢量图	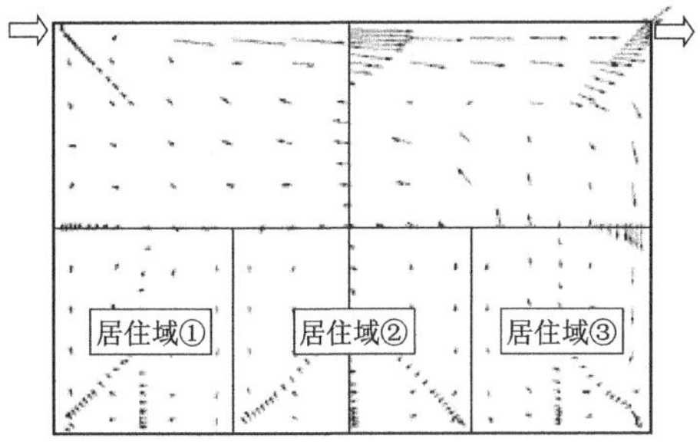
混合对流	尺寸：1.04m（Z），1.04m（X），0.7m（Y）。送风口V=0.57m/s，送风温度15℃（$\varepsilon_{in}=0$，$k_{in}=1.25\times10^{-3}m^2/s^2$），壁面温度保持为15℃，地面温度35.5℃，为三维问题，求$X/L=0.5$时的垂直断面温度分布云图	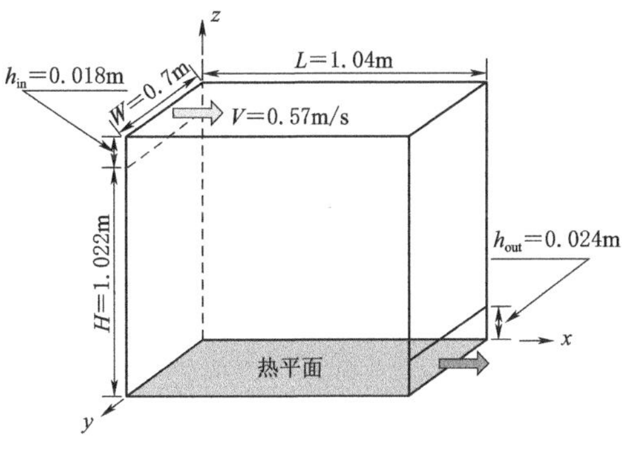

部某一特定房间内的气流场、温湿度等标量场的详细信息。精选出暖通专业典型的室内自然对流、强迫对流和混合对流案例，指导学生们上机进行操作。利用商业CFD软件，采用不同湍流计算模型进行数值模拟，学习商业CFD软件的操作流程（物理建模、网格划分、边界条件输入、初始化、收敛判断、后处理以及数据分析等），并比较各种湍流计算模型的模拟结果，总结各湍流计算模型的计算特点。

3.3　课程的总结与反思

值得注意的是，CFD并不能替代实验或理论研究，而是与它们鼎足而三的重要研究手段之一。在很多研究工作中，尤其是涉及新的未知现象时，先通过代表性实验对CFD模拟结果进行初步验证，然后再进行大规模CFD数值实验已经成为最常见的研究套路。当然，对于计算精度要求不高、研究对象和内容比较常规化的工程应用问题，直接用商用CFD软件进行模拟是可行的。这也是目前很多设计院、规划院、能源公司等非科研单位对CFD模拟感兴趣的内在动力。

从CFD模拟本身的深入程度看，与航天、精密机械、能源动力，甚至土木工程领域相比[6]，在建筑环境领域的应用还并不尽如人意。暖通领域基本上处于CFD研究的“下游”，只是单纯的“拿来”原创性的模型开发，计算方法提出较少；另外，目前建筑环境CFD模拟还基本停留在流场预测和可视化的初始阶段，但CFD模拟的重要性绝不仅仅在此。如何更好地利用CFD模拟指导建筑环境领域的技术进步和产品研发，从而更有效地控制建筑内外的气流流动，创造和谐舒适的建筑环境是今后的课题。

3.4　课程的考核与评分

为了全面评估学生在流体力学理论及其应用课程中的学习效果，本课程采用下列方式进行考核：

（1）开卷考试（40%）。考查学生对伯努利方程、动量方程和能量方程等核心概念和原理的理解和应用能力。

（2）项目考核（60%）。设计了多个典型的建筑环境模拟案例，并结合不同的湍流计算模型和边界条件，使每个学生均有独立的项目。要求学生在课余时间内完成模拟任务，并撰写研究报告。

4　结语

本文探讨了流体力学理论及其应用课程在暖通专业的课程建设方法，提出应明确区分该课程的基础知识和重点内容，即通过回顾和梳理流体力学的基本知识，打好理论基础，重点讲解CFD技术，深入讲解其原理、应用和操作技能，并进行总结与反思。通过结合实践和项目，采用多元化的考核方式，全面评估学生在流体力学理论及其应用课程中的学习效果，使学生能够应用所学知识解决实际工程问题，有助于培养具备实际应用能力的工程技术人才，推动暖通行业的技术进步和创新。

参考文献：

[1] 赵天蓉. CFD技术在暖通空调系统中的应用 [J]. 时代农机，2015，42（10）：47-48.

[2] 段兵兵，王恒旭，张学军，等. 湿空气与水直接接触冷凝CFD模拟研究 [J]. 制冷技术，2019，39（1）：28-33.

[3] 余克志，曹兆洋，刘艳玲. 集中送风联柜内空气流动与传热特性的CFD模拟 [J]. 制冷技术，2017，37（3）：63-66.

[4] 曹雷，邹建煌，刘中杰. 基于CFD模拟分析的风机风道优化设计 [J]. 制冷技术，2014，34（5）：62-66.

[5] 胡远洋，江斌. 不同制冷剂的循环特性及其分配特性研究 [J]. 制冷技术，2022，42（4）：54-60.

[6] 杨闻宇. 土木工程专业流体力学课程基本理论及其应用的课堂教学分析 [J]. 教育教学论坛，2018（51）：246-248.

以增强应用能力为导向的互动式低学时流体力学教学设计

邵索拉*[1]，许成城[2]，郑旭[1]，袁丽婷[1]

（1. 浙江理工大学建筑工程学院，浙江 杭州 310018；
2. 浙江水利水电学院建筑工程学院，浙江 杭州 310018）

【摘 要】 基于OBE教育理念，以浙江理工大学土木流体力学的教学为例，从优化评价体系、构建合理课程内容、教学联系实际应用等方面改进现有低学时流体力学的教学方式，推动信息化教学建设。通过教学改革，改变学生“书上知识毫无用处”“毕业即失业”的心理状态，增强学生对所学理论的实际理解和应用能力，提升专业壁垒，实现土木工程人才的多口径化、复合化，切实做到以学生为中心，以成果为导向，持续改进。

【关键词】 互动式教学；流体力学；应用导向；教学设计

0 引言

高等教育肩负着基础教育和技术教育的双重任务，随着高等教育改革的深入推进，结合学校办学定位，在推动课程思政建设的同时增强课程实际运用，提高高校人才思想及技术的双重高质量培养是现阶段高校各类课程建设与改革的重点[1]。浙江理工大学作为一所以工为主、特色鲜明、多学科协调发展的省属重点大学，需面向市场，深化改革，提供多口径化、复合化的专业人才。而这一目标的达成则需提高专业基础课程教学质量，改进教学模式和实验设施。作为土木工程专业基础力学课程的流体力学，虽然不具备材料力学、结构力学等课程的超高课时，却是提升专业壁垒，实现土木工程专业人才的多口径化、复合化的特色课程之一。同时，流体力学在浙江理工大学为本科三年级课程，在基础数理知识和专业知识衔接中起着承上启下的作用，此时部分学生失去了初入大学的新鲜感，易在环境不良宣导或自身误判下，对专业失去信心，从而进入消极颓废的状态。因此，流体力学课程教师需要在改进教学内容、增强应用能力的同时，有针对性地开展课程思政[2]，激发学生兴趣，改变消极心态，提升学生就业信心，激发学生学习动力。

1 成果导向教育理念

20世纪90年代，美国学者Spady提出了OBE教育理念，针对教育的实用性及教育成果的重要性进行整合归纳，明确OBE教育理念的意义为：清晰地聚焦和组织教育系统，确保学生在未来生活中可以获得实质性的成功经验[3]。2013年，在我国成为《华盛顿协议》的正式会员后，以成果为导向的OBE教育理念也逐步应用到我国高等教育领域[4]。与传统教育的“教师讲授、内容为本”的模式不同，OBE教育理念以学生为中心，将教育焦点集中在学生受教育后的成果上，从而进行一系列教学内容、教学方法设计的过程。

本文以OBE教育理念为基础，对24学时的低学时流体力学课程进行互动式教学设计改革，以增强应用能力为导向，提出有利于创新型人才培养的教学设计和方法，提升学生就业面宽度，为学生在土木、流体机械及能源动力等领域的相关工作提供理论支持。

2 流体力学教学现状

2.1 课程体系较滞后

流体力学蕴含的数理知识理解难度大，内容枯燥且晦涩，这就需要学生拥有较强的理论基础，并付出较多的学习时长才可稳固掌握并应用相关知识。但通常由于专业课程所限，流体力学学时设置少，只有24学

---

* 邵索拉（1993— ），女，讲师，博士。研究方向：空气源热泵供暖、室内换热器研发。联系地址：浙江理工大学。

基金项目： 浙江理工大学建筑工程学院2024年教育教学改革研究一般项目——基于OBE教育理念以增强应用能力为导向的互动式低学时流体力学教学设计。

时，课程内容安排非常紧凑，学生被动学习，很难快速地理解和消化所学内容。在这种情况下，传统理论课程的教学模式不易激发学生学习兴趣，在课堂教学过程中学生参与度差，教学效果弱，尤其在课程涵盖内容多而学时量少的模式下，教师自然而然更注重学生对知识点的掌握程度，而缺乏对学生实际工程应用能力提升的关注[5]。这会导致学生在当前就业环境下，产生对专业的怀疑和对自身发展前景的消极心态，从而加剧学生对学习的淡漠甚至对人生的迷茫。此外，传统的实验教学与理论课程衔接不够充分，实验老师和理论教学老师沟通不及时，有时甚至出现实验课程超出理论课程讲课进度的现象，无法充分发挥理论课程讲解与实验实践紧密结合的优势。长此以往，传统教学模式将无法满足社会对高质量人才的需求[6]，使得高校教学愈发跟不上行业发展。

2.2 教学内容多传统

流体力学在流体机械、化工生产、建筑建造等领域都有相应的应用，而不同领域上应用的流体力学知识的侧重点也各不相同。对于与土木工程密切相关的流体动力学，湍流流动和边界层理论是认识桥梁风荷载、风振动和计算风工程的基础[7]。而以往的流体力学大纲和教材对该部分内容理论知识的掌握要求较为简单，缺乏专业引申。因此，在授课途中可联系建筑空气动力学，结合专业列举工程中的实际应用，提升学生对专业的认识，并逐步提升其学习情绪。同时，针对专业特点，可稍降低水力学要求，降低其授课时长，通过专题自学，让学生在课后组团进行探索学习，并搭配课后答疑深入掌握知识。

此外，专业课程实验也需与现代技术相融合。传统实验主要为原理验证型实验，实验内容由讲授、演示、指导、批改实验报告组成[8]。在该教学模式下，学生在实验过程中易缺乏主动性和创新性，虽掌握基本的实验方法和基本的实验技能，但无法对不同知识的实验验证过程进行自主设计与验证，更无法应对实际行业应用中遇到的真实问题。

2.3 工程实际少引申

流体力学课程具有极强的理论性、实践性和工程性，在讲授专业知识的同时，课程也要培养和提高学生解决实际工程问题的能力，把学生培养成具有应用研究与技术开发能力的高级工程技术人才。但由于学时量不足，无法进行充分扩展，这就需要老师根据课程进度调整授课方式，将知识融合在实际应用当中再教育给学生。同时高校层次不同，拥有的实验条件也大相径庭，此时，更需要在实验教学中引入工程实际问题，加强学生的工程意识，高效利用实验时间，将实验和工程实际结合，突出对学生工程能力的培养，达到学以致用的教学目的[9,10]。

2.4 考核方式较笼统

考核不仅是对学生对于知识掌握程度的检测，也是对教师教学方式、教学内容效果的检测。科学合理的考核方式不仅给予学生正面积极的学习反馈，也是对教师在教育上付出的努力与辛劳的反哺，同时激励学生学习和教师教学。传统考核以试卷及实验报告成绩为主，但是，试卷上的内容无法涵盖所有知识，则无法对延伸知识的掌握情况进行合理评价[11]。若采用单一试卷成绩作为衡量标准，则无法激发学生对于知识的实际应用能力提升的渴望，即使老师在课堂上将知识与实际工程进行再多的联系，也会成为学习过程中的故事而不会变成学生在实际问题上的解决能力。此外，实验教学中多采取学生分组方式、实验方式，导致部分学生不参与实验过程，通过抄袭实验报告获得成绩；而积极参与的学生的数据和结果也被迫和组员分享，单一采用实验报告成绩对这类学生的学习情况进行评价也不合理。

3 低学时流体力学教学设计

3.1 评价体系设计

评价体系不仅包括老师对学生的评价，学生对老师应同时提供相应的评价平台，这样形成的互评式体系更有利于激发教师开展互动式教学，将教师与学生联系紧密，营造平等的师生关系，让学生成为学习的主体，拥有自主学习探索的意愿。

为了匹配互动式教学的实施，教师对评价体系进行了相应的调整。如图1所示，总成绩100分中50%为期末考试成绩占比，10%为平时签到及作业成绩占比，20%为实验成绩占比，20%为互动式教学占比。在实验过程中，10%的实验成绩由学

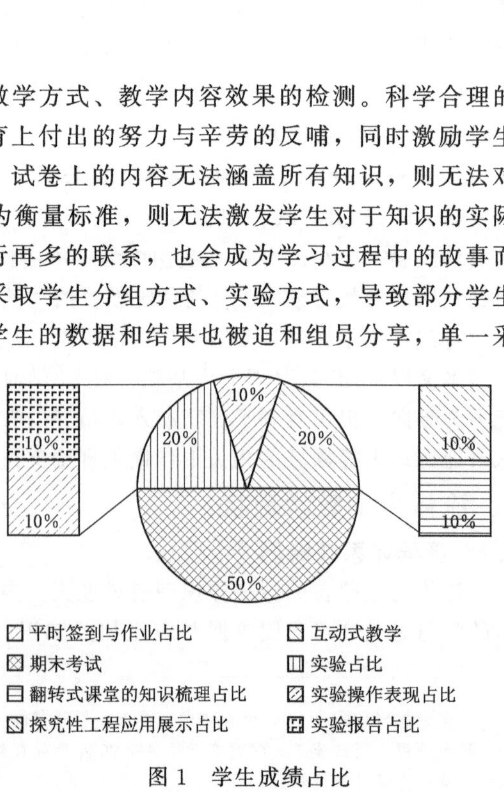

图1 学生成绩占比

生参与实验操作表现进行打分，10％通过实验报告进行打分。在互动式教学中，10％为翻转式课堂的知识梳理占比，10％为探究性工程应用展示占比。学生可通过总结思维导图或是组织知识系统脉络树等方式来进行知识的系统梳理。而探究性工程应用展示则是按章节进行组员分配，进行与课程相关的实际工程运用的 PPT 展示，具体打分标准见表 1。

表 1　　互动式教学打分标准

互动式教学	展示途径	成　果	分　值
知识梳理	个人展示	思维导图	10
		知识系统脉络树	
探究性工程应用展示	分组展示	具体案例	10

针对学生对教师的评价，为了避免学生由于自身不努力得低分从而导致对教师的恶意打分，学生对教师的评价不可简单采用评分机制。可以通过学生对于课堂内容的反馈来评价教师对于课程的准备程度和教学效果。针对教师的互动式评价内容组成如图 2 所示。教师教学内容准备可分为课前学习、课程展示、课后总结三部分。课前学习包括一些前沿工程资料、对应的章节内容及考点、学习重点难点。课程展示包括 PPT 内容排版、与教材的紧密程度、工程联动程度。课后总结包括对应度、学生接受度、课堂气氛重点内容。

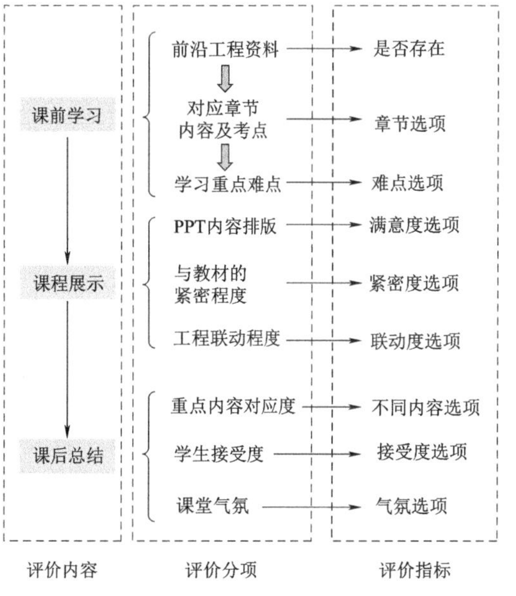

图 2　针对教师的互动式评价内容组成

3.2　教学方案设计

3.2.1　联系实际，激发学习兴趣

教师在教学过程中需有规划地开展相关课程思政教育，改变学生消极心态；并通过联系实际工程，激发学生学习动力，同时，联系与流体力学相关的思政内容，通过思政教育提升学生就业信心，树立学生的民族自信及科研探索精神。

在绪论时，可以通过介绍塔科马悬索桥断裂原因，引入与专业相关的实际流体力学应用的例子，通过实际工程说明在土木道桥方向，需要着重掌握流体力学风荷载的相关知识。

在介绍流体力学的研究对象及其特性时，可以通过现实生活案例介绍水的特点，例如引入一滴水滴进水里会弹起另一滴水这一现象就会吸引学生思考，并将水表面张力的作用呈现出来：当水滴进水里时表面张力会拖住水滴，同时水滴有重力，水滴在水面形成凹面，这滴水破坏了水的表面张力，凹面会反弹，又弹起另一滴水。同时介绍普陀山梵音洞奇景——飘落的花瓣在山谷中向上飞扬，以及风生水起这一成语，介绍流体力学知识点——流体的内摩擦应力。

在静力学的学习中，针对静压强随流体深度增加而线性增加的原理，可以从认识这一变化规律的东西方时间差异入手，帮助学生树立民族自信心和自豪感。

在流体动力学学习中，结合《论语》和习近平总书记关于学习知识的重要论述，强调温故而知新的重要性，并从马克思主义哲学理论出发，强调透过现象看本质及追求根本的真理，从而简化运动微分方程，推导出伯努利方程等，并引导学生自主学习普朗特及卡门涡街等研究和发现，通过事件分析，培养学生坚持不懈的科学素养，对待科学问题精益求精的精神。同样可以引入与流体力学相关知识的古诗词，树立学生民族自信。例如“抽刀断水水更流”，就说明在断开水的流通路径上的阻碍后，水流的阻力减少，水会流得更加顺畅，并告诉学生在当前就业环境情况下，消极、害怕是改变不了现状的，只有基于客观现实，在理想和现实的矛盾中积累自己安身立命的本领，将知识变成断除阻力的利刃，才可看清前行道路，从而改变消极的心态。

3.2.2　高效规划，提升课堂效率

按照专业特点调整和安排教学内容和教学环节，选用引导式教学，在教学过程中适时提出相关问题，引导学生深入思考，调动学生学习的积极性和主动性，将传统教师的主导讲授的课堂变成为有问题、有思考、

有讲解、有总结的互动式和启发式课堂教学模式。

通过互动式教学，可以进行知识点的高效规划并提升整体课堂效率。相比在多媒体上打出数学表达式，教师在黑板上逐步推导复杂的公式，更能有助于学生记忆。此外，互动式教学中应增加学生课外学习的时间，此时可依靠网络教学平台，通过网络教学平台寻找不同高校的课程教学大纲、教学进度、考核方式等教学资料，方便学生了解不同高校间的教学内容，实现多平台互补的课堂结构改革。教师需在网络教学平台上提前布置一些相关工程案例，引导学生积极进行课外学习。学生可以根据自己的需要通过网络教学平台随时进行课后复习，通过视频、虚拟仿真技术等手段，将抽象难懂的内容变成更容易的知识点，解决在学习过程中遇到的难以理解和消化的问题。

互动式教学模式中，可以给学生在课堂上进行展示的机会，例如让学生分组，对每章知识点进行系统式的回顾，对知识点应用的实际工程进行案例介绍；让每位学生通过本组实际工程案例，建立各自的思维导图或者知识脉络树，对所学内容进行深入的研究。最后通过翻转课堂，让同学对实际工程进行案例介绍，对建立的思维导图在其他学生及教师面前进行详细展示和讨论，提高学生们之间的互动频次，也让教师从一对一的视角认识学生，了解学生的学习状态、知识掌握水平、性格脾气等。

3.2.3 实际运用，提升应用能力

在流体力学教学中，主要通过实验的手段来提升学生应用能力，包括演示性实验、验证性实验、开放性实验、实验录像以及计算仿真等多种教学方式。通过实验，让学生了解流体力学学习过程中真实的一面，从而增强学生的见识，培养实践应用能力。

对于实验的教学，更要注重充分发挥学生的创造思维能力。本课程邀请了经验丰富的实验室技术人员来协助指导，并在实验前 1 周下达实验任务，以便学生进行相应的预习，提前完实验部分报告内容，以此加深理解，能取到事半功倍的效果。在实验过程中，以 3～4 人为一组，安排好各自分工，并在实验进程中通过问答的方式来检测各小组成员的预习效果，引导学生开展实验，并有意识地提高学生的团队合作意识和合作共事的能力。在实验后，通过小组组队讨论，用原理解决实验中遇到的问题，对实验结果进行分析验证。整体实验目的就是培养学生独立思考流体力学知识的能力，并利用相应的流体力学知识进行简单应用。

4 教学效果分析

针对以上教学设计展开的以增强应用能力为导向的互动式低学时流体力学教学与传统教学的区别见表 2。两者教学中，学生都是知识的接收者，但是传统教育里学生是被动接收知识，而新的教学设计下，学生能充分发挥主观能动性，让自己成为学习的主体。同样，教师也从传统的课堂主体人物转变为引导人物。在课堂内容上面，引入了实际及一些工程案例，一定程度上提升了学生对知识的应用能力，在有限的时间里掌握与专业相关的流体力学的重点内容。采用多网络平台教学，参考各高校优秀讲课视频及资料，博采众长，拓展学习途径，形成互补的课堂结构。

表 2　　传统教学与以增强应用能力为导向的互动式低学时流体力学教学与传统教学的区别

类　别	传统教学	互动式低学时教学
学生	被动接收知识	主观进行学习
教师	课堂主体人物	课堂引导人物
课堂内容	书本知识	基础理论概念及实际工程案例
教学工具	PPT 及板书	多媒体，网络平台，多样化教学

图 3 展示了部分学生绘制的优秀思维导图。思维导图顺应大脑的自然思维模式，通过图形、颜色和丰富的想象力使个人的主观意图自然地表现出来，并且在已有知识的基础上学习新的知识，把新知识与原有认知结构相结合，改变原有认知结构，把新知识同化到自己的知识结构中，有效结合新旧知识。事实证明，思维导图可大大加深学习记忆，把关键字、颜色和图案有机地联系起来，使用视觉感官来增强记忆，是一种较好的掌握学习知识的方式。

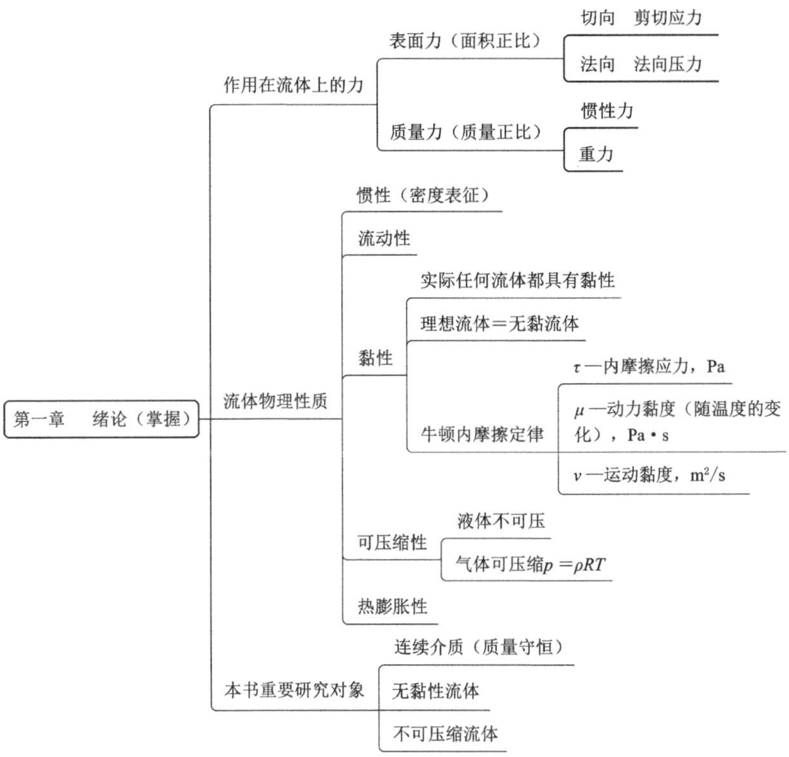

（a）流体性质思维导图

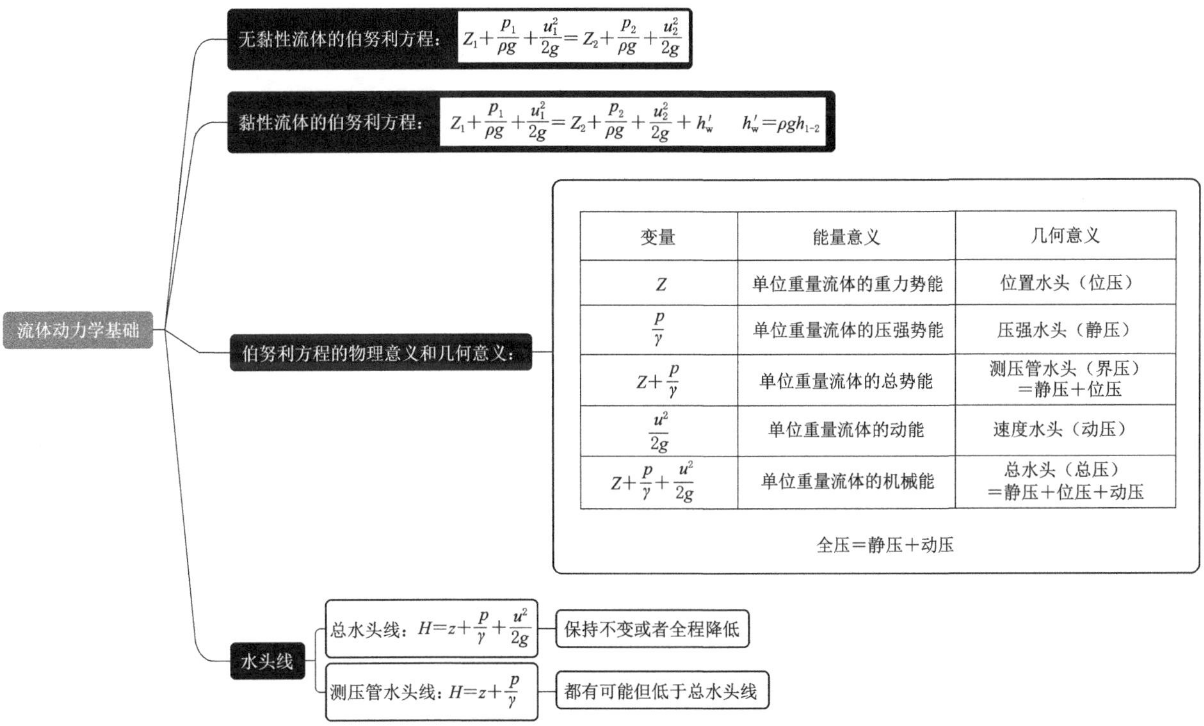

（b）流体动力学思维导图

图 3　部分学生绘制的优秀思维导图

在以增强应用能力为导向的互动式低学时流体力学教学设计中，教师需要让学生意识到知识不是需要全部了解后才可以在生活中应用，而是每一点知识都可以在生活中得到使用。正如人生不是拥有一切时才闪闪发光，而是拥有的每一刻光阴都是闪闪发光的。

5 结论

基于OBE教育理念，对浙江理工大学低学时流体力学课程的教学设计进行改革，提出了以增强应用能力为导向的互动式低学时流体力学的教学模式。通过联系实际工程案例，提高学生学习兴趣，通过互动式和启发式课堂教学模式，提升课堂效率。结合新的评价模式，对教学效果进行了探讨。总体来讲，以增强应用能力为导向的互动式教学可以在有限的时间内将实际工程、生活与所学知识相联系，提高学生兴趣，为学生今后从事相关科研工作和解决实际工程问题提供基础。互动式教学也提高了学生在课堂上的参与度，提升了学生自信心，同时，讨论的深度和广度也得到了拓展。以增强应用能力为导向的互动式低学时流体力学的教学模式可以在其他工程类课程中推广应用。

参考文献：

[1] 刘美丽，孔令真，初庆东，等．高等流体力学课程思政建设实践探索［J］．中国教育技术装备，2023（18）：56－58.

[2] 夏维学，易文彬，邓辉，等．“流体力学”课程融合思政元素的教学策略［J］．西部素质教育，2023，9（20）：52－55.

[3] 严玲，闫金芹．应用型本科专业认证制度及其作用机理研究：以工程管理类专业为例［J］．清华大学教育研究，2012，33（4）：80－88.

[4] 严彦，陈珊，刘冰．基于OBE教育理念的工程流体力学教学研究［J］．中国现代教育装备，2023（19）：128－130.

[5] 王海芳，陈利强，吕超．以能力为导向的流体传动技术课程群建设探索及实践［J］．黑龙江教育（理论与实践），2023（10）：49－52.

[6] 赵庆娟，孙金超．机械类专业“热工基础及流体力学”课程教学思考与改革［J］．科技资讯，2023，21（7）：172－175.

[7] 甘文举．基于“大土木”理念的流体力学课程教改研究［J］．中国冶金教育，2010（5）：33－35.

[8] 贾彬，张誉，陈国平．流体力学实验教学内容体系与模式的教改实践［C］//土木建筑教育改革理论与实践．西南科技大学土木工程与建筑学院，2008.

[9] 王美，郇超，刘浪，等．以学生为中心的轻度混合式教学设计与实施［J］．高教学刊，2023，9（22）：110－113.

[10] 张袁元，颛孙随意，辛江慧，等．以能力达成为导向的《流体力学与液压传动》课程设计的教学探索与设计［J］．科技风，2021（1）：20－21.

[11] 张凌新，余钊圣，邓见，等．流体力学课程互动式教学的探讨与实践［J］．力学与实践，2023，45（5）：1144－1149.

面向能源与动力工程专业的云计算选修课程建设初探

杨光[*]，杜志敏，马涛，徐震原，王丽伟，吴静怡

（上海交通大学制冷与低温工程研究所，上海 200240）

【摘　要】能源与动力工程专业的发展已经与云计算、大数据、物联网、人工智能等新兴领域紧密结合。在云计算技术发展的大浪潮下，迫切需要建设相关课程，通过一系列的理论与实践把能源与动力工程专业知识与云计算技术以及基础计算机理论相结合，解决面向国家需求的能源、动力、低碳等领域中的实际问题。在教育部—华为“智能基座”产教融合协同育人基地课程改革项目的支持下，面向上海交通大学能源与动力工程专业三年级本科生探索开设了云计算选修课程。课程主要特色是通过理论与实践把云计算与能源动力领域中的实际工程问题结合起来，培养学生的计算思维以及利用多学科交叉知识解决实际问题的能力。前期课程建设已取得初步成效，后续将进一步从课程内容改革、人才培养提升、课程资源凝练等方面进行改进。

【关键词】云计算；智慧能源；能源动力；数据中心；课程建设

0　引言

云计算是一种新兴的基于互联网的计算技术，运用信息技术、计算机技术、互联网技术，能够按需提供灵活的计算资源和数据服务[1]。如今，云计算的概念已经家喻户晓、落地生根，并迅速发展壮大。在IT领域，每2～3年就会进行一次技术的更新换代，云计算经过多年发展，无论在技术深度还是在技术广度上都有了明显的延展。云计算的飞速发展具有强大的外部推动力：大用户、大数据、人工智能、科学计算等。云计算基于互联网实现计算，通过互联网提供各类硬件服务、基础架构服务、平台服务、软件服务与存储服务[2]。在当前云计算迅速发展的背景趋势下，国内外很多高校积极开设了云计算相关的选修或必修课程，如佐治亚理工大学、卡内基梅隆大学、斯坦福大学、剑桥大学等，现有相关课程大多由计算机专业开设，偏理论或算法，或者重点在于解决一些基本的计算机架构问题，与工程实际问题的结合性较弱，更无面向能源动力等传统专业的课程参考。

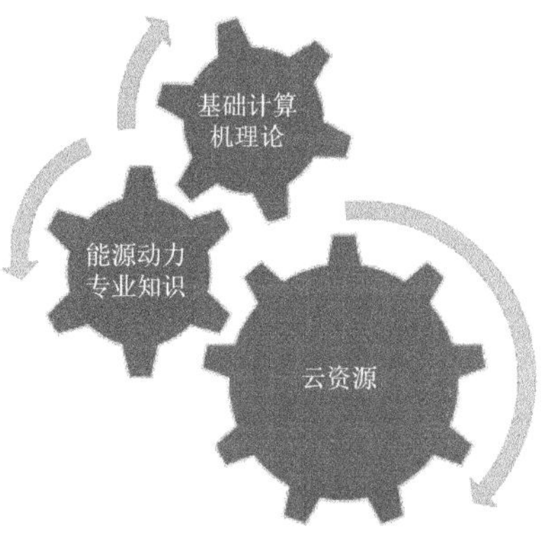

图1　云计算课程总体思路

上海交通大学能源与动力工程专业具有国际引领地位。而这些传统学科的发展已经与云计算、大数据、物联网、人工智能等新兴领域紧密结合[3-6]。在云计算发展的大浪潮下，迫切需要建设相关课程，通过一系列的理论与实践，把云资源、能源动力专业知识以及基础计算机理论相结合（图1），解决面向国家需求的能源、动力、低碳等领域中的实际问题[7,8]。在此基础上，一方面，培养学生初步具备搭建云计算环境并分析云系统行为的能力；另一方面，能用辩证发展的眼光看待云计算的产生与演变，培养用云计算模型和技术来解决实际能源动力工程问题的能力。

1　“理论—实践—课程项目”相结合的教学模式

课程团队秉承上海交通大学“起点高、基础厚、要求严、重实践、求创新”的教学传统，以“让每一位学生都更优秀”的人才培养理念为指导，在教育部—华为“智能基座”产教融合课程项目的支持下，于2020

* 杨光（1988—　），男，副教授，博士。研究方向：制冷与低温工程。联系地址：上海市闵行区东川路800号，邮编200240。E-mail：y_g@sjtu.edu.cn。

基金项目： 教育部—华为“智能基座”产教融合协同育人基地课程改革项目。

年在上海交通大学机械与动力工程学院首次开设了云计算选修课程，面向对象为能源与动力工程、机械工程专业三年级本科生。在这门课程中，首先介绍云计算的思想与方法概论，其次开展基于云计算的应用与实践，最终完成课程大作业（小组课程项目）。本课程的培养目标包括：辩证了解云计算的基本概念；运用云计算模型和技术来解决实际工程问题的能力；初步具备搭建云计算环境并分析云系统行为的能力，以及在云端开展计算实践以解决复杂工程问题的能力。期望通过本课程来培养学生的创新思维和科研能力，培养和拓展拔尖学生的国际视野。

所建设的云计算课程注重将云资源、能源动力专业知识、基础计算机理论的深度融合，并与上海交通大学网络信息中心、华为云、阿里云联合，在数据中心参观讲解、CPU 和 GPU 计算资源、联合授课和专家讲座等方面获得支持。课程针对能源与动力工程专业学生的实际需求，重点突出了如何利用云计算解决能源动力行业中的工程问题，并重视知识的灵活运用与实践，包括在教学内容中设立大量云计算、能源智慧化管理、智能控制相关的实践环节，特色鲜明。

课程共计 48 学时/学期，理论教学与相关上机实践同步交叉进行（图 2），前 18 学时主要讲解云计算的底层技术及思想，后 30 学时重点讲解云计算的应用与实践。主要教学内容有：云的模型场景（理论）、云的内涵特征（理论）、数据中心设施（理论、机房参观）、软件定义系统（理论）、作业管理优化（理论）、云服务器基本操作（实践）、分布式技术（理论）、云大数据处理（实践）、基于云集群的并行计算（实践）、云与人工智能（理论、实践、前沿讲座）、能源云技术（理论、实践、前沿讲座）等。其中实践教学共计 18 学时，全部在实际云平台环境中实现，学生根据实际的任务场景完成云平台的搭建以及任务目标的完成。平均每名同学的机时消费为 500 元人民币，全部经费首先由课题组承担并由华为云、上海交通大学网络信息中心等提供支持。

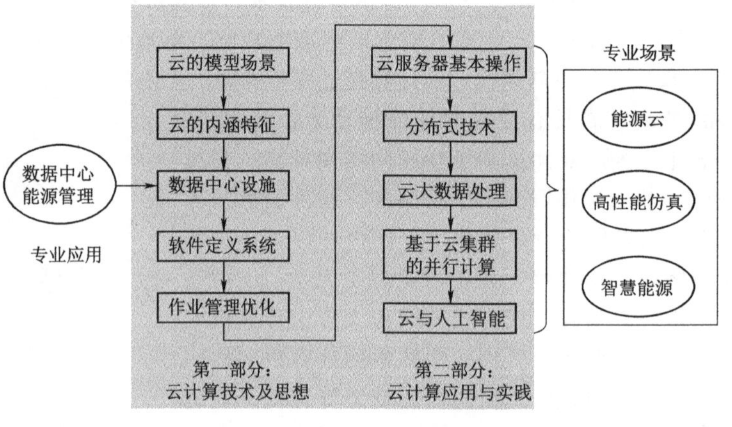

图 2　云计算技术课程内容框架

在课程考核方面，课程强调过程化考核，重视平时监督辅导及学生动态反馈。结合布鲁姆认知体系设计，最终评价关注学生的复杂问题求解能力以及高级思维能力，根据 OBE 理念科学评定学习成绩。课程总评＝平时成绩（出勤交互 10%＋课程实践 50%）＋期末成绩（大作业 40%），期末采用小组大作业的考核形式。

2　建设成效

自 2020 年课程建设以来，已成功开课 11 次，累计教学 384 学时，覆盖本科生 90 人/学期。此外，该课程作为“智慧城市能源智能控制与管理”创新模块的两门核心课程之一，于 2021 年成功立项为上海交通大学致远荣誉计划交叉创新模块课程，与计算机专业的老师联合授课，授课对象扩展为工科致远荣誉计划本科生（各工科专业前 10%）。

学生学完本课程后，对课程内容、课程意义、课程交叉性方面有着很高的认可度，许多学生在匿名评价中写道，通过这门课“拓宽了视野”“学习了新的知识”。自开设以来，课程的学生评教结果 10 次为 A 档（最高档），最高评教排名位列全校前 10%，任课教师获评产教融合协同育人基地优秀教师奖教金两人次，课程助教获评上海交通大学卓越助教奖。

3 结语

在大数据、人工智能、云计算技术飞速发展的背景下，课程团队在教育部—华为“智能基座”产教融合协同育人基地课程改革项目的支持下，面向能源与动力工程专业三年级本科生探索开设了云计算选修课程。课程的主要特色将是通过一系列的理论与实践，把云计算与能源动力领域中的实际工程问题结合起来，培养学生利用多学科交叉知识解决实际问题的能力。

前期课程建设已取得初步成效，也获得了一些经验和启发，在后续的相关工作中，将进一步从课程内容改革、人才培养提升、课程资源凝练三个方面开展工作。

（1）课程内容改革。丰富和完善教学实践案例，优化实践内容和难度，便于学生理解和掌握相关知识，提高对课程知识灵活运用的能力。

（2）人才培养提升。指导学生利用云资源参加相关比赛，鼓励学生利用云平台解决毕业设计、科研项目中的相关问题，实现科创和教学质量的共同提升。

（3）课程资源凝练。不断追踪相关技术的发展动态，完善教学讲义，进一步完善梳理教学资源等。

参考文献：

[1] 中兴通讯学院．对话云计算［M］．北京：人民邮电出版社，2012.

[2] 冯建平，吴丽华．“云计算”技术和“云计算”服务模式——全球信息化发展的未来［J］．信息系统工程，2009（11）：78－80.

[3] 廖华，向福洲．中国“十四五”能源需求预测与展望［J］．北京理工大学学报（社会科学版），2021，23（2）：1－8.

[4] 程何春．云计算与AI技术在数据中心供冷系统中的应用与实践［J］．中国新通信，2020，22（8）：108.

[5] 刘向东，张程宾．面向“互联网＋”的能源动力类专业人才培养方案探讨［J］．教育现代化，2019，6（33）：4－8.

[6] 李姚旺，张宁，张世旭，等．面向电力系统的多能源云储能模式：基本概念与研究展望［J］．中国电机工程学报，2023，43（6）：2179－2190.

[7] 韩战，徐志华，刘蕾，等．基于“互联网＋”的分布式能源智慧云平台构建研究［J］．智能城市，2019，5（20）：17－18.

[8] 程乐峰，余涛，张孝顺，等．机器学习在能源与电力系统领域的应用和展望［J］．电力系统自动化，2019，43（1）：15－31.

氢能利用原理与技术课程建设探索与实践

王志明，张田田，刘圣春*

（天津市制冷技术重点实验室，天津商业大学机械工程学院，天津 300134）

【摘　要】 氢能作为一种无污染的清洁能源及能源载体，拥有巨大的应用前景。氢能利用原理与技术是天津商业大学面向本科生开设的一门关于氢能源理论技术、科技前沿、多学科交叉的新型课程。针对课程中的制储氢等重要内容，展开基于化学反应方程式的制氢技术的发散教学设计；结合教学实践，以实验事实为切入点，在教学过程中理论联系实际，引导学生自我生成概念，加深学生对制储氢基本理论的理解，为学生将来从事新能源制储氢，与冷链物流结合相关领域的开发或科学研究打下良好基础。

【关键词】 氢能；教学改革；课程建设；理论与实践

0　引言

随着国民经济的稳健发展，冷链物流成为一个快速增长的行业。氢能作为一种清洁、高效、可再生的二次能源，具有广阔的应用前景和市场潜力。通过利用氢能发电驱动冷链能源系统，可以实现能源的可再生和清洁利用，这种工程应用也可以为冷链物流行业带来更可持续和环保的解决方案，推动清洁能源的应用和普及。国家发展改革委、国家能源局联合印发的《氢能产业发展中长期规划（2021—2035 年）》中明确指出“建立健全人才培养培训机制，加快推进氢能相关学科专业建设”[1,2]。华北电力大学、北京化工大学等 4 所高校已获批设立氢能科学与工程专业，同时部分高校开设氢能相关课程，为氢能应用落地提供人才保障。氢能产业对于多元化人才的需求尤为迫切，涵盖了氢能产业基础设施建设、燃料电池汽车制造以及加氢站运营管理等多个环节[3,4]。

氢能利用原理与技术是天津商业大学新能源科学与工程专业氢能方向的一门核心课程，从氢气性质、氢气的“制储运用”、氢能及新型能源动力系统几方面进行讲授，涵盖电化学基本知识、工作原理、结构部件及材料等知识点，内容繁多，需对讲授内容进行有机串联，使学生能够全面深入地理解氢能利用的原理、方法与技术。本文以电解水制氢为例，通过基于化学方程式的发散教学设计，形成“理论原理→技术分类→结构特性→影响因素→前沿研究”的链条式、启发式教学流程，同时结合实践教学和翻转课堂锻炼学生知识链条构建能力，初步探索课程的建设和实施，强化学生的思维创新及加深知识的掌握。

1　教学目标与教学内容

氢能利用原理与技术是一门专业核心课程，涉及化学、物理、材料工程等多个领域的综合性交叉，课程学习旨在帮助学生初步了解和掌握氢能领域基础知识，并引导学生具备发现问题、解决问题及创新的能力，为后续专业课程的学习奠定基础。该门课程的教学目标如图 1 所示。

1.1　知识目标

通过该课程的授课学习，帮助学生理解氢能的历史、现状与未来趋势，掌握氢的物理化学性质；熟悉各类制氢技术特点、材料及原理，掌握氢能储存原理和方法；了解氢的安全，掌握氢气纯化、液氢输送方法；掌握氢能系统概念、评价标准及太阳能氢能系统设计方法。

1.2　能力目标

培养学生理论学习能力；培养学生查阅文献及归纳总结能力；培养学生发现问题、分析问题、解决问题的能力；锻炼学生在氢能制备与储存方向的科研素养以及技术开发能力，提高学生将基础理论知识应用于科研和生产实践的意识和能力；培养学生的跨学科思维和综合素质，适应未来能源领域的挑战和发展。

1.3　素质目标

鼓励学生探索和创新氢能领域，培养创新意识和实践能力；培养学生团队协作和沟通能力，促进氢能项目中的有效合作；增强学生的环保意识和社会责任感，认识氢能技术在可持续发展中的重要性。

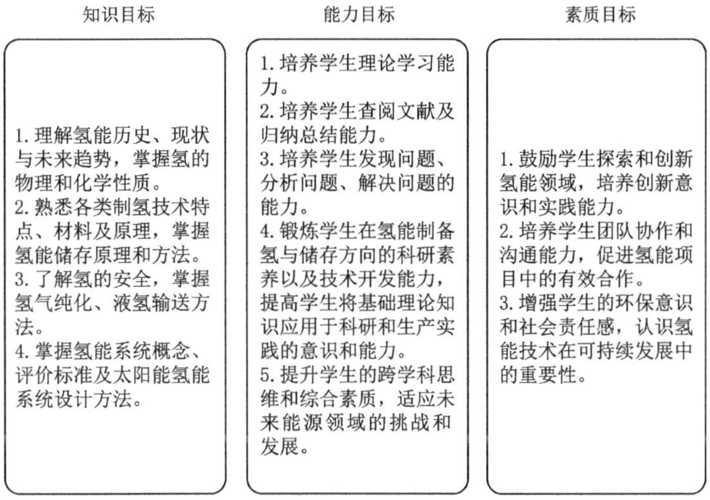

图 1　氢能利用原理与技术课程的教学目标

基于以上三个教学目标，需要结合理论和实践两个方面来开展课程关于氢能制备和储存的教学任务[5]。课程内容上涵盖新能源领域前沿及氢能、太阳能—氢能系统基础知识、基本工作原理，尤其重点讲授化石能源制氢、分解水制氢、生物质制氢三大制氢方法的相关知识。从制氢过程中的化学反应方程式入手，传授科学研究的方法，扩宽学生的专业知识面，同时了解氢能与燃料电池领域的研究进展及技术前沿，掌握文献检索与专业中英文文献阅读和分析的基本能力。在实践方面，学习新能源制储氢及发电技术相关实验技能，从制储运用与整体理论课程相对应，展示理论知识的实际应用，激发学生兴趣，同时锻炼学生动手能力。

2　氢能利用原理与技术课程教学方法探索

本课程内容繁杂，学科交叉性强，涉及多个学科，如电化学、物理、材料等，对学生基础知识和课上投入程度要求较高，结合目前高考选科的情况，部分学生高中化学知识缺失，如果教学中依然采用知识的灌输，轻视对学生知识的串联、发散能力的培养，会造成学生学习热情不高、知识掌握程度事倍功半的情况[6]。因此，需要教师在教学活动中努力探索，改革教学方式方法[7]。

2.1　课堂教学方式改革

本文以电解水制氢为例，基于化学反应方程式的基本原理，采用启发式的教学方法，在积极互动的教学氛围中，引导学生主动思考，鼓励他们独立思考与解决问题，从而培养学生的知识掌握与运用能力。同时，注重提升学生的问题发现、问题分析和问题解决能力，引导学生勇于质疑、深入探究、积极创新并付诸实践，以期达到全面提高学生综合素质的目的[8,9]。

基于化学反应方程式的教学思维图谱如图 2 所示。通过对水分子可写成氢离子、氢氧根离子、氧离子等形式进行不同电解水技术分类的讲授，扩展到制氢章节的讲解，可设置课前文献查询各种生成氢气的化学反应，归类不同制氢技术的中心。另外，以初中排水法收集氢气为起点（电解水制氢），设置难度适中的问题，例如，如何在生产过程中使氢气和氧气分离，如何促进化学反应的进行，制氢过程中产生的气泡会有什么影响等，激活学生思维，使学生带着问题寻找答案，进而对结构中为什么有隔膜、扩散层、催化层、流道，影响因素为什么有温度、压力、催化剂、反应物浓度等问题的本质加深理解，同时也使学生掌握了结构组成及各个结构部件的作用。

教师作为一线科研人员，在理论内容讲解过程中应注意让学生找到问题的本质，如水分解制氢的本质就是为了促进水分解化学反应的进行，同时将前沿的研究问题与教学内容相结合，以研究案例指导实际技术的开发和优化，激发学生的内在学习兴趣。另外，讲授过程中引导学生认清国内外研究差距，鼓励学生投身科研，攻克“卡脖子”问题，同时介绍我国民营企业潜心研发、打破技术垄断的发展历程，激励学生敢于创新、勇于创新。

2.2　实践教学方法探索

本科课程教学过程中的实践环节通常以实验课、上机课，或者单独开设课程设计来实现，但这种实践环

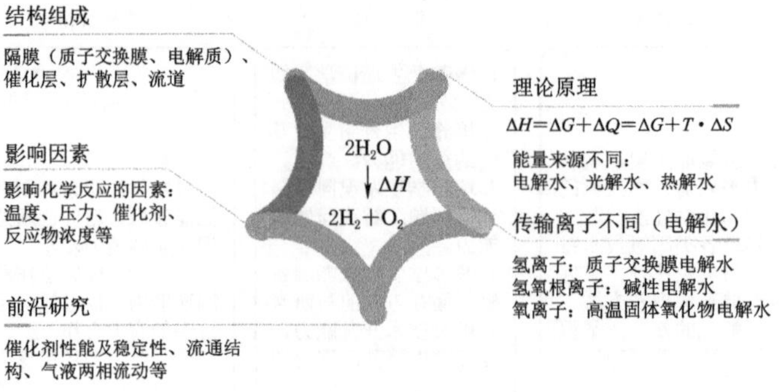

图 2　基于化学反应方程式的教学思维图谱

节往往与课程授课环节间隔时间较久，无法及时帮助学生加深对知识的理解以及工程实际应用方面的认识。本门课程首先通过课堂授课完成制储氢相关电化学理论知识的学习；然后通过实践课程的方式加以强化，在实践过程中，一方面，可以锻炼学生的动手操作能力，掌握制储氢系统仪器和设备的使用方法；另一方面，在实践过程中会遇到一些工程和科学问题，可以调动学生主动调研科学知识的积极性。

在课程实践环节中，依据学院实验中心的太阳能燃料电池组合发电系统实验平台，首先基于课堂教授的电解水制氢理论基础，引导学生对太阳能发电、电解槽电解蒸馏水产氢系统产生兴趣，指导学生通过学校图书馆资源进行文献资料搜集，将上课班级分成小组，组队完成电解水制氢、燃料电池发电调研报告，并通过翻转课堂的形式使每小组整理 PPT 讲授不同的燃料电池知识，强化电解水授课所学知识链条方法的应用。其次，授课教师对实验安全管理、实验基本原理、演示实验的规范操作及提醒注意事项进行详细讲解。再次，在实践教学过程中通过讲解加演示进行教学，并让学生参与完成一定的实验操作。实验开展的先后顺序应与理论课程内容的顺序保持一致，依次完成本课程实践环节中太阳能组件的暗光 IV 特性曲线绘制实验、电解槽特性曲线绘制实验、并联和串联燃料电池的特性曲线绘制实验以及燃料电池的法拉第效率和能量效率测试分析。最后，课程实践环节的成效根据学生撰写的燃料电池调研报告、实验数据处理、实验结果分析报告等环节进行打分考核，形成实践环节考核成绩。

通过本课程的实践教学过程，可以培养学生理论学习能力、查阅文献及归纳总结能力以及发现问题、分析问题、解决问题的能力；同时还可以锻炼学生在氢能制备与储存方向的科研素养以及技术开发能力，提高学生将基础理论知识应用于科研和生产实践的意识和能力。此外，还可以以学校的实践平台为基础，引导学生进行氢能相关领域的应用创新，加强对学生的创新和应用能力培养，引导和激励学生从一个更立体、全方位的角度去了解氢能燃料电池行业[10]。

3　结论

将系统的授课教学和实践教学相结合，可以更进一步提升学生学习和理解新兴前沿课程、较快完成该领域基础知识积累的效率。本课程教学改革以电解水制氢为例，采用“理论原理→技术分类→结构特性→影响因素→前沿研究”的链条式、启发式教学流程，使学生厘清教学内容，构建各教学内容的联系，能够有力提升课堂教学效果；同时，基于太阳能燃料电池组合发电系统实验平台，通过实践教学的方式提升学生的动手操作能力，进一步深化学生对理论知识的理解和吸收。本教改思路可扩展至氢能原理与利用技术课程的“制储运用”教学环节，在未来的教学过程中，将持续深化该课程的教学改革工作，以期在相关领域的人才培养方面发挥积极的促进作用。

参考文献：

［1］ 何盛宝，李庆勋，王奕然，等. 世界氢能产业与技术发展现状及趋势分析［J］. 石油科技论坛，2020，39（3）：17-24.

［2］ 杨上明. 推动氢能产业健康有序发展 助力碳达峰碳中和目标实现——《氢能产业发展中长期规划（2021—2035年）》专家解读［J］. 中华环境，2022（4）：31-32.

［3］ 陈长聘，周克仲. 燃料电池迅速发展给氢能产业带来的机遇与挑战［J］. 氯碱工业，2004（3）：1-4.

［4］ 黄勇，吴益霜，刘沙沙，等. 新能源科学与工程专业人才培养方案再思考［J］. 广东化工，2020，47（1）：

155-156.
[5] 成志高，雷欢．基于宏微结合发展微粒观的单元整体教学设计——以“离子反应”为例［J］．化学教与学，2023（5）：30-34.
[6] 蒋青，范馨月．大学课堂教学设计的理论基础及实践探索［J］．中国电力教育，2013（22）：65-66，74.
[7] 赵伶俐．课堂教学设计与操作技术［M］．重庆：西南师范大学出版社，2001.
[8] 马英，周勇敏，张宇．材料工程基础课程建设探索与实践——以南京工业大学为例［J］．创新创业理论研究与实践，2023，6（15）：94-97.
[9] 姜伟丽，李宇明．新能源科学与工程专业本科《传质与分离》课程教学设计与思考［J］．化学工程与装备，2023（9）：287-289.
[10] 苏波，王福合，张盛博，等．工科大学生创新实践能力培养探索［J］．当代教育实践与教学研究，2020（4）：202-203.

面向教学竞赛的课程思政教学设计探究与实践

田镇*，刘红敏，阚安康，徐会金

（上海海事大学，上海 200020）

【摘　要】 教学设计是教学活动的重要环节，优秀的教学设计能够有效提高教学效率和教学效果。教师的教学设计能力的发展对提高教学质量和教学能力起着关键作用。本文以首届上海市课程思政教学设计案例展演活动为切入点，以流体力学课程为例分享教学设计的写作方法和技巧，助力青年教师教学能力的提升。

【关键词】 教学设计；教学竞赛；课程思政；BOPPPS模型；教学能力

0　引言

教学设计是一个系统化地规划教学的过程[1]。教学系统本身是对资源和程序做出有利于学习的安排。教学设计的最终目的是产生有效的教学。教学设计有利于教学工作的系统化与科学化，有利于教学理论与实践应用的有机融合，有利于科学思维习惯和能力的培养，有利于青年教师教学素养的快速提升，也有利于教师个人创新才能的发挥。

教学设计可以最大限度地优化课堂教学。当教师严肃地思考应该掌握哪些内容，应该产生哪些行为或态度以及需要借助哪些教学手段时，教师会准确地掌握学生学习的初始状态和学习结果，不断反思，增加教学经验。教学设计是促进学生学习和发展的直接手段。经过精心策划的教学设计更有可能切合学生的发展需求，吸引和维持学生的注意力，引导学生学习，达到教学目标，提高教学内容的满意度。教学设计是教学评价和教学交流的载体[2]。通过教学设计和教学交流，发现教师教学中的优点和不足，通过学习、揣摩，可以加快成长。教学设计不仅是教师教学能力和教学态度的体现，还是决定学生能多大限度获得知识与技能的前提。

1　教学设计的理论基础

教学设计的理论基础包括学习理论、教学理论、教育传播理论和系统理论。学习理论是探究人类学习的本质及其形成机制的心理学理论，而教学设计就是为学习创造环境。学习理论包括行为主义学习理论、认知主义学习理论和建构主义学习理论。教学理论主要包括夸美纽斯的教学理论、卢梭的教学理论、赫尔巴特的教学理论、杜威的教学理论、布鲁纳的结构发现教学理论、布卢姆的教育目标理论、巴班斯基的教学过程最优化理论。教育传播理论是教学设计的理论基础。教学设计过程中，要分析教学的内容信息，选择设计媒体（传播工具）和进行学习评价（传播效果）等，这些都与教育传播理论有着直接或间接的关系。系统理论是指教学过程是一个由教学目标、教师、学生、媒体等构成的运动过程，是一个多因素、多层次、多功能的复杂系统[3]。

2　教学设计的发展历程和趋势

2.1　教学设计的发展历程

西方的教学设计研究从20世纪50年代起步，20世纪60年代进入大发展时期。当时主要的进展是对教学系统各成分及其系统特性的明确认识。1962年，格拉泽使用了教学系统一词，并分析了其中的成分。1965年，加涅出版了 *The Conditions of Learning*，该书对学习目标进行了细致分析，并设计了为符合教学设计而制定的不同层次的学习目标，堪称里程碑式的著作。20世纪70年代，教学设计的理论和模式得到了检验和优化，教学设计领域研究的重点主要是对主题的描述。加涅的教学设计原则、梅里尔的成分显示理论、赖格卢

* 田镇（1989—　），女，副教授，博士生导师。研究方向：热力系统能量管理。联系地址：上海市浦东新区海港大道1550号，邮编201306。E-mail：ztian@shmtu.edu.cn。

基金项目：上海市教委2022重点课程建设项目《工程流体机械泵与风机》（沪教委高〔2022〕27号）。

斯的精制化理论以及斯堪杜拉的结构学习理论是这个时期的代表性成果。20 世纪 80 年代末至 90 年代中期，在北美及欧洲诞生了大量的按照人脑思维加工模式设计的基于计算机的培训系统。20 世纪 90 年代，国际教学设计领域有两个最引人注目的变化：其一是认识论、学习心理学和教学设计的整合；其二是所有类型信息的数字化。

2.2 教学设计的发展趋势

经过半个多世纪的发展，教学设计的理论和实践已经和现代教育技术、学习理论的最新进展紧密地联系在一起。当前教学设计研究和实践逐步形成了以下发展趋势：①教学设计越来越注重跨学科、跨领域、跨文化的研究与应用；②教学设计越来越注重信息技术与教育理念的整合；③教学设计越来越注重各种因素整合下的学习环境的建构；④教学设计越来越注重新的评估理念和方法。

2.3 教学设计研究热点与挑战

科学技术的迅猛发展及其在教育中的广泛应用对我国教学设计产生了重大的影响。复杂系统科学、后现代主义、混沌理论、关系学等领域的研究无论从理论基础还是方法论角度，都对传统的教学设计产生了很大的冲击。泛在学习、移动学习、混合学习等教与学方式的变革丰富和发展了教学设计的基本框架。绩效技术、知识管理、人工智能等领域的研究，为教学设计的方法和应用研究开辟了一些崭新的领域。与此同时，教学设计面临着巨大挑战：层出不穷的新理论的系统性和新模式的可操化性、全球化知识背景的跨文化教学与学习、虚拟学习环境的教师角色与学习体验、数字鸿沟等，都给教学设计带来了前所未有的挑战[4]。

3 教学设计的过程

教学设计包括“教的设计”和“学的设计”。教学设计是一个系统的决策过程，要涉及许多因素、解决许多问题。教学设计过程包括：①课堂教学设计模式，如以“教”为主、以“学”为主、“主导—主体”教学设计模式等；②课堂教学设计前期分析，如学习需要分析、学习者特征分析、学习内容分析等；③教学目标设计，如目标设定的可行性与必要性、逻辑层次、术语描述等；④教学策略设计，如替代性教学策略、生成性教学策略、指导性教学策略、教学组织策略、教学传递策略、教学管理策略等；⑤课堂教学模式设计，如概念获得式教学模式、范例教学模式、支架式教学模式、抛锚式教学模式、探究式教学模式、研究性学习教学模式等。

4 课程思政教学设计案例展示

4.1 课程简介

上海海事大学能源与动力工程专业聚焦国家“双碳”目标与能源清洁利用重大战略需求，围绕能源设备和系统的设计、制造和运维等，培养具有能源转换与利用等专业知识，具备较强创新能力和实践能力的复合型人才，2021 年入选“上海市一流本科专业”建设点。流体力学是该专业第一门核心基础课程，以液体和气体为研究对象，涵盖静力学、动力学、相似与量纲分析、边界层理论等内容，满足专业对工程问题进行建模、求解、分析的实际需求。

在“金课”建设背景和“金师”的专业要求下，流体力学通过教学内容重构、思政融入方法、体系、资源等逐步完善以适应“两性一度”课程需求，形成了以“立德树人”为引领、以学生为中心的混合式教学模式。从校级双语课程（2015 年）、在线课程（2018 年）、课程思政示范课程（2019 年）到上海市重点课程（2020 年），再到教学团队荣获上海市教学能手（2020 年）、上海市教育系统三八红旗手（2022 年）等荣誉称号，都是对流体力学课程建设成果的肯定。

4.2 课程思政教学设计思路

流体力学立足特色鲜明、多学科应用研究型大学的定位，着眼于培养具有扎实理论基础和较强技术创新、工程实践和国际交流能力的高素质、高水平、高层次应用型人才。该课程基于知识目标，遵循“润物无声”的原则，深入挖掘课程思政元素，帮助学生养成实事求是、积极探索的治学态度以及辩证思考的科学素养；培养学生的家国情怀，树立服务国家重大工程的意识，提升对能源动力事业建设的自豪感，增强工程伦理意识与责任担当。按照构建整体性设计、创新教学模式、协同思政育人体系“三步走”的思路，开展流体力学课程思政的教学设计和实施。

首先，以知晓理论来龙去脉、研习工程案例、探索学科前沿、致敬先贤科学家、思考人生感悟等为切入点，从“定、挖、融、评、精”五个角度构建了流体力学课程思政的整体性设计。其次，在课程思政教学实践中，针对知识点容量大、内容抽象等难点问题，考虑大二学生尚不具备丰富的专业知识储备、分析计算能力较缺乏、理论结合实践能力较弱，采用线上线下混合式和分组教学模式，打破时间与空间、个体与集体的局限性，保证课程思政实施的充分和有效；结合考核结果对课程思政教学实施进行评价并设置改进方案，形成闭环反馈，持续改进。最后，延伸流体力学的基础课内涵，依托实验教学、学术交流、科创项目等实施，实现与后续专业课程的联动，将课程思政教学成果融入培养计划，协同本专业的思政育人体系。

4.3 课程思政教学设计与实践

在思政示范课程、领航课程、课程教学改革项目、教学竞赛等项目的支持下，教学团队根据专业特色和课程目标，探索出“一中心三维度五融入”的课程思政实施策略，如图1所示。“一中心”为以学生为中心，“三维度”为目标引领、素材挖掘、教学授课维度，“五融入”为以工程案例为载体，把“哲学辩证思维、学科史与科学家精神、大国工匠与职业素养、科技创新与家国情怀”等方面的思政元素有机融入教学目标、教学内容、教学方法、教学模式、教学评价等五方面的设计上。

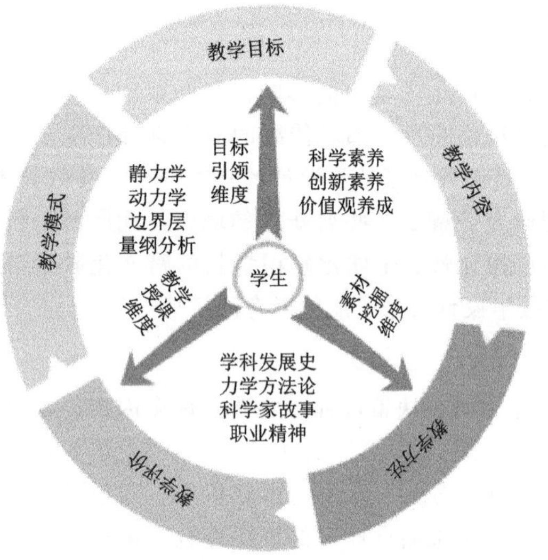

图1 “一中心三维度五融入”的课程思政实施策略

在研究如何挖掘知识点所蕴含的课程思政元素后，需要对课程进行合理的教学设计，将思政元素无缝地融入专业知识的讲授中。以相似原理和相似准数为例，说明融入课程思政的一个BOPPPS教学设计，以C919为载体将思政元素贯穿整节课程，总体思路如图2所示。

围绕“谁来评”和“评什么”两个关键问题，打破时间维度和主体局限，构建了跨维度多元主体参与的流体力学课程思政成效评价体系，如图3所示。从最小单元课堂到整个专业，分别设置了即时、短期、中长期的跨时间维度评价观测点。同时，从学生、教师、同行三个主体对课程思政效果进行综合评估。

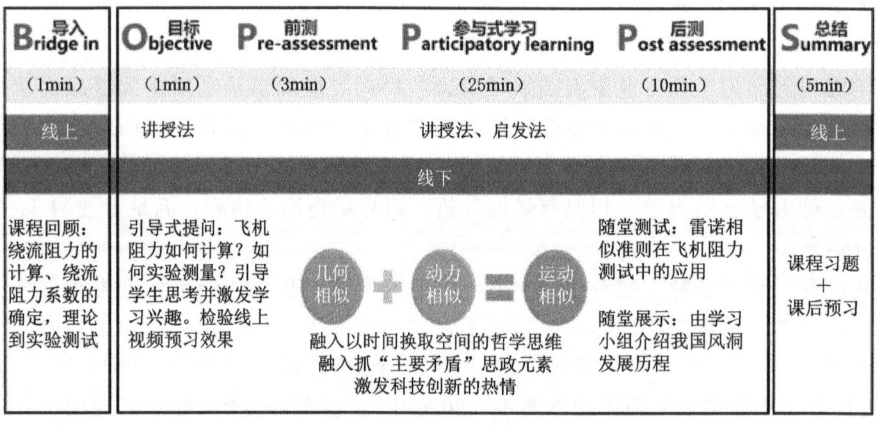

图2 融入课程思政元素的BOPPPS总体思路

5 结语

课堂教学是培养人才的主渠道，也是提高教学质量的最后一道防线，重视教学设计是上好课的基础。若同时注重将科技进展、人文素质、学习技巧、逻辑推理等理念融入教学过程，则有助于达到“教”与“学”双赢的效果。笔者通过参加上海市高校青年教师教学竞赛、上海市课程思政教学设计、校级各类教学竞赛，一方面提升了自身的教学能力，另一方面有一定的引领示范效应，也激发了教研室和学校老师的教学热情、职业追求、敬业精神和责任意识。教学竞赛是教师切磋教学技艺、提升教学技能、走向专业、走向全国、提高学科影响力的重要渠道，通过教学竞赛可以有效挖掘课程设计核心关键要素，促进教学设计能力进而促进

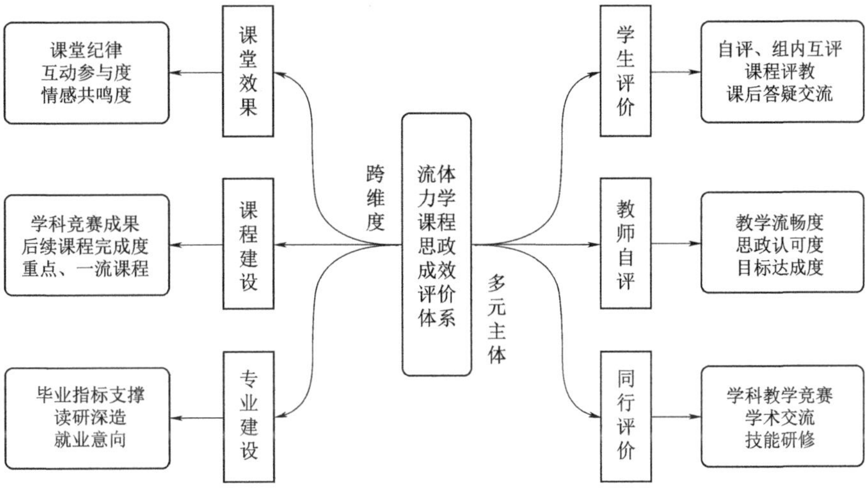

图 3　跨维度多元主体参与的流体力学课程思政成效评价体系

教学能力的提升，教学设计竞赛获奖也将为教学成果申报、学科评估、专业建设等提供有效支撑。青年教师是学校的未来，注重青年教师教学能力的提升，乃是根本之策。

参考文献：

[1] R M 加涅，W W 韦杰，K C 戈勒斯，等. 教学设计原理［M］. 5 版. 王小明，庞维国，陈保华，等，译. 上海：华东师范大学出版社，2018.

[2] 滕罕. “教学、比赛”双维度整合视角下职业院校课程教学设计研究［J］. 江苏教育研究，2021（15）：38 - 42.

[3] 潘义勇，马健霄. 工科类课程的微课教学设计制作与实践——参加全国第二届高校教师微课教学比赛的思考［J］. 大学教育，2016（11）：97 - 99.

[4] 魏奕鑫. 论教师信息化教学设计评价能力的提升［J］. 河北职业教育，2021，5（4）：19 - 21.

“四新”建设背景下流体力学实验教学改革探索与实践

李婉晴*，陈森，武文竹，陈爱强，孙志利，康博强，刘晓彤，王子月

（天津商业大学机械工程学院，热能与动力工程国家级实验教学示范中心，天津 300134）

【摘　要】 “四新”建设强调要培养经济社会发展和产业转型升级的复合型人才，为实验课程教学改革指明了新方向。针对传统流体力学实验课程实验内容结构不完善和实验教学模式单一等问题，总结近年来天津商业大学在“4321”实验教学体系建设中的改革措施，通过实验内容结构优化和实验教学方法革新，构建了演示性、综合性、创新性三梯队实验模块，提升了实验设备数量，搭建了实验教学管理平台，完善了多元化实验课程考核方式，学生理论知识基础扎实、综合应用能力强、创新能力提升，符合“四新”建设对复合型工程人才的培养目标。

【关键词】 “四新”；流体力学；实验内容结构；实验教学方法

0　引言

为了适应新一轮科技革命挑战、培养符合社会主义现代化强国建设需求的高质量人才，教育部、工业和信息化部、科技部等十三个部门联合于 2019 年 4 月启动“六卓越一拔尖”计划 2.0，重点推动新工科、新医科、新农科、新文科（简称“四新”）改革[1-3]。“四新”建设强调调整优化高等学校专业建设，破除学科壁垒，加强学科交叉融合，培养适应经济社会发展和产业转型升级的复合型人才[4,5]。以新工科为例，加快工程教育改革步伐，迎合科技创新战略，培养创新型工程技术人才，为产业转型升级和创新发展提供有力支撑，是当前教育改革的必行之路[6-8]。课程是完成专业培养目标的载体和核心，实验课程是强化学生实践能力的最简便途径，进行实验课程改革，打造一流实验课程，将助力“四新”建设，促进高水平实践型人才培养的实现[9,10]。

流体力学是能源、环境、水文等工科专业的必修专业基础课，多门后续专业课均基于此课程基础，一般为 48～56 学时，实验课占比 1/6～1/4，理论知识相对复杂抽象，学生难以理解，需要通过实验进行验证，因此具有理论性与实践性都较强的特点[11-13]。然而，传统流体力学实验课程多以验证性实验为主，教学方式也为教师讲解、学生按照步骤操作的单一模式，存在实验难度低、实验过程机械化等问题，难以达到“四新”建设要求[14,15]。

天津商业大学机械工程学院以工程人才培养为主线，探索建立了 4 个模块、3 个层次、2 类训练和 1 项活动的“4321”实验教学体系，如图 1 所示。其中，流体力学实验教学分属 4 个模块中的专业基础实验教学模块，与其他几个模块互相渗透，互相支撑。近年来，机械工程学院在流体力学实验教学中进行了大量探索，通过实验内容优化与实验教学方法创新增强了实验内容的综合性和创新性，实现了理论教学与实验教学的有机融合，提高了学生对实验课程的兴趣，学生自主学习与创新能力得以提高。

1　实验教学现存问题

传统流体力学实验虽然在学生对理论知识的掌握方面起到较大的推动作用，但仍然存在以下几个问题：

1.1　实验内容结构不完善

实验偏重验证性，学生缺乏对流体力学理论的深度理解。传统流体力学实验教学均为静水力学实验、能

* 李婉晴（1982—　），女，实验师，博士。研究方向：生物质热化学转化利用技术。联系地址：天津市北辰区光荣道 409 号，邮编 300134。E-mail：liwq0927@tjcu.edu.cn。

项目： 2023 年校级本科教育教学改革项目（No. TJCUJG2023109）；天津市普通高等学校本科教学改革与质量建设研究计划项目（No. A231006903）；天津市劳动教育教学研究中心教学研究项目（No. JXYJGX-2023ZD04）。

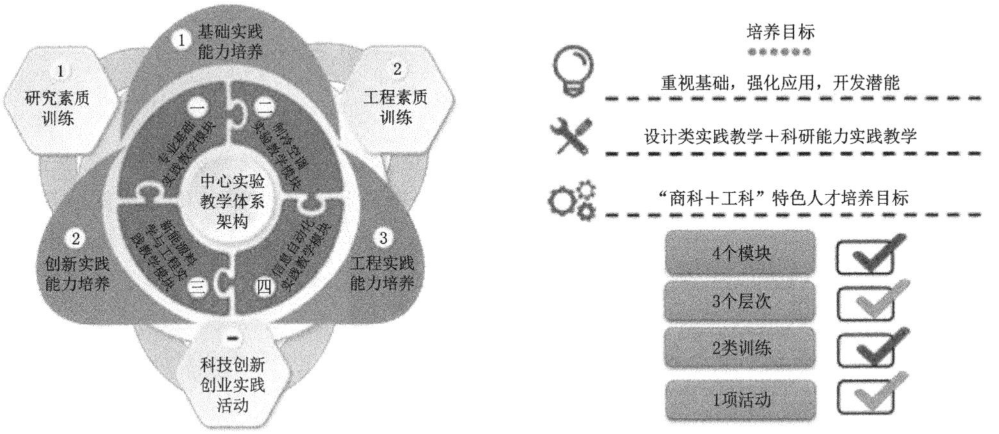

图 1 “4321”实验教学体系

量方程实验等验证性实验，实验方法单一。实验前，教师调试好实验仪器，学生按照实验报告上的操作步骤开启关闭阀门，观察实验现象，读取数据，并按照公式计算得到结果，缺乏主动思考[16,17]。过于偏重验证性实验导致学生只注重结果的正确与否，而忽略背后的原理和实验设计的意义，影响其对流体力学知识的整体把握。学生学习积极性不高，缺乏主动创新意识[18]。

1.2 实验教学模式单一

教学模式缺乏创新和多样化。传统的实验教学模式往往是教师为主导、学生被动接受，缺乏互动与思维的碰撞[19]。教师讲解本次实验课的基本原理、实验目的、实验仪器结构组成，演示实验操作步骤，学生结合实验报告中的步骤进行操作并记录与整理实验报告，教师根据实验报告给出实验成绩[20]。学生没有形成预习实验课程的习惯，在操作过程中很难遇到问题，缺乏解决问题的思考。会做实验的学生动手操作，不会做的学生只等着抄实验报告。同时，考核仅以实验报告成绩为准，导致学生只关心实验报告撰写的正确度，对实验原理一知半解，甚至完全不理解，无法起到巩固理论知识的目的，还有部分学生抄袭实验数据，获得成绩与付出的努力不匹配，与工程人才培养目标相背离[18]。因此，亟须大力推进流体力学实验教学改革，为“4321”实验教学体系的完善与其他三个模块的协同提供推力与参考。

2 流体力学实验教学改革措施

2.1 实验内容结构优化

在近几年的流体力学实验教学改革中，教学团队将实验内容重新整合与分类，建成演示性实验、综合性实验、创新性实验三个模块，实施多极化教学。将演示性实验调整到第一梯队，引发学生的学习兴趣，再进行综合性实验，夯实理论知识，最后辅以创新性实验，激发学生的创新潜能，提高教学效果。

2.1.1 演示性实验

通过演示性实验，学生可以直观地观察实验现象。以自循环流动演示仪实验为例，设置 6 台不同流道的自循环流动演示仪（图 2），以水中气泡为示踪介质，利用光折射技术，可以演示 30 余种流谱图案。教师先通过动态演示，让学生看清流体在流动过程中的变化情况，再通过流动演示仪的平面图进行理论分析。通过此类演示性实验，学生可以观察水的各种流态及相关实验现象，增加学生对流体流动特性的理解。代表性实验还包括流谱流线实验、机翼升力实验等。通过演示性实验，学生的学习兴趣被激发，课堂气氛轻松活跃，更容易将理论知识与实验现象关联起来，帮助学生更好地理解课本上抽象的概念，理论知识基础得以夯实。

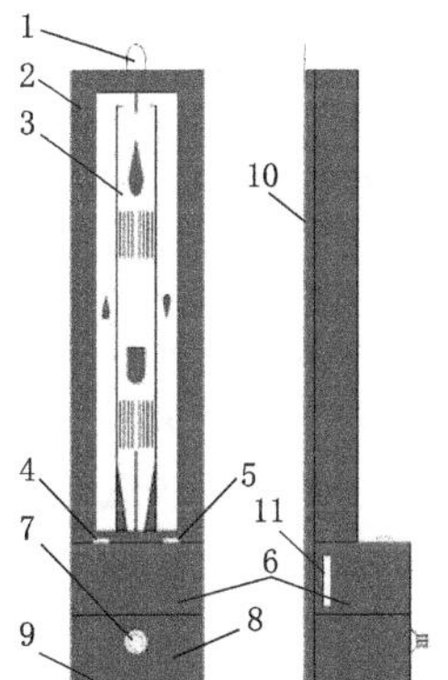

图 2 流动演示仪装置图

1—挂孔；2—有色有机玻璃面罩；3—流动显示面；4—加水孔孔盖；5—掺气量调节阀；6—蓄水箱；7—可控硅无级调速旋钮；8—电器、水泵室；9—标牌；10—铝合金框架后盖；11—水位观测窗

2.1.2 综合性实验

综合性实验是在原有的静水力学、能量方程实验、文丘里实验与雷诺

实验基础上衍生出来的实验，向传统验证性实验中增加定性与定量分析，形成“实验现象观察→实验数据记录→定性定量分析→现象原因思考”的综合性实验模式。以静水力学实验为例，教师首先按照实验指导书介绍实验目的、实验原理、实验装置，依照实验步骤开启各种阀门，引导学生观察实验现象；通过实验现象的观察，引导学生定性分析阀门开启与各测点水头变化规律，提示在开始测定前，要先判断各测点是否满足静水力学基本方程式的适用范围，提高学生运用静水力学理论知识分析实验现象的能力；各测点判断准确后，开始定量测量与数据分析。在综合性实验中，教师要与学生一起讨论静水力学基本方程式的使用要点，判定4个测点的水头计算方法，再由学生分组完成数据测量和计算，最后由教师根据计算结果评判学生对该知识点的理解程度，并有针对性地强化。在此基础上，引导学生设计额外的实验环节，如水箱真空度的测量方法等。通过此环节，学生理论分析与实验教学紧密结合起来，科研能力也得到锻炼。

2.1.3 创新性实验

在演示性与综合性实验基础上，将第三梯队设定为创新性实验，以学生自主设计创新为出发点，鼓励学生基于理论知识创新实验形式。以油罐液位测定实验为例，基于综合性实验中的静水力学实验，抛出油罐液位测定问题，由学生自由组合成5～6人的实验小组，通过资料检索，自主学习油罐液位检测仪的设计原理，画出实验装置图。教师提供必要的实验材料与配件，辅助学生制作简易的液位检测仪，并进行实验验证与数据分析，实验结果以实验报告的形式呈现，要包括实验目的、实验原理、实验装置、实验方法、数据记录、计算分析方法等内容，教师根据每组学生在设计、制作、测定与分析各个环节的表现与实验报告质量综合评定。教师团队选择创新性实验主题时，尽量选择偏工程应用类型的实验，在实施过程中，也注重保持实验内容的前沿性与时效性，随时根据当前社会的热点事件等信息更换实验内容。

通过实验内容结构的优化，建成了实验课程的多层次梯队，学生学习的积极性极大提高，更乐于主动思考与查阅资料以解决复杂的工程问题，更契合天津商业大学工程人才的培养目标。

2.2 实验教学方法革新

2.2.1 实验设备提升

实验设备数量直接影响学生实际动手操作能力。一般高校流体力学每个实验项目台套数为1～3台，天津商业大学对学生工程实践能力培养尤其重视，投入大量经费为基础实验课程每个实验项目均配备5台套实验设备。将每班30人拆分为3组，每10人1组进行一个实验项目，平均2～3人1台实验设备，保证每位学生都有机会自己动手操作，实验设备利用率高，也极大程度地锻炼了学生的实践能力，受到多所兄弟院校的广泛关注，也获得了大量用人单位的好评。

2.2.2 实验教学数字化管理平台建设

以学校已有网络教学平台为依托，构建了实验教学全过程监督与管理的线上线下混合式数字化实验教学管理平台，如图3所示。分别设立了学生与教师操作模块，打破时域空间限制，搭建线上师生互动平台；教师提前一周在平台布置预习内容，发布预习报告，并根据平台记录的学生预习情况反馈，针对性地调整教学思路，便于学生理解重要知识点，也可以查阅平台实验课开设过程中各个环节的记录，进行成绩综合评价或创新性实验开设研究；学生可通过平台完成选课、报告提交、成绩查阅与实验讨论等。

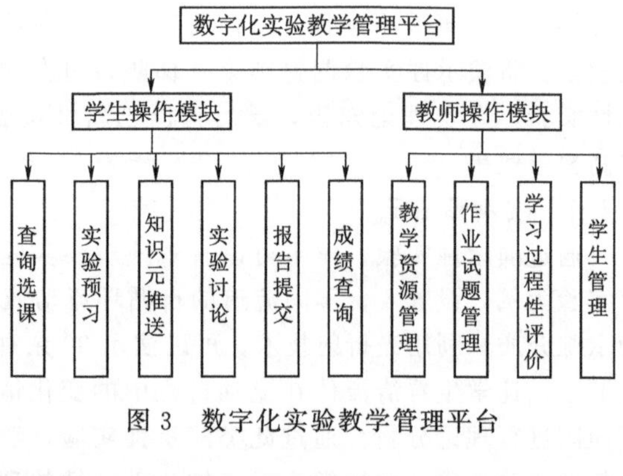

图3 数字化实验教学管理平台

2.2.3 多元化实验课程考核方式探索

流体力学原考核方式仅为学生出席情况与实验报告两项计算的综合实验成绩，实验成绩也仅占理论课期末成绩的5%～10%。近年来，针对工程人才的培养目标，教学团队提高了实验课程在期末成绩中的分数占比，按20%～30%计，引起了学生对实验课程的重视。同时，借助实验教学管理平台，教师可以对学生实验过程进行监督，也可抽取教学资源库里的题库进行线上考试，通过平台记录的学生课时绩效评价、学生自评与互评评价、实验报告成绩等多元评价方式，形成最终实验成绩，构建了实验全过程综合评价体系。通过这种评价方式，教学质量有所提高，也避免了抄袭实验报告蒙混过关的现象发生，提升了学生在实验过程中的参与度与主动思考能力。

3 结语

本文针对传统流体力学实验课程内容结构不完善、实验教学模式单一的问题，基于天津商业大学机械工程学院在“4321”实验教学体系的改革探索工作，总结了在“四新”建设背景下，流体力学实验课程的改革措施。通过将实验内容结构优化为演示性实验、综合性实验、创新性实验三梯队模式，让学生从被动式完成实验逐步转变为主动思考和自主完成，充分发挥和调动学生的积极性，提高学生分析问题和解决问题的能力。通过提升实验设备数量、建设实验教学管理平台与完善多元化实验课程考核方式等教学方法的改革探索，将教师与学生深度融合，使教师实现从传道受业到解惑的角色转变，学生动手能力与创新能力得到极大锻炼，达到理论与实践知识双丰收。

参考文献：

[1] 张恒，刘刚，徐政虎，等．多学科融合背景下综合开放创新化学实验教学体系及平台建设与实践 [J]．大学化学，2024，39 (7)：56-63.

[2] 梅瑞斌，包立，齐西伟，等．新工科时代数字化驱动兴趣的教学方法探索 [J]．机械设计，2018，35 (S2)：126-129.

[3] 秦永彬，林川，杨志，等．数字化背景下计算机公共课程教学方法探索 [J]．高教学刊，2024，10 (15)：46-50.

[4] 张金玲．“四新”背景下“多媒体应用实践”课程教学改革研究 [J]．工业和信息化教育，2023 (12)：76-79，84.

[5] 佘敦先，张利平，程磊．我国高校专业课程双语教学探析——以“水文学原理”为例 [J]．教育教学论坛，2022 (41)：157-160.

[6] 宋晓猛．“双一流”背景下专业基础课教学改革——以“水文学原理”课程为例 [J]．黑龙江教育（高教研究与评估），2024 (6)：17-21.

[7] 陈向明．对通识教育有关概念的辨析 [J]．高等教育研究，2006 (3)：64-68.

[8] 高微，李玉峰，吴振雨，等．实验设计与数据处理课程实践能力培养 [J]．中国冶金教育，2022 (1)：60-61.

[9] 张成良，王超，刘磊．工程教育专业认证背景下流体力学课程教学改革探讨 [J]．西部素质教育，2018，4 (4)：187-188.

[10] 彭珍瑞，殷红，刘颖．基于 Web 和 Matlab 的控制系统仿真实验平台的开发 [J]．科技信息，2009 (27)：436-437，646.

[11] 赵洪洋，胡鹏，杨志国，等．以能力培养为核心的流体力学实验教学改革 [J]．实验室科学，2021，24 (6)：100-103，107.

[12] 张淑君，戴昱．流体力学实验课程综合评价体系探索与实践 [J]．中国冶金教育，2022 (6)：51-53.

[13] 兰雅梅，夏泰淳，宋秋红．流体力学实验教学的改革与实践 [J]．中国教育导刊，2007 (24)：71.

[14] 宋志文，牛秋林，杨国庆．工程教育专业认证背景下流体力学实验教学改革 [J]．教育教学论坛，2024 (9)：67-70.

[15] 樊艳红，李兴莉，杨雪霞．浅谈流体力学实验教学的改革 [J]．教育现代化，2018，5 (27)：77-78.

[16] 徐玮玮．工程认证背景下应用型大学实验教学改革方法研究 [J]．湖北开放职业学院学报，2021，34 (23)：134-135.

[17] 孟静，曹勇，陈旭．基于海洋科学创新型人才培养的流体力学实验教学初探 [J]．实验室研究与探索，2019，38 (9)：178-181.

[18] 张鹏，景秀丽，孙明霞，等．水力学实验教学内容与方法改革探讨 [J]．中国教育技术装备，2024 (6)：124-126，129.

[19] 巩冠群，张英杰，苗真勇．《化工基础实验》课程思政建设研究 [J]．化工设计通讯，2022，48 (3)：104-106.

[20] 冯刚．习近平关于大学生思想政治教育论述的理论蕴涵 [J]．重庆大学学报（社会科学版），2018，24 (3)：170-180.

以兴趣为先导的传热学课程思政探讨

杨庆忠，王雅博，代宝民，王誉霖*，郭璐娜

（冷冻藏技术教育部工程研究中心，天津市制冷技术重点实验室，
农业农村部农产品低碳冷链重点实验室，天津商业大学，天津 300134）

【摘　要】 本文介绍了传热学教学实践中进行的以兴趣先导的传热学课程思政教学改革研究。通过在能源与动力工程、建筑环境与能源应用工程等专业的核心专业基础课传热学教学实践中扩充教学案例库、重视绪论形成兴趣点，优化教学方法，深入挖掘思政资源，形成课程思政和学科内容深度融合，为传热学课程思政提供借鉴。

【关键词】 传热学；兴趣；案例；课程思政

0 引言

2016 年，中共中央总书记、国家主席、中央军委主席习近平在全国高校思想政治工作会议上指出："做好高校思想政治工作，要因事而化、因时而进、因势而新。要遵循思想政治工作规律，遵循教书育人规律，遵循学生成长规律，不断提高工作能力和水平。要用好课堂教学这个主渠道，思想政治理论课要坚持在改进中加强，提升思想政治教育亲和力和针对性，满足学生成长发展需求和期待，其他各门课都要守好一段渠、种好责任田，使各类课程与思想政治理论课同向同行，形成协同效应"。2020 年 5 月，教育部印发了《高等学校课程思政建设指导纲要》（教高〔2020〕3 号），对课程思政建设提出了更为明确和具体的要求，确立了思政建设指导方针。天津商业大学注重提升学生对基础理论的掌握程度，培养学生对实际工程问题的解决能力，近年来特别注重兴趣先导的传热学课程教学思政改革。"知之者不如好之者，好之者不如乐之者"，在学生学习过程中，兴趣是最好的老师，充分提高学生学习兴趣，将被动接受知识转变为主动自觉地学习，对于提高学生的知识掌握水平有很大意义。

1 课程建设探索

1.1 扩充课程案例，重视绪论引入

绪论是学生接触传热学的第一课，在绪论的教学过程中学生要充分认识传热学的必要性和重要性、地位和作用、研究对象与思路、常用方法等问题。在绪论中增加适当的案例，提供了将枯燥的理论知识转化为生动具体的学习材料的途径，增加了学习的趣味性和直观性，并且将复杂概念具体化：传热学中的一些复杂概念如复合传热过程、传质等，通过案例的形式，可以让学生更容易理解和记忆。通过案例教学，第一，可以增强学生在现实生活与工程中对于理论知识的应用意识。通过生活中常见的热量传递现象，如散热器的工作原理、保温杯的保温效果、冷链物流过程中的传热强化与削弱等，帮助学生直观理解热量的传递过程及其特征。通过教学案例将抽象的传热学理论与具体的实际应用相结合，使学生能够更好地掌握知识点，提高学习的兴趣和效率。第二，通过具体案例的分析，学生可以学会如何运用所学知识解决实际问题，培养其分析和解决问题的能力。第三，通过案例教学鼓励学生思考不同的解决方案，激发其创新意识和探索新知识的欲望。第四，通过小组对案例进行讨论分析，可以培养学生的团队合作精神、共享信息的能力。同时，还可以活跃课堂气氛，极大地提高课堂的互动性，使教学过程不再是单向灌输，而是教师与学生之间的互动交流。

重点选择国家重大工程项目中的传热问题作为典型案例。例如：在绪论中，通过青藏铁路建设过程中高原冻土问题的视频，引出传热学为青藏铁路保驾护航，具体到青藏铁路两侧采用热管技术来降低路基温度、保证冻土强度，点出热管技术涉及导热、对流两部分的综合应用，并且将随着章节的学习过程逐步深入认识

* 王誉霖（1985—　），男，博士，副教授，E-mail：ylwang@tjcu.edu.cn。

基金项目：天津商业大学校级教改项目，新能源科学与工程专业应用型人才培养模式探索与实践，24JGXM02086。

热管，在对流传热部分结束时全部揭示热管的工作原理，这样带有“悬念”的教学设计贯穿课堂，不但可以激发学生的学习兴趣，培养学生在实际工程中发现问题、分析问题、解决问题的能力，而且巩固传热学的理论知识，潜移默化地增强了大学生的爱国自信，从而达到在课程教学中价值塑造和知识传授的双重效果。

1.2 优化教学方法

传热学作为一门理论与实践紧密结合的课程，其教学效果的优化对学生的理论知识掌握和实际问题解决能力的培养至关重要。多种教学方法的融合将起到协同效应。

注重传统课堂、翻转课堂、在线课程等教学方法的协同使用，从而调动学生的参与度，提升其学习的积极性。在授课过程中，应注重教学内容的启发性，合理增加师生互动，引导学生自己思考问题、解决问题，加深对专业知识的理解，进一步激发学习兴趣。充分利用超星等线上资源，为学生提供课程拓展知识。在实验教学中，注重实验项目与相关工程应用之间的联结。

强化过程考核，最终成绩评定包括过程考核和期末考试两部分，其中过程考核占比30%、期末考试成绩占比70%。过程考核由课堂表现、实验考核和作业成绩组成；期末考试采取闭卷考试的方式进行。过程考核从知识、能力和素质等多个维度对学生进行评价，提高了考核的全面性；考虑了学生的学习过程和努力程度，使得考核结果更加合理；同时减少了一次性考试可能带来的偶然性，使得评价更加公平。对于授课教师而言，持续的反馈可以帮助教师明确教学内容与目标，促使教师根据学生掌握情况调整教学进度和内容，保证教学内容的完整性和连贯性。

1.3 挖掘思政资源

传热学讲授过程中主动与国家发展战略结合，特别是结合“双碳”目标，让学生了解传热学在国家能源战略、节能减排中的重要作用，培养学生的国家观念和责任感。在教学过程中，适当介绍传热学领域的前沿技术和创新成果，激发学生的创新意识和科技报国情怀。例如传热学课本的编著者陶文铨院士自1956年随交通大学迁往西安至今，在西部为我国传热学的发展作出了巨大贡献，诠释了“胸怀大局，无私奉献，弘扬传统，艰苦创业”的“西迁精神”。在祖国的西部开发了多个强化传热技术并获得工程应用；在数值计算方面提出了绝对稳定的对流项离散新格式和处理不可压缩流场速度与压力耦合关系的全隐算法，提高了计算精度和收敛速度，将先进的数值方法应用于求解工程实际问题。推动与促进了我国计算传热学科的形成与发展。从家国情怀和工程伦理两方面引导学生树立崇高的理想追求，鼓励学生积极践行社会主义核心价值观，同时倡导正确的工程伦理观，促使学生将对党和国家的热爱内化为勤奋学习的动力，争做国家栋梁。

2 结语

传热学是能源与动力工程、建筑环境与能源应用工程等专业的核心基础理论课，在教学过程中通过扩充教学案例库、重视绪论形成兴趣点、优化教学方法、深入挖掘思政资源，促进课程思政和学科内容深度融合，注重培养学生学习兴趣，形成学生、教师双向反馈，有效解决了传热学教学中的一些传统问题，有利于学生主动地理解、掌握知识，强化培养研究生灵活运用理论知识解决实际问题的能力，始终坚持思政教育的引领作用，以期培养基础扎实、致力于将所学知识服务于国家需要和民族发展的新时代大学生。

参考文献：

[1] 习近平. 把思想政治工作贯穿教育教学全过程 开创我国高等教育事业发展新局面 [N]. 人民日报，2016-12-09.

新工科背景下制冷与空调专业实验教学改革

李晓凤*，陈爱强，孙志利，刘圣春

（天津商业大学热能与动力工程国家级实验教学示范中心，天津 300134）

【摘　要】 本文面向新工科建设背景，分析了制冷与空调专业实验教学存在的问题，提出了制冷与空调专业的实验教学改革新思路：即建设网络教学平台和信息化教学资源，弥补实体实验教学的不足，改进优化教学模式；增设设计性实验、开放实验和虚拟仿真实验教学项目，并融入课程思政元素；构建全方位全过程考核机制，形成职业道德＋实践能力＋创新能力“三位一体”的实验课程教学模式。

【关键词】 新工科；实验教学改革；人才培养；网络教学平台

0　引言

《中华人民共和国高等教育法》规定高校要培养具有社会责任感、创新精神和实践能力的高级专门人才。国家提出的新工科建设理念对制冷与空调专业人才培养提出了新的要求，旨在培养具有创新意识、创新思维的复合型人才[1]。实验教学是新工科高等教育教学的重要内容，是学生将理论知识应用于实践、探索创新的重要途径，有助于培养学生创新意识和实践能力[2]。教育部多项文件提出，要重视综合性实践教学环节，加大实验比重，密切教学与科学研究、生产实践的联系。

但国内高校对实验教学重视程度不够，并且现有实验教学设备数字化程度低，实验课程以验证性实验为主，教学手段陈旧死板，学生对课程认同感差，无法满足新质生产力对人才培养的需求。因此，制冷与空调专业的实验教学改革势在必行，探索培养兼顾工程技能与创新能力的技能型人才新途径，建设符合行业需求的制冷与空调专业实验课程教学新模式，调动学生积极性和创造性，以提升新工科人才的工程素养、实践能力和协同创新能力。

1　实验教学存在问题

1.1　实验内容

制冷与空调相关专业的实验课程大部分依托相应的专业理论课，每门课设置有1～4个实验内容。随着制冷空调行业的快速发展，新技术、新材料的不断涌现，这些新技术、新材料在理论课授课过程中进行了增添，但是实验内容每年变化不大，无法满足新社会经济形势下行业对人才的需求。比如制冷原理与设备课程中有蓄冷技术的相关内容，可是实验课程并未有相关内容。而且现有的实验课程以验证性实验为主，无法调动所有学生的积极性和提高学生的创新实践能力。

1.2　教学模式

传统的实验课程的教学模式以老师为中心，老师怎么说，学生怎么做。大部分学生上课前基本不预习，来到实验室只知道要做的实验的名字，而不知道实验的具体内容，甚至有的同学理论课上学过的实验相关的知识都不清楚，老师还要花更多的时间带领学生复习理论知识、讲解实验内容、实验过程，导致学生动手操作时间缩短，动手能力的培养弱化。受限于实验设备、实验条件等，实验课程多以小组形式进行（6～10人不等），老师无法关注学生的个性需求，做到因材施教。有的实验设备价格昂贵，学校无法提供多台套，一组同学共用同一实验设备，导致有的同学在做，有的同学在看，甚至有的同学在开小差。

实验项目以验证性实验为主，学生不需要进行思考，只需按照实验步骤进行实验，得到想要的实验结果

---

* 李晓凤（1981—　），女，实验师，博士。研究方向：制冷与空调等方面研究与实验教学。联系地址：天津市北辰区光荣道409号，邮编300134。E-mail：xfli@tjcu.edu.cn。

基金项目： 天津商业大学本科教育教学改革项目（No. TJCUJG2023110）；天津市普通高等学校本科教学改革与质量建设研究计划项目（No. B231006903）。

即可，而不需要进行创新。这种教学模式无法调动学生的积极性，不利于学生锻炼独立思考能力和动手能力，更不利于培养行业需要的应用型和创新型人才。

1.3 教学手段

随着信息技术、数字技术、互联网的快速发展，以及相关政策的支持，高等教育的专业课程与相关技术进行融合，涌现出一大批优秀的网络教学资源。但是实验课程仍然利用实验指导书、老师讲授、学生照做的方式进行，并没有充分利用信息技术、虚拟仿真和网络教学资源，导致实验教学手段发展缓慢。这种传统的教学手段不利于学生主观能动性的发挥，以及创新能力和发散思维的培养，无法达到预期的实验教学质量。

1.4 考核方式

传统实验教学的考核方式主要由两方面组成：实验课上表现和实验报告。首先，学生对实验课程重视不足，一般仅完成上课和提交报告，很难达到培养创新能力和实践能力的目的。其次，学生分组完成实验，同一组学生实验报告一般差距不大；最后，实验预习状况和实验课上表现无法考核，也无法从上课和实验报告中了解学生对实验的掌握程度。

2 实验教学改革措施

2.1 教学改革研究思路

首先，面向数字经济发展的新形势，契合新时代背景下行业发展对制冷与空调专业技能型人才的新需求，分析实验教学中存在的问题，建设制冷与空调专业实验课程教学模式，将思政元素融入实验教学全过程；其次，建设实验课程网络教学平台和信息化教学资源，弥补实体实验教学的不足，改进优化教学模式；再次，增设设计性实验、开放性实验，以及虚拟仿真实验教学项目，激发学生积极性，提高学生参与度和创新能力；最后，构建全方位全过程考核机制，形成职业道德＋实践能力＋创新能力“三位一体”的实验课程教学模式。

2.2 教学模式探索

聚焦行业技术发展的新方向，以基础实践能力、工程实践能力、创新创业实践能力培养为核心，将课程思政融入实验课程，降低原有的验证性实验比例，增加设计性实验、创新性实验和虚拟仿真实验内容。由于实验课上时间较短，为了学生充分利用课上时间完成操作内容，引入网络教学平台，建设实验课程信息化教学资源，包括电子课件、视频资源、动画、虚拟仿真和理论知识链接等内容，学生可随时随地预习、交流、设计实验、测试、自评等，可实现全过程全方位考核。建设职业道德＋实践能力＋创新能力“三位一体”的实验课程教学新模式，培养具有工匠精神的新时代技能型人才。制冷与空调专业实验课程教学模式如图1所示。

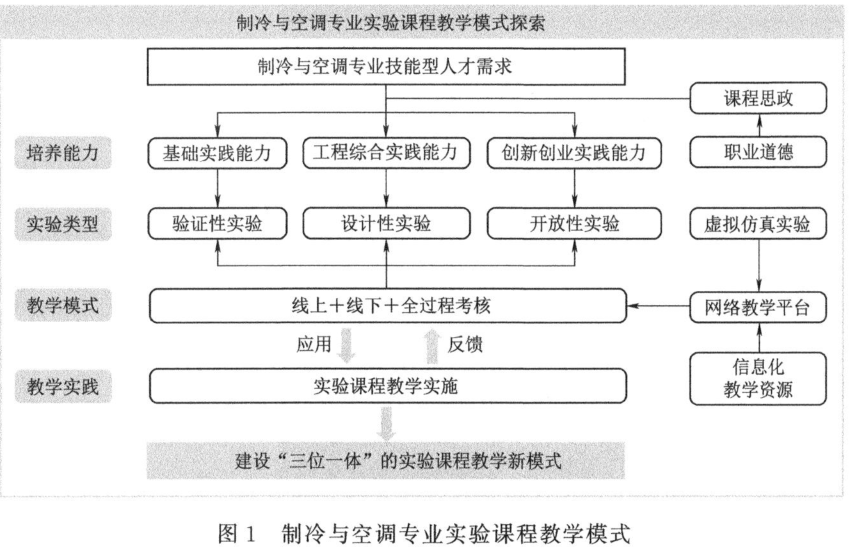

图1 制冷与空调专业实验课程教学模式

2.2.1 验证性实验

对原有的验证性实验进行改革，验证性实验实施模式如图2所示，主要由三个阶段组成。

（1）课前准备。教师建立网上教学平台，上传实验指导书、微课、动画、实验视频资源、教学课件等实

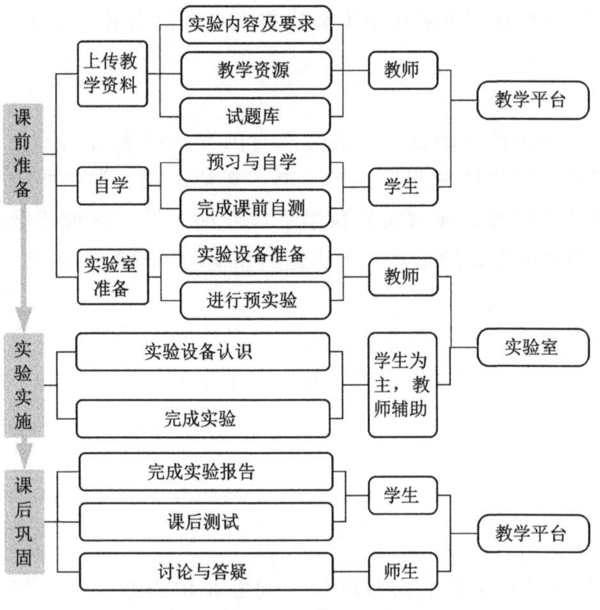

图 2　验证性实验实施模式

验相关资源，以及相关的经典技术、前沿技术、学科资源、应用典型案例和试题库等，并发布任务和课前自测试题，同时进行实验准备。学生利用网络教学平台相关教学资源进行预习和自学，了解实验的目的、设备、步骤以及注意事项等内容，如果理论知识不明确的，可以通过资源库的知识点进行复习巩固，如有问题，可以随时在线与同学、教师讨论；同时应完成相应的自测试题，以便教师掌握学生的预习情况和基础，并及时调整授课内容和方法。

(2) 实验实施。基于课前准备，学生们对实验内容不再是一无所知，已基本了解实验内容和实验理论。实验课上，教师不用再用大段时间进行课程内容及前修知识的讲解，学生有充足的时间进行实验及其探索。本阶段学生只需利用较短时间与预习内容一一对应，认识实验设备，然后进行实验。

(3) 课后巩固。课后，学生除了按时完成实验报告外，还应进行课后测试，以便考核学生的实验掌握情况，针对实验或测试中出现的问题进行讨论和答疑，最终达到学习巩固和实验教学的目的。

2.2.2 设计性实验

设计性实验是在验证性实验的基础上进行的，其教学模式与验证性实验教学模式类似，但不再是教师制定好实验指导书，学生按照实验步骤完成即可，而是需要学生根据所学理论知识和实验室设备情况自主设计实验方案。课前教师在网络平台上传实验室设备情况和考核目标，学生则可以结合自己的理论知识和验证性实验经验设计实验项目，包括实验名称、实验目的、实验原理、实验设备、实验步骤及注意事项等内容，上传至教学平台。学生互评并优化后，经教师审核改进通过，即可完成实验内容，并整理和维护实验设备。课后，学生进行实验分析，完成实验报告，教师根据实验情况总结分析，并根据实验中的突发问题与学生进行讨论拓展，实现了“以学生为主体”的教学，充分培养学生的综合实践能力，达到预期的教学效果。设计性实验实施模式如图 3 所示。

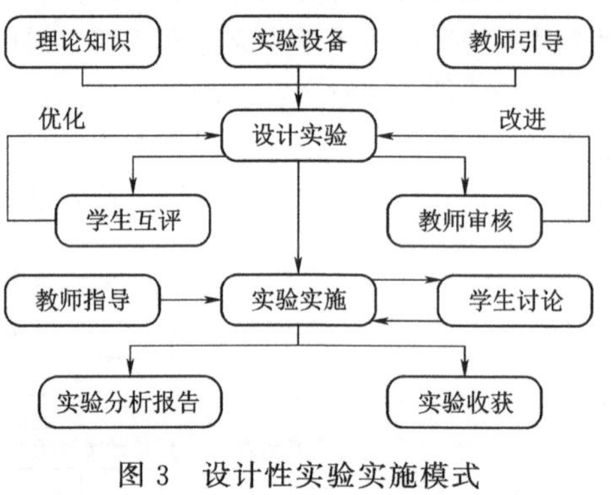

图 3　设计性实验实施模式

设计性实验不仅对学生提出了更高的要求，同时对教师也是一种挑战。教师要结合实验室设备，引导学生设计实验项目，分析实验方案的可行性，指导学生制定合理的实验步骤和实验注意事项，并且指导学生安全顺利地运转实验设备，完成实验内容，并与学生共同分析处理实验数据。

设计性实验为学生提供了主动思考和积极动脑动手的机会，学生的积极性和参与感大幅度提高，增强了学生解决实际问题的能力和创新能力、工程实践的能力，在维护保养实验设备的同时也培养了学生的工匠精神。

2.2.3 开放性实验

面对有限的实验课时、实验设备和个性化发展需求，原有的课堂实验课不能满足该需求。并且专业课实验具有涉及面广、耗时长、连续性运行等特点，开放性实验教学模式势在必行[4]。

开放性实验通过教学平台发布项目指引和调查问卷，根据调查问卷和学生意愿进行分组，一般 3～5 人一组，根据教师发布的项目指引进行选题，也可以选择其他感兴趣的实验项目。教师与学生共同论证实验的可行性，如可行，学生则分头查阅相关资料，了解实验室设备和仪器情况，制定实验方案。然后教师审阅，并与学生论证实验方案；如有问题，则进行改进优化，直至成熟，然后与教师预约实验时间，完成实验。学生课下整理分析实验结果，与教师讨论实验过程中出现的问题、实验结果等，然后完成实验报告，达到预期实验效果。开放性实验实施模式如图 4 所示。

开放性实验与课堂实验教学不同，全程学生自主设计、操作，教师辅导。开放性实验是以学生为主体的教学形式，遵循学生的个性化差异，不仅可以培养学生分析问题、解决问题和创新能力，提高学生的综合素质，同时可以针对学生的个性化差异进行因材施教。

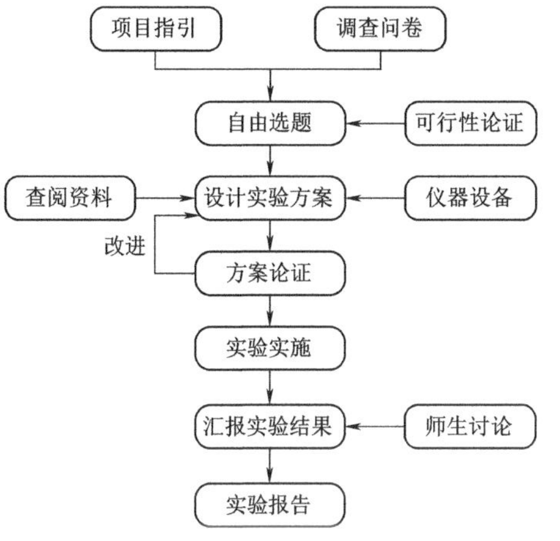

图 4　开放性实验实施模式

2.2.4　虚拟仿真实验

针对制冷与空调专业实验设备价格昂贵，台套数较少，或者由于安全原因无法在校开设的情况，建立虚拟仿真实验可以有效解决以上问题。

以氨制冷系统性能实验为例，学校建有氨制冷系统，但由于氨易燃、易爆、有毒，学生实践操作危险性高，并且实验设施价格昂贵，运行维护费用高，无法开设相关运行实验项目。我国当前冷冻、冷藏等大型制冷系统中 90%均采用氨制冷剂，氨作为自然工质对臭氧层无影响，GWP 接近为 0，也是现今发展重点。因此建立氨制冷系统安全运行虚拟平台可以解决学生理论与实践脱节、动手能力差、创新能力得不到培养和挖掘的问题。

学生先参观实验室的氨制冷系统，熟悉氨制冷系统组成、设备及其原理作用，然后可随时利用网络教学平台，通过虚拟仿真系统链接进入虚拟仿真平台，实施实验操作。

该虚拟实验项目可以真实呈现实体实验的全部过程，避免真实氨制冷实验台带来的高风险且无须考虑设备投资、运行成本、实验场地等，保证学生随时、随地进行学习，通过平台记录学生的每一步实验操作，实现全过程评价。

2.3　考核方式改革

考核方式不仅考核学生的上课表现和实验报告，还利用网络教学平台中获取的学生学习、测试、讨论、作业等情况，进行全方位全过程的考核，实现“以评促学”[5]。验证性实验将实验操作的规范性和实验态度、实验数据合理性和分析计算正确性、课前测试、课后作业、讨论等多方面按比例进行考核。设计性实验和开放性实验则通过学生实验方案设计、仪器设备选择及使用、实验结果、实验汇报答辩等，结合创新意识、实验态度、设计能力、综合能力等进行全方位、全过程的综合评价。虚拟仿真实验则通过平台记录的学生每一项每一步操作过程，结合系统给出的理论考核内容，按照相应的比例进行全面考核。

3　结语

随着信息技术、数字技术以及互联网的快速发展，传统的制冷与空调实验教学模式已不能满足新工科背景下的需求。以培养具有高水平工程素质和创新能力的制冷与空调技能型人才为目标，基于行业对工程技能人才的需求分析，探索实验教学与课程思政高度融合，利用网络教学平台，融入课程思政，改进实验教学内容和教学模式，构建职业道德+实践能力+创新能力“三位一体”的实验课程教学模式，培养具有大国工匠精神、动手能力、分析问题能力、创新能力及工程设计能力的新型技能型人才。

参考文献：

[1]　曹曼曼. 新工科背景下计算机程序设计类课程实验教学创新改革 [J]. 计算机教育，2024 (5)：64-69.

[2]　张东海，黄炜，黄建恩，等. 建筑环境与设备工程专业综合创新型实验平台的建设 [J]. 实验室研究与探索，2014，33 (6)：193-196，203.

[3]　中华人民共和国教育部. 教师数字素养：JY/T 0646—2022 [S]. 2022.

[4]　郝芳芳，蓝海，刘熙，等. 医学类专业无机化学开放性实验教学模式改革与实践 [J]. 大理大学学报，2024，9 (2)：14-19.

[5]　张立琋. 制冷与空调实验课程教学改革 [J]. 教育教学论坛，2020 (51)：214-215.

流体输配管网课程中引入CFD方法的探索

郭浩*，陈华，董胜明，马帅，王辰冬

（天津商业大学机械工程学院，天津 300314）

【摘　要】 流体输配管网是建筑环境与能源应用工程专业的基础课程，是流体力学、流体机械等课程在建筑环境中的具体应用，涉及水、空气、蒸汽等介质的输送，课程的学习对建筑供暖、通风、空调系统的设计至关重要。流体输配管网课程中涉及大量的流体流动问题，利用流体仿真软件CFD可以形象、直观地展示建筑内部管网中的流体流动，将晦涩的理论知识点转换为形象的动画，提高学生对管网中流体流动问题的理解。本文将探索在流体输配管网课程中适当增加CFD教学环节，加深学生对不同类型流体输配管网及流体机械结构和原理的理解。

【关键词】 流体输配管网；CFD；流动可视化

0　引言

流体输配管网是建筑环境与能源应用工程专业中重要的专业课程之一，该课程将工程流体力学的基本知识与工程应用中各类输送气、水等流体的设施和机械相结合，阐述相应的计算方法、设计原理和应用方法等知识。流体输配管网课程是将来学习空调工程、供热工程和给排水工程的基础，因此课程内容多，既有理论推导，又有工程实践内容，学生学习起来比较困难[1]。为此，许多教师进行了多年的探索，提出了很多见解[2,3]。

从课程内容的广度来看，流体输配管网覆盖了众多领域，不仅囊括了流体力学的基础知识，如水和气体流动的边界层、湍流特性以及伯努利原理等，还涵盖了工程实践中的输水和输气管道系统以及水泵、风机等流体机械的应用技术。

计算流体力学（computational fluid dynamics，CFD）是一种利用数值分析和数据结构来分析和解决流动问题的科学。它是流体力学、数值数学和计算机科学交叉融合的领域。CFD的核心在于通过计算机模拟来预测流体（液体和气体）在各种不同条件下的流动特性，包括速度、压力、温度和组分浓度等。在工程应用领域能够对流体流动进行精确模拟，帮助工程师优化流体工程设备的设计，如泵、阀门、管道系统等，提高其效率和性能。与传统的实验方法相比，CFD模拟可以减少物理模型的制作和测试成本，缩短研发周期。

因此，本文将CFD模拟引入到流体输配管网教学中，可帮助学生更好地理解理论概念和实际应用，提高他们的学习兴趣和动机，了解如何在实际情况下应用流体力学的原理。

1　流体输配管网的教学难点

流体输配管网课程内容涉及气、液等多相管道水力计算，管路设计，泵与风机性能计算和调节装置匹配等，内容复杂。

管网的水力特性计算是流体力学和水利工程中的一个重要领域，它涉及对水流在渠道和管网中的运动规律、压力分布、流速分布等进行定量分析。而教学过程中，枝状管网的水力计算案例与分析是一个关键而具有挑战性的部分。它不仅是管网设计的核心内容，也是教学中的一个难点。

教师在讲授时可能会觉得难以深入讲解，而学生在学习时也可能觉得难以理解，这可能导致学生在考试中虽然能够取得高分，但在实际的课程设计或毕业设计中，面对水力计算问题时却显得无能为力。这种情况反映出学生在将知识应用于解决实际工程问题方面存在不足。

在泵与风机原理及性能讲解中，包括效率、流量特性、水力损失的计算，以及不同类型泵或风机的设计

* 郭浩（1990—　），男，讲师，博士。研究方向：多相流传热及强化。联系地址：天津市北辰区天津商业大学，邮编300314。E-mail：guohao@tjcu.edu.cn。

基金项目： 国家自然科学基金资助项目（No. 52206205，No. 52206274）。

特性和性能差异等方面。与流体在管道系统中相对单一的流动特性不同，泵与风机的结构型式多样，涉及的计算公式众多，而且泵与风机内部流体介质在不同工作状态下的行为也相当复杂。仅依赖传统的黑板书写和PPT展示的教学手段，很难充分阐释流体机械的关键概念和运作原理，也不利于学生深入理解和掌握其实际应用技巧。

2　教学中应用CFD的优势探讨

CFD可用于设计新产品，如飞机、汽车、泵和风机等，通过模拟来优化其流体动力学性能，同时在建筑环境、化工、能源等行业也有诸多应用。CFD方法在建筑环境领域的应用始于1974年，丹麦学者Nielsen利用CFD方法对室内房间的通风情况进行模拟。CFD方法在建筑环境领域中的应用主要包括分析预测建筑内或设备内的流体流动情况。

流体输配管网中的枝状和环状管网内的多相流动研究具有显著的复杂性，其主要体现在流动模式具有多样性：在建筑中，尤其是暖通空调工程、城市燃气工程等领域，流体输配管网中的枝状和环状管网内多相流动研究具有显著的复杂性。界面作用的复杂性：不同相之间的界面作用，如表面张力、摩擦和毛细力等，对流动特性有显著影响，这些力之间的相互作用非常复杂。实际工程中不仅要考虑管道长度和直径以提高输送能力，还要涉及增设泵站和阀门等配套设施，以优化流体分配和控制。此外，管网也需要综合考虑地形地貌、环境影响、建设成本和长期维护等因素。

通过CFD软件可以对管网中的流动情况进行高精度模拟，包括流速、压力、温度等参数的分布，优化管网的设计，比如管道尺寸、布局和泵站位置，以提高系统效率，王天姗[4]还进一步通过改进模型对城市管网水质进行了预测。因此，利用CFD软件对流体输配管网中的流动进行分析对提高教学质量、增强学生兴趣度具有重要作用。

在泵与风机教学部分，CFD软件能够生成泵与风机内部流动的三维可视化图像，使学生能够直观地观察流体在叶轮和导流部件中的运动轨迹，加深对流体动力学原理的理解。例如杨帆等[5]将CFD技术应用于水泵及水泵站课堂教学可达到激发学生学习热情、增强课堂教学表现力和教学效果的目的，有利于科研与教学的相互促进。通过CFD模拟，教师可以展示泵与风机在不同操作条件下的性能变化，如流量、扬程、效率和压力变化，帮助学生理解性能参数与工作点的关系。学生可以通过CFD改变叶轮形状、叶片角度等参数，模拟其对泵与风机性能的影响，从而学习设计优化的基本方法。利用CFD软件，教师可以设计具有实际工程背景的案例研究，让学生在解决实际问题的过程中学习和应用泵与风机的知识。

3　CFD在教学中的手段

对学生们而言，在流体输配管网课程中学习CFD技术是一项挑战，这要求教学方式从单向灌输向互动实践转变，增强学生的动手能力和个性化学习。此外，教授CFD方法时，应充分利用校园内的多媒体和在线教育资源，以弥补依赖PPT的传统教学模式的局限性。为帮助学生更好地理解管网中的流体动力学特性，在教授CFD的基础理论时，结合动画、图像和文献资料，可以使教学方法多样化，内容更加丰富，从而降低学习难度，激发学生对CFD软件的兴趣。

在应用层面，采用基于工程实例的教学策略，通过提出问题、分析问题和解决问题的过程，将CFD理论与流体输配管网课程紧密结合。将设备中的流体流动特性具象化为图像，有助于加深学生对CFD技术的认识和理解。通过这种教学方法，学生能够在解决具体工程问题的过程中，将抽象理论与实际应用相结合，提高他们的综合应用能力。

4　结语

流体输配管网是建筑环境与能源应用工程专业的一项重要的专业课，它融合了深厚的理论知识与实际工程应用。通过引入CFD软件作为教学辅助，不仅能够增强学生对于流体力学计算和设备原理等核心概念的掌握，同时也能够显著提升他们的工程设计技巧。此教学方法有助于点燃学生的自主学习和探索热情，进而为社会塑造出能够熟练应用专业技能的创新型人才。

参考文献：

[1]　张丹，孟凡茂，刘靖，等."流体输配管网"三位一体课程教学体系的构建[J]. 中国电力教育，2011（19）：99－100.

[2]　袁俊飞，王林，陈茜. 流体输配管网课程改革实践与体会[J]. 教育教学论，2019（43）：106－107.

[3] 马立.《流体输配管网》课程教学关键问题探讨 [J]. 教育教学论坛，2014 (45)：206 - 208.
[4] 王天姗. 城市配水管网节点混合水质模型构建及应用 [D]. 哈尔滨：哈尔滨工业大学，2014.
[5] 杨帆，周济人，朱红耕，等. CFD 技术在水泵及水泵站课程教学中的应用探讨 [J]. 高等建筑教育，2018，27 (3)：116 - 120.

可再生能源在建筑中的应用课程教学改革探讨

李无言，王鹿，黄胜，邓诗涵*，王志浩，褚重明

（昆明理工大学，云南　昆明 650000）

【摘　要】随着传统能源的枯竭以及环境问题日益凸显，可再生能源在建筑中的应用显得尤为重要，可再生能源在建筑中的应用虽然是一门选修课程，但是其重要性不言而喻。然而传统教学模式存在诸多缺点，不利于可再生能源领域人才的培养。本文针对传统教学模式存在的弊端，提出了以学生为中心的教学理念，加强创新思维的培养、强化实践教学等改进策略，同时结合实践案例，从理论知识与实践的角度共同促进学生对可再生能源的认识，有助于提升教学效果，为推进本课程教学改革提供借鉴与参考。

【关键词】可再生能源在建筑中的应用；实践案例；课程改革

0　引言

能源是现代社会发展的根本动力，然而化石燃料这种不可持续的能源无法应对日益增长的能源需求。为了满足人类对能源的需求，同时加快推进“双碳”目标的实现，可再生能源的利用显得尤为重要。我国建筑能耗占整个社会总能耗的约 1/3[1]，随着可持续发展理念的深入人心，可再生能源在建筑中的应用受到了广泛关注。然而，传统的教学方法已经无法跟上社会发展的步伐，因此，教学改革迫在眉睫。本文通过探讨可再生能源在建筑中的应用课程的教学改革，分析当前教学存在的不足，并提出改进措施，旨在提高教学质量，增强学生的综合素质。

1　传统教学模式存在的弊端

1.1　教学定位和教学方法单一

在传统教学模式中，教师通常扮演知识传授者的角色，这种填鸭式教学方法的效果差，在教学过程中学生与教师间的互动环节少，导致大学生学习的主动性、积极性和自觉性较差[2]，而且教学内容过于专业，让人听起来困难，学生在课堂中往往都是低头族，或处于昏昏欲睡的状态。

教学主要依靠讲授和板书，缺乏多媒体和现代教育技术的应用，难以激发学生的学习兴趣。教学方式缺乏多样性和创新性，难以满足不同学生的学习需求和兴趣。

1.2　缺乏对学生创新思维的培养

教学过程中忽视学生的个体差异和兴趣爱好，难以因材施教。过于注重标准化和统一化，忽视培养学生的创新精神和独立思考能力。教学模式过于死板，教师讲授为主，学生被动听讲，学生参与率极低，老师让怎么做，学生则按部就班地听从老师的安排，这种教学模式违背了教育的初衷，忽视了学生创新思维的培养。

目前大部分院校可再生能源在建筑中的应用课程体系均以理论为主，缺少对学生创新思维的培养。例如在讲述太阳能空调时，为了保证知识的完整性，往往会从太阳能空调简述、太阳能空调系统分类等方面进行讲解，内容较为详细，喷灌式地向学生传输知识，但却忽视了学生创新思维的培养。

1.3　学生的动手实践能力较差

在可再生能源在建筑中的应用这门课程中，课程教学时过于重视基础理论的学习，而忽视了实践教学的部分。例如在讲到风能这一章节时，往往从风能概述、风能发电技术这些模块进行讲解，讲述内容过于详细，偏向于基础概念与基础理论的学习。学生在听完课程内容后，似懂非懂，并未接触到实践环节，理论与实践环节彼此独立，没有做到理论与实践结合，致使学生的实践能力较差[3,4]。

---

* 邓诗涵（1987—　），男，副教授，工学博士。研究方向：建筑环境。联系地址：云南省昆明市昆明理工大学呈贡校区建筑工程学院 628 室，邮编 650000。E－mail：sdeng@kust.edu.cn。

2 改革的方向

2.1 倡导以学生为中心的教学理念

让学生成为课堂的主人。在课堂中，教师要勤于提问，增强与学生之间的交流，在课下，让学生自己找在本课程中感兴趣的内容，制作成PPT在课堂上分享。就可再生能源在建筑中的应用这门课程而言，教师可以让学生找自己感兴趣的可再生能源，并结合在建筑中的应用进行案例汇报，并将汇报表现作为期末考核的一部分。

2.2 加强创新思维的培养

鼓励同学们多参加可再生能源相关的竞赛活动，教师要积极引导学生，帮助学生了解相关的竞赛活动，让学生明白竞赛没有自己想象中的那么难，只要勇于踏出第一步，就能取得一定的收获。将科研项目引进课堂中，科研与课堂并不是独立的，而要将两者紧密结合，在课堂中向学生讲述和本课程相关的科研内容，让学生了解本专业前沿的科研问题，将科研等前沿知识与课堂结合，促进学生创新思维的提升。

2.3 强化实践教学

实践出真理，实践环节是教学改革的一个重要部分。首先，在每章教学完成后，立刻进入实践环节[5]，采用理论结合实践的方式进行教学，让学生在学到知识的同时，又提高了他们的实际操作能力。或者课堂与实践结合，例如在讲到风能这节时，可以把风力发电设备模型带进教室，在讲课的同时参照风力发电设备，结合其组成部分、运行过程展开讲述，让学生在感官上接触到这些设备，留下深刻的印象。其次，增加实地考察环节，让学生参观当地的建筑项目，了解可再生能源在建筑中的应用场景。同时搭建可再生能源试验台，让学生在实际操作中熟悉可再生能源在建筑中的应用。在这种理论与实践不断转化的过程中，学生学到知识的同时又锻炼了动手能力。这种理论结合实践的方式，不仅激发了同学们的学习兴趣，而且让同学们学到了更多有用的知识。

3 实践案例分析

在传统教学过程中，课程内容常常按照PPT上的内容进行讲述，方式单调，过于注重知识的传授，忽略了其在现实中的应用。以“太阳能热水”这一知识点为例，传统教学通常涵盖太阳能集热器分类、太阳能热水系统介绍以及太阳能热水系统安装等多个方面。这种教学方法的初衷是帮助学生构建完整的太阳能热水知识体系，但在实际操作中却忽视了学生的接受能力，没有让学生接触具体的实践案例，难以在听完课后留下深刻的印象。比如，关于太阳能集热器为热水箱供热的内容，许多学生甚至对太阳能集热器、储水箱、循环泵等设备的基本形式都不甚了解，导致学到的理论知识与实际应用脱节。

为了改进这一问题，可以让学生基于数值仿真平台设计并搭建太阳能集热器为热水箱供热的虚拟模型。通过对整个系统的安装、调试、运行，不仅可以让学生深入了解太阳能为热水箱供热的完整过程，而且也能锻炼学生的动手能力和团队协作能力。此外，为了帮助学生更深入地理解系统原理，还可以让学生利用TRNSYS软件模拟太阳能集热器为热水箱供热的过程，并求解集热器的最佳摆放角度。在TRNSYS中搭建的太阳能热水系统仿真模型如图1所示。

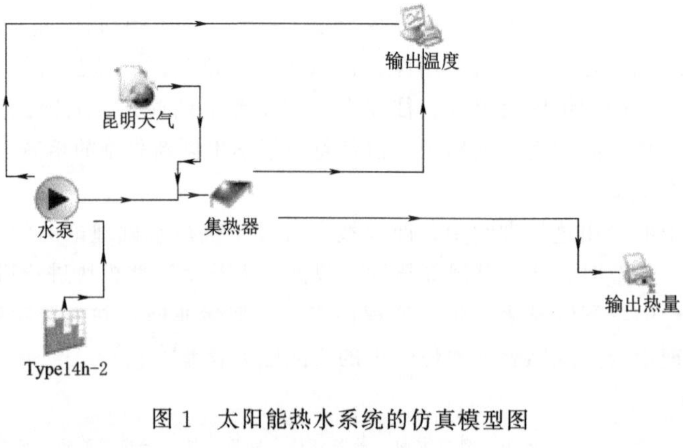

图1 太阳能热水系统的仿真模型图

现代教学中，学生除了需要学习基础理论，还必须结合实际案例进行实践。通过提供这样一个平台，可以从多个方面促进学生的发展，确保他们不仅掌握理论知识，还能在实际操作中运用这些知识。

4 课程考核

通常评估学生成绩主要依靠期末考试，忽视平时表现、实践能力和综合素质的评价。此外，评估后缺乏有效的反馈机制，学生难以了解自己的不足并进行改进。

基于此，评价体系的改革是教学改革中的重要部分，为了综合评估学生在可再生能源在建筑中的应用课程中的学习成果，本课程采用如下方式进行考核：

（1）开卷考试（50%）。考查学生对太阳能供热、太阳能空调、太阳能光伏发电与热电联供、地热能、生物质能、风能等概念和原理的理解和应用能力。

（2）过程考核（50%）。加强对学生学习的过程考核，从多个方面来进行考核，例如课堂表现、实践操作能力、作业完成情况、汇报 PPT 的表现以及设计的模拟案例完成情况等。全面考核学生的学习情况及知识应用能力。

5 结语

针对传统教学模式存在的问题，本文提出了以学生为中心的教学理念，加强创新思维的培养、强化实践教学等改进策略，同时提出了具体的实践案例供教学参考，旨在提高教学效果，激发学生的学习兴趣和主动性，培养出更多具备可再生能源知识和技能的专业人才，为推动可再生能源领域的发展贡献出力量。

参考文献：

[1] 王雪梅，吴海燕．建筑设计中可再生能源的利用探究［J］．居业，2022（1）：183－185．

[2] 陈富于，谷士艳，陈东雨，等．暖通空调课程教学改革与实践［J］．沈阳农业大学学报（社会科学版），2017，19（3）：324－328．

[3] 王志勇，刘畅荣，寇广孝．基于工程教育专业认证的建环专业实践教学体系改革［J］．高等建筑教育，2015，24（6）：44－47．

[4] 黄紫旭，印红梅，叶会文，等．新工科背景下建筑环境与能源应用工程专业实践教学平台建设的思考与探索［J］．制冷与空调（四川），2018，32（5）：563－566．

[5] 魏华，赵国杰．基于数学建模的最佳实验教学分组人数讨论［J］．黑龙江畜牧兽医，2016（11）：259－262．

基于虚实结合的能源动力专业实验探索
——以并联管组流量分配实验为例

胡晓红*，凡凤仙

（上海理工大学能源与动力工程学院，上海 200093）

【摘　要】 基于创新人才培养模式的需求，研制综合性、自主性和先进性实验系统是人才培养的趋势。本文设计了一套并联管组流量分配实验装置，可供不同布置方式的并联管组流量分配特性研究。为解决实验台套数问题和扩展实验台功能，针对实验台建立并联管组流量分配数值计算模型，利用 ANSYS Fluent 对并联管组流场进行求解，开发可实现不同雷诺数、不同布置方式的数值模拟仿真系统，形成虚实结合的专业实验教学系统。实践表明，通过虚实结合实验操作，有助于学生加深基础理论和专业知识的理解，激发自主思考，提高学习积极性，提升综合实践能力。

【关键词】 虚实结合；并联管组；实验装置；数值仿真

0　引言

“双一流”建设是我国在高等教育发展新时期实施的又一个重点建设工程[1]。高质量人才培养是“双一流”建设的重要内容，是一流大学建设向纵深推进的重要过程[2]。实验教学是工程教育中不可或缺的组成部分，其在培养学生严谨的科学思维、理论联系实际，特别是与科学技术发展相适应的综合能力方面有着不可替代的作用[3-4]。为了提升教学质量，满足能源动力类专业人才自主学习能力和创新实践能力培养的要求，结合工程实际问题，自主研发创新性综合实验教学系统已成为趋势[5-8]。

并联管组广泛应用于能源动力工程设备中，如制冷系统换热器、太阳能集热器、锅炉再热器等。并联管组会因支路阻力不同及分配管和汇流管静压分布不均匀而导致各支路介质流量分配不均匀。并联管组各支路流量分配不均匀直接影响设备运行经济性及可靠性，如制冷系统换热器并联支管流量分布不均会导致换热效率下降[9]；锅炉再热器并联管中流量分配不均是造成再热器超温爆管事故的重要原因之一[10,11]。基于此，综合考虑上海理工大学能源动力专业特点，研制一套并联管组流量分配实验装置，因实验室空间有限，且自制实验台价格昂贵，台套数受限制，在有限教学时长内很难满足全组同学多工况测定。为了解决这一问题，针对自制实验台，基于流体力学原理建立并联管组流量分配数值计算模型，利用 ANSYS Fluent 对并联管组流场进行求解，开发可实现不同雷诺数、不布置方式的数值模拟仿真系统，进而形成虚实结合的专业实验教学系统，为学生提供自主化设计参数、现象可视化、低成本的并联管组流量分配实验。

1　实验装置及功能

并联管组流量分配实验装置如图 1 所示。该装置由分配管、11 支蛇形并联支管、汇流管、循环水箱、循环水泵以及测试元件组成。循环水箱设置了溢流管以保证实验期间水压的稳定。循环水泵处设有回流管，回流管上设有调节阀，可根据需求调节不同循环流量工况。测试元件包含了测试循环流量的流量计及各并联支路进、出口测压元件。

实验装置在分配管和汇流管的两端和中间位置共配置了 6 个截止阀，用于改变并联管组布置方式，通过开关截止阀可呈现如图 2 所示的 6 种典型布置方式。

实验台可开设不同流量下的分配管和汇流管静压分布实验；也可开设相同流量下 6 种布置方式的分配管

---

* 胡晓红（1980—　），女，助理研究员，博士。研究方向：实验实践教学及实验技术研究。联系地址：上海市军工路 516 号上海理工大学综合楼 C411，邮编 200093。E-mail：huxiaohong4545@163.com。

基金项目： 教育部 2021 年高等学校能源动力类教学研究与实践项目（No. NSJZW2021Y-72）；教育部 2024 年产学合作协同育人项目（No. 231106707081131）。

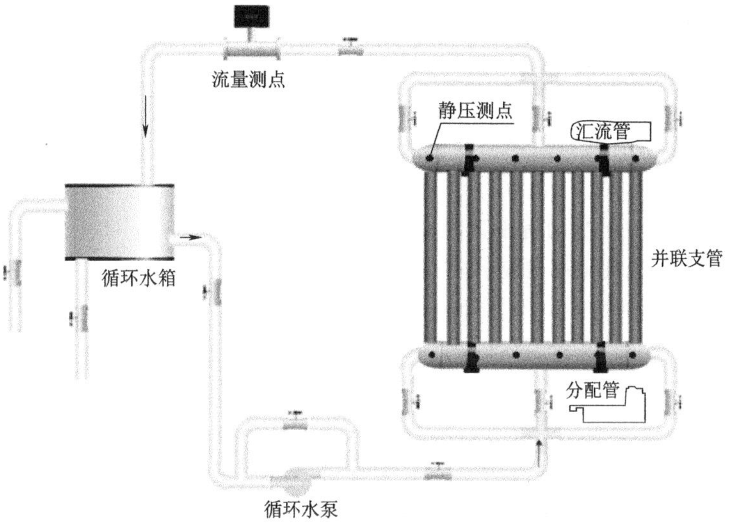

图 1　并联管组流量分配实验装置

和汇流管的静压分布及并联支管流量分配对比实验；此外学生还可以进行不同流量情况下某一布置方式并联支管流量分配特性等多个实验。

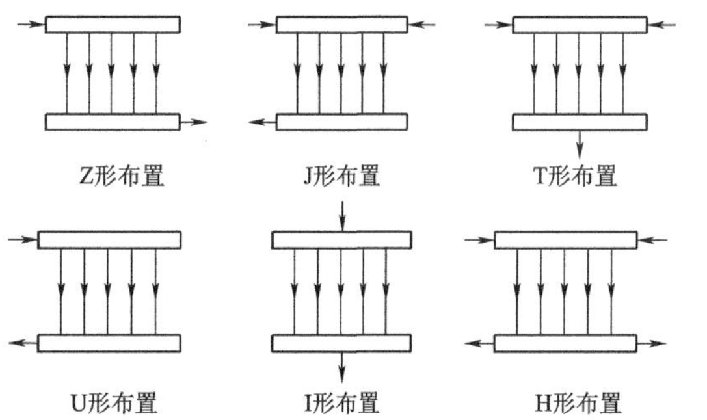

图 2　并联管组典型布置方式

2　数值计算方法

因实验室空间有限和自制实验台费用较高，实验台套数有限，且受课时和场地的限制，学生实际操作时间较短，很难满足全组同学多工况测定。为了解决这一问题，针对自制实验台，基于流体力学原理建立并联管组流量分配数值计算模型，建设虚拟仿真实验，可视化呈现并联管组流场分布，辅助学生理解分流机理，拓展工程实践能力。

并联管组内流体流动可视为不可压黏性流动，流动过程所涉及的控制方程主要有质量守恒方程、动量守恒方程，控制方程分别为[12]

$$\frac{\partial(\rho u_i)}{\partial x_i}=0 \tag{1}$$

$$\frac{\partial(\rho u_i u_j)}{\partial x_j}=\frac{\partial}{\partial x_j}\left[\mu\left(\frac{\partial u_i}{\partial x_j}+\frac{\partial u_j}{\partial x_i}-\frac{2}{3}\delta_{ij}\frac{\partial u_k}{\partial x_k}\right)\right]-\frac{\partial p}{\partial x_i}-\frac{\partial}{\partial x_j}(\rho\overline{u_i' u_j'})+\rho f_i \tag{2}$$

式中　u——流体速度，m/s；

ρ——流体密度，kg/m^3；

p——流体压力，Pa；

μ——流体动力黏度，kg/(m·s)；

δ_{ij}——克罗内克函数，当 $i=j$ 时，$\delta_{ij}=1$，当 $i\neq j$ 时，$\delta_{ij}=0$；

$'$——对应的脉动值；

f——单位质量流体微团上受到的力，考虑流体受到的重力，则 $f_x=0$，$f_y=0$，$f_z=-g$。

鉴于标准 k-ε 湍流模型在计算中具有的高度稳定性和经济性，为此本文采用标准 k-ε 模型来求解湍流脉动。湍动能 k 和湍流耗散率 ε 对应的输运方程分别为[13]

$$\frac{\partial}{\partial t}(\rho k)+\frac{\partial}{\partial x_i}(\rho k u_i)=\frac{\partial}{\partial x_j}\left[\left(\mu+\frac{\mu_t}{\sigma_k}\right)\frac{\partial k}{\partial x_j}\right]+G_k+G_b-\rho\varepsilon-Y_M+S_k \tag{3}$$

$$\frac{\partial}{\partial t}(\rho\varepsilon)+\frac{\partial}{\partial x_i}(\rho\varepsilon u_i)=\frac{\partial}{\partial x_j}\left[\left(\mu+\frac{\mu_t}{\sigma_\varepsilon}\right)\frac{\partial\varepsilon}{\partial x_j}\right]+C_{1\varepsilon}\frac{\varepsilon}{k}(G_k+C_{3\varepsilon}G_b)-C_{2\varepsilon}\rho\frac{\varepsilon^2}{k}+S_\varepsilon \tag{4}$$

式中　μ_t——湍流黏度；

G_k——由于平均速度梯度引起的湍动能；

G_b——由于浮力产生的湍动能；

Y_M——可压缩湍流中脉动扩张的贡献，对于不可压缩流体，$Y_M=0$；

σ_k、σ_ε——k 方程和 ε 方程所对应的湍流普朗克数；

$C_{1\varepsilon}$、$C_{2\varepsilon}$、$C_{3\varepsilon}$——模型常数，$C_{1\varepsilon}=1.42$、$C_{2\varepsilon}=1.68$，$C_{3\varepsilon}$ 的取值取决于主流方向与重力方向的关系，当两者平行时 $C_{3\varepsilon}=1$，当两者垂直时 $C_{3\varepsilon}=0$；

S_k、S_ε——湍动能与湍流耗散率源项，本文不涉及这些源项，因此，$S_k=0$ 且 $S_\varepsilon=0$。

根据实验装置并联管组几何参数，利用 Spaceclaim 软件建立并联管组物理模型。借助 Mesh 软件将计算区域划分为多个子区域，并确定每个子区域的节点，以实现控制方程在计算空间上的离散，即对流体区域进行网格剖分，如图 3 所示。整体采用非结构化网格进行剖分，非结构化网格可以较好地控制网格大小和节点密度，并且能够生成高质量的网格。学生可根据需求设置进、出口边界条件和循环流量，如模拟 Z 形布置，则设置左端一个入口为速度进口边界，另一端对侧为自由出流边界条件，另两个出口则设置为壁面，设置后对流场进行数值求解。

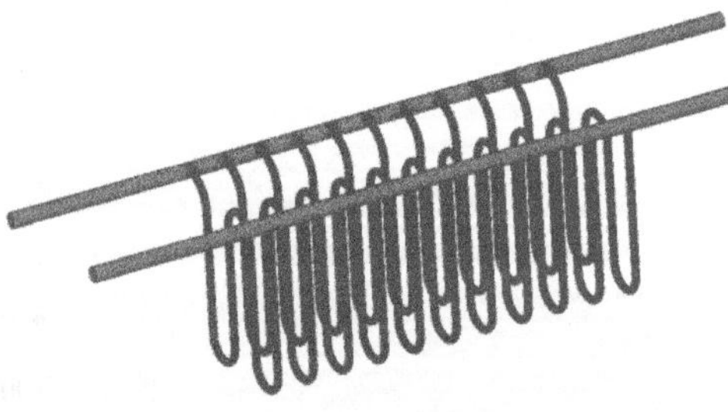

图 3　并联管组网格剖分

3　虚实结合实验系统应用实例

学生可通过自制实验装置对 6 种典型并联管组进行实验，测试在不同循环流量下分配管和汇流管中的静压分布，并获得各并联支路流量。采用支管流量百分比的标准差 ϕ 作为并联管组流量分配均匀性的评判依据[9]，ϕ 越大则各支管流量与平均流量偏差越大，即流量越不均匀。图 4 给出了循环流量为 $Q=400$L/h 不同布置方式并联管组流量的均匀系数 ϕ。由图可得，H 形布置方式流量分配均匀性最好，I 形第二，T 形第三，J 形第四，U 形第五，Z 形最差。因实验装置各支管阻力基本相同，造成并联支管流量分配不均匀的原因主要是分流管和汇流管中静压分布不均匀（图 5），因此若要改善并联管组的流量分配均匀性，可以从减小分配管和汇流管静压分布不均匀性出发，如采用变径管。

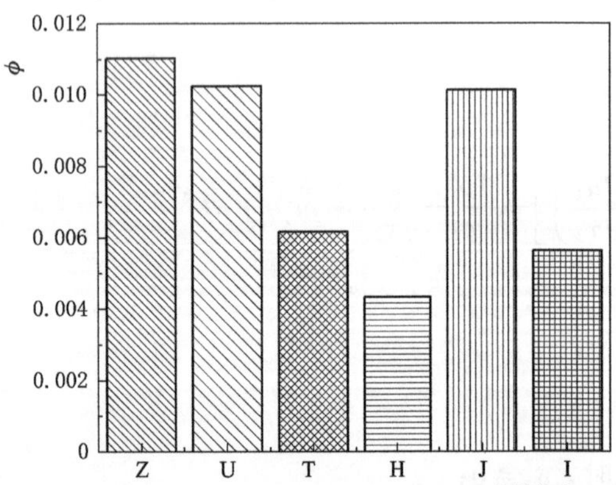

图 4　$Q=400$L/h 不同布置方式并联管组流量的均匀系数 ϕ

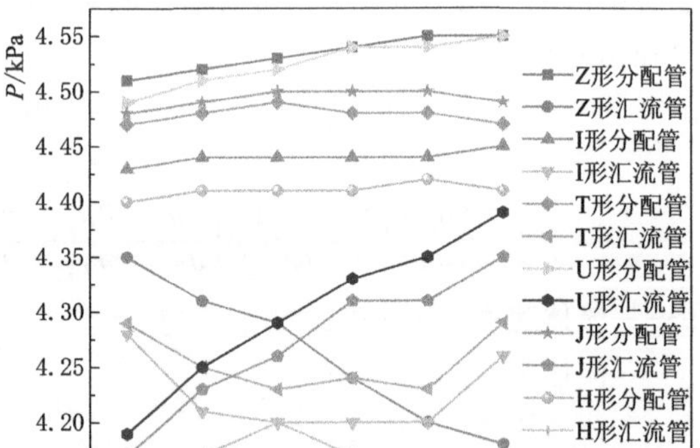

图 5　不同布置方式分配管和汇流管静压分布

利用仿真系统对 Z 形布置方式开展数值计算，在流量为 400L/h 的工况下进行各支管流量分配特性的研究。采用无量纲流量表示各支管流量，即支管流量与总循环流量比值。图 6 给出了数值仿真结果与实验数据的对比。由图 6 可知仿真结果与实验数据吻合良好，无量纲流量最大偏差为 9.68%，可见数值仿真完全可满足实验教学要求。

利用数值仿真可很好地展示流体流动过程细节，可对流量分配特性开展进一步分析。如由图 7 可知，1 号支管在入口和出口处均存在多个强烈的涡流区，这些涡流对支管流体流动有着较大的影响，所以 1 号支管的流量偏低。分配管中流体流速沿轴向逐渐降低，各支管口处生成的涡流减少，对支管流体的流动影响降低，所以后面支管的流量较前端支管大。

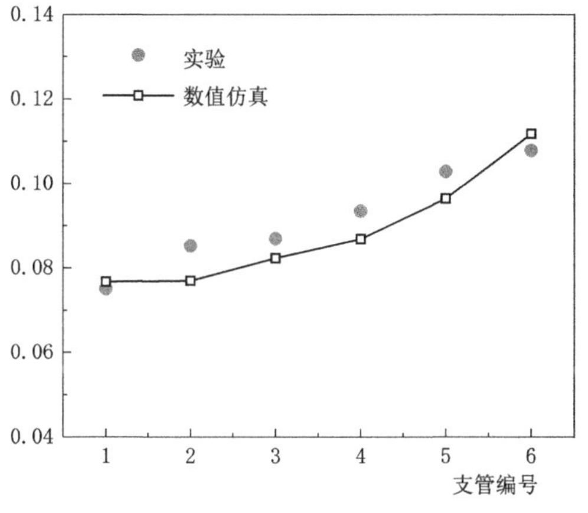

图 6　数值仿真结果与实验数据的对比

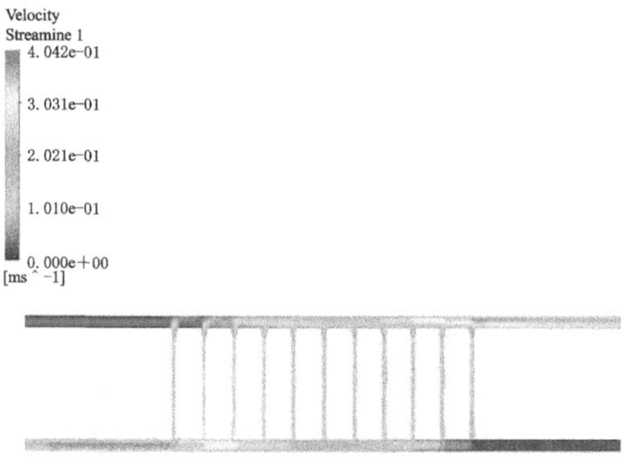

图 7　Q=400L/h 并联管组的速度场

4　结语

基于创新人才培养模式的需求，研制综合性、先进性和开放性实验系统是人才培养的趋势。论文研制综合性实验装置，并利用 CFD 技术解决实验台套数问题，将实装实验与数值仿真技术相结合，进而多角度、深层次加深学生对基础理论与专业知识的理解，并将实验内容由理论拓展到工程应用，实现了传统实验教学与虚拟仿真实验的优势互补。通过虚实结合并联管组流量分配综合实验教学系统，学生可自主选择并联管问题相关实验和数值实验，通过这些实验可激发学生自主思考，拓宽学生视野，提高学习积极性，进而提升学生综合实践能力。目前，该实验系统每年承担 280 余名学生的专业实验教学任务，还为大学生创新项目提供支持。实践证明，虚实结合的综合性专业实验教学效果良好，其对新工科人才专业实践素质的培养发挥着重要作用。

参考文献：

[1] 别敦荣. 论“双一流”建设 [J]. 中国高教研究，2017 (11)：7-17.

[2] 洪大用. 在“双一流”建设中大力加强本科人才培养 [J]. 中国大学教学，2016 (4)：9-16.

[3] 袁炎成，吕念玲，赖丽娟，等. 工程教育实验教学的科学设计与过程管理方案 [J]. 实验技术与管理，2019，36 (1)：192-198，216.

[4] 何深知，崔纯莹，段薇，等. 在设计性实验中培养学生的综合能力 [J]. 实验技术与管理，2009，26 (6)：134-136.

[5] 王少刚，刘仁培，封小松. 开发综合性实验　培养创新能力 [J]. 实验室研究与探索，2009，28 (9)：117-120，148.

[6] 张建良，卢慧芬，赵建男，等. 跨学科综合性实验平台的探索与设计 [J]. 实验技术与管理，2017，34 (1)：194-197，216.

[7] 张东海，黄炜，张建功，等. 暖通空调多功能综合实验台研制 [J]. 实验技术与管理，2013，30 (12)：87-90，100.

[8] 周淑红，陈晓华，赵大威，等. 综合实验的系统设计与实施 [J]. 实验室研究与探索，2009，28 (12)：168-170.

[9] WANG Chichuan，YANG Kaishing，TSAI Jhongsyuan，et al. Characteristics of flow distribution in compact parallel flow heat exchangers，part I：Typical inlet header [J]. Applied Thermal Engineering，2011，31 (16)：3226-3234.

[10] 韦晓丽，缪正清. Z 型和 U 型集箱并联管组流动特性的实验研究 [J]. 动力工程，2008，28 (4)：514-518.

[11] 钟崴，谢金芳，王志新，等. 锅炉集箱系统并联管组流量不均匀性与热负荷间的关系 [J]. 中国电机工程学报，2011，31 (32)：23-30.

[12] 王献孚，熊鳌魁. 高等流体力学 [M]. 武汉：华中科技大学出版社，2013.

[13] 王福军. 计算流体动力学分析——CFD 软件原理与应用 [M]. 北京：清华大学出版社，2004.

强制对流换热实验教学改革的探索

胡频*，盛健，雷明镜，魏燕，胡晓红

（上海理工大学能源动力工程国家级实验教学示范中心，上海 200093）

【摘　要】实验教学是本科教学体系的重要内容，在建设一流高校和一流学科的背景下，本科实验教学体系的建设具有重要意义。为提升实验课程教学水平，上海理工大学能源动力工程国家级实验教学示范中心总结分析了传热学实验教学中的问题，积极改进实验教学内容，优化课程结构，探索高水平实验教学体系的建设。以传热学实验中的空气强制对流换热实验项目为例，通过教学创新，改进了实验教学内容，拓展了学生对强制对流换热过程影响因素的认识，加深了学生对强制对流换热概念的理解。

【关键词】实验教学；教学改革；传热学实验；强制对流换热

0　引言

为推动高新技术的发展，我国在《中华人民共和国国民经济和社会发展第十四个五年规划和 2035 年远景目标纲要》（以下简称“十四五”规划）中强调，要全方位培养、引进、用好人才，充分发挥人才第一资源的作用[1]。高校是科技人才培养体系的重要一环，教育部在“十四五”规划的基础上对高校提出了建设新工科的一系列方针[2]，要求高校要培养一批服务国家重大战略和高新行业发展需求的新工科优秀科技人才[3]。上海理工大学能源动力工程国家级实验教学示范中心（以下简称实验中心）以“十四五”规划和教育部新工科人才培养方针为导向[4]，设计课程体系，优化课程结构，对接行业需求，探索产学合作新模式，培养具有行业视野、满足行业发展需求的卓越人才[5]。

能源与动力工程是基础与应用、理论与实践并重的学科，实践教学在新工科能源动力专业人才培养体系中具有重要意义[6]。空气强制对流换热实验作为能源动力专业本科实验课程中的重要项目，当前实验教学内容对空气在物体表面强制对流换热的影响因素讨论不全面，没有考虑到辐射换热等因素对表面换热过程的影响[7]。因此，本文对强制对流换热实验的教学内容进行总结，并针对当前实验教学的问题进行探索和创新，进一步加深学生对空气强制对流换热过程的理解。

1　实验装置

表面空气强制对流换热实验装置如图 1 所示。装置主要由风洞和量热器组成。风洞是用有机玻璃制成的长方形流道。为了避免涡流的影响，风道内表面保持光滑。吸入口做成双扭线形以保证进出口气流平稳并减少损失，并且使进口处气流速度分布均匀。在吸入口后连接入口段和工作段（包含前测试段、试验段及后测试段）[8]。在工作段中有被研究的换热器（同时也是量热器）、加热前流体的测温热电阻、加热后流体的测温热电阻。在工作段之后的测速段安装一支测量空气流速的毕托管。引风机出风口处安装有风门，风门用于调节流量。为减少风机振动对风洞内速度场的影响，过渡段后的软连接段用塑胶软管与风机相接。本实验中主要测量换热器前后的空气温度以及换热器壁面温度。换热器内部有内热源，可根据流经换热器的风速大小适当调整加热功率，保证平板与空气间有适当的温差。实验中各项温度均采用 PT100 热电阻测量。

* 胡频（1996—　），男，助理实验师，硕士。研究方向：实验教学研究。联系地址：上海市杨浦区军工路 516 号，邮编 200093。E-mail：1592335228@qq.com。

基金项目：教育部 2021 年高等学校能源动力类教学研究与实践项目（No. NSJZW2021Y-72）；上海理工大学 2023 年度本科教学研究与改革重点资助项目（23Z001）。

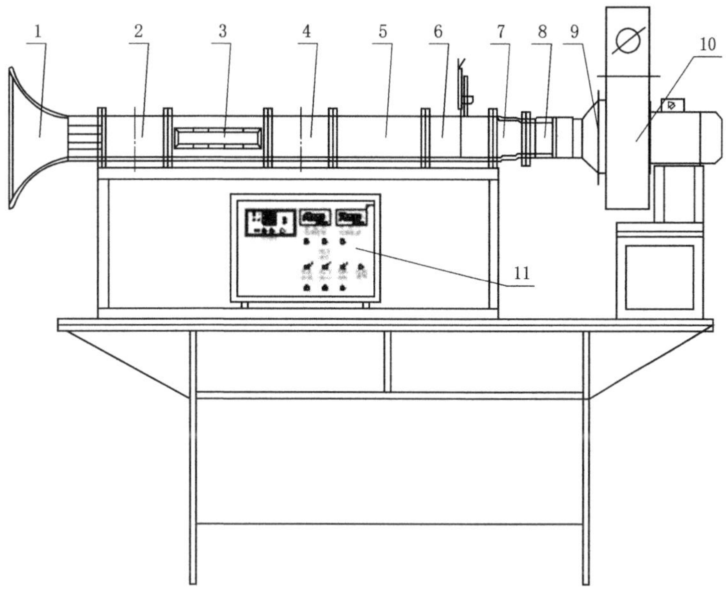

图 1　表面空气强制对流换热实验装置图

1—吸入口；2—前测试段；3—试验段；4—后测试段；5—收缩段；6—测速段；
7—过渡段；8—软连接段；9—风机风门；10—引风机；11—控制面板

2　实验原理与数据处理

风机启动，室内空气经过吸入口被吸入风洞内，流过换热器。换热器内热源开启，空气在换热器表面发生强制对流换热。待壁面温度稳定，换热器表面达到热平衡状态，此时记录电加热工作电压和电流、毕托管动压压差、空气进口温度、平板后空气温度以及平板内壁面温度等数据，可以得到空气在换热器表面的强制对流换热系数。改变风速和内热源加热功率等工况条件重复该实验，可以得到不同工况下的实验数据，进而拟合得到表面强制对流换热的换热准则方程式。由于对流和辐射换热的影响，实验中难以准确测量外壁面温度，因此一般测量内壁面的温度，通过换热器壁面的导热可以计算出外壁面温度。本实验中，由于壁厚较薄，内外壁面温差较小，可近似认为外壁温度等同于内壁温度。实验中选择来流空气温度与壁面温度的平均值作为定性温度。

对换热器表面强制对流换热过程进行分析，可以得到对流换热系数 h 的表达式为

$$h=\frac{Q}{A(T_w-T_f)} \tag{1}$$

式中　h——表面强制对流换热系数，W/(m^2·K)；

Q——单位时间表面换热量，W；

A——换热面积，m^2；

T_w——壁面平均温度，K；

T_f——换热段空气温度，K。

通过改变空气流速和加热功率等实验参数进行重复实验，可以得到不同工况条件下的强制对流换热系数。

3　问题与改进思路

3.1　未考虑辐射换热

实验主要研究换热器表面的对流换热过程，重点研究了热传导和热对流两种热传递方式。但实验没有考虑换热器表面与环境的辐射换热量，计算得到的对流换热系数和理论数值存在一定误差。

为减少计算结果的误差，对换热器表面的传热过程进行分析。本实验空气在换热器表面被加热，且换热器壁厚较薄，内外壁面温差较小，可基本忽略热传导[9]。因此，内热源所产生的热量 Q 是以对流换热 Q_c 和辐射换热 Q_r 方式传出的。

$$Q_c=Q-Q_r \tag{2}$$

其中

$$Q_r=\varepsilon\sigma A\left[\left(\frac{T_w}{100}\right)^4-\left(\frac{T_f}{100}\right)^4\right] \tag{3}$$

对换热器表面强制对流换热过程进行分析，可以得到改进后的对流换热系数的表达式为

$$h=\frac{Q_c}{A(T_w-T_f)} \tag{4}$$

式中 h——表面强制对流换热系数，$W/(m^2 \cdot K)$；

Q——单位时间总换热量，W；

Q_c——单位时间对流换热量，W；

Q_r——单位时间辐射换热量，W；

T_w——壁面平均温度，K；

T_f——换热段空气温度，K；

ε——平板表面黑度，$\varepsilon=0.22$；

σ——绝对黑体辐射系数，$\sigma=5.67W/(m^2 \cdot K^4)$。

3.2 强制对流换热准则方程式

该实验计算了不同工况条件下的强制对流换热系数，比较了空气流速和热负荷等因素对换热效率的影响。但实验对表面强制对流换热的规律缺乏更进一步的讨论和研究。

为了总结得到表面强制对流换热的规律，使用量纲分析法对换热过程中的参数进行推导，得到下列准则关系式，可以表达强迫对流传热规律[10]（关系式中 c、n 为常数，待计算）：

$$Nu=cRe^n \tag{5}$$

为计算准则方程式中指数 n、系数 c 的值，对方程式取对数，可以得到准则关系式的对数函数方程[11]：

$$\ln Nu=\ln c+n\ln Re \tag{6}$$

式中 Nu——努塞尔数；

Re——雷诺数。

由式（6）可见，$\ln Nu$ 与 $\ln Re$ 为线性关系。根据每个实验工况所测得数据计算整理得出相应的 Nu 与 Re 值，在双对数坐标纸上，以 $\ln Nu$ 为纵坐标，$\ln Re$ 为横坐标，将各个工况点标示出，则可近似地用一条直线标示。

按照最小二乘法原理[12]，指数 n、系数 c 可以按下式计算：

$$n=\frac{\left(\sum_{i=1}^{N}x_i\right)\left(\sum_{i=1}^{N}y_i\right)-N\left(\sum_{i=1}^{N}x_iy_i\right)}{\left(\sum_{i=1}^{N}x_i\right)^2-N\sum_{i=1}^{N}x_i^2} \tag{7}$$

$$\ln c=\frac{\left(\sum_{i=1}^{N}x_iy_i\right)\left(\sum_{i=1}^{N}x_i\right)-\left(\sum_{i=1}^{N}y_i\right)\sum_{i=1}^{N}x_i^2}{\left(\sum_{i=1}^{N}x_i\right)^2-N\sum_{i=1}^{N}x_i^2} \tag{8}$$

式中 N——试验点的数目（总工况数）；

x_i——第 i 个测量点的横坐标的对数值，$x_i=\ln Re$；

y_i——第 i 个测量点的纵坐标的对数值，$y_i=\ln Nu$。

4 结语

原实验教学过程中未考虑到热辐射对强制对流换热的影响，实验结果的准确性较差，对表面强制对流换热的规律研究不足，缺少实践与理论知识的结合。

改进后，在计算中引入辐射换热量，减少实验误差，使实验数据更符合理论规律，更好地达到了教学目的。同时改进后的实验通过整理分析不同工况条件下的实验数据，推导计算出换热准则方程式，充分结合理论研究得到了具有普适性的表面强制对流换热规律，进一步加深了学生对强制对流换热原理的理解。

参考文献：

[1] 张维炜. 推进“十四五”发展取得新成效 [J]. 中国人大，2024 (3)：15.

[2] 马英楠，张盼良，曾乐林，等. “十四五”规划下地方应用型高校化工专业人才培养模式探索 [J]. 化工管理，2024 (6)：47-50.

[3] 高玉红，席改卿，任立伟，等. 新工科背景下应用型地方院校化工专业综合改革与实践 [J]. 广州化工，2020，48 (21)：187-189.

[4] 冯旭芳，张桂春. “转型”试点高校“双师双能型”教师队伍建设探究 [J]. 高等工程教育研究，2017 (1)：140-144.

[5] 史洪伟，王红艳，徐基贵，等. 地方应用型高校化工创新创业人才培养模式的探索 [J]. 广州化工，2019，47 (15)：203-204.

[6] 欧阳玉祝，欧阳卉，肖竹平，等. 基于产学研一体化的综合化学实验教学研究与实践 [J]. 实验技术与管理，2011，28 (12)：15-17.

[7] 伍海波. 面向学生创新能力培养的高校实验室建设研究 [J]. 实验室科学，2017，20 (5)：190-192.

[8] 黄理浩，陶乐仁，沈逸鸣，等. 单管管外沸腾冷凝换热实验教学装置改进 [J]. 实验科学与技术，2022，20 (2)：133-137.

[9] 雷明镜，张华，武卫东，等. 建设能源动力工程开放实验室的探索与实践 [J]. 实验技术与管理，2018，35 (4)：231-234.

[10] 徐永明，柴世文. 建立准则方程在板式换热器应用中的重要性 [J]. 广州化工，2018，46 (4)：125-128.

[11] 毛汇，杨詠昕，朱进波，等. 对数律和指数律风剖面的差异分析及其对桥梁抗风性能评价的影响 [J]. 结构工程师，2024，40 (1)：22-28.

[12] 王紫蕊，冯志辉，雷铭，等. 基于改进最小二乘法的 MEMS 振镜模型参数辨识 [J]. 激光与光电子学进展，2024，61 (9)：440-446.

基于物联网技术的食品冷链技术及工程应用课程中冷链监测实验平台建设探索

李诚展*，田绅，史耀广，胡开永，朱宗升，刘斌

（天津商业大学机械工程学院，天津 300134）

【摘　要】适应新工科背景下应用技术人才培养的需求，开展面向能源与动力工程专业的物联网控制系统实验平台建设，探索平台设计主要思想和基本教学功能。探讨了该平台基于物联网控制技术所设计的软硬件架构，硬件主要包括温湿度、位置信息采集、条码信息采集三大采集模块，软件主要针对温湿度、食品二维码信息、位置信息等智能节点软件设计，以加深学生对物联网控制流程相关理论知识的理解，并帮助学生感受到实时数据采集对冷链系统节能运行的直观性。在未来基于该平台开展的相关实验和课程设计有效支撑了物联网技术下冷链物流系统中节能运行的联动性，并初步培养学生的软件设计能力，最终实现提升学生解决复杂工程问题的能力。

【关键词】物联网技术；冷链系统监测；实验平台；教学改革

0　引言

2020 年 2 月 27 日，教育部办公厅发布《第二批新工科研究与实践项目指南》，各高校立足于世界百年未有之大变局的时代背景，进一步基于新工科建设理念与实践的前期探索，其中有部分主要是探索构建工科教师工程实践能力标准体系、高校教师与行业人才双向交流“十万计划”实施机制、工学院院长教学领导力提升及多种形式教师培训体系，形成工科教师工程实践能力的强化与提升体系。经过几年的建设，社会及行业人员对新工科人才培养的内涵和特征已基本达成了共识，如实现在新兴技术范式下的教师的教学方法创新与实践，该部分主要目标是深入推进信息技术与教育教学的深度融合，探索人工智能、云计算、物联网、虚拟现实、数据挖掘等新兴技术促进教与学的方法与路径。目前各高校由于所擅长的领域和学校定位发展的各自区别，在新工科具体建设过程中有不同的侧重点。

天津商业大学制冷与低温工程专业主要以培养冷冻冷藏、冷链技术等领域的应用技术型人才为主，从 2023 年开始针对该专业的人才培养方案进行了新一轮的修订，以新工科倡导的人才培养理念为主要导向，同时重点考虑产教融合的教学背景，对专业和课程进行教学内容深度改革。结合长久以来的办学特色和优势方向来制定教学大纲，以服务食品领域、满足产业发展需求为目标，有针对性地培养一批服务于社会的应用技术型人才。其中，在培养方案和教学大纲制定过程中，加强实验实践教学改革是其中重要的一方面。基于物联网技术的冷链监测实验平台正是在上述背景下开展建设的，主要用于提升制冷方向学生的工程实践能力，进一步提高学生解决复杂工程问题的综合能力，这也是新工科人才培养的基本要求。最终，培养学生成为富有创新和实践能力、适应新背景下该行业飞速发展需要的应用技术型人才。

1　物联网技术下冷链监测平台的相关研究

物联网技术在冷链监测平台的应用是当今技术革新的重要组成部分，特别是在保证食品安全和药品运输的有效性方面发挥着至关重要的作用。物联网技术通过实现实时监控和远程数据传输，极大地提高了冷链物流的管理水平和效率。基于物联网技术下冷链监测平台的相关研究主要涉及内容包括基于微控制器的在线监管设备设计、生鲜农产品冷链物流体系框架构建、低功耗冷链物流管理系统开发、端到端冷链云服务系统研究与设计、农产品全程冷链物流管理平台研发。因此，物联网技术在冷链监测平台的研究涵盖了硬件设计、系统集成、标准制定、数据管理和行业应用等多个层面。这些研究不仅提升了冷链物流的监控效率和准确性，也为相关企业和监管部门提供了有效的工具，以确保食品和药品在运输和储存过程中的安全与合规性。随着技术的进一步发展和应用，预计未来冷链监测平台将更加智能化、自动化，更好地服务于公众和企业的多样

化需求。

本文介绍的物联网控制系统实验平台将物联网技术等与冷链物流系统进行交叉融合，将学校现有多门课程的实验平台进行整合，根据冷链物流流通方向进行设计，建设一个集成式实验教学平台。实验平台由多个模块组成，拟借鉴现有的冷链物流实时监测系统来设定各个模块，主要有位置信息模块、温湿度采集模块、食品条码信息采集模块（用来采集食品在冷链物流流通过程中食品的身份信息、所处环境参数），随后通过无线发送位置传输给工控机显示。目前现有的冷链物流实时监测系统旨在通过物联网与冷链物流的结合，实现对食品在冷链运输过程中环境参数的监测，提高食品在冷链物流中的安全品质。当前实验平台在考虑现有的冷链物流监测系统的基本需求下，结合天津商业大学现有实验条件，集成先进的物联网技术，更能充分发挥本校在冷冻冷藏和冷链物流等方面的人才培养特色。可进一步通过该平台有效提升学生的动手操作能力和设计能力，适应本校能源与动力工程类、新能源科学与工程、建筑环境与能源应用工程等不同类专业实验平台建设需求，具有一定的创新性和独特性。基于该教学实验平台，可有效保证新工科中涉及的项目式课程有序开展，有助于学生体悟到工程中涉及的复杂问题的解决思路。

2 实验平台总体设计

本平台以微处理器为控制核心，实时监测食品在冷链流通过程中涉及的环节，如在冷库储藏和在冷藏车运输过程中的环境参数、所处位置。采集模块涉及的参数为温度、湿度传感器，用以获取食品流通过程中的实时温度和湿度参数。所处位置通过位置信息模块来获取，可以借助“GPS+北斗”联合支持下的移动定位系统来实现。随后通过扫码器扫描食品包装的二维码信息，并通过无线传输装置将以上获取到的各项信息发送给服务器，或者进一步通过服务器和相关软件将信息实时传输至云端，最终实现对食品流通过程中的全链条信息监控（图 1）。

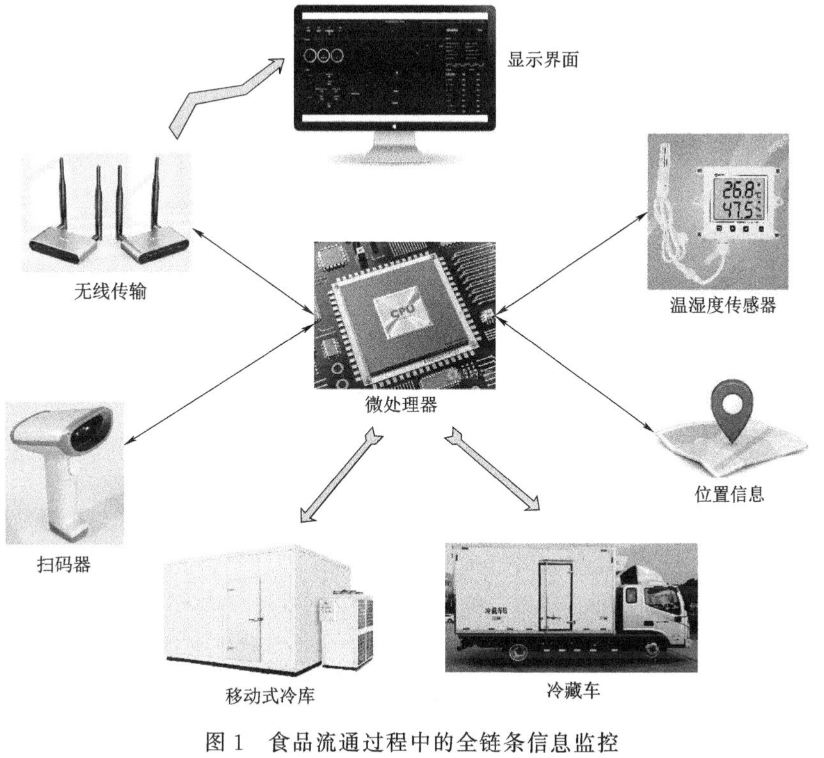

图 1　食品流通过程中的全链条信息监控

2.1 硬件组成与设计

硬件部分主要由温湿度、位置信息采集、条码信息采集三大采集模块构成[1]。温湿度采集模块用于实时采集冷链流通过程中的温度、湿度信息；位置信息采集模块用于获取冷藏车在运输过程中的地理位置信息；条码信息采集模块用于收集食品的身份信息。微处理器作为中央处理器，需要满足实时监测食品过程中的信息收集需求。微处理器通过无线传输装置将三个模块采集到的数据传输并显示至服务器，从而完成整个冷链监测平台信息的实时采集。

感知端主要是基于多核心微处理器开发平台学习微控制器原理，学生利用板上已有的扩展模块制作一个物联网无线的智能终端节点，实现现场数据采集功能，节点也可以通过服务协议与云平台连接，实现一个云—端物联网采集系统[2]。

2.2 软件组成与设计

由于学生只掌握硬件原理知识，不能有效提升学生的动手实践能力。基于此，该平台通过培养学生的软件开放设计能力，通过模块化和层级化的软件设计思路，来满足新工科项目式课程的培养目标。

该平台中关于冷链流通过程中温湿度的采集，培养学生掌握智能节点的软件设计能力。该平台中的智能节点实验拟采用嵌入式C语言或汇编语言来实现。程序运行在微处理器中，采用较为通用的程序语言培养学生面向底层硬件的软件设计能力，一般这样对系统要求较低，所需存储资源较低，可以满足温湿度传感器等智能节点的设计与开发。智能节点的软件设计对硬件要求较高，要求学生在熟练掌握微控制器原理的基础上，能够进行基于多核微处理器的智能节点开发，培养学生掌握面向硬件的驱动程序编写，以及微控制器的工作原理和嵌入式智能系统开发技巧。平台构建中的这种模块化软件设计思想既可以支持学生开展微控制器原理实验，又可以支持学生进行物联网端节点设计。

3 基于实验平台的案例设计

在进行教学案例设计时，首先是明确培养学生具体哪方面的能力，即培养学生具备端节点的开发能力。通过端节点软件的开发，可有效培养学生嵌入式系统开发能力和系统集成能力。同时，由于该平台主要面向专业为能源与动力工程类，还需要让学生直观感受到温湿度实时曲线对冷链节能运行的影响作用。

平台能够自动监测位置信息、食品信息、温湿度参数等，并能够对相关温度、湿度以及环境控制设备实现可靠的实时控制；能够对设备状态进行监测，当出现故障时，能够及时报警并自动记录报警日志；进一步地，该平台通过充分利用云平台功能实现对数据的存储、分析和计算等，并开发出基于该云平台所适用的客户端，使操作人员能随时随地掌握冷链系统的运行状况。根据所设计教学案例需求和功能定义，基于实验教学平台开展的温湿度智能节点软件设计案例架构如图2所示。

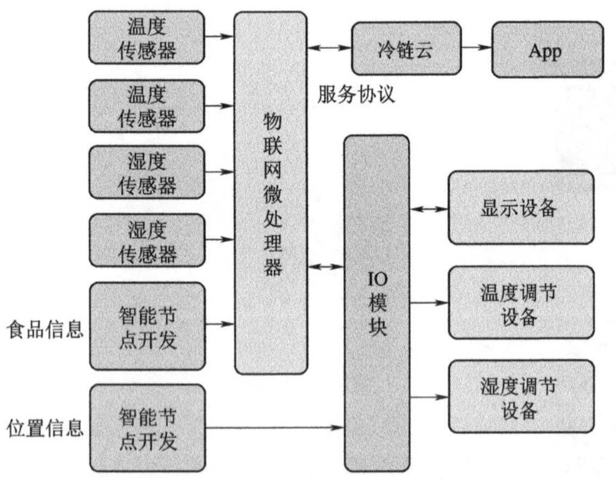

图2 基于实验教学平台开展的温湿度智能节点软件设计案例架构

在上述架构中，物联网微处理器将实时采集和监控现场设备状态，并将相关信息自动保存在嵌入式物联网微处理器中。随着数据的不断累积，嵌入式物联网微处理器按一定存储周期将数据传输至云平台进行存储，以便进一步开展数据分析，实现冷链流通的各个节点中的节能运行。平台中集成了用于测量食品环境温湿度和位置信息的工业传感器，这些传感器通过RS485总线和相应的服务协议与物联网微处理器进行连接。同时还根据特定需求，利用实验教学平台中的多微控制器核心开发平台开发了相关智能节点，比如多出的食品二维码信息的采集节点的加入。系统中的输入输出设备如开关、指示灯、报警器、温湿度调节等设备连接到IO的输入输出端口，其状态的读取和配置通过物联网控制器控制相应端口的寄存器状态来实现。

通过上述设计过程，符合新工科背景下复合交叉型应用技术人才培养的需求。

4 结语

基于物联网技术下冷链系统监测教学实验平台提供的软硬件资源可为相关理论课程学习及实践课程的学习提供有力支撑，同时为学生搭建了一个开放创新的科技竞赛实践训练平台，提高了学生的动手操作能力。该实践平台的建设完全贯彻新工科在新兴技术范式下的教师的教学方法创新与实践的培养理念。该平台若投入使用，可以支撑2门专业核心课的实践课建设，同时还能设定多项毕业设计课题，支持全国性专业设计竞赛的开展，如全国大学生节能减排社会实践与科技竞赛、全国大学生创新创业大赛等竞赛项目。其中，学生通过该平台更易在这些学科竞赛中获得省部级以上奖励，进一步提升学生专业学习的兴趣。此外，在该平台建设过程中，课程团队可以选择在物联网技术方面走在前列的公司合作，构建了产学研协同育人的专业人才培养实践教学体系，建设校外实习基地，促进校内外实践教学的有机融合，以更全面地满足新工科人才培养需求。由于探讨的平台建设功能较为单一，未来可以进一步增加基于物联网技术感知终端采集系统—边缘控制系统—云平台的控制系统架构设计，增加实验教学平台的模块化组件和标准化接口，以方便更加多样的教学案例实施。

参考文献：

[1] 梁琨，肖宏伟，杜莹莹，等. 基于物联网技术的果蔬冷链物流实时监测系统 [J]. 江苏农业科学，2015，43 (11)：519-521.

[2] 董乔雪，薛一鸣，石庆兰，等. 面向新工科人才培养的物联网控制系统实验平台建设 [J]. 软件导刊，2023，22 (7)：98-103.

氨制冷系统安全运行虚拟仿真实验教学课程建设

邹同华*，宋健飞

（天津商业大学机械工程学院，天津 300134）

【摘　要】 氨制冷系统结构复杂，且氨易燃易爆、有毒，不宜开展实体教学实验。氨制冷系统安全运行虚拟仿真实验基于目前行业内常见的真实氨制冷系统，对氨制冷冷库真实安全运行中排空气、热氨融霜、紧急泄氨等操作进行了模拟。通过实验学生不仅可以熟练掌握氨制冷系统组成，还可掌握其安全运行操作规程。本实验项目不仅适用于本科教学，也可用于对涉氨冷库生产、安装、运营企业的从业人员的培训以及安监部门安检人员的培训。

【关键词】 氨制冷系统；安全运行；虚拟仿真；课程建设

0　引言

在国家“双碳”目标背景下，氨作为一种清洁、可再生能源成为全球关注的焦点，尤其在制冷领域。基于《〈关于消耗臭氧层物质的蒙特利尔议定书〉基加利修正案》和我国 GB/T 9237—2017《制冷系统及热泵安全与环境要求》，CFCs 和 HCFCs 由于含有氯原子，具有较高的臭氧损耗潜值（ozone depletion potential，ODP)，已在全球范围内逐步停产淘汰[1]，而 HFC 制冷剂由于 GWP 值通常在 1000～4000 之间，也面临淘汰。氨制冷剂作为自然工质对臭氧层无影响，GWP 值接近于 0，相对于其他制冷剂热力学性能是当前最好的，但由于氨易燃、易爆、有毒等特性，使其在实际应用和操作中有严格的要求和规范[2]。2013 年我国相继发生了 3 起较大的涉氨事故[3]，其中吉林省宝源丰禽业公司发生的重大火灾事故，造成 121 人死亡，70 多人受伤。事故主要原因是管理和操作人员对氨制冷系统的认识不足，管理和操作失误[4]。当前我国冷冻、冷藏等大型制冷系统中 90%采用氨制冷剂，且我国冷冻冷藏行业正处于快速发展阶段，“十四五”期间将建立完善的冷链物流体系[5]，充注氨制冷剂的大中型制冷系统数量将进一步扩大规模，从业人员培训和实训将面临严峻挑战，因此，亟须加强大中型制冷系统特别是氨系统的基础知识传授和实训能力培养。

天津商业大学所开设的制冷装置设计课程为国家级精品课程、网络资源共享课程和国家级一流本科课程，配套教材是以氨制冷系统为主要内容的国家级“十二五”“十三五”规划教材。长期以来，能源与动力工程专业（制冷方向）工程与技术专业人才培养的教学手段受到诸多条件的限制，包括：

（1）氨制冷实验涉及易燃、易爆、有毒材料，学生实践操作危险性高。

（2）实验设施价格昂贵，占用实验室空间大，运行维护费用较高。

（3）实验台架规模有限，实验内容单一，实验体验效果较差。

（4）生产工厂和冷库等实习场所安全生产责任大，专业实习的安排存在着高风险、高费用、涉氨冷库企业不愿意接受参观等诸多问题。

以上问题客观上严重制约了制冷专业教学水平和教学质量的提高，导致学生理论与实践脱节，对所学知识缺少感性认识，动手能力普遍较差，创新能力得不到很好的培养和挖掘。因此，开发让学生能够深入了解有关氨制冷系统结构认识、性能测试、安全运行、安装调试等的虚拟仿真实验教学资源是非常必要的。

1　实验原理与仿真设计

1.1　实验系统及原理

本实验课程是针对氨制冷系统开展的一项综合性、实践性很强的虚拟仿真实验项目，为国家级一流本科

* 邹同华（1966— ），男，教授，博士。研究方向：制冷与空调。通信地址：天津商业大学机械工程学院，邮编 300134。E-mail：zthua@tjcu.edu.cn。

课程制冷装置设计的课内实验。实验内容涵盖了氨制冷系统组成、设备结构及系统运行原理（图1）和相关知识点，主要实验原理如下：

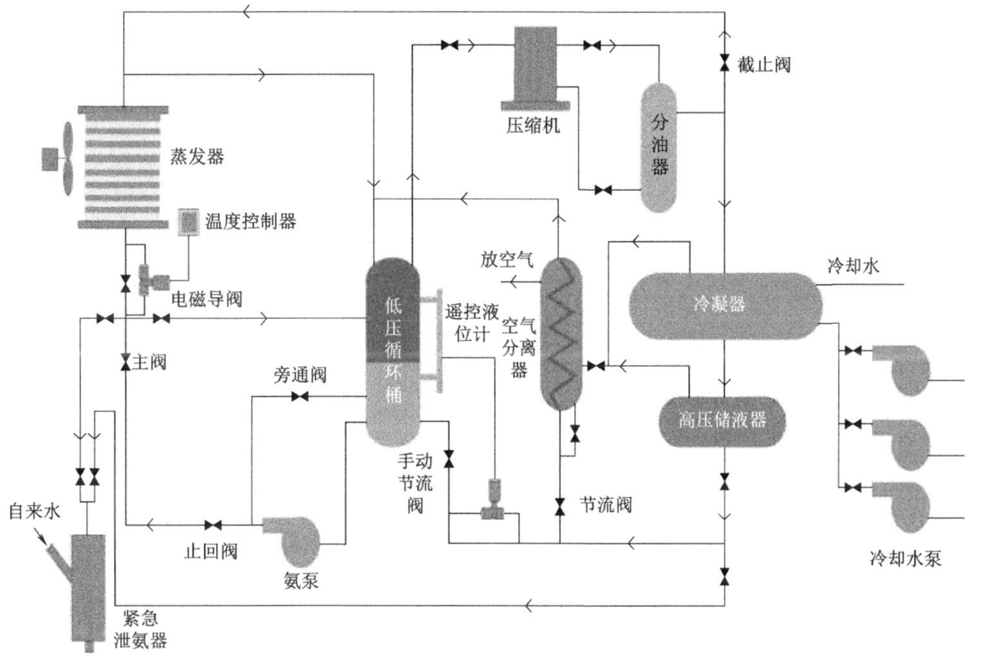

图1　氨制冷系统原理图

（1）氨制冷系统启动前准备工作。虚拟仿真实验模拟实际运行，系统启动前需了解氨制冷系统各组成结构，尤其是安全装置（包括安全阀、氨压力表、温度计、液位计、紧急泄氨器、压力控制器、压差控制器和安全假盖、氨气探测器及报警装置等）；熟悉氨制冷系统的日常安全检查、维护和管理，主要内容包含氨制冷压缩机运行状态、吸排气温度、曲轴箱油面、油压及油温、压缩机器件温度、压力容器运行状态、各点位温度及压力、系统密封性及结霜状态、风机及水泵运行状态和安全控制设备运行状态等，以确保系统安全高效运行。

（2）排空气原理。氨制冷系统中，由于制冷剂充注前排空不充分、氨以及润滑油分解等各种原因，会混入空气等不凝性气体，降低制冷效率，因此必须定期排空。为减少氨气的排放，一般使用空气分离器回收氨制冷剂，实现系统中不凝性气体的排放。

（3）热氨融霜原理。蒸发器运行一定时间会发生结霜，霜层过厚则影响制冷性能，需及时除霜。热氨融霜是把压缩机排出的热氨蒸汽引入冷却排管，迫使壁外霜衣吸热融化，从排管上脱落，达到除霜目的。热氨融霜时冷却排管温差变化较大，排管上的焊接点在急剧冷缩拉应力的作用下有可能发生焊点开裂、漏氨安全风险，且融霜过程中如果处理不当，会产生液击的危险，因此必须严格执行操作规程。

（4）紧急泄氨原理。氨制冷系统中充装氨量较多，而氨易燃烧和爆炸，在遇到火警或其他意外事故时，必须通过紧急泄氨器将系统中的氨液迅速地全部排出，以保护设备和人身安全。

1.2　核心要素仿真设计

本课程由虚拟仿真实验教学操作平台和虚拟实验教学管理系统两部分组成，虚拟仿真实验教学操作平台提供与真实氨制冷系统相似的运行调试场景；虚拟实验教学管理系统提供全方位虚拟实验教学辅助功能，包括用户管理、操作提示、数据读取与展示、实验结果评分、成绩统计等。核心要素仿真设计如下：

（1）场景漫游。在基于真实氨制冷系统冷库的3D仿真模型中，学生可在“漫游模式”中通过“漫游”完成认知实验，包括实验场景、实验对象、实验设备、实验系统等；掌握所有实验设备和系统的布置情况，与实际测试时完全一致。

（2）基于真实设计资料及测试数据的数值仿真。包括实验对象（氨制冷系统冷库）、各主要组成设备及测试仪表在内的3D仿真模型均参考实际设计资料，实验中给出的测试参数也是基于实测数据资料。

(3) 面向实际氨制冷冷库方案设计及组织实施流程。在“自学模式”及“自测模式”环节，根据实际操作流程进行虚拟仿真。通过排空气、热氨融霜与紧急泄氨等互动操作，完成对整个课程实施流程的认知，完整掌握氨制冷系统安全运行实验的测试内容、组织实施流程、测得参数，掌握安全运行流程、安全控制措施及数据采集过程，能够真实再现氨制冷安全运行全过程。

2 实验教学过程与方法

2.1 实验教学过程

(1) 在理论知识学习后，先参观实验室的氨制冷系统实验系统，对氨制冷系统进行感性认识，熟悉氨制冷系统的组成，认识各主要组成部件，建立系统概念。实验室建有一套完整的氨制冷系统实验台（图 2），既可进行氨制冷系统结构认识，也可进行氨制冷系统性能测试实验，但出于安全考虑，系统内并未充注氨制冷剂，所以不能进行真实实验。

(2) 在认识实物后，开始熟悉氨制冷系统仿真实验平台。仿真实验平台是基于真实大型氨制冷冷库开发的，可以“漫游”氨制冷机房和冷藏库房，了解真实大型氨制冷冷库构造（出于安全考虑，一般氨制冷冷库企业不愿接受学生参观）；每个氨制冷系统部件都有详细介绍，点击该设备就可以深入了解各部件的结构、原理和作用；可以开展氨制冷排空气、融霜、泄氨、充氨及性能测试等多个实验，满足学生个性化实验要求，达到对氨制冷冷库的全面了解，如图 3 所示。

图 2　氨制冷系统实物认识实验

图 3　氨制冷机房与冷藏库房“漫游”演示

(3) 在熟悉仿真实验平台的基础上，开始进行氨制冷系统安全运行虚拟仿真实验。氨制冷系统安全运行是学生今后从事相关工作必须了解和特别要关注的问题，该实验定为必做实验，就是要强化学生的安全意识，其他实验可以根据学生兴趣和时间，利用课余时间单独或协作完成。

(4) 实验过程可重复多次，操作错误有相应提示，实验结束后根据操作规范性、完成程度等进行成绩评价。

2.2 实验教学方法

(1) 理论教学、实物实验教学与虚拟实验教学有机结合。实验过程中，将理论教学中的相关知识与实验过程紧密有机结合，实时再现并引导学生学习相关理论知识，起到再复习和巩固理论知识的目的。

(2) 循序渐进引导与自主研究探索相结合。虚拟实验系统中，采用了多种灵活方式实时向学生提供实验指导，并在提供基础内容与操作指导的同时，设计了需要学生自主思考完成的内容，通过循序渐进引导与自主研究探索相结合进一步提升了学生实验过程的参与度与主动性，从而提高了实验教学实施效果。

(3) 线上实验与线下总结研讨相结合。虚拟实验采用了线上虚拟实验与线下总结研讨相结合的实验教学方式，保证了实验完整性以及学生独立完成实验和团队交流研讨的完整性。

(4) 对比实验与实验设计研究相结合。为了提升虚拟实验的研究性、综合性和设计性，通过指定的虚拟对比实验研究以及针对提出的工程问题进行实验设计与自主实验，进而达到提升学生实验研究能力和解决复杂工程问题能力的目的。

(5) 趣味性与学术性相结合。虚拟实验在内容展示与操作实践方面，在真实再现现场实验与尊重学术技术特点的基础上，采用了多种形式与手段强化了实验的趣味性，实现了趣味性与学术性的统一，提高了学生实验兴趣，进而提升了实验质量与效果。

3　实验教学特色

3.1　实验设计方面的特色

（1）信息化、个性化、交互性、趣味性相统一。基于真实氨制冷系统相同的运行环境，设计了一套全方位虚拟仿真实验教学与辅导平台及丰富的教学资源，学生通过网络自主进行实验预习、“漫游”和虚拟仿真实验、答题与讨论，教师通过网络检测学生实验效果、答疑指导和评价，实现了趣味性与学术性的统一，提高了学生实验兴趣。

（2）服务国家“双碳”目标，融入思政元素。氨制冷系统较其他制冷系统节能效果明显，符合国家“双碳”目标，但由于氨制冷存在安全问题，急需培养更多行业专门人才。通过虚拟仿真实验，增强了学生服务于国家战略的使命感、责任感和紧迫感，提高了学生学习动力。

（3）理论与实验有机融合，打造“二性一度”高标准。氨制冷系统是所有制冷系统中最复杂的一种，同时存在安全问题，是当前需要解决的技术前沿。通过交互式、个性化探究等方式开展氨制冷系统虚拟仿真实验，可培养学生解决复杂问题的综合能力和高级思维。

3.2　教学方法方面的特色

本课程综合采用理论教学、实物教学与虚拟实验教学有机结合，循序渐进引导与自主研究探索相结合，线上实验与线下总结研讨相结合，对比实验与实验设计研究相结合以及趣味性与学术性相结合的教学方法，实现了从“以教为主”到“以学为主”再到“学教互动”理念的转变，学生成为学习的主体，教师成为学习的帮促者、引导者、合作者，师生互动成为常态，激发了学生的实验兴趣，提高了学生的实验操作技能，有效地培养了学生的创新实践能力。

3.3　评价体系方面的特色

本课程考核学生掌握氨制冷系统理论知识和操作运行的熟练程度。实验系统大数据平台可以收集学生预习情况、实验步骤完整和操作正确性、实验数据记录的准确性以及实验报告是否内容完整、图表清楚、分析正确等信息，实施全过程全方位评价，总结分析学生对实验系统、实验设计、学习效果等方面的评价与反馈，了解学生对实验的掌握程度并进行分类指导，从而实现因材施教和个性化教学。

4　实验教学目标

氨制冷系统安全运行虚拟仿真实验项目包含氨系统正常运行、排空气、热氨融霜、紧急泄氨等实际运行过程中的一系列操作过程和设备，可让学生身临其境地模拟运行人员的实操经历。通过此实验项目的开展可达到以下教学目标。

4.1　实验教学过程更安全高效

在虚拟仿真实验过程中，如紧急泄氨实验可反复进行，无须担心成本和安全问题；在排空气实验中，无须考虑废气、废物等对环境产生的污染问题，完全避免了实体实验设备大型、成本高、资源消耗大、安全隐患等问题，极大降低了真实实验室建设和运行成本，使教学过程更安全、高效。

4.2　提升整体实验教学效果

虚拟仿真实验项目有效弥补了制冷装置设计课程中无法实施氨制冷系统实际运行操作实验的缺陷，学生不必分组轮流操作复杂、昂贵的大型氨制冷系统，可随时随地了解熟悉系统运行操作方法；实验项目均可反复进行，运行参数可根据实际氨制冷系统运行工况变化调控，通过反复大量的测试、对比不同运行参数对系统运行性能的影响，深入分析理论原理与实验现象。

4.3　强化学生创新实践能力

通过3D机房和库房实景，使学生生动而真实地了解与掌握实际的氨制冷系统机房和库房设备与管路的布局情况，加深对所学专业理论知识的理解。通过亲自操作氨制冷系统，充分熟悉氨系统设备构成及运行情况，掌握排空气、热氨融霜、紧急泄氨的实验操作，有效实现理论与实践的融合，提高学生动手实践能力。通过案例性实验及对各设备的启停控制和调节，激发学生的学习兴趣，加强学生对氨系统的专业认知，提高学生解决大型制冷系统复杂工程问题的能力。通过对现有氨制冷系统安全设计的全面了解与反思，形成对新型氨制冷系统先进安全性的创新认识，为毕业设计或课外科技大赛提供设计参考。

4.4 养成学生严谨的操作行为规范

通过学习系统运行安全操作规范以及逐步的模拟实验，掌握氨制冷系统操作运行过程，尤其是安全装置的检测与操作规范，使学生加深了理论知识，建立了严谨的行为规范和安全意识。经过虚拟实验训练，增强学生的工程实践能力和经验，从而适应未来工作岗位需求。

4.5 扩大实验资源共享辐射范围

氨制冷系统安全运行虚拟仿真实验项目可通过互联网访问使用，无须考虑真实实验中氨制冷系统的制冷负荷、实验室容量、学生现场管理等问题，方便开展大面积班级实验并面向社会开放。该实验项目不仅是天津商业大学能源与动力工程专业虚拟仿真实验教学主要资源，也支持其他相近专业的虚拟仿真实验教学，可为社会冷冻冷藏行业领域的大型氨制冷系统相关技术人员的安全操作培训等提供服务，并为安监部门从业人员提供相关业务培训。

5 结论

虚拟仿真实验有助于学生对氨制冷系统基本原理、设备功能及内部结构的掌握，在不同的实验条件和操作下，能按照安装工艺进行多种系统组合，并比较不同系统形式优缺点；对应本实验中系统启停加载、排空气、热氨融霜、泄氨等不同的实验阶段，培养学生进行氨制冷系统各种运行操作及安全操作的能力；熟练掌握系统参数之间的联动关系，并根据参数实时变化判断系统状态，识别系统异常参数，判断安全隐患，解决潜在实验安全问题。

参考文献：

[1] 张迪，郭智恺，于万金，等．新型低 GWP 制冷剂在－100～200℃的应用研究进展 [J]．制冷学报，2024，45 (3)：23－37.

[2] 张泽凯．氨和氟利昂冷库储梨的能效对比分析 [D]．天津：天津商业大学，2023.

[3] 刘辉，张智超，付会龙．2011—2015 年我国工作场所液氨事故统计分析研究 [J]．吉林建筑大学学报，2017，34 (4)：36－40.

[4] 张琥．我国食品企业氨泄漏事故致因研究 [D]．北京：中国矿业大学，2018.

[5] 覃洁，林海滨．食品冷冻及加工技术研究应用现状及研究发展 [J]．食品工业，2024，45 (5)：243－247.

能源动力类专业研究生产教研育人模式探索

王誉霖，董晓燕，刘圣春，代保民，杨庆忠

（冷冻藏技术教育部工程研究中心，天津市制冷技术重点实验室，
农业农村部农产品低碳冷链重点实验室，天津 300134）

【摘　要】 “双碳”背景下能源领域的发展出现了新的机遇与挑战，传统模式下研究生的培养已经无法适应社会经济发展以及建设创新型国家的需求。为全面贯彻党的教育方针，落实立德树人根本任务，积极发挥科研育人功能，本文为以能源动力类专业研究生培养为例，借助开放式课程教学、科研项目载体和校外实践教学基地开展研究生产教研“三位一体”培养模式的探索，以期为国家培养出一批具创新品质的应用型高层次“双碳”人才。

【关键词】 “双碳”；能源动力；研究生培养；产教研育人模式

0　引言

随着全球经济发展，大规模的建设生产需要大量消耗化石能源，碳排放总量显著上升，对生态环境造成影响。“双碳”目标的提出是在发展经济的同时实现对环境的保护。大力发展新能源产业能够优化我国能源结构，促进能源的转型升级[1]。由此可见，在“双碳”目标的支持下，我国的新能源产业有着广阔的发展前景。新能源产业是实现经济绿色低碳发展的重要推动力，是能源结构优化调整的主要实现方向。为做好迎接新型资源分配的准备，应把握绿色低碳转型的机遇，适应新能源产业给传统工业带来的冲击[2]。

目前，新能源研发应用的专业知识人才较为匮乏，研发人员的整体素质水平还有待提高，专业人才的短缺是制约新能源企业发展的重要挑战。不论是新能源技术的开发还是设备的制造能力，较国外相比仍旧存在差距[3]。因此，需要建立健全专业技术人员的培养机制，提高人员综合素质教育，培养创新思维，优化新能源的技术研发[4]。

深化产教融合是国家发展的必然要求。高校作为人才培养输出的主体，如何适时适势把研究生高水平人才培养模式与地方发展进行有机统一，这对人才培养目标的达成具有重要意义[5]。随着现代科技迅速发展，新技术层出不穷，研究生专业素质的提升需与行业对接，将企业行业技术实践优势充分挖掘，充实和补充研究生教育实践的短板，使研究生高层次人才在国家科技实力提升、服务地方能力方面起到有效促进[6]。

天津商业大学注重提升学生对基础理论的掌握程度以及对实际工程问题的解决能力，不断探索适应于行业发展的新型人才培养路径。

1　课程建设探索

1.1　开放式课程教学，培养学生主动探索精神

通过线下与网络相结合并以开放式的课程教学模式来提高学生参与学习的主动性，培养其创新意识和能力。以“问题”为起点设计教学内容，引起学生兴趣，提高学生课堂教学的参与度。同时课堂教学以学生为主导、教师为引导，锻炼学生发现问题、分析问题和解决问题的能力，培养其独立思考能力和良好的问题意识，进而提高学生从事科学研究的主动探索和创新能力。此外，团队成员作为主要负责人发起了学院研究生课程改革，建立了研究生课程开设审查制度，全面梳理了现有研究生课程，以不同层次、不同类别研究生培养目标和培养需要进行研究生课程设置，同时建立并完善研究生课程的退出机制，形成完善、系统、规范的研究生课程教学信息库。

1.2　科研项目为载体，提升学生的科研创新能力

近 5 年来，本团队成员共主持国家级科研项目 3 项，其中主持国家自然科学基金面上项目 1 项，青年项目 2 项，国家重点研发计划子课题 2 项，另外主持企业横向课题 10 余项。团队创新研究生科研能力培养模

式，形成了以科研项目为载体—学生兴趣主导—高质量人才培养为目的的研究生培养模式。团队研究生能够以科研项目为载体结合并自身兴趣自主选择研究课题，进而激发学生参与研究课题的主动性，从而达到研究课题的高质量完成和研究生科研创新能力较大幅度提升的目的。

团队成员积极组织学生参加各类学术论坛、国内或国际会议来开阔眼界。多次邀请行业国内外知名专家教授做专题讲座，开拓学生的科研思路和视野。如团队成员作为主要发起人组织了天津商业大学机械工程学院研究生学术论坛，目前已经成功举办两届，加强学科间的交叉与融合，促进师生之间的学术交流，提升了研究生学术创新的意识。此外，团队成员作为主要发起人促进学校与多所国内外高校建立了研究生联合培养机制，如派送学生前往清华大学进行为期两年的联合培养等，进一步提高研究生培养质量。

1.3 产教研平台搭建，提升学生解决实际应用问题的能力

团队积极寻求和校外相关企业的合作，推动校外实践基地建设以及产教研平台搭建，实现“学生真实习、教师真实践、校企真融合”。其中要求专业硕士必须进行为期 2 个月的企业实习。团队作为主要负责人参与建立了天津商业大学—烟台冰轮股份有限公司研究生校外实践教学基地、天津市高校研究生教育校外创新实践基地等平台。团队还聘请了校外企业指导老师对学生进行一对一或者一对多的实践指导，提升学生解决实际工程应用问题的能力。

2 特色亮点

2.1 “以老带新”的共同成长模式

研究生科研项目代代传承，高年级同学为低年级同学科研学习提供帮助，在老师的指导下通过“以老带新”的方式帮助新入学的同学更快地融入科研项目中，并且在这一过程中实现新老同学的共同进步。

2.2 以科研项目带动科研创新能力培养

将科研项目、学生科研兴趣以及研究生阶段的基础理论知识三者进行有机结合，有效激发学生从事科学研究的主动性，培养其发现问题、思考问题、解决问题以及创新的能力，不断地提高其专业技术水平和科研创新能力。

2.3 产教融合，共建智慧化生产实训基地

校企共建教学、科研、培训、鉴定、创业、生产“六位一体”智慧化生产性实训基地。通过参与企业实际课题研究，培养学生的实践能力，让学生在实践—科研—实践中提高自身。

2.4 育人成效

近 5 年来，团队主持国家自然科学基金 3 项，国家重点研发计划子课题 2 项，企业横向课题 10 余项，申获专利 10 余项，专利成果转化 1 项。培养研究生 30 余名，团队成员指导的研究生共发表 SCI 论文 30 余篇，其中中科院一区 TOP 论文 20 篇，二区 TOP 论文 10 余篇，培养的多名研究生发表的 SCI 论文入选 ESI 高被引和热点论文。指导的研究生获批天津市研究生科研创新项目服务产业专项 1 项，全国大学生节能减排社会实践与科技竞赛一等奖 1 项，获得天津市王克昌奖学金和大学生创新奖学金 1 项，多人获得天津商业大学优秀毕业生，并考取重庆大学、中国矿业大学、天津大学和北京航空航天大学等优秀院校博士。另有多名毕业生入职珠海格力电器股份有限公司和北京二商集团有限责任公司等龙头企业并成为企业骨干。

3 结语

科学研究的本质在于创新，科研育人本质上就是一种创新的教育理念。确立科研育人理念，对单纯以知识传授为中心的教学模式和单纯以知识创新为中心的科研模式都是一个挑战。只有进一步更新观念，深化认识，才能真正走出科研育人的步伐。通过研究生产教研“三位一体”培养模式，全方位提高团队研究生的科研创新与实践能力，构建了全员扎实推进、师生广泛参与的实践育人体系，展现了新时代青年学子的新风貌、新担当、新作为。

将继续积极参与学校和学院制定的研究生培养方案，为科研育人提供良好的环境，保证科研育人有序发展，取得实效。合理安排科研，教学资源转化为育人，协助打造科研合作平台，为科研育人提供物质保障并完善服务体系。探索符合自身特点的产教研融合模式，推动研究生精品课程建设，编写精品教材，进一步推动产教研平台一体化建设，培养研究生创新实践能力。同时，提高团队的教学水平和科研能力，最大限度发挥教育作用。

参考文献：

[1] 张林．“双碳”背景下新能源产业发展怎可缺铌？[J]．中国有色金属，2023（16）：42－45.

[2] 王智慧．新能源产业引领经济绿色低碳发展［J]．储能科学与技术，2023，12（4）：1306－1307.

[3] 田慧芳．中国实现碳中和承诺的挑战与机遇［J]．旗帜，2021（6）：53－54.

[4] 赵勇强，钟财富．碳达峰碳中和目标下的新能源产业发展与升级［J]．中国能源，2021，43（9）：44－49，88.

[5] 董文博，李霖．人才培养模式下“产教融合”平台构建探析［J]．就业与保障，2023（5）：181－183.

[6] 胡经飞，张馨．深化高等院校产教融合的策略分析［J]．产业创新研究，2023（10）：181－183.

新工科背景下能源课程教学引入人工智能的探讨

赵阳*，贺佳宁，张绍志，张学军，徐嘉宇

（浙江大学制冷与低温研究所，浙江　杭州 310027）

【摘　要】随着人工智能（AI）技术的迅速发展，能源行业迎来了新的变革与挑战。在能源课程中引入人工智能，不仅能够提升学生的知识储备和技能水平，还能为能源行业培养更多具有创新能力的人才。本文旨在探讨如何在能源课程教学中有效地引入人工智能技术，包括存在挑战、课程价值、课程目标等方面。

【关键词】能源课程；人工智能；新工科；教学探讨

0　引言

在新工科背景[1]下，高等教育正在经历一场深刻的变革。新工科强调学科交叉、产学结合和创新实践，推进跨学科培养交叉复合型人才[2]，旨在培养适应未来产业需求的高素质复合型人才。能源领域作为新工科的重要组成部分，其教学模式和内容也在不断创新和发展[3]。当前，能源领域的人才培养体系亟须引入人工智能类课程，人工智能和大数据方法为能源系统的规划设计、运行、维护和管理等领域的进步提供了新的工具和方法论，有望进一步改变能源系统领域传统技术的进化范式。信息化技术和自动化工具日新月异，在能源领域正在大规模普及，海量实时运行数据为深入理解系统运行规律、识别问题和进一步优化提供了契机。因此，在能源专业的教育中引入人工智能课程显得尤为重要。本文将探讨在能源课程中如何系统地引入人工智能的教学方法和策略，帮助学生掌握这一前沿技术，并应用于实际能源问题的解决。

1　开设能源＋人工智能课程存在的挑战

能源领域的人才培养偏重于工科技术[4]，而人工智能领域的人才培养则偏重于算法原理。对两个领域的培养计划进行对比可知，能源领域有流体力学、传热学、工程热力学、制冷原理和暖通空调等课程，人工智能领域的培养包括数据结构、计算机网络、操作系统原理、嵌入式系统和机器学习等课程。在思维方式的差异方面，能源领域的思维方式建立在物理学基础上，主要约束来自客观世界物理机理。而人工智能领域的思维方式则建立在信息科学基础上，主要约束来自输入信息和输出需求。由于思维架构不一样，知识体系不一样，导致现阶段开设能源＋人工智能课程存在以下挑战。

1.1　对能源老师的挑战

（1）课程内容的设计上，需要确定能源领域中可以应用人工智能解决的问题，如负荷预测、能源系统优化、故障检测与诊断等；需要选择适合能源领域应用的人工智能技术和工具，例如机器学习、深度学习、数据分析、预测模型等；需要合理把握授课内容的深浅，确保学生能够理解并应用这些技术。

（2）老师需要自身从0开始学习人工智能算法，要解决怎么学和学到什么程度的问题。应达到能够理解和应用基本的人工智能算法，并能指导学生进行相关项目的程度，可以选择专攻与能源相关的人工智能技术，如时间序列分析、回归模型、分类算法等。

（3）作业布置与批改、考核与考试形式的问题。在作业布置方面，设计实际应用为导向的作业，例如使用机器学习算法进行负荷预测，确保作业能够让学生应用所学的人工智能技术解决实际问题。在批改作业方面，需要制定明确的评分标准，包括代码的正确性、运行效率、结果的准确性和报告的完整性等。在考核方式上，应综合使用项目报告、编程作业、期中期末考试等多种考核方式，确保考核能够全面评估学生对人工

* 赵阳（1983—　），男，长聘副教授，博士。研究方向：建筑能源系统大数据分析与认知计算，制冷设备故障检测与诊断。联系地址：浙江大学玉泉校区低温楼316室，邮编310027。E-mail：youngzhao@zju.edu.cn。

基金项目：国家自然科学基金资助项目（No.52161135202），杭州市重点科研计划项目（No.2023SZD0028）。

智能技术的理解和应用能力。在考试设计上，应设计包含理论知识和实际应用的考试题目，例如，解释机器学习算法的原理，并设计一个具体的能源领域应用案例。

1.2 对计算机老师的挑战

首先是课程内容设计，需要确定适合能源领域的人工智能知识是什么、选择哪些人工智能内容来讲、授课内容的深浅等。其次是如何结合人工智能知识和能源领域进行授课。要结合人工智能知识和能源问题，需要将能源问题转化为人工智能问题，即将能源系统的数据和特征抽象出来，应用适当的人工智能方法进行分析和优化。最后是思维方式上的挑战，需要摆脱一切皆数据或黑箱的思维方式，要结合能源领域知识和数据分析方法理解数据背后的物理意义，并从模型的结果中提取有用的信息。

1.3 对能源专业学生的挑战

如何弥合能源和人工智能两个知识方法论体系的割裂感，对于学习人工智能方法的能源专业学生而言是一个重大的挑战。首先是对其现有知识体系的挑战。大三年级的学生正在学习流体力学、传热学等专业基础课，对本专业领域处于懵懂无感状态，大四年级的学生已经学习了部分专业课，了解了基础知识，但对于本专业的问题仍然无感。其次是能源知识体系和人工智能知识体系的割裂感也是挑战。学生不知道学到的人工智能知识有什么价值，如何应用到实际中，难以建立起联系。最后是对学生编程能力的挑战。学生尽管学过C语言或其他编程语言，但尚没有解决能源类问题的编程经验，代码经验普遍不超过100行。

2 面向未来新工科，能源＋人工智能课程的价值

面向未来新工科，能源＋人工智能课程应该教什么的反问题是：不应该教什么？首先，过于专门或深入的人工智能知识不适合在这门课程中详细探讨。深入的人工智能算法和理论研究应留给专门的人工智能课程。此外，简单重复网络学习资源也是不可取的。由于网络上已有丰富的人工智能学习资源，课程不应重复这些唾手可得的基础知识，而应注重实际应用和思维方法的培养。

以目前热门的机器学习为例，大部分知识超出能源类本科生/研究生学习（能力）范畴，因而，不能从人工智能知识体系角度倒推能源类人工智能该讲什么。

那么，什么是这门课真正有价值的地方？这门课程的真正价值在于结合能源领域的实际需求，培养学生解决实际问题的能力。课程将重点放在如何运用人工智能技术处理和分析能源系统数据，识别运行规律，发现异常故障，并进行优化设计与运行。此外，课程将注重基本机器学习方法在负荷预测中的应用，帮助学生掌握实际操作技能和思维方法，以应对能源行业中的复杂挑战。

2.1 面向未来能源产业变革的人工智能基础知识入门

能源＋人工智能课程应是面向未来能源产业变革的人工智能基础知识入门，包括对于关键人工智能技术的概述，介绍机器学习、深度学习、数据处理等技术的基本概念和应用场景，特别是这些技术如何应用于能源领域；能源数据处理与分析，讲解如何收集、处理和分析能源数据，包括数据清洗、特征工程和数据可视化等基础技能。

2.2 面向未来能源领域高级复合人才需求的能源＋人工智能思想启蒙

能源＋人工智能课程应是面向未来能源领域高级复合人才需求的能源＋人工智能思想启蒙，设置跨学科案例研究，通过实际案例研究，展示人工智能技术在能源领域的应用，如风力发电预测、智能电网管理、能源效率优化等；介绍能源行业的最新趋势和前沿技术，让学生了解未来的发展方向和技术需求。

2.3 一种能够把能源问题抽象为人工智能问题的思维方法论

能源＋人工智能课程应能提升将能源问题抽象为人工智能问题的能力，教学内容应包括问题抽象与建模，教学生如何将实际的能源问题抽象为可以使用人工智能技术解决的数学模型。例如，将能源需求预测问题转化为时间序列分析问题；讲解如何选择合适的人工智能模型，并通过优化算法提升模型性能，解决具体的能源问题。

2.4 弥合同学们的能源知识体系和人工智能知识体系的割裂感，激发深入探讨智慧能源的兴趣

能源＋人工智能课程应能弥合同学们的能源知识体系和人工智能知识体系的割裂感，激发深入探讨智慧能源的兴趣，进行综合项目实践，设计综合性的项目，让学生在实际操作中将能源知识与人工智能技术结合起来，加深对两者结合的理解；进行多学科团队合作，鼓励学生组成跨学科团队，合作解决复杂的能源问题，培养团队协作和跨学科思维能力。

3 课程目标

面向未来新工科，对于能源领域的学生，应具备基本的人工智能编程能力，能够处理能源领域的运行数据，识别运行规律，发现异常故障问题，优化设计及运行，并掌握基本的机器学习方法以进行负荷预测。此外，学生应熟悉人工智能领域的知识体系，具备编程解决实际问题的能力。课程目标如图 1 所示。

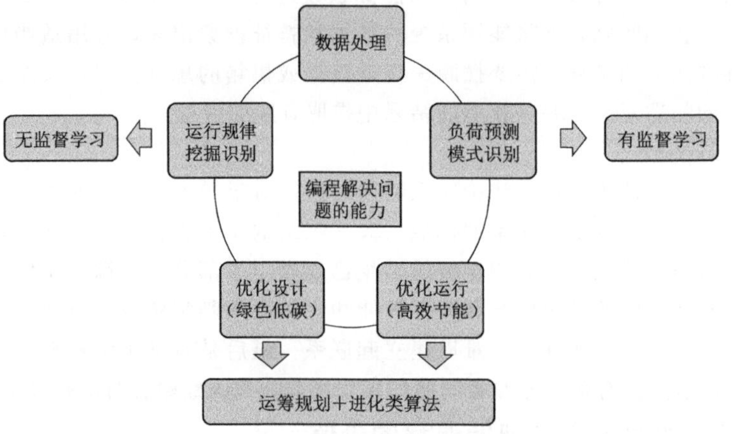

图 1　课程目标

（1）掌握能源系统数据处理的编程方法。学生将系统学习如何使用编程工具和技术来处理和分析能源系统中的各种数据，包括数据采集、预处理、存储和可视化等关键环节，确保数据处理的准确性和效率。

（2）理解并掌握典型人工智能算法的原理。学生将深入学习涉及能源系统分析的各类人工智能算法，包括机器学习、深度学习和数据挖掘等，理解这些算法的基础理论和实际应用场景，能够根据具体问题选择适当的算法。

（3）熟练应用 Python 语言开发能源系统的大数据分析代码。学生将通过大量的编程练习和项目开发，熟悉 Python 编程语言在能源系统数据分析中的应用，包括使用各种数据分析库和工具，如 Pandas、NumPy、Scikit - learn、TensorFlow 等，培养编写高效、可靠代码的能力。

（4）具备独立进行能耗预测、数据挖掘、故障诊断等能力。学生将通过实际案例和项目训练，掌握如何独立进行能耗预测、数据挖掘和故障诊断等任务，从问题定义、数据准备、模型选择与训练、结果分析到最终的决策，具备解决实际问题的能力。

（5）掌握文献资料的检索方法，培养自主学习能力。学生将学习如何有效检索和利用学术文献与行业资料，掌握最新的研究进展和技术动态，培养终身学习和自主学习的能力，以适应快速发展的技术环境和行业需求。

4 结语

（1）能源＋人工智能课程的价值在于构建一座连接能源认知思维和人工智能思维的桥梁，使学生能够将能源问题抽象为人工智能问题，并运用人工智能工具及思维方式解决能源领域的实际问题。这种跨学科的整合有助于学生深入理解能源系统运行机制，同时培养学生在处理复杂问题时的抽象思维和创新能力。

（2）能源＋人工智能课程将重点放在能源领域，以建筑环境中常见的能源问题为案例，有助于降低对能源理论知识的要求，使学习过程更加贴近实际，并且更容易引发学生的兴趣和好奇心。通过具体案例的分析与讨论，学生能够直观地理解人工智能算法在能源领域的应用，并深入探讨如何利用人工智能技术优化能源系统的设计与运行。

（3）尽管课程强调能源领域的实际应用，但经典人工智能算法的推导过程仍然十分必要。通过深入理解算法的原理与推导过程，学生可以培养出严密的逻辑思维和问题解决能力，为将来解决实际问题打下坚实的基础。为了更好地帮助学生理解和应用人工智能算法，课程应以能源领域的案例为辅助，将抽象的算法理论与具体的能源问题相结合，使学生能够更好地理解算法的实际应用场景。

（4）能源＋人工智能课程对学生和教师都是一项挑战。学生需要具备跨学科的综合能力，同时教师也需要不断更新自己的知识储备，以适应不断发展的技术和行业需求。然而，正是这种挑战使得课程变得更加丰富和有趣，同时也促使学生和教师在不断探索中实现自我成长与提升。

参考文献：

[1] 钟登华. 新工科建设的内涵与行动 [J]. 高等工程教育研究，2017 (3)：1-6.

[2] 赵群，卢琳，任婷婷. 新工科背景下创新教育管理方式探索 [J]. 创新与创业教育，2018，9 (1)：65-68.

[3] 杜晓超，袁显宝，张彬航，等. 能源动力类专业建设与人才培养模式的改革与实践 [J]. 高教学刊，2021，7 (15)：117-120.

[4] 帅永，陈绍文. 碳中和背景下能源动力类专业的改革思考与实践——以哈尔滨工业大学为例 [J]. 高等工程教育研究，2023 (S1)：7-9.

“教研产赛”互嵌共生的教学实践基地建设探索

陈健勇*，陈颖，罗向龙，梁颖宗，王珺瑶，何嘉诚，杨智

（广东工业大学材料与能源学院，广东　广州 510006）

【摘　要】 教学实践基地是开展实践教学的重要载体，是提高教学质量的重要保障。在“双碳”背景和工程认证驱动下，针对教学实践基地面临的实践模式单一陈旧、实践教学缺少学科前沿和脱离实际、基地综合效能偏低等问题，提出了“教研产赛”互嵌共生的建设途径，围绕建设模式、教学实践内容、基地管理机制等开展了改革和改进，成效显著。

【关键词】 实践教学基地；教研产赛；互嵌共生；建设模式

0　引言

在高校人才培养中，实践教学是培养学生实践能力、创新能力及综合素质不可缺少的重要环节[1]，可提高学生解决问题能力，培养分析、动手操作和综合解决问题的能力[2-3]。实践基地是实践教学的基础，是提高教学质量的重要保障。高校的实践基地分为校内和校外两种。校内教学实践基地由于场地和设备的限制，主要服务于课程实验教学，让抽象理论具象化。校外教学实践基地能够给学生提供一个真实的企业工作环境，让学生接触社会、接触实际工作，加深对知识的理解并增加学生实践技能，弥补校内实践基地的不足[4]，也是深化产教融合、校企合作的重要举措[5]。

广东工业大学是一所以工为主、工理经管文法艺教结合、多科性协调发展的省属重点大学、广东省高水平大学重点建设高校。坚持立德树人根本任务，构建和完善特色鲜明的高水平人才培养体系，培养有家国情怀、有国际视野、有坚实基础、有创新能力的高素质创新型人才。学校依托创新创业学院、实习实训基地、工程中心等，共享大湾区优质资源，构筑多元协同的实践平台，入选首批国家级创新创业教育实践基地建设单位。广东工业大学 1989 年创办制冷与空调工程专业，2012 年调整为能源与动力工程专业，热能工程为省特色重点学科，2020 年获批国家级一流本科专业建设点，是目前广东省能源动力类招生人数最多的学校。依托动力工程及工程热物理学科，以工程热物理与材料学科交叉为研究特色，坚持与产业深度融合，着力解决行业发展“卡脖子”技术问题，紧贴能源产业技术发展需求，高质量服务经济建设主战场。本专业重视实践教学教育，有热工基础实验室、制冷与空调实验室、热力发电厂仿真实验室等组成专业实验平台，还与广东申菱环境系统股份有限公司、广州恒星制冷设备集团有限公司、江门市新会双水发电厂有限公司、广州大学城华电新能源有限公司等 13 家省内知名企业建立了稳定的校外实践基地，为学生提供了良好的实践条件，着力培养适应粤港澳大湾区社会经济发展的人才。在“双碳”背景和工程认证驱动下，探索教学实践基地的校企共建模式，对于深化理论知识、提升学生学习兴趣、培养实践创新能力和探索精神具有重要的意义，在培养适应低碳发展的能源动力类专业人才中起着重要作用。

1　高水平教学实践基地内涵分析

高水平教学实践基地应服务于区域经济发展和更高质量就业的需求，以学生能力培养为主线，切合当前生产应用，关注行业技术发展和应用趋势，造就学生新时代行业适应能力和前瞻规划能力[6]。普通教学实践基地主要承担高校实践教学和企业生产的任务。但随着时代发展，教学实践基地可承担更多功能，如科研和学生学科竞赛，更契合校企结合的产学研需求和高素质人才培养。高水平教学实践基地理应将“教研产赛”

* 陈健勇（1983—　），男，副教授，博士。研究方向：空调/热泵节能技术，相变储热，热力系统集成和优化。联系地址：广东省广州番禺广州大学城外环西路 100 号，邮编 510006。E-mail：jianyong@gdut.edu.cn。

基金项目： 2021 年高等学校能源动力类教学研究与实践项目重点项目（NDJZW2021Z-55）；广东工业大学 2023 年度校级本科教学工程项目“广东工业大学—广东高而美制冷设备有限公司产教融合实践教学基地”。

融通融合。“教”指的是实践性的教与学，是基地最核心最基础的使命，除了完成课程实践任务外，应充分利用基地资源，强化实践能力扩展。“研”指的是完成实践教学的同时，学生积极参与教师科研项目；充分发挥教师科研优势，与企业紧密合作，包括产学研、合作申报项目等。“产”指的是企业针对自身情况，提出产学研项目，优化生产、提升学生的参与度，培养应用型人才。“赛”指的是拓展产教结合的课外教学，实践内容项目化，校企合作整合学科竞赛资源，鼓励学生参加学科竞赛，企业亦可参加创新技术和高新产品的申报，培育产业化。为更好促进基地“高校、企业”这两个主体和“学生、教师、企业员工”这三个个体与“教研产赛”的全面深度融合，仍需进行“互嵌共生”的模式发展[7]，通过“实践教学、科学研究、生产研发、科技竞赛”的深度互嵌，依托模式/机制结合形成的共生关系和支撑条件的共生环境，产生新能量，产生高质量共生成效，如图1所示。

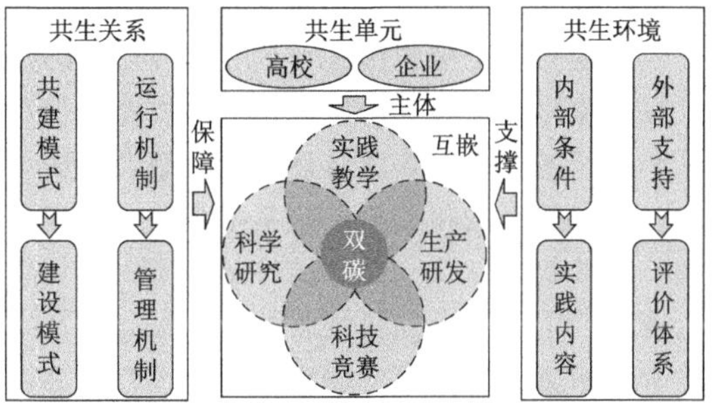

图1　高水平教学实践基地要素

按照高水平教学实践基地建设要求，通过实践教学和生产研发促进科研项目和科技竞赛，而科研项目和科技竞赛反哺实践教学和生产研发。充分发挥学生实践、教师指导、企业员工经验的能动作用，按照“教研产赛”层次提升路径，夯实学生基础知识、提高教师教学水平、提高员工理论水平；扩展学生知识体系、教师跟踪学科前沿、使员工了解前沿技术；培养学生解决实际问题的能力、促使教师的科技成果落地、提高员工技术开发水平；最终学生的团队合作、教师的指导水平和员工的综合水平得到提升，创新意识和能力得到加强。除了学生、教师、员工等个体得到发展和提升外，学校和企业这两个主体实现互利共赢。

2　教学实践基地建设中存在的问题

（1）模式陈旧，功能单一，项目陈旧且更新慢。目前校内实践教学主要依附专业课程，学时较少，限制了项目开展；实践内容和实验项目更新较慢，缺少“双碳”和绿色低碳的渗透。校外实践大多也只是基地参观，无法深入了解产品设计、加工工艺、生产流程等，项目分散，缺乏系统性和先进性。成绩考核单凭实验报告，而报告大同小异，学生收获甚微。导致学生对实践内容和课程不重视，形成恶性循环，基地建设与实践教学脱节且严重滞后于产业行业发展。

（2）教学、科研与生产相对独立，缺少学科前沿、脱离行业和企业实际。本科生的教学实践实验室和教师的科研实验室相对独立，科研实验围绕学科前沿或主流技术，用到的设备也较为先进，但数量有限；而校内教学实验只是为了验证理论课程的一些原理结论，设备较为陈旧，只能满足实验测试需求[8]。校外教学实践基地的生产设备对学生开放有限，学生缺乏参与感。导致实践教学对前沿技术涉及较少、脱离行业和企业实际，特别是低碳知识和学科热点，对培养学生创新实践能力的支持作用不够。

（3）实践基地缺乏长效稳定发展的机制，综合效能偏低。基地重建设、轻高效实效运行和运用。共建双方合作初期热情很高，对实现共赢有着美好规划。随时间推移，基地建设合作仅停留在协议层面，开展的实质活动较少，不能发挥基地的功能和作用。另外，基地建设的校企合作、产教融合深度不够，专业实习和实训与企业生产等缺乏有序安排，影响了教学效果和基地长期稳定发展。导致基地综合效能处于较低、难以满足“双碳”背景下的人才培养需求。

3　主要改进和改革措施

3.1　创新教学实践基地的建设模式

（1）践行绿色低碳理念。以低碳为重点，节能为支撑，在实践教学中普及“双碳”知识，基地绿色低碳建设，加强基地内部资源的综合利用。

（2）构建多方位校企合作方式。全方位对接人才培养供给侧和产业企业需求侧，实践教学对接生产过程、学生素质培养对接企业员工能力培训、项目研发对接产品升级；企业参与高校培养方案、教学计划、教学改革和基地建设管理，学生和教师参与企业生产、技术研发和产品推广，多形式互动融合。

（3）组建科技创新团队。教师、学生和企业技术骨干组成创新团队，通过项目引导和任务驱动开展低碳前沿技术的项目研发，学生参加学科竞赛和创新创业项目，企业以项目委托形式实现技术储备，促进技术应用和产品推广，校企共同申请项目、产学研项目开发和研发中心，实现多方互补共赢。

3.2 改进课内实践教学内容和拓展课外实践项目

（1）课内实践教学内容。完成气体热力参数的综合测定、热能设备与系统综合实验与设计、流体力学及泵与风机实验、认识实习和生产实习等课内实践环节，巩固理论知识，融入节能低碳，围绕“双碳”增加讨论环节，在实验报告中增加能效、节能量、减碳量的量化计算。

（2）建立多个虚拟仿真平台。发挥已建的校内热力发电厂集控运行虚拟仿真实训室的功能，将发电厂真实过程具象化；充分利用课题团队热力系统仿真的科研优势，构建空调热泵的虚拟仿真平台，使学生了解影响系统能效的关键因素，打造“虚实结合、虚为实用”的虚拟仿真平台。

（3）课外实践项目拓展。基于企业主流产品和发展规划与课题团队前期的合作基础，围绕新能源汽车热管理、高效相变储热、高性能热泵等方面孵化新项目。学生负责进一步完善后参加科技竞赛项目；企业将科技竞赛项目落地，参加科技路演、申报高新技术产品等，提升企业核心价值；前沿项目和应用型项目等以校企联合申报方式进行深入研究；拓展项目作为课内理论和实践教学素材，反哺教学。

3.3 完善教学实践基地的管理机制

（1）搭建管理组织架构。校企联合成立专业指导委员会，由企业选派的具有丰富经验的行业专家和学校安排的专业能力强、教学实践经验丰富的专业教师共同组成“双师型”团队，全程参与基地建设、人才培养、项目研究、竞赛服务等，引入企业管理方式，最大限度发挥基地功能。

（2）制定科学合理的基地管理制度。制定安全管理、规范实践教学流程管理、完善仪器设备和日常运行管理、制订基地使用计划等，并通过不断实践进行修改和完善；充分调动学生对实践内容和专业知识学习的积极性，创新学生自主管理模式。推进项目合作与申报、项目研发、学科竞赛指导等工作；邀请企业专家参与本科毕业设计（论文）指导工作，加强校企合作、深度融合。

4 主要成效

广东工业大学能源与动力工程专业按照工程认证要求对本科教学工作进行了认真梳理，在2022版人才培养方案的制定中，明确了“不断学习的意识和实践、创新、创业及应用能力”的培养目标，强调了实践教学在能源与动力工程专业人才培养中的地位，邀请了企业专家参与毕业设计的指导工作，20％以上的毕业论文有校外专家参与，充分发挥发挥企业在人才培养中的作用。本科生专业课实验室面积近 $1000m^2$，从2018年至今，申请了3个校级实验室建设项目，获得建设经费377.76万元，购置了基于VR的全范围三维600MW火力发电机组可视化系统设备、空气比热测定仪、中央空调系统实训装置、空气和水双源热泵、稳态平板法测定绝缘材料导热系数实验装置、热管换热器实验装置等一批本科实验设备；2022年与广东高而美制冷设备有限公司签订了《广东工业大学校外实习基地建设协议书》，增加了基地数量，为实践教学提供了有力保障。

与校外教学实践基地建立长期的合作，将应用研究、产品开发与人才培养有机地结合起来，有机整合高校理论创新和人才培养的优势与企业科技转化和市场开拓的优势，实现资源优化配置。近5年，与企业合作承担纵向项目40余项，承担横向项目70余项，荣获广东省科技进步、技术发明一等奖共3项，省科技进步二等奖2项、国家专利优秀奖2项。

持续以服务企业为导向，积极与企业合作，提升企业影响力。为企业建立平台10余个，协助企业申报高新技术企业6家和申请高新技术产品30余个。为企业提供咨询，完成了7项咨询项目和报告，成果转化20余项，推动了企业技术升级和产品迭代。

学生积极参与学科竞赛，屡创佳绩。近3年，本专业学生申报获批大学生创新训练计划项目100余项，省级以上学科竞赛获奖50余项。2023年全国大学生节能减排社会实践与科技竞赛中，荣获3项国家一等奖和1项国家二等奖。本科生参与申请专利60余件项，参与发表中英文核心论文近100篇。学生运用基本专业理论知识解决复杂工程问题的能力得到大幅提升。

学生培养质量获得业界广泛认可，支撑地方经济发展，毕业生满意度高，职业发展好。升学率持续提高，平均升学率18.9％，升学单位包含西安交通大学、香港理工大学等海内外名校；超30％本科毕业生进入大型国企或行业龙头企业。毕业生主要服务于本区域经济发展，在大湾区就业占比98％，专业对口度为90.00％，工作满意度为98.32％，职业期待吻合度为96.09％。根据第三方调研数据，99.65％的用人单位对毕业生的总体工作表现感到满意，其中评价为“很满意”的占比为 88.70%；用人单位对毕业生各项能力素质满意度达到 99.35%及以上。人才培养质量显著提升。

5 结语

教学实践基地是加强实践教学、创新人才培养的重要途径，是“学校、企业”和“学生、教师、企业员工”沟通交流的桥梁和纽带，对地方本科院校的发展有重要影响。为充分发挥教学实践基地能效，围绕创新建设模式、改进教学实践内容、完善基地管理机制等方面，探讨了“教研产赛”互嵌共生的建设途径，取得了显著成效：夯实了学生基础知识，提高了教师教学科研水平，提高了企业员工理论。学校通过人才培养质量、学科竞争力、科技成果转化能力的提升，扩大了学校影响力；企业通过提高基地效能实现人才、项目、技术的储备，提升了产品质量和企业核心价值。

参考文献：

[1] 曹婷. 高校经管类专业校外实践教学基地建设存在的问题与对策 [J]. 教育探索，2012 (10)：66-67.

[2] 王慧. 构建实践教学体系培养学生综合能力 [J]. 实验室研究与探索，2007 (9)：90-92.

[3] 靳军英，邹玉霞，张伟，等. 基于三峡实习基地实行多元化实践教学模式 [J]. 西南师范大学学报（自然科学版），2022，47 (10)：103-108.

[4] 徐淑霞，张世敏，王风芹. 高校校外教学实践基地建设的现状、问题与对策 [J]. 当代教育实践与教学研究（电子版），2015 (2)：117，115.

[5] 胡志慧，史旅华，杨亚会，等. 应用型工科本科院校校外实训基地建设的思考 [J]. 当代教育实践与教学研究，2017 (11)：88，187.

[6] 高炳，蒋祖星，李健荣. “学研创赛证”融通的高职轮机专业产教融合实训基地教学体系构建 [J]. 天津航海，2022 (2)：73-78.

[7] 杨会. 互嵌共生型产教融合实训基地的内涵、要素与构建 [J]. 教育与职业，2021 (23)：20-26.

[8] 朱赤，叶晓明，幸文婷，等. 能源动力类本科认知实训教学基地建设 [J]. 实验科学与技术，2022，20 (3)：150-154.

建筑环境学课程教学中问题与对策的思考

朱辉*，梁士民，郑进福，王海英

（青岛理工大学，山东　青岛 266520）

【摘　要】 建筑环境学是一门涉及建筑物与其周围环境之间关系的综合学科。它涵盖了建筑物的设计、施工、运行和维护过程中，与环境因素相关的各个方面。但是，建筑环境学课程的一个典型特征便是多学科交叉，内容涵盖了专业基础课程的相关知识，也涵盖了环境生理学、环境心理学、神经科学等医学领域的理论。因此，课程的教学一直面临一系列问题，如课程内容的前沿性、教学团队的专业局限性、教学工作的协同性、实践条件的短缺等。针对这些共性问题，本文初步提出了一系列对策，以期改善课程教学的质量，为专业人才的培养提供保障。

【关键词】 问题；对策；学科交叉；前沿性

0　课程背景与特色

建筑环境学是我国建筑环境与能源应用工程专业中的核心专业基础课程。该课程综合了传热学、流体力学、物理学、心理学、生理学、劳动卫生学、城市气象学、房屋建筑学、建筑物理等基础和专业学科知识，建立室内环境营造的理论体系，是一门跨学科的边缘科学。课程的目的为：在掌握了人与生产过程的环境需求基础上，分析室内、外环境形成特征和影响因素，掌握营造室内环境的基本原理与方法，进而对室内环境进行科学评价，为创造适宜的建筑室内环境提供理论依据。

对于建筑环境与能源应用工程专业的本科学生，建筑环境学课程的主要内容在于介绍人对建筑环境的需求，进而通过适合方法创造出使人感到舒适、健康的建筑环境。通过这门课程的学习，需要掌握以下具体内容：了解人和生产过程所需要的室内环境；了解室内、外环境形成特征和影响因素；掌握改变或控制这些室内外环境的基本原理与方法，包括室内空气质量、光环境、热环境、声环境等多个层面。

建筑环境学课程具有独特的教学特色，要求学生在实践中培养自己发现与提出问题、分析与解决问题的基本能力。旨在培养学生在建筑与环境之间的综合分析和解决问题的能力。该课程的主要特色之一为“多学科交叉”。课程涉及建筑学、环境科学、工程学、物理学和管理学等多个学科，强调理论与实践的结合。这种跨学科的特性要求学生具备广泛的知识背景，并能够将不同学科的知识应用于实际问题的解决中。此外，该课程另一个典型特色为“实践导向”。教学过程中通常包含丰富的实验教学环节，学生通过在实验室进行实际操作，了解和掌握建筑环境中各种物理现象和技术手段。许多高校还安排学生参与实际建筑项目的实习，亲身体验建筑环境的设计、施工和维护过程，增强实际操作能力和工程意识。还有高校尝试通过项目设计和工作坊活动，让学生在模拟真实项目环境中进行团队合作和设计实践，培养解决问题的综合能力。

总之，建筑环境学课程通过多学科的综合教育，培养学生具备分析和解决建筑与环境问题的能力，促进可持续发展、提升建筑性能、满足社会需求、推动技术创新，并增强学生的就业竞争力和国际视野。这些都使得该课程在现代建筑教育中具有重要而深远的意义。

1　教学过程中的共性问题

在建筑环境学课程的教学过程中，存在一些共性问题，在一定程度上影响了教学效果和学生的学习体验。本文从以下几个方面进行了问题的总结和回顾。

---

* 朱辉（1983—　），男，副教授，博士。研究方向：环境与健康。联系地址：青岛市黄岛区嘉陵江路 777 号，邮编 266520。E-mail：zhuhui@qut. edu. cn。

基金项目： 青岛理工大学校级教改面上项目（F2023-105）。

1.1 课程内容更新滞后

建筑环境学是一个快速发展的领域，新技术、新材料和新方法不断涌现，现有的教材和课程内容可能跟不上行业发展的速度。很多教材的内容未能及时反映最新的研究成果和行业动态，学生学到的知识可能存在滞后性。目前我国高校建筑环境与能源应用工程专业常采用的教材为清华大学朱颖心教授主编的《建筑环境学（第四版）》。该版教材内容全面，包含了从建筑外环境到建筑室内环境营造的各个方面，但是研究和理论的发展正在产出大量的前沿成果，很多并未在教材中更新。比如在第四章中关于热舒适的理论，以及关于工效的理论和成果，有较多新的发现有待补充。

另一本参考教材为黄建华和张慧教授共同主编的《人与热环境》。该教材内容主要关注热环境营造，以及人体热调节热舒适等方面，内容均来自国内外的大量学术研究的总结。但是，该教材自出版以来尚未进行更新，很多新的内容未进行补充。

1.2 学科跨度大、内容交叉度高

建筑环境学课程的典型特征之一便是学科跨度大。建筑环境学涉及建筑学、环境科学、物理学、工程学、管理学等多个学科。这些学科各自有独特的知识体系和教学方法，整合这些内容需要在课程设计上进行大量的协调和调整。同时，不同学科的课程内容有时会出现重复或脱节的现象，难以形成一个系统和连贯的知识结构。如何有效整合各学科的内容，使之在教学过程中无缝衔接，是一个重大挑战。

例如，在《建筑环境学（第四版）》第四章关于人和热环境的关系，即热平衡、热舒适、热感觉、工效等内容，与热生理学、环境心理学、认知科学、神经生理学等内容密切相关。然而，本专业的教师从事与这些学科有关的交叉研究的群体相对较小。许多高校缺乏既具有多学科背景，又能胜任跨学科教学的教师。通常，每个学科都有自己的专家，但能跨学科授课的教师较少。因此，无法在课堂教学过程中深入透彻地讲述某个交叉问题背后的机理原理。这样学生通过课堂教学所获得的知识实际上仅停留于表面，并且自行探索背后原因的动力也将受到较大的影响。

1.3 协同教学难

不同学科的教师需要紧密协作，共同设计和实施教学计划。这要求教师之间有良好的沟通和合作机制，并且能够在课程内容上形成有机的整合。然而，不同学科的教师在教学理念、方法和评估标准上可能存在差异，如何协调和统一这些差异，进行有效的团队教学，是一个复杂的问题。

在课程设计中，需要平衡不同学科之间的知识量和深度，确保学生既能掌握建筑环境学的核心知识，又不至于在某一学科上负担过重。这需要教师具备多学科的背景知识，并且能够跨学科地进行教学。

1.4 学生的知识储备与接受能力有限

由于建筑环境学跨学科的典型特征，不仅要求授课教授具备多学科的知识储备和基本专业技术，对学生同样有着特殊的要求。但是，学生掌握本专业基础知识的程度参差不齐，并且几乎没有学生具备医学相关的背景。学生在入学时对各学科的基础知识掌握程度不同，在跨学科课程中，如何确保所有学生都能跟上教学进度，是一个难题。同时，学生需要在短时间内掌握和应用多学科知识，学习负担重，适应跨学科学习的能力有限，容易产生挫败感和压力。

1.5 实践资源有限

建筑环境学强调实践教学，但在实际教学中许多高校可能面临实践资源不足的问题，这主要体现在以下几个方面：

(1) 实验设备：建筑环境学需要使用专门的实验设备，如环境模拟实验室、建筑物理实验室和能源分析仪器等。但这些设备通常价格昂贵，维护成本高，许多高校可能无法配备足够的实验设备来满足教学需求。

(2) 实习基地：实践教学需要学生在真实的建筑项目中进行实习和实践。然而，许多高校可能缺乏与行业合作的实习基地，或是实习机会有限，无法满足所有学生的实践需求。学校需要积极与企业和科研机构建立合作关系，为学生提供更多的实践机会。

(3) 实践教学人员：实践教学不仅需要设备和场地，还需要有经验丰富的教师和技术人员进行指导。然而，许多高校可能缺乏这方面的专业人员，尤其是缺乏具有实际项目经验的教师，这对实践教学质量产生了影响。

2 关于对策的初步思考

由上文总结的部分现状可以看出，由于建筑环境学课程的特点，教学过程一直存在一些问题。因此，在教学过程中，需要注重教学内容的前沿性和新颖性、教学手段方法的多学科协同性、教学资源的同步性，才能带来高效的教学质量，保证建筑环境学专业核心课程的作用。在课程教学过程中，需要针对以上问题，提出相应的对策。

首先，针对教材内容的现实问题，需要建立教材更新机制，定期组织专家和学者对现有教材进行评审，及时引入最新的研究成果和技术应用。开发动态电子教材，利用电子化手段，编写可动态更新的电子教材，使教学内容能够快速反映最新的行业发展和研究进展。

在教学课件、教案的制作过程中，需要引入前沿技术和研究成果，特别是专业期刊中近 3 年新发表的论文和专著。并且，可以定期邀请建筑环境领域的专家和学者举办讲座，介绍最新的技术和研究进展，将前沿知识带入课堂。此外可在现有课程体系中加入前沿技术和研究成果模块，如智能建筑、绿色建筑、可持续设计等，让学生了解最新的发展动态。

其次，需要不断增强教师的科研和学习能力。一方面通过教师继续教育，鼓励和支持教师参加行业会议、培训和进修，不断提升自身的科研能力和知识水平；另一方面注重教学科研结合，鼓励教师将自己的科研成果和最新研究进展引入教学内容，使学生能够学习到最新的知识和技能。

再次，教学可以充分利用信息技术和在线资源。如在线课程和资源 MOOCs、网络课程和其他在线教育资源，补充和更新课程内容，让学生随时学习最新的知识。并升级教学平台，引入互动式、资源共享式的教学模式，方便教师和学生进行知识更新和交流。

此外，可以引入多元化的教学评估和反馈机制来保证教学质量。如建立学生反馈机制，定期收集学生对课程内容的意见和建议，及时调整和更新教学内容。同时与用人单位保持联系，收集他们对毕业生知识和技能的反馈，不断改进课程设置和教学内容。

最后，可以加强与行业的合作，定期开展行业需求调研，了解企业对建筑环境专业人才的最新需求，调整课程内容和教学重点。并设法与企业和科研机构合作，建立实习和实践基地，让学生在实践中了解和应用最新的技术和标准。

通过以上对策，可在一定程度上点对点地解决建筑环境学课程教学中的各个问题，使课程内容能够紧跟行业发展前沿，培养出符合时代需求的专业人才。

3 结语

教学改革是提升建筑环境学教学质量的必由之路，通过新的思路探索教学模式，可在一定程度上改善教学效果、激发学生对探索未知知识领域的积极主动性。针对本文所总结的建筑环境学课程教学中几个方面的问题，从多个维度初步提出了相应的对策。通过在教学过程中充分与实际应用相结合，就能在一定程度上激发学生的兴趣和潜力，从而更好地发挥建筑环境学课程在本专业的核心基础作用，进一步提高学生在后续专业学习中的学习积极性，实现更好的专业培养目标。

参考文献：

[1] 程丽莉，王玲玲，胡澄. 互联网信息时代下大学生课堂互动的重要性——以建筑环境学课程为例 [J]. 高教学刊，2022，8 (6)：132 - 135.

[2] 徐珊珊，曹明，王健，等. 应用型本科院校建筑环境学课程教学改革探索 [J]. 现代职业教育，2022 (6)：34 - 36.

[3] 王丽娟，郑松. 基于培养学生创新能力的建筑环境学课程教学方法 [J]. 高等建筑教育，2018，27 (3)：79 - 81.

[4] 朱颖心. 建筑环境学 [M]. 4 版. 北京：中国建筑工业出版，2016.

[5] 黄建华，张慧. 人与热环境 [M]. 北京：科学出版社，2011.

[6] 胡正凡，林玉莲. 环境心理学 [M]. 4 版. 北京：中国建筑工业出版社，2018.

[7] 杨永录. 体温与体温调节生理学 [M]. 北京：人民军医出版社，2015.

[8] 朱颖心. 建筑环境学课程建设与教学方法 [J]. 高等建筑教育，2003，12 (3)：26 - 29.

[9] 董傲霜，刘峥，赵薇，等. “建筑环境学”教学改革探讨 [J]. 辽宁工业大学学报（社会科学版），2024，26 (1)：115 - 117.

[10] 毛艳辉，蔡伟，赵志达，等. 应用型人才培养导向的建筑环境学教改实践 [J]. 大学教育，2022 (5)：194 -

196，203.
[11] 赵颖杰，马一江．新工科背景下建筑环境学课程教学改革与讨论［J］．教育教学论坛，2020（42）：150-151.
[12] 张敏慧，王林，谈莹莹，等．基于《建筑环境学》浅谈建环专业课程的讲授方法与技巧［J］．制冷与空调（四川），2020，34（3）：382-386.

石化行业院校高等工程热力学课程的教学改革

刘远超*，王亚飞，刘强，张伟，杨远平

（北京石油化工学院，北京 102617）

【摘　要】高等工程热力学课程是高等院校能源动力类研究生的学位课，具有教学内容多、理论性强、与科研联系紧密、基础性强等特点。本文结合北京石油化工学院的行业特色，研究高等工程热力学课程教学存在的问题，对照能源动力专硕的培养目标，开展提高和改进教学效果的探索，使学生更好地服务石化行业和首都社会经济。

【关键词】高等工程热力学；石化行业特色；工程应用；教学改革

0　引言

目前，我国能源动力类硕士研究生的招生院校及科研院所有近100所，除中国科学院工程热物理研究所、中国科学院广州能源研究所、中国科学院理化技术研究所等研究所以及清华大学、西安交通大学、上海交通大学、浙江大学、华中科技大学、哈尔滨工业大学等少数985院校外，绝大多数相关硕士点都分布在行业类院校，包括电力院校、石油石化院校、冶金院校、矿业院校、土建院校等。同时，由于能源动力类研究生所属的一级学科动力工程及工程热物理本身涉及能源转换与利用和环保等领域，因此各行业院校的能源动力类研究生在教学实践过程中不可避免地带有典型的行业特色。

北京石油化工学院始建于1978年，2000年学校划为中央与北京市共建，以北京市管理为主，是一所石化行业特色明显的地方院校。北京石油化工学院的能源动力专业硕士点于2021年获批，每年招生40人左右（在此之前能源工程系的硕士生导师均在材料与化工专业硕士点招生）。近年来，得益于国家节能低碳减排战略与位居首都北京的地理优势，能源类研究生的就业形势一直较好，研究生就业单位主要集中在石化、电力能源等领域的大型国有企业、事业单位和高新技术企业等，人才需求旺盛，就业质量较高。

高等工程热力学课程是能源动力类研究生的学位课程，本课程是在工程热力学的基础上，以宏观和微观角度对热力学的基本理论进行深化和拓宽，揭示热力学基本定律的物理本质及数学表达、深化理论基础、拓宽思路、介绍最新前沿。

研究生课程建设是研究生教学及学科建设的基本组成部分。随着高校教学改革的深入，研究生的课程教学改革和建设成为研究生教学及学科建设中最重要的内容之一，本文结合北京石油化工学院的行业特色，研究高等工程热力学课程教学存在的问题，以学生为中心，进行提高教学效果的探索和改进，为同行提供借鉴和参考。

1　课程教学中存在的问题

高等工程热力学课程是在研究生一年级开设的学位课程，共32学时，要求学生已经完成了本科工程热力学课程的学习。通过本课程的学习，使学生深刻理解热力学基本理论，掌握热力学的研究方法，为学习后续专业课程及从事科学研究奠定基础。目前，本课程在教学实践过程中存在着如下问题。

1.1　课程教学内容多、理论性强

高等工程热力学课程的教学内容主要包括：基本概念、能量与热力学第一定律、熵与热力学第二定律、量子统计力学在热力学中的应用、管内气体流动热力学、实际气体状态方程、实际气体的热力性质与过程、溶液的热力性质、气液相平衡、化学热力学、不可逆过程热力学等。可以看出，本课程的教学内容较多，涉

* 刘远超（1977—　），男，副教授，工学博士。研究方向：微纳尺度传热学。联系地址：北京市大兴区清源北路19号，邮编102617。E-mail：liuyuanchao@bipt.edu.cn。

教改项目：北京石油化工学院2024年研究生教育教学改革研究与实践项目（YJ24-101）。

及工程热力学、化学热力学、统计物理、量子力学、物理化学等多学科的理论知识。这些教学内容，除了热力学基本定律学生在本科阶段有所学习和接触外，其他内容对于学生而言都具有较强的理论深度。因此，想要在有限的32学时内全面系统地掌握这些内容，对于大部分学生而言，具有一定的难度。

1.2 课程与科研联系紧密、基础性强

高等工程热力学课程与学生的后续科研工作联系紧密，从学生开题的统计数据来看，至少有一半以上的研究课题与高等工程热力学的内容存在着直接和间接的联系。例如，甲烷水合物生成的动力学及热力学特性研究、二维层状材料的热电输运特性研究、高速变工况涡轮冷却器气动设计与研究、低维碳纳米材料热输运特性的分子动力学模拟研究、苜蓿草捆干燥工艺研究与应用优化、基于生物质气化冷热电联供系统的多目标优化、自然工质高温热泵系统设计与性能研究、掺氢天然气管输水热力特性及管材力学性能数值模拟研究、乙醇分割式MVR热泵精馏系统设计及其优化研究、超重力MVR热泵精馏系统热力特性仿真及优化研究等。

高等工程热力学课程的基础性强，本课程是在本科工程热力学基础上进行的理论深化和拓宽，探讨热力学过程的物理本质及数学表达方法、拓宽对于热的本质的理解、给出能量高效利用的方向、介绍热力学理论的最新前沿。

由于课程的基础性强，部分学生反映课程内容比较抽象，同时由于学生大部分未接触过实际的热力设备，缺乏对热力设备的实践认识，进而无法通过实践的感性认知来帮助理解复杂抽象的热力学理论。因此，作为一门基础性很强的课程，如果仍采用传统的教学方式，学生会感觉课程内容比较难以理解，进而降低了学习的热情和信心，影响学习效果。

1.3 传统的教学方式需要更新

现代教育技术的发展，使得大学课堂早已不再是粉笔＋教案＋学生的传统教学模式；虽然目前高等教育中已经充分利用了现代教育技术，然而教学理念的更新仍需不断地摸索，许多教学过程在本质上仍属于传统的教学方式（老师PPT讲授＋学生课堂学习＋课后完成作业），教学效果并未发生本质提升，很难激发学生学习的兴趣。

2 课程教学改革与实践

2.1 改革和优化教学内容

根据同类行业院校及石化行业企业的调研反馈，围绕行业背景，对本课程教学内容进行改革和优化，具体如下：

（1）鉴于高等工程热力学课程的基础性特点，热力学基本概念、能量与热力学第一定律、熵与热力学第二定律等内容重点讲授，然而由于学生接触过热力学的基本概念，因此本部分内容有别于本科工程热力学的教学内容，采用学科前沿研讨和文献追踪的方式提高教学的深度和难度。

（2）量子统计力学在热力学中的应用涉及较多的量子力学及统计热物理的相关知识，学生学习具有一定难度，同时由于学时有限，因此讲授时只作一般性的介绍，后续在培养方案修订时可以考虑增加一门选修课——分子动力学模拟。

（3）由于开设了相关研究生选修课程，管内气体流动热力学的相关内容只是作一般性介绍，在新开的选修课叶轮机械气动热力学中重点讲授。

（4）删除不可逆过程热力学的理论教学内容，以文献研讨的方式开展学习。

（5）实际气体状态方程、实际气体的热力性质与过程、溶液的热力性质、气液相平衡、化学热力学等相关教学内容是本课程的重点讲授内容，这些内容与石油石化行业联系相对紧密，同时也是研究生在科研课题和未来毕业工作岗位中经常要涉及的内容，主要通过理论讲授、现场实习、小组讨论等方式开展教学，使学生能够尽快开展科研论文工作及适应石化就业岗位的需要。

本着必需和够用的原则，课程的教学内容经过以上改革和优化后，使学生在有限学时内，能够掌握基本高等工程热力学课程的核心内容，突出了重点，强化了教学的科研及行业的针对性，使学生毕业后能尽快适应石化行业的工作岗位。

2.2 改进教学方式，激发学生的科研热情

改进课程教学方式，是实现高等教育以学生为中心的主要环节。在课程教学过程中，做到以学生为中心，以学生课内学习与课外学习相结合的教学方式，加大师生互动环节，改变传统的教学模式，激发学生的科研

热情。具体做法如下：

(1) 在高等工程热力学课程的第一次课，以小组的形式为学生布置课程的大作业，包括文献资料查找、PPT制作等，与本课程的教学内容相对应，强化过程考核，重视工程案例，以现场案例分析和热力设备的计算为主线开展教学。小组的专题汇报成绩由班级全部同学打分取平均值，并且计入学生的课程最终成绩，调动了学生参与课程学习和文献查找、资料收集等方面的积极性。

(2) 以学科竞赛为切入点，带动学生深入学习热力学理论。把课程学习与研究生学科竞赛、专利撰写、学术论文发表相结合，使学生在课程学习的同时并行开展科学研究，提升了学习主动性和科研的积极性，也为学生攻读博士研究生打下良好基础。近年来，学生在研究生学科竞赛中表现突出，在全国研究生能源装备大赛、全国大学生节能减排大赛中屡次获奖，在科研中也表现优异，发表了学术论文并申请发明专利，部分同学考取了中国石油大学、北京化工大学、中国科学院的等高校院所的博士研究生。

(3) 改进课程的考核方式。对本课程的传统的考核方式进行有效的改进，课程的总成绩由三部分组成，包括课堂PPT讨论（20%）、课程论文（20%）以及期末考试（60%）。同时，在期末考试试卷中，适当增加案例分析和讨论题，重点考查学生综合运用热力学理论进行实际热力设备及热力系统分析的能力，提升学生学习的获得感，使其更好地开展科研工作和未来适应工作岗位的要求。

3 结语

研究生课程的教学改革是高校教师作为主体的持续改进、不断创新的过程，与学生后续的科研工作和未来就业密切相关。北京石油化工学院是一所行业特色鲜明的应用型高等学校，高等工程热力学课程是能源动力类研究生的学位课程。本文结合北京石油化工学院的行业特色，在适应社会需求的背景下，以学生为中心，深入挖掘课程教学存在的问题，找到相应的解决对策，围绕行业背景改革教学内容、改进工程实践环节、改进教学方式等方面开展教学改革，开展提高教学效果的探索，使学生毕业后能更好地服务行业和首都社会经济，同时也为同行教师和同类型院校提供借鉴和参考。

参考文献：

[1] 李晓泉，赵伟，孔凡新. 专业学位研究生培养与工程创新能力提升实践 [J]. 教育教学论坛，2024 (13)：153-156.

[2] 卢春萍，牛建会. 研究生示范课程《高等工程热力学》建设与实践 [J]. 科技风，2023 (19)：31-33.

[3] 刘强，马利敏，张磊，等. 基础性、前沿性、应用性并重的《高等工程热力学》课程建设 [J]. 中国电力教育，2020 (12)：65-66.

[4] 章学来，王惠惠. 提高研究生课程“高等工程热力学”教学质量的思考 [J]. 中国电力教育，2014 (3)：76-77.

[5] 张涛. 高等工程热力学教学改革初探 [J]. 教育教学论坛，2018 (31)：242-243.

[6] 曹晓东，庞丽萍，柏立战，等. 高等工程热力学课程“四位一体”教学模式探讨 [J]. 高等建筑教育，2021, 30 (5)：68-74.

[7] 李期斌，李逍霄，吴闯. 高等工程热力学近代进展的教学实践与探索 [J]. 教育教学论坛，2023 (29)：97-100.

[8] 申志兵，张君涛，梁生荣，等. 地方性行业院校全日制专业型硕士研究生培养探索 [J]. 大学教育，2017 (6)：182-183.

[9] 王为术，徐维晖，杨阳，等. 能源动力专业学位研究生课程体系构建研究 [J]. 中国电力教育，2022 (12)：91-92.

[10] 刘强，王泽霖.《高等工程热力学》层次递进教学法实践 [J]. 中国电力教育，2023 (11)：81-82.

应用型大学高等工程热力学课程案例教学研究

刘远超*，刘强，王亚飞，张伟，王茜

（北京石油化工学院，北京 102617）

【摘 要】高等工程热力学是能源动力专业硕士研究生的学位课程，北京石油化工学院是一所具有鲜明工程实践特色的地方应用型大学，因此高等工程热力学的课程教学应体现出工程实践特色。本文结合北京石油化工学院高等工程热力学课程教学存在的问题，进行基于案例分析及成果导向的探索，为同行教师提供借鉴和参考。

【关键词】高等工程热力学；应用型大学；案例分析；工程实践

0 引言

北京石油化工学院始建于1978年，是一所具有鲜明工程实践特色的地方应用型大学，主要服务于国家能源化工行业和首都经济社会，正在努力打造新时代首善之区工程师摇篮。

北京石油化工学院能源动力专业硕士研究生培养以能源工程装备技术研究和新能源开发及应用等为主要特色。高等工程热力学课程是能源动力类硕士研究生的学位课程，热力学理论对高效利用能源、节约能源及新能源开发具有重要指导意义；同时结合工程实际掌握正确评价热力系统及其过程中能量转换效率的方法，使学生具备在石化及能源领域内进行科学研究工作的必要知识和能力。

目前国内开设高等工程热力学研究生课程的高校已有近100所，对应的硕士研究生培养分为研究型和应用型两大类。北京石油化工学院是一所特色鲜明的地方应用型大学，其研究生的培养应着力体现出实践性、行业性的应用型研究生的培养特色。

随着高校教学改革的不断深入，研究生课程建设是一项复杂的系统工程，而将案例教学融入高等工程热力学课程，对打造新时代首善之区工程师摇篮的目标具有重要的意义和可行性，主要表现在以下方面：

（1）北京石油化工学院能源动力专业硕士研究生的生源院校主要来自应用型大学，通过建立案例教学库，可以激发学生的专业学习兴趣，为开展研究课题研究打下良好基础。

（2）北京石油化工学院专业研究生培养的重要特色是在中国石化燕山石化公司进行企业实践，石化行业的能源装备和炼化流程与高等热力学的教学内容联系非常紧密，建立与石化行业相关的热力学及热力设备视频案例教学库，有利于提升学生解决现场复杂工程应用问题的能力。

1 课程教学中存在的问题

作为能源动力专业硕士研究生的学位课程，高等工程热力学课程涉及的教学内容较多，包括经典热力学理论、多相工质及平衡理论以及非平衡热力学理论等，与学生后续的科研工作关系紧密；但根据能源动力专业硕士研究生的培养要求，该课程的教学应贴近对于热力学理论知识的实用性和实践性方面，侧重于体现“应用”环节，着重培养研究生的工程应用能力和解决复杂工程问题的能力，这一点与动力工程及工程热物理学科的学术硕士研究生的培养要求不同。

目前，从目前国内应用型大学的高等工程热力学课程教学过程和效果来看，仍然存在着一定的问题，在教学内容、方法等方面还需进一步深入改进。学生学习效果不甚理想，学习积极性仍有待于提高，究其原因主要有如下方面：

（1）传统的高等工程热力学课程教学内容理论性较强，与本科的工程热力学课程联系紧密，过于强调知

---

* 刘远超（1977— ），男，副教授，工学博士。研究方向：微纳尺度传热学。联系地址：北京市大兴区清源北路19号，邮编102617。E-mail：liuyuanchao@bipt.edu.cn。

教改项目：北京石油化工学院2024年研究生教育教学改革研究与实践项目（YJ24-101）。

识的系统性和理论深度，导致学生在学习时比较吃力，学习的热情和积极性下降，传统教学理念和教学方法与新时期研究生的培养目标之间的契合度有待于提高。

（2）随着研究生招生规模的不断扩大和能源动力类研究生就业形势的持续向好，许多本科非能源动力类专业的学生或被调剂或换专业报考，进入到应用型大学攻读能源动力专业硕士研究生，学生的专业基础相对薄弱，学习过程中相对吃力，因而有必要对本课程的教学内容及方法进行深入改革。

因此，提升研究生学位课程的教学效果，更好地为学生后续的科研论文服务成为目前亟待解决的问题。

2 课程教学改革与实践

针对前文的两个方面的问题，需要对应用型大学高等工程热力学课程进行案例教学改革，具体工作主要包括两方面：一是建立和制作开发研究生教学案例库，以新型研究型教学理念为指导，充分体现北京石油化工学院的能源装备主线和应用型大学科学研究特色，明确学生的学习目的，激发学生开展工程应用研究的热情；二是以“必需”和“够用”为原则，精选和优化高等工程热力学课程教学内容，体现教学内容的时代特色和北京石油化工学院的应用型行业特色，摈弃不必要的繁杂理论公式推导，提升学生的学习热情。

（1）针对目前应用型大学高等工程热力学课程教学中存在的问题，结合北京石油化工学院的研究生生源情况及就业领域，以案例实践教学为载体，从教学内容、教学方法两方面进行教学改革，突出体现北京石油化工学院服务国家能源化工行业和首都经济社会的应用型人才培养特色。

（2）与研究型大学学术硕士研究生的培养相区别，在教学内容改进方面，着力体现热力学原理的实际工程应用，强调热力设备的热学过程分析，弱化数学方程的详细推导，强化商用软件和开源软件在教学中的普遍应用，体现北京石油化工学院的能源化工特色和背景。

（3）摒弃传统的老师讲授、学生机械地接受的授课方式，在教学方法方面，建立丰富的课程案例教学库，以学生的学习效果为导向，提升学生的课堂获得感，点燃学生对科研的热情，激发学习兴趣，提升学生科学研究和工程技术追踪的能力。课程案例教学库体现北京石油化工学院的应用型大学特色，以培养学生独立思考和工程应用能力为目标，为同类的应用型大学专业硕士研究生培养提供借鉴。

（4）强化工程背景，采用真实案例教学，提升学生学习的积极性。以应用工程能力培养为目标，建设课程的工程案例资源库，结合计算机辅助教学手段，将关键难点问题通过工程案例教学的方式引入课堂，让学生深入理解，激发学习兴趣。与企业合作，拍摄教学视频和图片素材，搜集和整理石化企业教学素材和工程案例，建立丰富的教学案例素材资源库，满足了教学需要，体现了工程应用特色。

（5）采用理论教学与学科竞赛相结合的教学方式，辅助课程教学，增强学生的自主学习意识和团队精神。改变传统教学方式，实现以教师“教”为主到以学生“学”为主。教学中把学生分成若干小组，每小组分配工程案例作为研究生能源装备设计大赛和全国节能减排大赛等学科竞赛的参赛内容，增强学生对抽象的热力学理论的深刻理解，提升学生的实际工程应用能力。

3 结语

作为一所应用型院校，在研究生培养过程中，需要调整课程的教学内容，改革教学方法，提升学生的实际工程应用能力。高等工程热力学是能源动力专业硕士生的学位课程，课程理论体系复杂并具有一定的深度，传统的教学方式已不适应新时代的专业硕士研究生课程教学，只有与时俱进，开展创新性的理论和案例教学，通过课堂理论及实践教学实现人才培养与企业需求相匹配，才能适应能源行业特色发展并且有效地实现地方应用型大学的研究生人才培养目标。

参考文献：

[1] 刘青荣. 高等工程热力学教学过程中的改革和探索 [J]. 教育教学论坛，2020 (27)：146－147.

[2] 张爱英，龚宸悦，金海波，等. 工程实践能力导向的专业学位研究生教学模式 [J]. 实验室研究与探索，2023，42 (7)：205－208.

[3] 鲍文娜，吴元锋，刘士旺，等. 案例教学法在本科生和研究生教学应用中的差异 [J]. 浙江科技学院学报，2022，34 (2)：191－196.

[4] 曾真，王为国，马飞燕，等. 采用案例教学法提升研究生科研能力的实践与思考 [J]. 科教导刊，2022，(27)：72－74.

[5] 曹晓东，庞丽萍，柏立战，等. 高等工程热力学课程“四位一体”教学模式探讨 [J]. 高等建筑教育，2021，

30 (5)：68 - 74.
[6] 宋丹，高樱萍，王雅静，等. 多类型案例驱动的研究生教学模式研究 [J]. 大学教育，2021 (10)：115 - 117，124.
[7] 卿海群. 地方院校专业学位硕士研究生课程体系建设与改革思考 [J]. 教育现代化，2018，5 (11)：154 - 156.
[8] 彭洪阁，韩流. 基于研究生专业教学的人才培养研究 [J]. 能源技术与管理，2024，49 (1)：197 - 200.
[9] 石俊飞，蔡磊，王彬，等. 竞赛驱动的研究生案例教学改革 [J]. 计算机教育，2024 (1)：123 - 128.
[10] 李鹏，韩旭，钱江波. 能源动力专业研究生案例教学探讨——以《热电联产高效智慧供热技术》课程为例 [J]. 中国电力教育，2022 (11)：77 - 78.

能源动力类专业课程思政教学与实践教学改革探讨

梁颖宗[1]，刘琦[2]，罗向龙*[1]，莫松平[1]，陈健勇[1]，杨智[1]，何嘉诚[1]，陈颖[1]

（1. 广东工业大学材料与能源学院，广东　广州 510006；
2. 广州工程技术职业学院，广东　广州 510725）

【摘　要】 在新时代高等教育背景下，立德树人被确立为根本任务，要求课程肩负育人责任。本研究聚焦能源动力类专业课程，探讨思政教育的融合。通过调研思政内容、建立教学资源库、分析教学内容与思政元素的结合点以及设计思政教学案例，系统地融入思政教育，提升学生的综合素养。实践教学方面，引入虚拟实验室与工程软件，结合课堂讲授、课后自学、课堂讨论及课外调研，促进理论与实践的结合，培养学生的创新能力和实际问题解决能力。

【关键词】 思政教育；能源动力类专业；虚拟教学

0　引言

在新时代的教育背景下，立德树人被确立为中国高等教育的根本任务，这一理念要求高校的所有课程都应肩负起育人的责任[1-4]。习近平总书记在全国高校思想政治工作会议上明确指出，“要用好课堂教学这个主渠道”“其他各门课都要守好一段渠、种好责任田，使各类课程与思想政治理论课同向同行，形成协同效应”[5]。随后，教育部发布了《高校思想政治工作质量提升工程实施纲要》，从多个维度构建了育人体系，并对各职责进行了明确划分[6]。2020年，教育部进一步印发了《高等学校课程思政建设指导纲要》，系统阐述了课程思政的总体思路与重点任务，为高校的课程思政建设提供了全面的指导和规划[7-9]。2021年，教育部办公厅发布通知，要求全面推进课程思政示范项目的建设，涵盖职业教育、普通本科教育、研究生教育和继续教育等多个领域[10-12]。到了2022年，教育部再次强调提高课程思政水平，构建大思政课程体系的重要性[13-15]。在国家层面的政策推动下，广东省积极响应，于2019年发布了《广东省教育厅关于强化课程思政建设一流课程的意见》，从多个方面提出了具体的建设举措。特别强调了深度挖掘课程的育人功能，系统整理和分析德育渗透点，以及针对性地进行课程设计。对于专业课程，更是要求结合课程特点，适时融入家国情怀、社会责任、道德规范、法治意识、历史文化、思维品质、科学精神等德育元素[16-21]，将价值引领贯穿于课堂教学之中，实现潜移默化的育人效果。

综上所述，深入贯彻课程思政教学理念、着力推动课程思政改革实践，已成为全国各级教育政府部门和高校的普遍共识。在课程思政的大背景下，专业教育不仅仅是传授专业知识与技能，更应融入思政教育，以实现全面育人的目标。这正是本文所要探讨的核心议题，也是我们共同面对的时代课题。能源动力类专业作为事关能源高质量发展人才培养的专业，其教学不仅要传授专业知识与技能，还要融入思政教育，达到育人的目的。本文将探讨如何在该课程中有效地融入思政元素，并通过现代教学手段提升教学效果。

1　思政教学改革思路

1.1　思政内容调研

通过文献调研，阐述课程思政的内涵，为项目的后续研究奠定基础。结合教学团队及自身的教学情况，重点论述在专业教学过程中实施课程思政的必要性，为后续工作提供动力。对国内课程思政的研究和实践情

---

* 罗向龙（1978—　），男，教授，博士。研究方向：传热强化及换热器优化技术、新能源利用与节能减排技术、新型热力循环和能源系统集成优化技术。联系地址：广东工业大学大学城校区工学三号馆，邮编510006。E-mail：lxl-dte@gdut.edu.cn。

教改项目：广东省本科高校教学质量与教学改革工程项目《主动学习—趣味实验—系统仿真：激发“工程热力学”学习热情的三位一体课程改革》（粤教高函〔2023〕4号）。

况进行分类调研和综述。基于当前的研究现状，重点分析专业在课程思政资源建设和思政教学实践方面所面临的主要痛点问题。这部分的流程如图 1 所示。

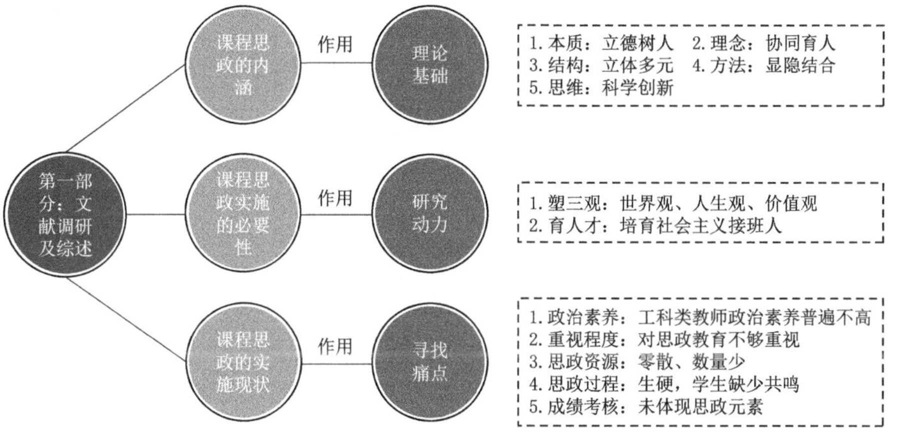

图 1　思政内容调研流程

1.2　系统建立思政教学资源库

依据目标课程的特性与基础内容，梳理并提炼出五类思政元素：家国情怀、大国工程、杰出人物、美丽中国以及能源安全。针对每一类思政元素，精心筛选若干典型故事案例，旨在构建一个系统完整、针对该课程的思政教学资源库。该资源库将持续更新与完善，确保其内容的时效性与教育价值。同时，资源库中的素材也可灵活应用于其他相关课程之中，实现资源共享与优化配置（图 2）。

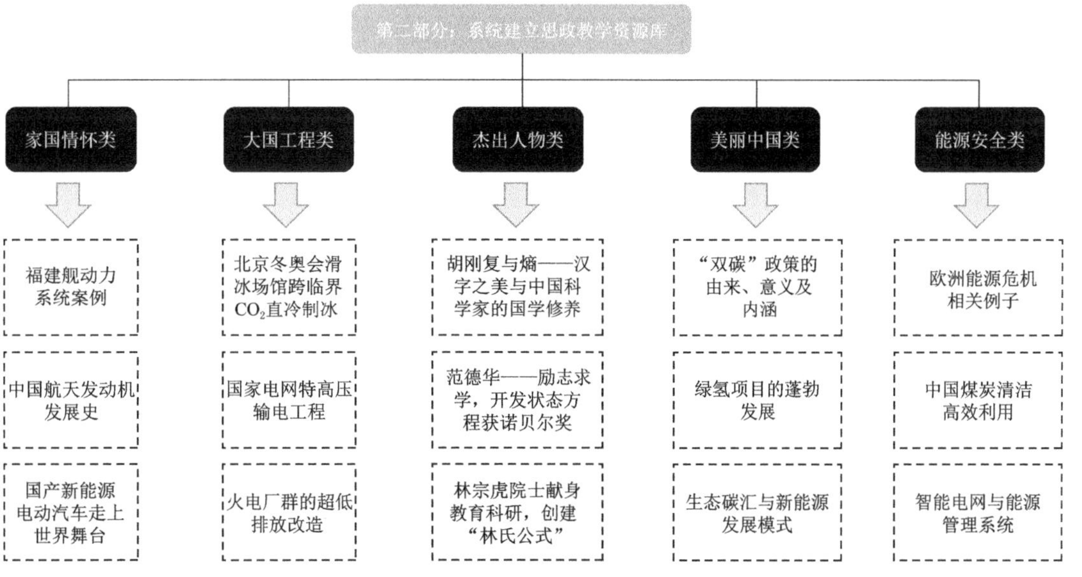

图 2　思政教学资源库示例

1.3　分解教学内容，分析思政元素结合点

目标课程被细分为五个教学模块，基于已建立的课程思政教学资源库，深入分析资源库中的思政案例与专业教学内容的潜在融合点。这种分析旨在揭示如何将思政教育有机地融入专业课程学习之中，以实现专业知识传授和价值引领的双重目标。部分关键的结合点如图 3 所示，以直观地反映思政元素与专业教学的紧密联系。

1.4　课程思政教学案例分析

在选定的目标课程中，选取 1～2 个教学单元，依托已构建的课程思政教学资源库，精心策划思政教学方案，并在相关专业班级中付诸实践。以工程热力学课程热力循环这一单元为例，教学设计的核心思想如图 4

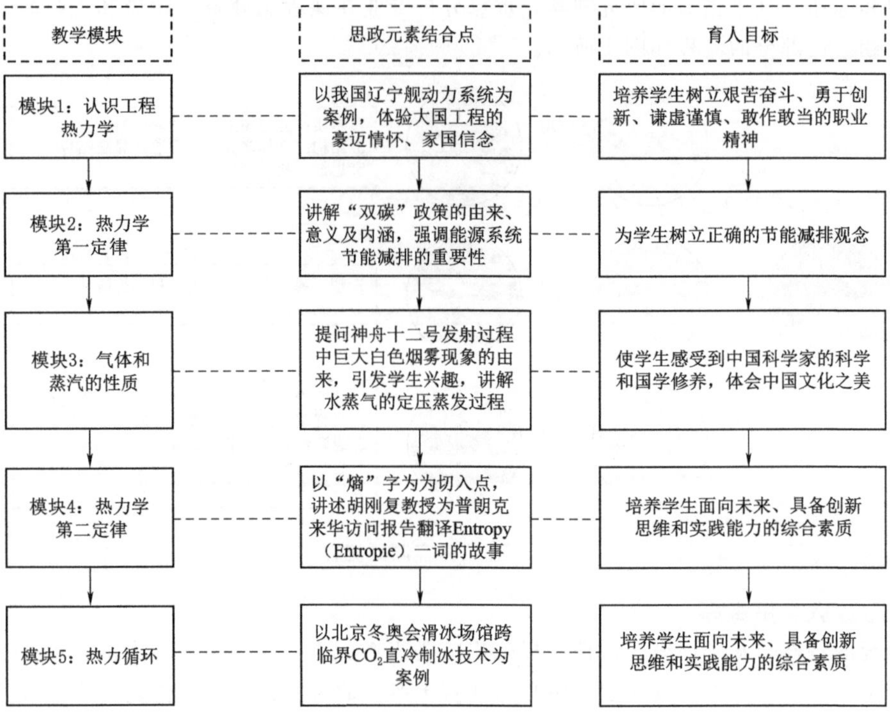

图 3　教学内容分析

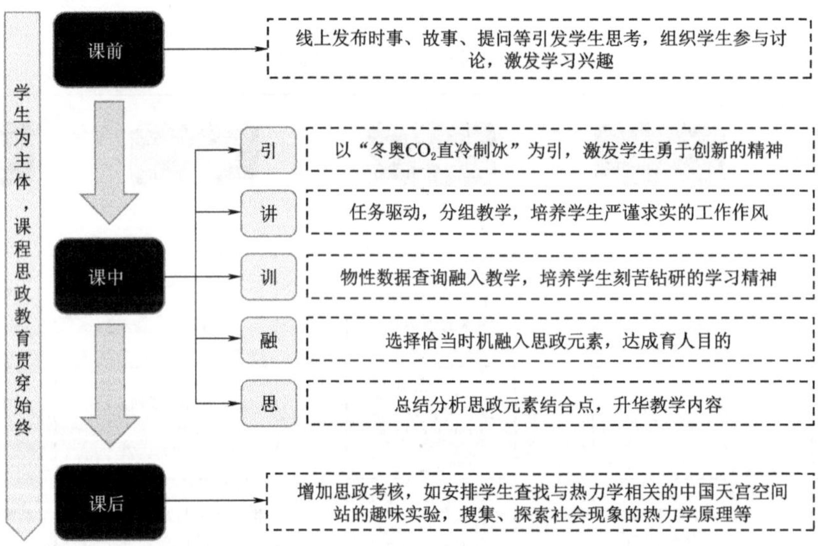

图 4　思政教学设计方案示意图

所示，该设计方案旨在实现专业知识的教授与思政教育的深度融合，促进学生全面发展。

1.5　课程思政教学效果评价

这一部分涵盖了三个层面的评估：教师自评、在校学生评价以及毕业生评价。在教师自评方面，采用自我剖析的方法进行深入反思，与此同时，在校学生和毕业生的评价则通过详尽的访谈过程来收集意见。图 5 中展示了一些评价的精选问题，着重反映不同视角下对教学改革的看法和感受。

2　实践教学改革

在专业课程教学中，专注于热力学和能源系统工程的基本原理（如热力发电厂课程）为学生奠定坚实的理论基础。通过学习，学生能够深刻理解能源系统的运行原理。随着课程推进，引入 Aspen Plus 等工程软件，强调理论与实践的结合。学生不仅能够学习系统建模和优化理论，还能应用软件进行流程模拟，提升实际问

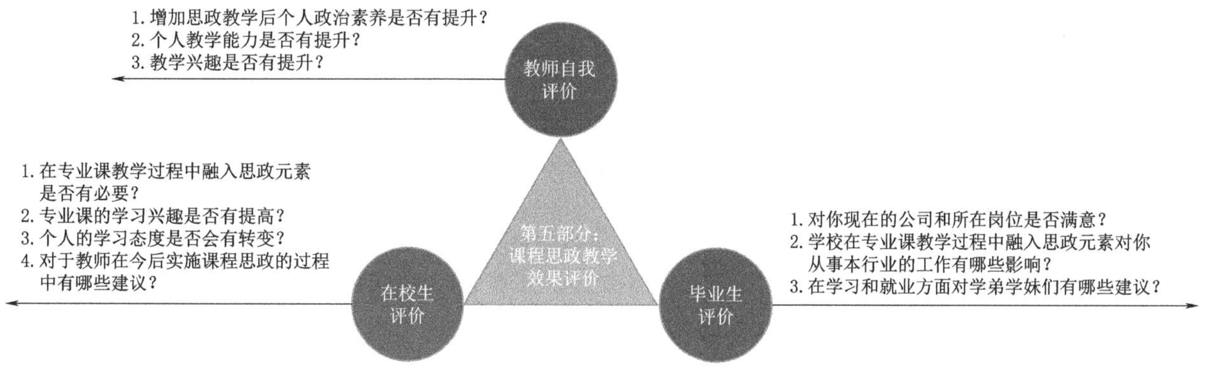

图 5　思政教学效果评价框架

题解决能力。课程内容进一步涵盖数学规划等优化方法，并更新新能源技术的热力学分析与优化，确保学生能将知识应用于实际工程问题。通过虚拟教学实验室（图 6），学生可以在模拟环境中感性认识热力系统，加深对理论的理解，提高操作和问题解决技能。结合线上案例库，学生可在虚拟实验室中选择不同模型进行实验，体验优化过程的挑战与乐趣。

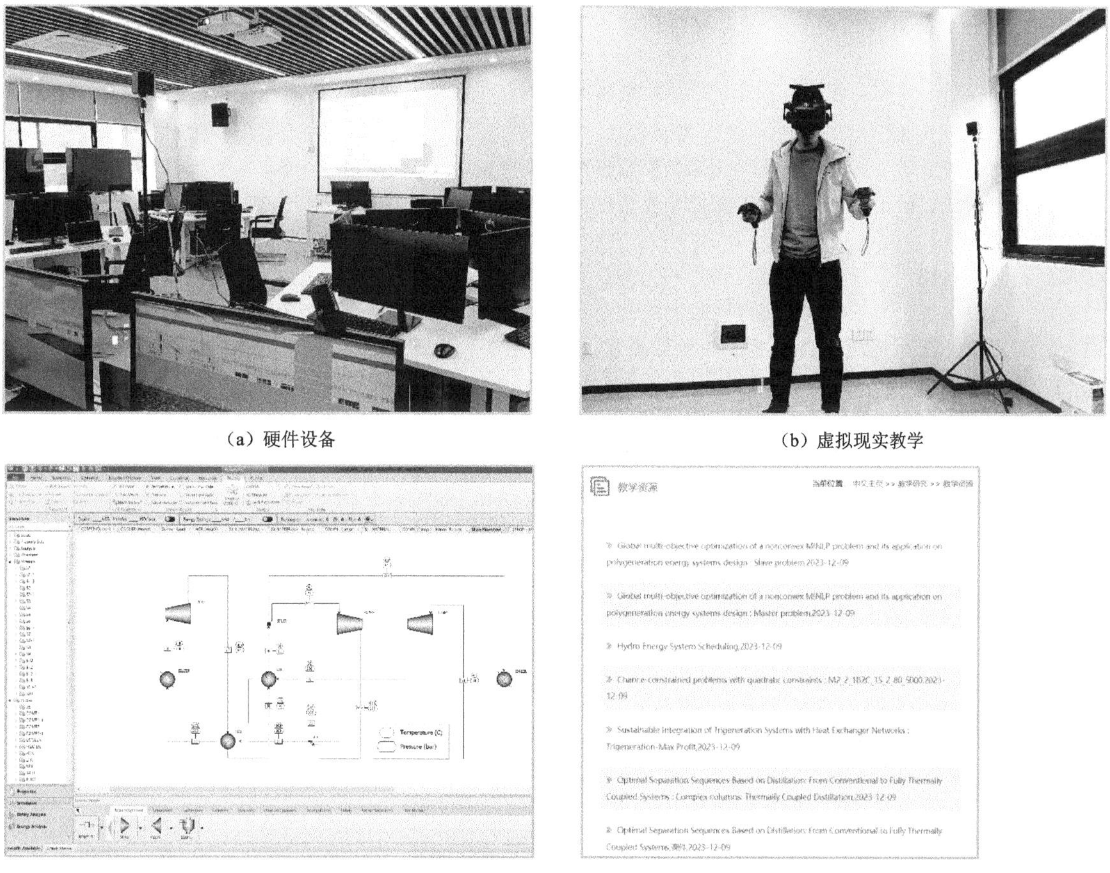

(a) 硬件设备　(b) 虚拟现实教学　(c) 流程模拟软件教学　(d) 工程案例库

图 6　虚拟教学实验室

本实践教学改革旨在为能源动力类相关专业的本科生提供热力系统理论和系统建模实践的深入教育。采用多样化的教学方法，包括课堂讲授、课后自学、课堂讨论以及课外调研，确保学生能够全面理解并实践课程内容。

在课堂讲授中，系统性地讲解热力发电厂系统与能源系统的关键概念，重点强调热力发电厂能耗计算、热集成、能源系统模拟等方面的知识，同时结合实际工程案例，培养学生将理论知识应用于解决实际问题的能力。课后自学环节通过提供详细的自学提纲，鼓励学生自主学习，巩固和拓展课堂所学，培养他们独立思考和问题解决的能力。通过组织课堂讨论，激发学生的学习兴趣，教师精心引导学生探讨能源与动力类课程项目作业的挑战和解决方案，增强学生的团队协作和问题解决技能。此外，课外调研任务鼓励学生深入研究最新的系统建模与优化方法，提升他们的批判性思维和对热力系统领域的深刻理解。

在传统课堂的基础上，引入虚拟教学实验室和现代教育技术。通过虚拟教学实验室的仿真热力发电厂场景，学生可以获得更直观的实践体验，增强他们应用理论知识的能力。同时，通过提供 Aspen Plus 等软件学习平台，培养学生运用工程软件解决实际问题的技能，促进理论与实践的有机结合。期末考查要求学生以开卷考试和实验报告形式进行，选择具体的热力系统和相关分析/优化方法进行深入研究，综合评估能量转换水平和最新分析方法的计算效果，从而培养学生的独立思考和创新能力。

3 结语

通过在能源动力类专业课程中融入思政教育与实践教学改革，使得学生不仅在专业知识和技能上得到提升，更在价值观、社会责任感和综合素养方面得到全面发展。此外，虚拟教学实验室和工程软件的引入，可增强学生的实践能力和创新思维，促进理论与实际问题解决的结合。评教调查结果表明，学生对课程的满意度较高，反映了教学改革的有效性和可行性。本研究为其他专业课程的思政教育提供了有益的参考和借鉴。

参考文献：

[1] 刘遵峰，张春玲．新时代高校课程思政与思政课程“同向同行”的内在逻辑及路径选择 [J]．中国大学教学，2023 (11)：45-51.

[2] 徐秦法，梁轩铭．同向·同行·同构：“课程思政”与“思政课程”协同育人的新探索 [J]．思想理论教育导刊，2024 (4)：134-141.

[3] 袁玉芳，胡延华．新工科背景下化学化工类课程思政建设探索 [J]．化学工程，2024，52 (2)：110-111.

[4] 唐桂华，王秋旺，何雅玲，等．关于高校专业基础课程教学改革的几点讨论 [J]．高等工程教育研究，2023 (S1)：38-39.

[5] 张博．新时代高校“课程思政”建设研究 [D]．长春：吉林大学，2022.

[6] 贺志波．高校思想政治工作质量提升工程的实施基础 [J]．高校辅导员学刊，2018，10 (3)：34-37，43.

[7] 高宁，王喜忠．全面把握《高等学校课程思政建设指导纲要》的理论性、整体性和系统性 [J]．中国大学教学，2020 (9)：17-22.

[8] 刘玲．高校课程思政的资源及开发研究——基于《高等学校课程思政建设指导纲要》分析 [J]．高教学刊，2021，7 (19)：164-167.

[9] 高吉成，李大玉．理工类通识教育中“课程思政”的探索与思考 [J]．塑料工业，2023，51 (3)：199-200.

[10] 韩宪洲．全面推进课程思政建设的逻辑进路探析 [J]．中国高等教育，2021 (6)：31-33.

[11] 许世建，董振华，黄辉．坚持德技并修优化类型定位全面推进职业教育课程思政建设——职业教育课程思政示范项目建设综述 [J]．中国职业技术教育，2021 (23)：5-9.

[12] 沈向阳，丁力行．以“质量工程”项目建设为依托加快专业内涵发展——以能动专业为例 [J]．高教学刊，2023，9 (13)：89-93.

[13] 许家烨．“大思政课”建设视域下社会资源转化为教学资源析论 [J]．思想理论教育，2024 (6)：68-73.

[14] 刘金存．多措并举构建“大思政”育人格局 [J]．思想政治工作研究，2024 (5)：52-53.

[15] 王习胜，华银峰．“大思政课”建设的核心旨趣、层级延展与效果期待 [J]．思想理论教育，2024 (5)：75-80.

[16] 徐晓宁，叶超群．社会责任教育融入高校思政课程体系刍议 [J]．安庆师范大学学报（社会科学版），2019，38 (3)：111-115.

[17] 于鹏，高晗，贺新家．大学生家国情怀培育的现状及路径探究 [J]．学校党建与思想教育，2022 (18)：33-35.

[18] 高学军．优秀历史文化在大中小学思政教育中实现有效衔接 [J]．理论观察，2022 (3)：158-161.

[19] 雷小苗，魏茜，杨名．新时代科学家精神融入高校思政课教学的价值、逻辑与路径 [J]．高教学刊，2022，8 (10)：175-179，183.

[20] 宋冰．新时代大学生法治意识培育研究 [D]．哈尔滨：东北农业大学，2023.

[21] 吴忠道，吕志跃，吴瑜．建设国家级科学家精神教育基地的实践与思考 [J]．中山大学学报（医学科学版），2023，44 (6)：901-902.

OBE - CDIO 教学模式在制冷空调实验/实践课程中的应用

蔡姗姗*，申利梅，李松

（华中科技大学能源与动力工程学院，华中科技大学中欧清洁与可再生能源学院，湖北 武汉 430074）

【摘 要】 本文以制冷空调实验及实践课程为例，介绍 OBE（Outcomes - based Education）- CDIO（Conceive，Design，Implement，Operate）结合的教学模式在上述课程中的应用。基于 OBE 理念构建课程目标，基于 CDIO 理念设计项目化教学环节，以学生为中心，强调教学目标的明确性和学习成果的可评估性，同时注重理论与实践的有机结合，有助于提高学生的知识掌握程度、实践能力和综合素质。

【关键词】 结果导向 OBE；过程导向 CDIO；制冷空调；实验课程；实践课程

0 引言

以市场需求为导向，培养“双碳”背景下的复合型人才，是建设世界一流大学及一流学科的关键任务之一。教学理念和教学方法的改革是实现教育目标、提高人才培养质量的一个重要的决定性的因素。随着教育目标的不断升级与重新定位，人才培养模式改革也需逐步跟进与更新完善。教学模式直接影响“教”与“学”的互动过程，是提升教学质量的关键环节。OBE 目前已成为国内外教育改革的主流理念，在教学中强调以学生为中心，遵循“What - Why - How”的教学主线，让教师在教学过程中持续关注学习成果，属于成果导向型。将 OBE 理念和方法运用于专业课程的建设，可以极大提高课程建设的质量[1,2]。CDIO 则是将构思、设计、实现和运行融为一体的新型工程教育模式，属于过程导向型[3]。在制冷空调方向的实验及实践课程中，采用 OBE - CDIO 结合的教学模式，基于 OBE 理念构建课程目标，基于 CDIO 理念设计项目化教学环节。

1 基于 OBE - CDIO 的实验教学设计

1.1 制冷空调实验课程设计

制冷、低温实验是制冷及低温工程系面向本专业学生所开放的一门专业课程，共 16 学时，1 个学分，先修课程为制冷原理与装置、空气调节、低温技术原理与装置。对应于先修课程，制冷、低温实验分为三个环节，容积式压缩机性能实验、制冷空调实验、低温吸附制氧实验，对应学时分别为 4 学时、8 学时和 4 学时。本文主要针对制冷空调实验开展。在能源学院的培养计划课程能力矩阵中，制冷、低温实验所对应的毕业要求包括：基本专业知识、分析问题能力、设计/开发解决方案、使用现代工具。毕业要求及其所对应的学生在毕业时应具备的知识、能力和素养等方面的描述见表 1。从成果导向出发，实验课程需要针对基本专业知识、分析问题能力、设计/开发解决方案、使用现代工具的本科生毕业要求设计课程目标。

表 1 课程能力矩阵

编号	毕业要求	具体描述
1	基本专业知识	能够将数学、自然科学、工程基础和专业知识用于解决复杂工程问题
2	分析问题能力	能够应用数学、自然科学和工程科学的基本原理，识别、表达，并通过文献研究分析复杂工程问题，以获得有效结论

* 蔡姗姗（1985— ），女，副教授，博士。研究方向：建筑节能、燃料电池与分布式能源利用技术。联系地址：湖北省武汉市洪山区珞喻路 1037 号华中科技大学，邮编 430074。E - mail：shanshc@hust.edu.cn。

续表

编号	毕业要求	具 体 描 述
3	设计/开发解决方案	能够设计针对复杂能源与动力工程问题的解决方案，设计满足特定需求的能源动力系统、部件或工艺流程，并能够在设计环节中体现创新意识，考虑社会、健康、安全、法律、文化以及环境等因素
4	研究能力	能够基于科学原理并采用科学方法对复杂能源与动力工程问题进行研究，包括设计实验、分析与解释数据，并通过信息综合得到合理有效的结论
5	使用现代工具	能够针对复杂能源与动力工程问题，开发、选择与使用恰当的技术、资源、现代工程工具和信息技术工具，包括预测与模拟，并能够理解其局限性
6	工程与社会	能够基于相关背景知识进行合理分析，评价能源与动力工程实践和复杂工程问题解决方案对社会、健康、安全、法律以及文化的影响，并理解应承担的责任
7	环境和可持续发展	能够理解和评价能源与动力工程实践对环境、社会可持续发展的影响
8	职业规范素养	具有人文社会科学素养、社会责任感，能够在工程实践中理解并遵守工程职业道德和规范，履行责任
9	个人与团队协作	具有在多学科背景下的团队中发挥作用的能力
10	沟通能力	能够就复杂工程问题与业界同行及社会公众进行有效沟通和交流，包括撰写报告和设计文稿、陈述发言、清晰表达或回应指令。并具备一定的国际视野，能够在跨文化背景下进行沟通和交流
11	项目管理能力	理解并掌握工程管理原理与经济决策方法，并能在多学科环境中应用
12	终身学习	具有自主学习和终身学习的意识，有不断学习和适应发展的能力

针对上述目标，所开设的实验课程（制冷空调部分）细分为三项实验，每项实验中设置两项测试内容，具体如下：

(1) 实验一：小型冷库运行及换热设备模拟实验。

1) EVAP - COND 蒸发-冷凝器计算。

2) 系统故障诊断实验。

(2) 实验二：多联机空调系统设计及运行实验。

1) 室内/外机实际制冷/制热容量计算。

2) 数据采集及分析。

(3) 实验三：风冷热泵冷（热）水中央空调系统设计及运行实验。

1) 热平衡计算。

2) 水力计算。

实验设备如图 1 所示，冷库为根据实际库体缩放的试制设备，空调则为实际家用、商用机组，并在此基础上自行改建而成。

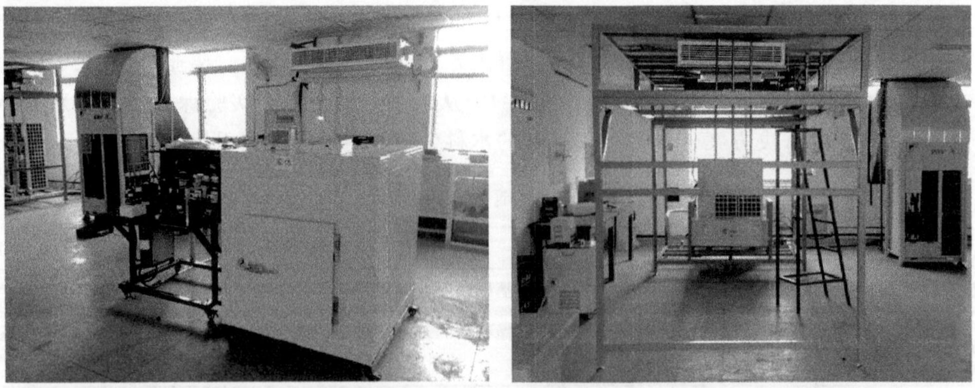

(a) 小型冷库（实验一）与多联机（实验二）　　(b) 中央空调系统（实验三）

图 1　制冷空调实验设备

1.2 OBE 理念在实验课程中的实施情况

在实验课程设计方面，遵循 OBE 理念与内涵。

首先，对照毕业要求，反向设计课程内容，对照生活中常见的制冷空调机组，让学生清晰了解学习对象与学习目标，提前知晓预期学习成果，比如，通过自己参与的训练，可以解决生活中的什么问题，即“描绘成果蓝图”。

其次，强调“个性化评定”“创设成功环境”。在实验环节，为团队合作，每项实验对应 6～8 名同学，每项实验又分为两个子环节，对应 3～4 名同学，组内同学根据自身兴趣自行分工，合作完成一组数据的测量。而在实验报告的撰写方面，即使同组同学使用的是相同数据，每位同学均需完成各自的实验报告。实验报告分为参数记录、数据处理和分析以及思考题三个部分，均没有标准答案。课堂教学过程，老师和助教会协助同学落实参数记录部分，避免测量偏差严重的数据，学生则通过自行讨论及指导书中的方法，团队或个人进行数据处理与分析，由于存在工况变化、测量误差及假设差异等多种不确定性，每位同学会有自己的理解与分析；思考题则更侧重“确定学习成果”，重视产出和能力，鼓励批判性思考、推理、评价与反馈。

再次，遵循“扩大机会”的实施原则，“逐级达到顶峰”。“扩大机会”是指充分考虑学生个体差异，在时间和资源上需保障每位同学都有达成学习成果的机会。三项实验项目相互独立，不存在需要前一环节的理论积累方可开展后续实验的情况，测试方法也不做完全约束，学生可以根据个人或团队的意愿开展，由于分组人数不多，教师及助教可观察不同学生的测试方法，通过交流引导等更为弹性的方式配合学生的个性化要求。三项实验中设计有相似训练环节，比如实验一的蒸发-冷凝器计算和实验三的热平衡计算，都需要对风测参数进行测定换算该换热器的换热量。通过这个环节的设置，有助于学生和老师进行“自我参照评价”，并实现“逐级达到顶峰”，学生通过相似项目环节，可检测自我是否达成学习成果，老师通过该环节，可掌握学生学习状态，现场调整教学方式。

1.3 CDIO 理念在实验课程中的实施情况

CDIO 理念强调“在真实的工程环境中”，基于“真实的项目载体”以实现“做中学”。按照构思（Conceive）、设计（Design）、实现（Implement）及运行（Operate）构建每次课堂的教学方案。

构思，指在每项实验前，通过教师引导和团队讨论等方式，了解测试项目背景，分析可行的解决方式。比如，夏季空调不制冷了，我们可以检查哪些部件，对于相应部件，我们可以测试什么数据。这个环节中，其实也融合了 OBE 的“个性化”教学理念：有思路的同学，可以鼓励他们进行测试，验证自己的想法；没有思路的同学，可以引导他们进行测试，形成自己的想法。

设计，指在开始测试前，教师介绍可用仪表，同学设计测试方案，包括工具选择、任务分工、测试顺序、测点位置等。教师不断然否决学生的测试方案，即使是错误方案，也鼓励学生尝试，同时注意引导，即融入 OBE 教学理念的“创设成功环境”。

实现，依照前一阶段的设计方案，开展参数测试及数据记录。在实现过程中，学生可能会发现设计阶段的一些不合理性，或者发现测试过程中的一些不确定性，教师在此阶段同样注意鼓励和引导，增强学生成功感的同时，训练学生思考分析以及动手操作的能力。

运行，根据收集的测试数据，进行结果分析和实验报告撰写。该环节为前述环节训练项目的产出，加深学生对实验过程的理解，巩固在实训中掌握的理论与技能，同时，有助于老师了解学生的掌握程度，改进后续教学进度及方案。

综上，在现阶段的制冷空调实验课程中，采用 OBE－CDIO 融合的教学模式，基于成果导向 OBE 设计教学目标、教学模式与评价理念，基于过程导向 CDIO 细化教学过程环节，有助于学生达成学习成果，实现综合能力提升。

2 基于 OBE－CDIO 的实践教学设计

2.1 制冷空调实践课程设计

认知实习是面向全院大三年级学生所开展的一门校内实践课程，与理论教学内容同步。制冷方向的认知实习包括：半封闭活塞式制冷压缩机拆装、冰箱及空调主要设备认知、冷库及中央空调系统认知三个环节。其中，冷库及中央空调系统认知所用到的设备与实验课程设备相同。由于实践课程中更注重设备观察与讨论，因此认知设备均为停机状态。以“冷库及中央空调系统认知”环节为例进行说明，该环节所涉及的实习内容包括：

（1）实践一：蒸汽压缩式小型冷库系统。

市场现状、运行流程、部件用途、连接形式、加工方式、传感器、结构特点。

（2）实践二：变制冷剂流量多联机中央空调系统。

市场现状、运行流程、系统特点、组成部件、设计依据、先进技术、发展趋势、难点与挑战等。

（3）实践三：风冷热泵冷热水中央空调系统。

同上，主要包括市场现状、运行流程、系统特点、末端设备、管网系统、设计依据等。

2.2 OBE 理念在实践课程中的实施情况

在制冷空调实习课程中，OBE 理论主要用于明确课程目标、优化教学内容、改进教学方法和创新考核方式。

在课程目标方面，制冷实践课程会首先明确学生应该达到的学习成果，即毕业时应具备的能力及其水平，比如基本专业知识、工程与社会、职业规范素养以及终身学习（详见表 1），通过反向设计，完善教学内容。

在教学内容方面，会围绕实现学生特定学习产出进行组织，确保课程内容与课程目标的高度一致性。比如，基本专业知识部分，会讨论不同制冷、空调系统的运行原理；工程与社会，则是主要介绍技术发展历程及市场现状；职业规范素养则是介绍设计研发工作的开展流程、设计依据；终身学习则是引导学生善于观察、积极思考、勇于回答的能力。

在教学方法设计方面，包括团队讨论、个人或团队汇报、案例分析等多种方式。课程开始前，教师线上介绍梳理课程目标，介绍认知实习中所观察设备的应用背景，指出本次课程所观察到的设备的共同点——蒸汽压缩式制冷循环，邀请学生或团队绘制系统原理图，并引导他们了解基于该原理图，可逐一升级，呈现现场不同设备的工作原理。预留自由讨论时间，组织学生以小组为单位，对照实际设备与展板中的系统原理图，顺着制冷剂管路，确立主要及辅助部件，分析系统运行过程。自由讨论时间结束后，邀请学生对照实际设备进行介绍，老师和学生可互动提问，老师查漏补缺，穿插介绍一些细节结构与内容。对应于传感器的介绍，可以让学生先进行猜测和寻找，然后同样通过互动形式介绍传感器类型与原理等。在不同认知设备切换时，先邀请同学们在课堂最初画下的原理图上进行系统升级，比如，冷库是单制系统，如何通过添加四通换向阀变为双制系统，进一步，直膨系统，如何加入水循环变为间膨系统。同学画，同学点评，匹配、支撑教学目标。

在创新考核方式方面，强调对学生学习产出的评价，因此制冷实践课程的考核方式更多元化，不拘泥实习报告形式，除规定的思考题外，学生可根据课堂掌握的内容随意拓展、发挥，可画图分析、可写印象最深的内容、也可写改进建议、意见。教师一方面可通过考核评价学生的知识掌握情况和能力水平；另一方面可有针对性地调整改进教学方案。

2.3 CDIO 理念在实践课程中的实施情况

CDIO 理念在制冷空调认知实习课程中分为观察、分析讨论、介绍与总结几部分，依次对应构思、设计、实现和运行。通过观察实际工程机组、分析运行流程与部件功能、组织语言进行分组介绍，以及整理口头或书面总结报告几个环节，培养学生的工程能力、创新思维和实践技能。

3 教学效果

通过问卷及课程目标达成情况评价分析发现，采用 OBE-CDIO 教学模式，取得效果如下：

（1）学生对知识掌握程度提高。有 92.7%的学生认同知识层面得到了提升。这说明 OBE-CDIO 教学模式在知识传授方面取得了显著成效，使学生能够更好地理解和掌握所学知识。

（2）学生实践能力提升。OBE-CDIO 教学模式强调实践操作的重要性，通过实验、项目设计等方式培养学生的实践能力和创新思维。通过方案设计、分组测试、问题分析等方面的训练，强调“人人都能成功”的内涵，有效提升了学生的实践能力。

（3）学生对教学模式认可度高。100%的学生能够接受教师的教学模式，实验课程的评教结果为满分，表明 OBE-CDIO 教学模式得到了学生的认可和支持。学生认为这种教学模式能够激发学习兴趣，提高学习效果。

（4）学生综合素质提升。通过 OBE-CDIO 教学模式的实施，学生的综合素质得到了显著提升。90.3%

的学生认同能力层面有所提升，89.1%的学生表示素质层面得到锻炼提升。这表明学生在知识、能力、素质等方面都得到了全面发展。

4 结语

基于 OBE 和 CDIO 理念的教学改革，在许多高校和专业中得到了有效的实施。这种教学模式以学生为中心，强调教学目标的明确性和学习成果的可评估性，同时注重理论与实践的有机结合，旨在提高学生的知识掌握程度、实践能力和综合素质。通过 OBE 理念反向设计制冷空调实验与实践课程，学生可应用专业基础知识解释不同类型制冷空调系统的运行，可对故障条件下的机组运行数据进行解释，可使用测量仪表或软件预测模拟机组性能。结合 CDIO 工程教育模式，引入多台工程实际机组，将工程机组改造为实验测试台架，设计多个课堂训练环节，如蒸发器/冷凝器的仿真、热平衡计算、管网水力计算、系统运行与监测等，同时，还可融入思政元素，强化实践能力的同时，注重学生的德育发展。在未来的教学实践中，应该继续深化和推广 OBE－CDIO 教学模式，为培养更多具有创新精神和实践能力的高素质人才做出贡献。

参考文献：

[1] 李志义，朱泓，刘志军，等. 用成果导向教育理念引导高等工程教育教学改革［J］. 高等工程教育研究，2014（2）：29－34，70.

[2] 王国强，卢秀泉，金祥雷，等. 成果导向教育理念的新工科通识教育体系构建研究［J］. 高等工程教育研究，2021（4）：29－34.

[3] 朱权洁，梁娟，王奕，等. 基于 CDIO 的工科类学生创新能力培养探索与实践［J］. 中国现代教育装备，2024（9）：90－93.

能源动力卓越工程硕士跨界融合培养实践探索

何一坚*，罗泽城，郭玲玲

（浙江大学，浙江　杭州 310030）

【摘　要】本文旨在聚焦当前能源动力专业工程硕士拔尖创新人才培养的现实挑战，调研分析了国内外为提升卓越工程硕士核心素质与能力培养在政策构建、培养模式创新及培养平台建设方面的现状与进展。以浙江大学工程师学院（浙江工程师学院）的实践为例，阐述了项目制培养中课程体系创新对能源动力专业工程硕士卓越培养的重要作用，并着重分析了跨专业的跨界融合培养模式创新对提升工程硕士卓越培养质量以更好地符合人才市场对卓越工程师人才迫切需求的积极成效。浙江大学工程师学院的培养实践表明，通过创新培养模式，较好地解决了能源动力专业工程硕士卓越培养所面临着理论与实践严重脱节以及考核评价问题，显著提高了学生的实践动手能力和解决工程实际问题的创新能力。统计数据显示，近三届毕业生在企业或实践基地的实习时长均值达 352 天，参与真实工程研发周期均值为 215 天，超过半数毕业生入职重点国企、大型央企、世界 500 强企业等头部用人单位。然而，分析也发现需要进一步加强高校与企业的深度合作，解决具有丰富工程实践经验与能力的师资力量不足、跨专业跨学科培养融合难等问题，以全面提升能源动力专业工程硕士卓越培养质量以及跨专业跨学科融合解决工程实际难题的创新能力。

【关键词】卓越工程硕士；专业交叉；跨界融合培养；项目制培养；创新能力

0　引言

工程师是推动工程科技造福人类、创造未来的重要力量，是国家战略人才力量的重要组成部分。2024 年 1 月"国家工程师奖"首次表彰大会召开，表彰授予 81 名个人"国家卓越工程师"称号、50 个团队"国家卓越工程师团队"称号[1]。近年来，全球主要国家为提升卓越工程师教育培养的核心质量，从政策构建到培养模式改革及平台建设等均作出了积极探索。

国际上，美国实施了"卓越工程教育计划"旨在为未来现代社会中的工程及工程师角色制定愿景。根据他们对学科未来发展的预测，修订当前的工程教育，以应对未来技术革命的挑战。在 21 世纪，工程师被期望是积极主动的引领潮流，而不是被动反应的[2]。英国推出了"卓越研究框架"，确保英国高等教育领域拥有世界一流、充满活力且具有响应能力的研究基础。德国开展了"工业 4.0"计划，用来提升制造业的计算机、数字化和智能化[3]。

在 2018 年，我国教育部提出卓越工程师教育培养计划 2.0，健全多元主体协同育人机制，推进产教融合、校企合作，全方位、深层次、大力度实施卓越工程师培养，如图 1 所示[4,5]。国内对于本科生的教育培养，侧重于打牢基础知识和技能，同时注重培养他们的创新能力和实践能力。通过设计项目、实验课程、实习实践等方式，学生在实践中不断积累经验，提升综合素质。对于研究生，则更侧重于专业深度和科研创新能力。通过参与科研项目开展前沿技术研究、与企业合作进行实际工程课题研究等途径，研究生能够在专业领域内深入钻研，解决实际工程问题，培养成为具备高级专业知识和创新能力的卓越工程师。

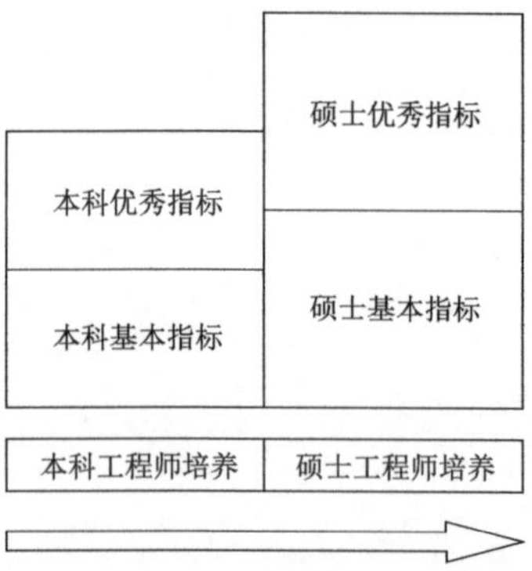

图 1　卓越工程师培养目标

国内高校在"中国制造 2025"和卓越工程师教育培养计划的推动下，

* 何一坚（1977—　），男，博士、副教授，研究生导师。主要研究方向：低碳空调制冷（热泵）低温技术、环境节能与数字化调控技术、储能与可再生能源利用等。联系地址：浙江大学玉泉校区，邮编 310027。E-mail：yijian_he@zju.edu.cn。

项目：浙江省"尖兵·领雁"科技计划项目资助（项目号：2023C01251）。

大力加强实践教学，完善实践教学体系。国内高校强化校企合作，积极建立校内外实践基地，组织学生参加工程实践项目，并实施探究式教学、个性化培养等教学模式改革。这些改革以问题导向和目标导向为指引，旨在提升学生的综合专业素养[6,7]。这些政策凸显了高校与产业界合作、实践教学对提升创新能力的重要性，为卓越工程师教育培养提供了坚实的基础。

尽管专业学位研究生教育设立已逾20载，但是其发展仍旧面临诸多挑战[8]。近年来，随着全日制专业学位研究生教育的大力推进，相关挑战变得尤为突出。主要表现在：高校与企业的联合培养机制有待完善，人才培养方向与市场需求不够契合，人才培养体系未能完全满足工程化培养的要求，且课程体系亦存在不足之处[9,10]。这些挑战提示，能源动力类专业工程硕士的培养不仅需要扎实的专业知识，更需要通过产教融合和学科交叉培养模式，提升学生解决复杂工程问题的综合专业素养和创新能力。

随着全球能源需求的不断增长和可持续发展目标的推进，能源动力领域正面临前所未有的挑战和机遇。在这一背景下，培养具备强大创新能力、实践技能和跨学科知识的卓越工程师人才成为了高校的重要使命。2015年7月，为响应国家创新驱动发展战略，推进国家、区域经济社会发展和产业转型升级，浙江省委省政府和浙江大学共同谋划筹建浙江工程师学院，并于2016年9月正式揭牌成立。在教育部、省市和学校的大力支持下，浙江工程师学院围绕立德树人根本任务，积极实践探索工程类专业学位教育改革，努力培养造就更多高端工程领军人才和卓越工程师。

结合浙江工程师学院培养实践的经验案例，本论文探讨能源动力领域专业学位研究生教育实施产教融合和学科交叉培养的实践路径，提出完善、改进建议，为相关教育工作者提供启示和参考。

1　浙江大学能源动力专业工程硕士卓越培养项目概况

浙江大学工程师学院能源动力专业工程硕士卓越培养项目是面向国家重大需求、面向世界科技前沿，响应创新型国家建设对高层次工程技术创新人才紧迫需求而采取的重要举措，是推进学校产教融合、科教融合、提高能源动力工程硕士培养质量的创新之举。

浙江大学工程师学院每年招收能源动力专业工程硕士200余人，涉及多个学科和领域，包括但不限于动力工程、电力工程、交通、控制等。通过这些领域的交叉和融合，为学生提供了更广阔的学习和研究平台，使其能够在工程实际前沿和多学科综合的课题中更好地锻炼和提升自身创新能力。

1.1　我国能源动力专业工程硕士教育培养现状

我国绝大部分高校能源动力专业教育以课堂授课为主、实验培训和企业参观实习为辅的方式进行，主要秉承有用的知识教育观。同时，受限于相对刚性的专业目录，专业划分较细，学生知识面狭窄；同时，过早专业化，学科间壁垒分明，造成学生学科领域单一，知识体系不完善等问题。然而，当前各学科、各专业交叉、互联的趋势越来越显著，现有专业细分、学科分界的培养模式难以满足新时代的要求[11]。

例如，过去几十年中国电力供应结构相对稳定，煤电机组供应全国绝大部分电力需求，新型发电方式占比较小，现有的能源动力专业培养体制可以满足我国能源发展的需求。如今，能源革命使能源供应体系由化石能源为主转向以可再生能源为主，在当前的技术革命阶段，大量新知识、新技术爆发式出现，改变和颠覆了传统能源与动力行业。新知识、新技术的产生与应用速度快于当前大学教育模式、培养体系、课程内容等的修订和更新周期，当前教育体系不能适应社会发展需求[12,13]。此外，世界能源体系转型亟须教育的创新予以配合。例如，MIT的新工程教育体系对工程教育的逻辑、内容、教学方法以及工程人才的能力进行了重构。创新强调面向未来的新机器与新工程体系：以项目为中心，注重知识的应用；打破专业、学科界限，实现跨学科培养；以育人为归旨，以工程方法与内容，培养学生的工程思维、科学思维和人本思维；与现阶段能源动力专业的教育体系形成鲜明的对比。凸显了当前能源动力学科专业的设置和建设已滞后于社会需求，缺乏引领性。

1.2　能源动力工程硕士教育培养创新必要性

当今国内外市场环境竞争激烈，人才是关键因素之一。企业对行业当前状况和发展趋势最为了解，对当今和未来工程师人才的需求最为清楚，也十分清楚高校工科毕业生在知识能力素质等方面存在的不足和亟须完善之处。因此，企业能够在卓越工程师培养过程中发挥重要的牵引作用，不仅能够为卓越工程师计划高校反馈明确改进建议和信息，也能够直接参与具体培养过程，使学生更好地达到卓越计划的培养目标。

高校的实验室、实训基地和工程培训中心拥有许多仪器设备来培养和提升学生的综合专业素养和创新能力。而企业为了适应激烈的竞争市场，必须拥有最先进最完善的生产线，这是高校难以做到的。自然，在不同程度上呈现出高校培养的人才与企业需求存在严重脱节现象，这是缺乏深度校企合作模式培养出的工科毕业生难以快速适应企业岗位工作的原因之一[14-16]。因此，校企（产教）深度融合将使学生有更好的机会熟悉先进生产设备制造技术，毕业后便可成为上手快的工程人才。

随着新技术和新产业的发展，高校诞生了一批新专业，体现了学科交叉与跨界融合的理念。实际的工程难题往往都是复杂的，是多学科交叉融合的难题。因此，卓越工程师的教育培养与此类新专业培养有许多相似之处。卓越工程师人才的教育培养途径与学科交叉的人才培养思想相近。

1.3 浙江大学能源动力专业工程硕士卓越培养项目简介

浙江大学卓越培养项目自 2019 年正式招生，截至 2024 年 5 月，先后设立 23 个项目制卓越培养项目，共招收 2600 余名全日制工程硕士，招生专业包括电子信息、机械、材料与化工、能源动力、土木水利、生物与医药和交通运输等七大工程专业学位类别，对接新能源、新材料、高端装备制造、机器人、汽车、交通运输、医疗健康、人工智能等众多行业。每个卓越培养项目由若干个专业类别领域交叉融合构成。来自浙江大学的 460 名高水平校内专家担任校内导师；来自世界 500 强企业、行业领军企业的高水平专家共计 1184 人担任校外专业导师。

其中，能源动力专业（即动力工程以及电气工程专业）近年平均招生 200 余人，拥有高水平校内导师 120 余人，专业企业导师 300 余人。在能源动力领域，浙江工程师学院发挥自身校企合作、产教融合的优势积极开展以下改革和实践：

（1）课程体系和培养方案立足现实面向未来。在能源大变革时代，立足现实，面向未来，适度超前，考虑毕业生社会适应性。

（2）教学流程重构。分析基础课和专业课的师生比例，教学流程再造，专业课交叉融合。增设了许多创新课程，例如工程技术创新前沿、产业技术发展前沿、智能装备创新设计案例分析等。

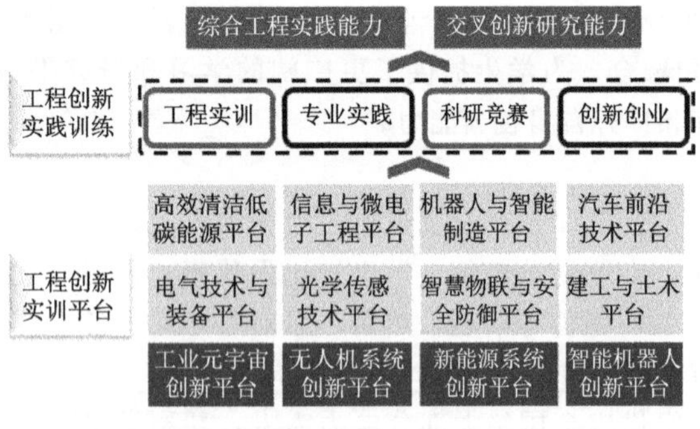

图 2　浙江大学工程师学院实训中心概况

（3）增设创新实践教学课。增设了高阶工程认知实践课程，引导和培养研究生的工程实践能力。开设实践项目，让研究生从总体原理、设计到最终研究实践，全面提升学生的跨专业视野和动手能力。

（4）建立实训中心。形成以“实训中心—企业导师—实践课程”为载体的产教深度融合育人模式，如图 2 所示。

（5）跨学科跨专业培养，打破学科界限。在新的课程体系中，引入电气类、测控类、机械类和计算机类的跨学科相关课程，打破学科界限，进行跨学科跨专业的人才培养新模式。

2 能源动力专业工程硕士培养模式创新

2.1 课程体系创新

能源动力专业学术硕士的专业授课内容为经典工程热物理知识，教师们传授学生核心的理论知识，往往还难以使学生们获得解决工程实际难题的能力[17]。工程硕士将课程体系设置与实际产业需求紧密结合，建立产业导向的新课程体系，提供与行业前沿技术和发展趋势密切相关的课程内容，确保使学生接触到最新的技术和研究动态，了解行业的需求和挑战，既提高了他们的专业素养，也提升了其工程实践能力[18]。学生通过学习与实际应用紧密相关的课程，能够更好地适应行业发展需求，为国家能源动力领域提供具有创新能力和实践经验的卓越工程师[19]，使学生毕业后能够更迅速适应工作环境，具备良好的解决工程实际问题的能力，为能源动力领域提供有竞争力的卓越工程人才。

2.2 产教深度融合推动行业和领域发展

创新培养模式将促进产业发展和创新。通过与企业合作开展科研项目，学校可以深入了解行业需求和技术瓶颈，提供解决方案和技术支持，进而促进产业的转型升级和创新能力的提升[20]。创新培养下的研究生具备全面的综合专业知识和创新能力，以及适应市场需求的能力，能够为企业和行业提供更优秀的人才支持。

这些卓越工程师将成为企业的技术骨干和创新引领者，推动企业和行业的发展，有助于推动国家在能源动力领域的科技突破和重大工程项目的实施，提升国家的综合实力和国际影响力。

2.3 学科交叉的培养路径创新

对于跨专业培养研究生，其专业基础知识不完全对口，对于高校教师来说，面临教学难度大、教学周期长的问题。学科交叉培养既要保证专业性，也需要强调抓主要矛盾，结合实际需要培养。例如在学生不擅长的领域，可以将某些专业知识当作工具，不需要深入剖析其本质，而在乎其可用性。这样既提升了效率，也降低了沟通交流难度。另外也需要着重培养学生跨文化交流能力、组织项目与团队协作能力、创新意识与创新能力。同时，对于学科交叉人才的培养，还需要培养学生具备良好的创新人才素质，包括身心素质、文化素质、个性素质、社会素质、研究素质、工程素质、精英素质、职业素养等[21]。

研究生教育培养体系的关键要素涉及教师与教学体系、知识体系与课程体系、教学资源体系、教学管理体系、质量与评价体系、创新创业实践体系等[22]。要建设高质量的学科交叉跨界融合人才培养体系，就应根据这些关键要素进行设计。需要更新教育理念，形成面向行业需求和可持续竞争力的教育理念；要进行专业知识体系创新，构建适应新行业、新业态的学科交叉跨界融合专业知识体系；要建设多学科融合的一流教师队伍，以实施一流教育；要按照学科交叉工程发展规律来改革创新人才培养模式；要构建跨学科的学习与研讨环境，为学生创造一个多维度的学习空间。同时，要建设创新创业教育体系及平台，这是学科交叉跨界融合学生培养的重要特征；要通过校企合作建立协同育人生态环境，这是学科交叉跨界融合学生培养教育的重要方式；要积极开展国际化办学，这是培养具有国际竞争力人才的基本途径。此外，还要建立与学科交叉跨界融合学生培养相适应的国家、行业与学校的多层次人才培养质量评价体系。针对培养具有可持续竞争力的创新型人才培养的目标。应该着重培养学生专业方面能力，包括理论分析与抽象能力、问题理解与实现能力、实践经验与动手能力、持续学习与改进能力等。

2.4 创新培养实践的成效

通过分析浙江大学工程师学院工程硕士卓越培养实践，发现在项目制创新培养模式下，毕业生的综合专业素质与创新实践能力得到了有效提升。

2.4.1 构建考核评价有效新体系

当前许多高校在工程硕士教育培养过程考核评价上仍偏重于理论考试，忽视了对学生实际工程能力的全面评价，导致学生的实践技能没有得到充分锻炼。实际上，工程硕士教育培养目标应明显不同于学术硕士，其考核评价体系应更注重实践能力和项目成果。

浙江大学工程师学院工程硕士卓越培养通过创新考核评价机制，引入项目制培养模式，有效地解决了这一问题，带来了诸多显著的好处。

(1) 新考核评价机制能够全面评估学生在实际工程项目中的表现，使他们的实践能力得到了充分的锻炼和展示。这不仅有助于培养学生的动手能力，还能使学生在毕业后更加适应职业发展需求。同时，项目制考核评价机制促进了学生的创新思维和问题解决能力。通过在真实项目中遇到并解决实际问题，学生学会了如何在复杂多变的环境中进行创新，培养了独立思考和创新能力，为学生未来的职业发展打下了坚实的基础。

(2) 项目制考核评价机制也增强了学生的团队合作精神和沟通能力。在工程项目中，学生需要与团队成员密切合作，共同制订计划、分工协作和解决问题。这种合作不仅提高了学生的团队协作能力，还培养了他们的领导力和沟通技巧，使他们在未来的职业生涯中更具竞争力。

(3) 项目制考核评价机制让学生的学习成果更加具体和可视化。通过项目成果的展示和汇报，学生能够直观地看到自己的进步和不足，教师也可以更准确地评估学生的实际能力。这种评价方式不仅增加了学习的趣味性和挑战性，也激励学生不断追求卓越。

2.4.2 有效解决理论与实践严重脱节的问题

工程硕士培养的初衷是通过大学教授和实际工程项目及企业专家的结合，使学生能够在实践中学习。但在实际教育培养实施过程，培养的理论知识与实践的结合仍然存在严重脱节现象。部分院校在实际工程项目的训练上不够系统，导致学生难以将所学理论知识有效地应用于实际工作中。

浙江大学工程师学院创新地引入校企融合培养方法及项目制培养新机制，取得了显著的成效，有效地解决了这一问题。

（1）校企融合培养方法及项目制培养机制为学生提供了与企业专家和行业精英直接接触和交流的机会。通过参与由企业专家指导的工程项目，学生能够了解最新的行业动态和技术发展趋势，掌握实用的工程技能和解决问题的方法。这种与行业密切相关的学习方式，大大提升了学生的实践能力和就业竞争力。

（2）学生能够在真实的工程项目中应用课堂上学到的理论知识，从而加深了对理论知识的理解和记忆。通过实际操作和实验，学生不仅能验证和巩固所学知识，还能发现理论知识在实际应用中的局限性和改进方法。

（3）促进了学生的跨学科跨专业合作和综合能力的提升。在项目制考核中，学生经常需要与不同专业背景的同学合作，共同解决复杂的工程问题。这种合作不仅提高了学生的团队协作能力，还培养了他们的综合素质，使他们能够在未来的工作中胜任多样化的任务和挑战。

（4）强化学生在项目中的独立思考和创新能力训练。通过鼓励学生在项目中提出创新性解决方案，学院激发了学生的创造力和主动性，使他们能够在实践中不断探索和进步。这种创新导向的考核方式，不仅提高了学生的学习兴趣和积极性，还为他们未来的科研和职业发展奠定了坚实的基础。

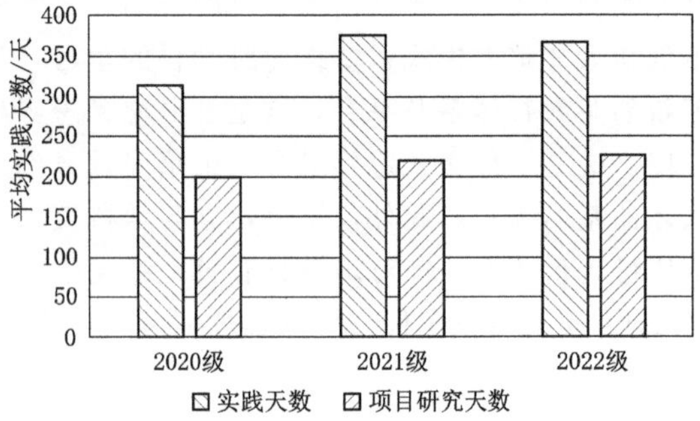

图 3　浙江大学工程师学院学生创新培养实践情况

通过有序和系统的实际工程项目训练，有效地解决了理论与实践严重脱节的问题，使学生在实践中学以致用，全面提升了他们的综合专业素质和工程实践创新能力。培养出的工程硕士，既具备扎实的理论基础，又拥有更丰富的实践经验和创新能力，可为行业和社会输送大量更高素质的工程人才。

据统计，浙江大学工程师学院近三年毕业生平均参与创新实践 352 天，平均参与实际工程项目研究 215 天，如图 3 所示。培养实践表明，通过创新培养模式的实践，能较好地解决传统能源培养中存在的缺少实践等问题，显著提高学生的实践能力和综合素质，且 50%以上毕业生进入重点国企、大型央企、世界 500 强企业。

3　卓越培养面临的新挑战

3.1　优秀企业师资力量不足及高质量项目有限

能源动力专业卓越工程硕士培养需要具备丰富实际经验的优秀企业专家和工程师参与指导，很多高校在这一方面的资源有限，难以保证每位学生都能得到优秀企业导师的良好指导。企业专家与学术导师之间的沟通协调也存在困难，影响了培养质量。同时，高质量的工程项目课题对工程硕士培养至关重要。实践中，能够提供给学生进行深入研究和实践的项目资源有限，很多项目规模较小或者技术含量不高，不能充分满足培养要求。

3.2　跨学科培养有效融合难

能源动力专业工程硕士通常涉及跨学科的知识融合，实际培养中，不同学科之间的课程设置、教学内容协调难度较大，学生在短时间内难以系统掌握跨学科知识，影响了其综合能力的培养。能源动力专业涉及的知识范围广泛，包括电气工程、机械工程、环境科学、经济管理等多个领域，跨专业研究生需要具备多学科的知识和技能。这种广泛的知识需求使得学生在短时间内掌握多领域知识面临巨大挑战。跨专业培养需要多学科的导师团队，在实际操作中，不同学科导师之间的沟通和协作并不顺畅，导师团队的建设面临较大挑战。跨学科导师团队的缺乏直接影响了学生的研究指导和学术发展。能源领域的快速发展与变革对人才提出了新的要求，高校在培养目标和课程设置上未能及时与市场需求对接，导致学生毕业后难以适应市场需求，影响了就业竞争力。

4　结语

浙江大学工程师学院通过产教融合和产学研项目的依托，较好地将课程体系内容与实际工程需求紧密结合，显著提升了学生培养的综合专业素质和创新能力。具体成效包括：

（1）课程体系内容与工程需求结合。通过产学研项目的依托和产教融合，将理论知识与实际工程需求紧密结合，确保学生能够在学习中接触并解决真实的工程问题，提高了学生应对复杂工程问题的能力。

（2）工程实践创新能力和综合素质提升。创新培养模式的实施部分解决了传统能源动力专业教学存在的问题，使学生的实践能力和综合素质得到了显著提升，培养了他们的创新思维和独立解决问题的能力。

（3）就业质量明显提升。培养模式的有效性和市场认可度得到了初步验证。

尽管取得了一些成效，能源动力专业工程硕士培养模式改革及能源动力跨专业研究生培养仍面临诸多挑战。为适应快速发展的技术和市场需求，后续有必要进行进一步的改革与创新，具体如下：

（1）深化科研项目依托。继续加强与企业和科研机构的合作，进一步深化科研项目依托，确保课程内容与最新工程需求的紧密结合。

（2）进一步推进产教融合。加大产教融合力度，引入更多企业资源和行业专家，完善实践教学环节，提高学生的实际操作能力和职业竞争力。

（3）优化培养模式。在现有基础上进一步优化能源动力专业工程硕士的培养模式，注重跨学科综合能力的培养，推动更多跨学科、跨领域的研究项目，促进学生多元化发展。

（4）创新课程体系设置。根据行业发展趋势和市场需求，及时更新和调整课程内容，引入最新的技术和前沿知识，确保学生所学内容的先进性和实用性。

（5）推动国际合作。拓展与国际知名院校和科研机构的合作与交流，借鉴国际先进的工程教育经验，为学生提供更多国际化学习和实践机会，提升他们的全球竞争力。

通过不断改革和持续创新，浙江大学工程师学院将进一步提升能源动力专业工程硕士卓越培养的质量，培养出更多具备扎实理论基础和卓越创新实践能力的高素质工程人才，为国家和社会的发展做出更大的贡献。

参考文献：

[1] 中国政府网. 习近平在“国家工程师奖”首次评选表彰之际作出重要指示强调：坚定科技报国为民造福理想，加快实现高水平科技自立自强服务高质量发展［EB/OL］.［2024-01］. https://www.gov.cn/yaowen/liebiao/202401/content_6927121.htm.

[2] Al-Masoud N, Baumann P, Gates A, et al. New programs in mechanical engineering and “the engineer of 2020”［C］//2007 Annual Conference & Exposition. Honolulu: 2007.

[3] 丁纯，李君扬. 德国“工业4.0”：内容、动因与前景及其启示［J］. 德国研究，2014，29（4）：49-66，126.

[4] 叶晓力，夏玲丽. 我国专业学位研究生教育政策的注意力变迁及其逻辑理路［J］. 应用型高等教育研究，2023，8（3）：68-75.

[5] 傅昕，张何. 卓越计划背景下分析化学方向学科前言讲座课程教学改革研究［J］. 高教学刊，2023，9（21）：107-110.

[6] 肖光春，张辉，赵伟，等. 产教融合背景下专业学位研究生培养改革探索研究［J］. 教育教学论坛，2022（16）：180-184.

[7] 王勇，徐国峰，贾宝霞，等. 新农科背景下实践育人机制研究——以农业硕士培养为例［J］. 中国高校科技，2019（S1）：65-66.

[8] 郭建如，张守玉. 工程硕士生的培养资源与培养方式——基于部分省属行业特色高校的研究［J］. 学位与研究生教育，2023（4）：34-38.

[9] 杨光，刘德宝，李云涛，等. PISI“四三三”专业学位研究生培养模式研究——以材料与化工专业为例［J］. 中国轻工教育，2023，26（5）：71-78.

[10] 李军雪，刘兴旺，李海涛，等. 面向卓越工程师培养的“S-C-I”教学模式创新［J］. 华北理工大学学报（社会科学版），2023，23（5）：71-77.

[11] 帅永，陈绍文. 碳中和背景下能源动力类专业的改革思考与实践——以哈尔滨工业大学为例［J］. 高等工程教育研究，2023（S1）：7-9.

[12] 杜晓超，袁显宝，张彬航，等. 能源动力类专业建设与人才培养模式的改革与实践［J］. 高教学刊，2021，7（15）：117-120.

[13] 孙贤胜，许慧文. 国际能源转型的趋势与挑战［J］. 国际石油经济，2018，26（1）：7-10.

[14] 谭磊，刘代飞，李灵均. “三高四新”背景下能源动力类研究生创新能力培养路径探析［J］. 产业创新研究，2024（8）：190-192.

[15] 周立波，任延杰，陈荐. 新工科背景下能源动力类课程多学科交叉融合的探索研究［J］. 教育教学论坛，2023（38）：39-42.

［16］ 李欢，任常在，程屾，等．“碳中和”背景下能源动力类研究型人才培养模式研究［J］．化工设计通讯，2023，49（11）：139－141．

［17］ 黄群星，黄兰芳，王咨元，等．面向产业变革需求的能源动力类本硕衔接式实践教学体系构建与探索［J］．高等工程教育研究，2023（S1）：179－181，212．

［18］ 仇志华，田咏桃，林日亿，等．能源动力类专业学位研究生实践教学模式改革［J］．中国电力教育，2024（3）：53－54．

［19］ 李晓俊，陈波．我国能源与动力工程专业近五年实践教学改革——基于创新能力和实践能力的改革［J］．中国轻工教育，2024，27（2）：61－70．

［20］ 郭敏，孙浩森．基于产教融合的“能动”专业实践教学革新探索［J］．创新创业理论研究与实践，2024，7（4）：22－25．

［21］ 陈嘉澍，谢宇，钟天明，等．能源与动力工程专业项目动态导向型实践教学体系改革研究［J］．现代职业教育，2021（24）：58－59．

［22］ 岳爽，朱延松，徐良骥．新能源背景下动力工程及工程热物理专业实践教学改革与探索［J］．广东化工，2024，51（4）：169－170，193．

国防热管理领域硕博士人才培养方法探索

申利梅*，刘志春，谢军龙，蔡姗姗，单峰，陈建业

（华中科技大学，湖北　武汉 430074）

【摘　要】 电力电子设备热管理不仅是国防装备可靠运行的保障，也决定了国防装备作战能力的高度。随着摩尔定律向超越摩尔定律的发展，电力电子设备热管理也面临新的挑战，亟须发展颠覆性、前沿性的热管理技术，通过“政产教研用”融合与跨学科融合，探索可落地的国防领域热管理硕博士人才的培养模式，打破学科藩篱，立足国防项目进行攻坚式培育，全过程贯彻研究生科技报国的教育理念，形成面向国家“卡脖子”技术的分类育人思路，制订一套热管理多学科交叉融合项目育人体系，健全先进技术敏捷响应、快速转化的国防热管理领域硕博士人才培养机制。

【关键词】 热管理；硕博士研究生；培养方案；分类育人；项目育人

0　引言

电力电子设备在国民经济和军事国防领域中发挥着不可或缺的关键核心与支撑作用，但受电力电子器件自身效率的限制，其近80%的电功率耗散会转变成废热。而且，电力电子器件的使用寿命和性能对温度十分敏感，其工作温度每升高10℃，就将导致50%的寿命衰减，散热不及时甚至会导致元器件烧毁，造成安全事故。据统计，有超过一半的电力电子器件失效是因其使用温度超过设定值所致。因此，电力电子设备热管理问题成为电力电子器件进一步发展亟待突破的瓶颈。

进入21世纪以来，航空航天、电力能源、生物医药、电动汽车、5G通信等领域取得了前所未有的长足发展，热管理显得愈发重要，产业界关于热管理的硕博士人才需求也急剧提升。2016年教育部、工业和信息化部等共同编制的《制造业人才发展规划指南》指出2020年和2025年看见，我国对新一代信息技术产业的人才需求缺口预测分别为750万人和950万人，位居《中国制造2025》制造业十大重点领域之首[1]。

而且，随着现代战争形态和制胜机理的深刻变化，国防装备正向信息化、智能化、无人化方向发展，电力电子设备是实现该功能的关键。然而，电力电子设备不断向微型化、高集成化方向发展，给电力电子设备温度控制带来了严峻挑战。当前，电力电子设备热管理不仅成了国防装备可靠运行的保障，也决定了国防装备作战能力的高度[2]。高校作为我国科技发展与人才培养的重要领域，在贯彻新时代军事战略方针的科技强军、人才强军的任务中处于关键地位。

动力工程及工程热物理学科是电力电子设备热管理技术攻关与人才培养的依托学科，如何着眼国家战略需求培养高素质热管理人才，为提升我国新质战斗力做贡献，亟待开展热管理领域硕博士人才培养方法与模式的研究。

1　热管理发展现状与人才需求分析

1.1　发展现状与趋势

目前，电力电子设备热管理主要采用空气冷却、液体冷却、相变冷却和热电制冷等技术，如图1所示。采用强制对流换热形式的空气冷却、液体冷却等热管理技术，受到换热工质物性以及换热结构和形式的限制，可冷却的热通量通常小于100W/cm²。微通道相变冷却等虽可满足大热通量的热管理需求，但受到换热系统的热响应时间限制，其热管理系统存在散热迟滞效应，故控温精度略低，尤其在开关机及重启过程中产生的瞬时超大热通量会引起大幅的温度波动，从而制约芯片的性能发挥。热电制冷作为一种主动式固体冷却技术，

---

* 申利梅（1986—　），女，副教授，博士。研究方向：热电制冷及发电技术、热管理技术。联系地址：武汉市洪山区珞喻路1037号华中科技大学清洁能源大楼，邮编430074。E-mail：ep_shenlimei@hust.edu.cn。

基金项目：国家自然科学基金资助项目（No. 52176007）。

具有易集成封装、控温精度高、冷却热流密度大等优点，但存在不能单独使用的问题，必须配合其他冷却技术联合应用。

1.1.1 发展现状

当前，电力电子设备热管理通常采用多种冷却技术相结合的方式，这主要与电力电子设备的结构组成相关。电力电子设备按冷却结构可分为芯片级、模块级和设备级，各冷却层级交互配合保证设备在允许温度范围内使用。

针对芯片级冷却技术，主要是随着芯片集成度与功能发展而不断提升，其发展历程如图 2 所示，目前国内外研究的热点是硅基微通道冷却技术、微型热电制冷技术和超薄柔性热管技术[3]。

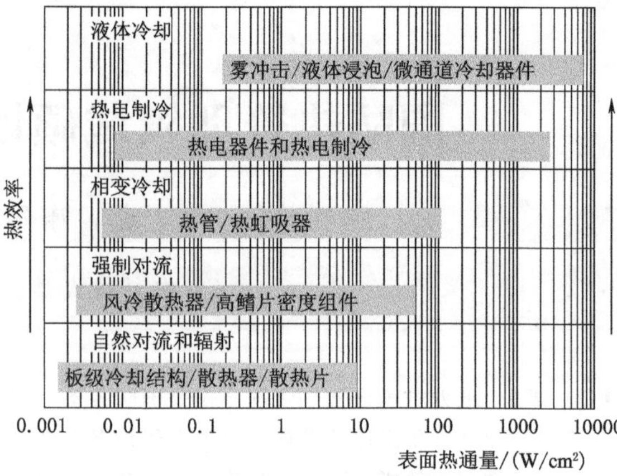

图 1 不同热管理冷却技术散热效果对比

图 2 芯片级冷却技术的发展历程

针对模块级冷却技术，主要是随着高导热材料的发现与加工技术的发展而不断提升，目前国内外研究的热点是石墨/铝复合 APG 材料、平板两相均热板技术[4]。

针对设备级冷却技术，主要是随着散热量和散热能效的要求不断提高而发展的，目前研究的热点是大散热量的液冷冷却技术和轻质高效的两相冷却技术[5]。

1.1.2 发展趋势

热管理领域正处于快速发展和创新阶段，随着技术的进步和应用领域的扩展，其重要性日益凸显，我国近几年在热管理技术领域的投入也日益增加，如图 3 所示。未来，随着集成化、微型化、智能化、高效化、环保化等趋势的推动，热管理技术将迎来更多的发展机遇和挑战。尤其在物联网与人工智能等新技术的助力下，通过实时监测温度、自动调节散热策略，智能热管理系统能够更有效地控制设备温度，预防设备过热和损坏。

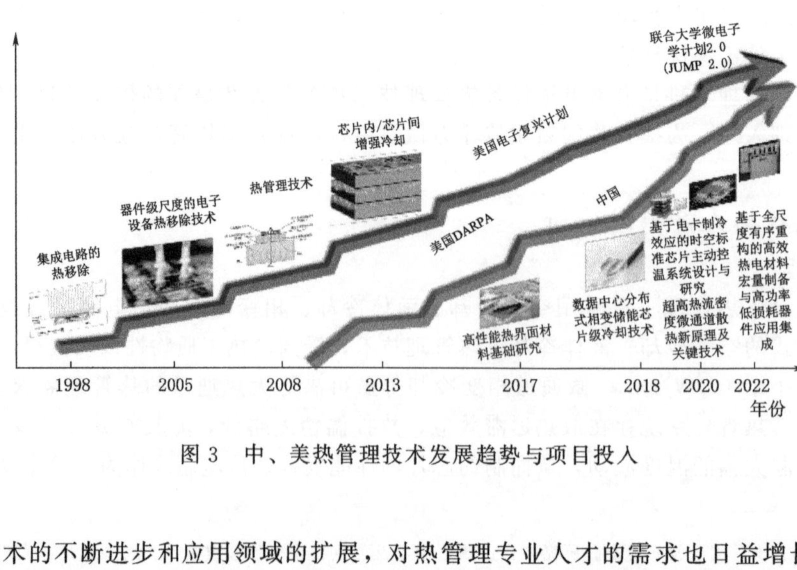

图 3 中、美热管理技术发展趋势与项目投入

1.2 人才需求

随着热管理技术的不断进步和应用领域的扩展，对热管理专业人才的需求也日益增长。特别是具备深厚学术背景和专业技能的硕博士人才，他们在推动热管理技术创新和应用方面发挥着至关重要的作用。然而，

当前热管理领域也面临着一些挑战，如技术更新换代速度快、跨学科融合要求高、国际化竞争激烈等。这些挑战对硕博士人才提出了更高的要求[6]，需要他们具备更强的创新能力、跨学科融合能力和科技强国的意识。

从国防等热管理领域的人才需求分析来看，随着国际竞争的加剧和国防科技的不断发展，对于高层次、具备创新能力和国防意识的人才需求愈发迫切[7]。因此，高校在研究生培养过程中应紧密围绕国防创新需求，加强爱国主义和国防意识教育，优化专业课程设置，构建与国防需求紧密结合的科研实践平台，并建立合理的考核与激励机制，以培养出具备扎实专业知识、良好创新能力和高度国防使命感的研究生[8]。这不仅有助于提升研究生的核心竞争力，满足国防建设对高层次人才的需求，同时对于推动国家科技创新和国防现代化建设具有重要意义。

2 国防热管理领域人才培养方法探索

基于热管理领域的人才需求，结合专业和多元化研究生生源特点，亟须解决当前人才培养方法中的3个关键问题：①面向研究生思想层次多元化现象，思政教育理念强化与手段多样化问题；②热管理领域颠覆性/前沿性技术人才培养与国防新质作战力量建设统一问题；③涉及多学科交叉的热管理领域人才培养问题。立足于国防项目，构建跨学科热管理领域人才培养模式。

2.1 思政教育与热管理专业知识教育的融合方法

新工科课程思政是创新人才培养模式的重要组成部分，如何在贯穿专业知识教学全过程中融合思政教育，是当前热管理领域人才培养亟待探索的问题[9]。基于热管理领域硕博士生的育人目标，深度挖掘提炼理论知识、新技术与新政策发展体系中所蕴含的思想理念和科学家及工匠精神，拓宽专业课程的广度、深度和温度，构建贯通热管理思政教育“政产学研用”的协同培养方案。

硕博士研究生是我国国防科技人才的主要后备力量，针对思想层次多元化的研究生[10]，对于研究生思政教育的共性与个性问题，提出了一种全过程贯彻研究生科技报国的教育思路，如图4所示。首先是要发挥导师言传身教作用：一方面要以身作则、导师先行，应牢记育人先育己，学高为师，身正为范，通过与国内外高校的高层次交流等，不断学习先进的育人理念，提高自己的育人水平，坚定学生的理想信念、厚植学生的家国情怀、激发学生自主求知报国意识；另一方面要结合专业特点因材施教，制定一生一策的培养方案，将育人与材相结合，围绕国家重大战略需求，培养学生自主创新能力与实践能力。其次，研究生缺乏国家安全与国防教育的理论课程，阻碍了全员、全过程、全方位育人机制实现的目标进程，尤其在当前的国际形势下，开展硕博士研究生的国家安全教育与国防教育课程，是培养国家维护者和保卫者的现实所需。

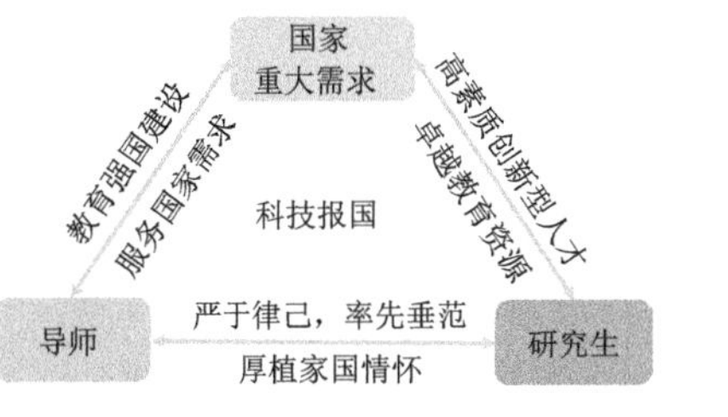

图4 全过程贯彻研究生科技报国的教育思路

2.2 热管理领域颠覆性/前沿性技术人才培养方法

所培养的热管理领域研究生主要是解决电力电子设备的芯片控温问题，故学生毕业后更多投身于国防、航天等电力电子相关的行业，以及相关企业，尤其在美国对我国芯片实行全面技术封锁的情况下，如何绕过先进制程的限制，通过良好的热管理技术来更好地发挥芯片能力，对我国当前集成电路行业发展至关重要。而且，随着芯片制程的不断降低，热管理技术也将成为芯片发展的最终瓶颈。因此，从热管理角度攻关我国高端芯片“卡脖子”技术是十分迫切和必要的。

鉴于电子芯片的微型化、高集成化、多功能化、高热流密度化，以及电力电子设备系统的超大规模化和应用环境的极端复杂化，给电子设备热管理提出了新的挑战，亟须发展颠覆性、前沿性的热管理技术，这就需要在研究生培养过程中，从研究生培养体系建设、课程教学体系建设和科学研究过程中，针不同类型的研究生制订不同的培养方案，形成面向国家“卡脖子”技术的分类优化育人思路，如图5所示。通过“产教研”融合与跨学科融合，鼓励和启发学生的求知欲，培养学生在理论、方法、技术上进行创新应用研究，才能使我国在新质作战斗争中赢得先机。

2.3 立足项目制的多学科交叉融合协同育人方法

由于热管理技术涉及的多学科间的理论体系相对独立，各学院各学科的导师、学生的贯穿式合作牵引性不强，各单位交流的深入性不够，项目制可发挥强牵引作用，可强相关各学科、学院、单位间的合作，有利于热管理理论体系构建，并将理论知识与前沿技术应用于项目实践中。因此，立足于国防项目，针对学术型研究生，通过跨学科、跨学院的合作，可逐步构建热管理新理论培养体系；针对专业型研究生，通过跨学科、跨单位的合作，可共建创新性人才培养基地；针对工程型研究生，通过跨学院、跨单位的强合作，可开发前沿技术，从而形成一套基于项目制的热管理多学科交叉融合协同育人方法，如图6所示。该育人方法不仅能推动“产教研”融合协同育人模式改革，培养新工科高素质高水平人才，还能为研究生提供最前沿、最真实的实践研究条件。

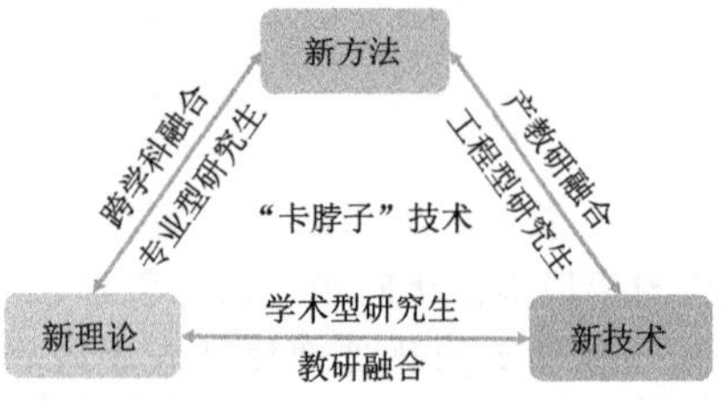

图5　面向国家“卡脖子”技术的分类优化育人思路

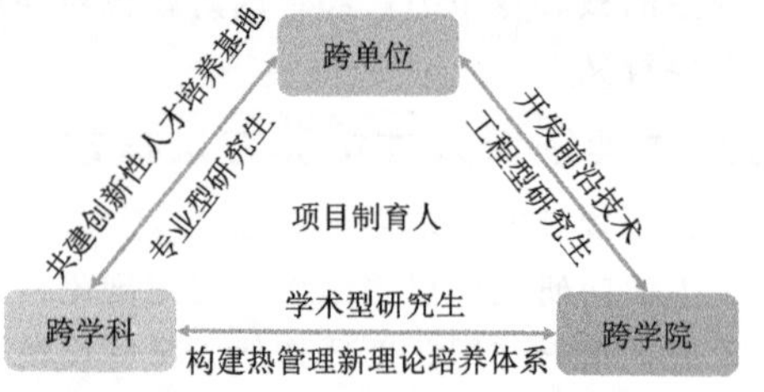

图6　热管理多学科交叉融合的项目制育人思路

3　结语

探索可落地的国防领域热管理硕博士人才的培养模式，需打破学科藩篱，融合“政产教研用”优质资源，立足国防项目进行攻坚式培育，构建贯通热管理思政教育“政产学研用”的协同培养方案，形成面向国家“卡脖子”技术的分类育人方法，制订一套基于项目制的热管理多学科交叉融合协同育人体系，强化研究生的科技强国强军的理念和服务国家国防事业的意识，健全先进技术敏捷响应、快速转化的人才培养机制。

参考文献：

[1]　中国科学院．电子设备热管理[M]．北京：科学出版社，2022.

[2]　杨建明．高密度封装电子设备先进热管理技术发展现状[J]．电子机械工程，2016，32(5)：20-24.

[3]　于新刚，孟繁孔，韩海鹰，等．我国载人航天器热控制技术发展[J]．航天器工程，2022，31(6)：156-165.

[4]　宁献文，李劲东，王玉莹，等．中国航天器新型热控系统构建进展评述[J]．航空学报，2019，40(7)：6-18.

[5]　杨钰婷，乔砚淙，刘伟，等．高超声速飞行器综合热管理系统性能仿真与优化[J]．节能技术，2022，40(3)：212-219，247.

[6]　刘明芹，张元良，朱文亮．提高工科类硕士研究生培养质量的方法研究[J]．大学教育，2024(3)：107-110.

[7]　韩珂，陆建峰．面向国防的高层次智能人才培养探索与实践[J]．软件导刊，2021，20(12)：240-246.

[8]　刘龙斌，揭锦亮，高晓升，等．军地共育空天技术领域高层次国防科技人才培养思路探究[J]．高教学刊，2023，9(28)：165-168.

[9]　李兰，陈哲云，刘庆海．“五育并举，双环协同”的新工科课程思政育人探索[J]．计算机教育，2024(6)：56-61.

[10]　徐强．国防特色紧缺学科核技术类研究生创新能力培养探索[J]．大学，2022(1)：136-139.

人机协同教学模式创新实践
——以制冷新技术课程为例

焦丽君

（青岛职业技术学院，山东　青岛 266555）

【摘　要】本文探讨了大语言模型（LLM）在教育领域的应用，特别是人机协同教学模式的创新实践。通过对比传统翻转课堂和人机协同教学模式，研究发现后者显著提升了学生的学习效果和满意度。学生在与生成式人工智能合作中，体验到了高度的专注度和成就感，表现出更强的知识理解和应用能力。本文通过实证研究，验证了人机协同教学模式在提升教学效率和培养学生创新能力方面的优势，并提出了未来智慧教育的发展方向。

【关键词】大语言模型；人机协同；教学实践；智慧教育

0　引言

0.1　大语言模型的技术概述

大语言模型是现代自然语言处理领域的一项重要成果，它基于深度学习技术构建，规模庞大，旨在深度理解和灵活生成自然语言文本。这些模型能够应对多样化的语言处理任务，包括但不限于文本生成、翻译、问答以及深度文本分析。它们的构建通常依赖于复杂的神经网络架构，特别是近年来备受瞩目的变换器（Transformer）架构。在众多的大语言模型中，有一些备受关注，如ChatGPT等基于预训练变换器模型的生成式系统，以及文心一言、讯飞星火认知大模型等。这些模型的问世和不断的迭代升级，不仅展现了人工智能在自然语言处理领域的巨大潜力，同时也引发了人们对于自身学习方式和能力的深刻反思。这种技术对社会各行业，特别是教育领域，产生了深远的影响，挑战了传统的教学方式和学习模式[1]。在教育方面，其强大的自然语言处理、图像识别和数据分析能力，使得教学、评估、学习等各个环节都能实现个性化和高效化。从功能上讲，具体可以概括为12个方面，分别是：问答助教、课堂辅导、虚拟学习伙伴、家庭教育机器人、语言学习、快速答疑、智能作业批改、教学评估、学习监管、教学创新、跨地域教学和个性化学习[2]。

0.2　大语言模型应用于教育场景的必要性

随着技术浪潮的不断涌现，教育正在经历数字化转型、智能升级和融合创新的进程，人工智能已经成为构建高质量教育体系的关键力量之一。OpenAI的首席执行官Sam Altman在2023年接受ABC新闻采访时预言，ChatGPT将“消灭许多工作”，因为它能为学生提供超过传统课堂的个性化学习体验，从而迫使教育系统必须进行变革。当今的教育体系作为工业化时代的产物，在规模化培养适合社会生产需求的人才方面贡献突出。然而，ChatGPT等人工智能技术展示了其掌握广泛知识的能力，这让教育亟须转向创新人才的挖掘和培养。

党的二十大报告明确提出“推进教育数字化，建设全民终身学习的学习型社会、学习型大国”的战略目标，国家政策文件中多次强调了人工智能在教育中的应用优势。联合国教科文组织在《联合国教科文组织数字信息素养全球框架4.4.2》等文件中，也突出了数字信息素养在21世纪的重要性，提供了指导原则和关键能力。在这样的背景下，教师需要不断提升自身的数字信息技术应用能力，从PPT、慕课、在线教学等基本技能开始，逐步掌握包括ChatGPT在内的人工智能技术在教学中的应用。人工智能与教育的深度融合成为推进个性化教学的重要途径，教师能利用技术工具为学生制订精准的学习路径，增进与学生的互动。随着人工智能推动知识的迅速增长，群智协同创新的知识生产方式逐渐显现，催生了人与机器协同的知识创造过程。因此，面临快速发展的人工智能技术，教育改革不仅必要，而且可行，当代教师需要积极迎接这一变革，共同推动教育的新时代。

0.3　国内外研究现状

全球范围内，生成式人工智能技术在教育中的应用正逐步展开。新加坡率先公开支持在教育系统中使用

ChatGPT，其教育主管部门指导教师有效利用人工智能工具提升学习效果，同时为学生提供数字素养和网络健康等技能培训。可汗学院则展示了由 GPT-4 模型驱动的 Khanmigo，作为在线学习环境的智能助教和虚拟导师，通过对话形式提供个性化辅导，帮助教师制订课程计划和批改作业。宾夕法尼亚大学沃顿商学院教授伊桑·莫利克在所有课程中使用 ChatGPT 等人工智能工具，提供人工智能应用指南，并要求学生以至少五个提示词来完成作业，旨在最大化学生对智能工具的使用。此外，斯坦福大学提出，要积极探索 ChatGPT 在教育中的应用，重视其在创新教学和研究中的潜力[3]。柏林工业大学也提出，要聚焦在技术和工程教育中的应用，强调实践技能的培养[4]。

研究学者从育人模式、教学模式、课程数字化转型等方面提出了有效利用 ChatGPT 等人工智能工具作用于教育教学改革、实现教育生态智能化的途径。比如，创新育人模式，使人机协作成为新常态，教育需超越传统"围墙"，探索新的发展路径，推动教育范式转变；创新教学模式，从二元结构（师—生）转向三元结构（师—生—机），提倡"双师"教学模式，教师利用人工智能技术辅助教学，重点培养学生的能力、素养和人格；创新课程体系，通过混合式课程结构，实现传统专家课程与 ChatGPT 生成课程的互补，共同助力学生成长；创新教学方式和培养策略，重塑教育教学坐标，促使"师—生—机"协同环境与共生机制的形成[5]。郑燕林等[6] 从实践维度，基于教学实践主体、场域、过程和工具，探讨了推进 ChatGPT 在教学实践中有效应用的可能路径。李英哲等[7] 从教师备课的角度，探究了 ChatGPT 4.0 在初中数学课程开发和教学设计中的创新功能。魏航等[8] 总结了 ChatGPT 对商科教学的挑战与机遇。姜春茂等[9] 从计算机实践教学形态出发，针对大语言模型技术对计算机编程类项目教学的挑战，提出了解决方案。贺樑等[10] 以个案研究的方法，通过设置问答测试，进行了 ChatGPT 在教学能力方面的诊断研究，提出 ChatGPT 目前尚不具备独立辅导学生的能力，但已可作为教师日常工作能力提升的好助手。刘明等[11] 提出，借助生成式人工智能（GAI）变革传统教学模式，探索人机协同教学模式及生成性探究式教学模式的新思路。严奕峰等[12] 也提出，要充分利用以 ChatGPT、Sora 为代表的生成式人工智能，面向未来培养高质量人才，特别提到要打破传统课堂教学与生活隔阂、与问题脱节的局面，培养学生的跨界整合能力和创意创新能力等。

综合国内外研究现状，虽然以 ChatGPT 为代表的大语言模型在教育教学改革中展现出巨大的潜力，推动了教学模式和育人模式的创新，但实践案例相对较少，缺乏充分的实证研究。现有的理论探讨多集中于人工智能对课程结构、教学方式、人才培养目标等方面的潜在影响与设想，具体的应用场景和成效仍需进一步验证。当前，许多研究者认为 ChatGPT 可以为学生的个性化学习需求提供支持，且有助于培养批判性思维和创造力。然而，在实际教育教学环境中，如何有效整合人工智能技术与传统教学方法，以及如何评估其对学生学习效果的实际影响，仍有待更多的实证研究来支撑。加强这一领域的研究和应用实践，对于推动教育教学改革、提升教育质量具有重要意义。

1　人机协同教学模式创新实践

1.1　制冷新技术课程分析

制冷新技术是制冷与空调技术专业的一门专业选修课程，旨在为学生提供一种系统性、前瞻性的教育体验，培养具备先进制冷技术知识和创新应用能力的高素质技能型人才。教学目标包括全面掌握制冷原理，了解新技术的应用，具备解决生活中冷热实际问题的能力，以及培养学生的批判性思维和创新能力。教学资源丰富多样，包括教材、学术论文、在线课程、虚拟仿真和企业见习等，以增强教学的深度与广度。教学方法则采取互动式、探究式和项目导向的方式，通过课堂讲授、讨论、虚拟仿真操作、案例分析和项目实践等多种形式，提升学生的主动学习能力和实际操作能力。教学内容涵盖了基础制冷理论、新型制冷材料及设备、制冷系统的设计与优化，以及制冷技术在不同领域的应用等。教学评估综合采用平时作业、报告撰写、项目展示和期末考试等多种形式，注重过程性评价和结果性评价结合，确保对学生知识和能力的全面考核。学习评价则通过建立学生自评、互评以及教师评价的多维度评价体系，全面反映学生的学习效果、参与度和创新实践能力。

目前该课程已经取得了一些成效，比如学生毕业后从事节能改造和管理相关工作、学生自主申报主持省级科技创新课题、参加学术竞赛获奖，以及学生以第一作者申报专利等。虽然学生能够初步了解制冷新技术的基本原理和在一定程度上应用新技术解决生活中的冷热难题，但是在综合理解能力和跨学科应用方面仍存在一定的局限性，比如知识孤立、实际应用能力不足、创新思维缺乏、项目管理和协作能力欠缺等。具体而言，学生往往只能掌握单一学科的知识，缺乏对学科间联系的理解，难以将理论知识应用到复杂的现实问题中，并且创新思维和跨学科融合能力不足。此外，团队合作中的沟通和组织能力也较为欠缺，影响项目的整体质量。教学过程中存在多学科整合难度高、个性化教学难度大、教学资源不足和评估标准不完善等痛点，教师自身也面临知识结构单一、教学方法创新不足、时间和精力有限以及缺乏有效教学工具的困境。这些问题限制了学生综合能力的培养和提升。因此，需要通过引入人工智能等技术手段优化教学方法，提高教学资源利用率，进行实时反馈和个性化教育，以提升教学质量和学生综合素质。

制冷新技术课程分析如图 1 所示。

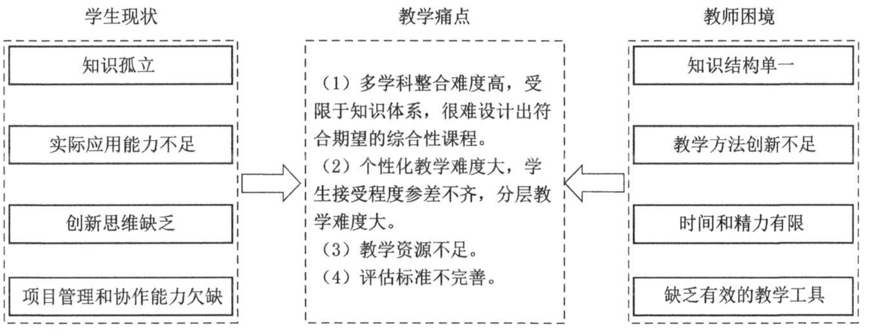

图 1　制冷新技术课程分析

1.2　人机协同教学的一般框架

面对传统制冷新技术课程在教学中面临的诸多痛点，充分利用大语言模型的强大文本生成和人机对话能力，通过干预—自主式、协作—探究式和对话—协商式学习，帮助师生拓宽知识获取渠道，解决知识结构单一和知识孤立的问题，并克服跨学科知识不足的难题[13]。在干预—自主式学习中，生成式人工智能协助教师提供个性化的预习和学习资源，并实时解答学生的疑问，引导学生进行自主学习；在协作—探究式学习中，学生通过生成式人工智能进行跨学科探究，解决实际问题，培养探究精神，提升问题发现与解决的能力；在对话—协商式学习中，师生利用人工智能进行多轮对话和讨论，围绕特定研究问题展开多元协商，生成新的见解和方案，最终将知识应用于实践，提升创新思维和项目管理能力。通过这些策略的实施，教师可更高效地进行教学设计，并从繁重的备课任务中解脱出来，同时依靠课程平台，推送资源和课前课后检测，根据学生学习过程的大数据，获得过程性评价结果，结合学生小组综合实践成果，完成核心素养评价，推动制冷新技术课程的全面智慧化教学改革。

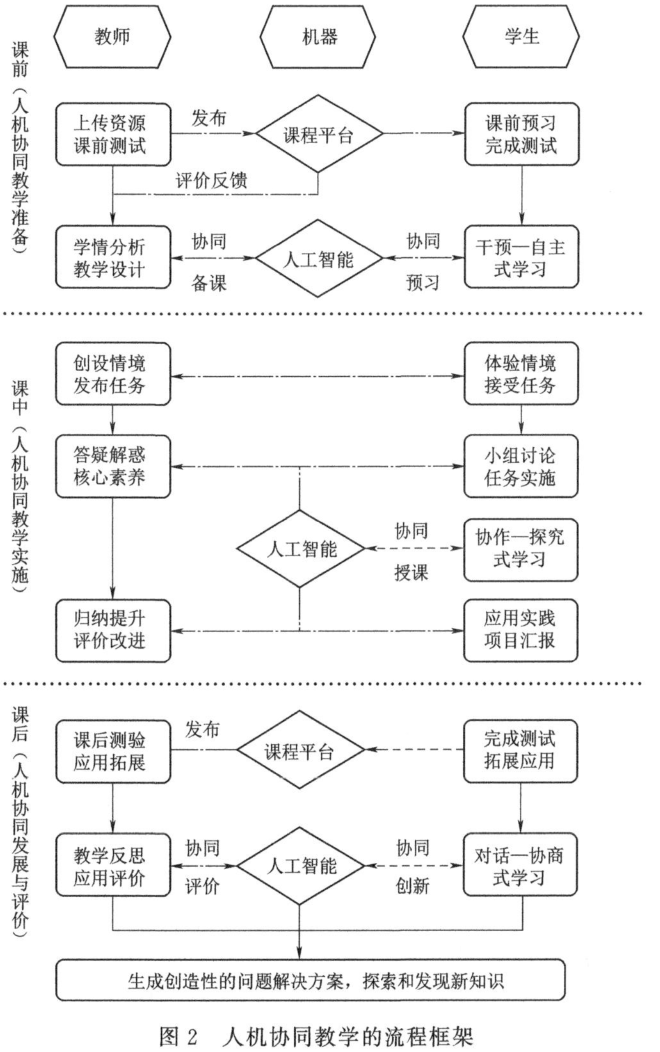

图 2　人机协同教学的流程框架

人机协同教学的流程框架如图 2 所示，包括教师、学生和机器三个主体，其中机器包括已有的课程平台和方便开展对话式、探究式学习与教学的生成式人工智能，比如 ChatGPT。整个教学流程包括课前（人机协同教学准备）、课中（人机协同教学实施）和课后（人机协同发展与评价）三个阶段。

课前，教师利用课程平台上传教学资源，包括课件、参考资料、预习任务和测试题目。学生通过课程平台进行预习，完成自主学习任务和课前测试。课程平台根据学生对课程资源的下载情况、播放情况、活跃度和测试题分数统计情况，生成个性化的反馈报告，帮助教师了解学生的预习效果和知识掌握情况。教师根据平台大数据统计推送的学习报告，与人工智能通过对话的形式协同，完成对应模块的学情分析，根据教学目标，匹配适合的教学资源和学习活动，定制适合的教学设计方案，由教师进行审核和完善。同时，学生使用人工智能干预—自主式学习方法，初步了解某项制冷新技术的基本原理和应用。

课中，教师在课堂上创设实际应用情境，发布探究任务，如依靠新技术制订制冷空调系统的节能改造方案。学生分组进行探究学习，通过协作—探究式学习方法，生成式人工智能提供实时数据分析和模拟实验支持，解决探究中遇到的问题，提高探究效率和效果。比如，当学生设计某一制冷系统的节能方案时，生成式人工智能可以实时模拟不同方案的能耗效果，帮助学生找到最优解。当然，由于生成式人工智能在比较专业的领域的可靠性还有待认证，有时甚至会出现"一本正经胡说八道"的现象，因此这个过程离不开老师的实时追踪和答疑解惑。教师除了需要对专业信息及时纠偏之外，还要由传统课堂中充当固化知识传授者的身份，逐渐向育人功能（如培养核心素养方面）过渡。在利用人工智能引导学生高效学习的同时，也应当重视正向情感、态度和价值观的传达，确保在技术应用的过程中，不会因技术的异化而侵蚀或忽略生命的深层价值[14]。

课后，教师在学习平台发布课后测验，测验包括客观题和主观题，客观题以知识的理解和应用为主，体现实用性，由课程平台自动批阅；主观题是基于新技术的创新应用项目可行性报告或申报书，学生以小组为单位完成，由教师批阅。这项工作需要学生与人工智能以对话—协商式学习方法完成，通过展开多轮对话和讨论，围绕特定研究问题进行多元协商，生成新的见解和解决方案，最终应用于实际项目，提升学生的创新思维和项目管理能力。这个流程不仅提高了教学效率和质量，还帮助学生培养了跨学科综合应用和创新能力，推动了制冷新技术课程的全面智慧化教学改革。

1.3 人机协同教学模式的应用实践

1.3.1 实验设计

青岛职业技术学院制冷与空调技术专业的学生为例，探究人机协同教学模式在提升高职学生的专业素养、学科成绩和心流体验等方面的教学实效。课程内容为制冷新技术中的相变储能技术与应用章节。随机选取该专业二年级 2 个班的 72 名学生，分为实验组（1 班、38 人）和对照组（2 班、34 人），开展准实验研究。实验组采用人机协同教学模式，对照组采用传统翻转式教学模式，教学由同一教师实施，严格控制学习环境、语言表达等可能的影响因素。主要验证以下假设：人机协同教学模式能显著提升学生的知识理解和应用能力，以及学习过程中的心流体验。

1.3.2 测量工具

知识理解和应用能力通过项目实施前和实施后的考评来检测，考评包括固化知识点测试（客观评价）和项目申报书撰写及实践作品汇报（主观评价）两部分。测试采用百分制，通过分数高低来衡量学生的知识理解和应用能力，借助统计工具 SPSS 软件进行显著性分析。心流体验通过访谈提纲收集证据，参考 Rheinberg[15] FSK 量表，重点关注挑战与技能的匹配方面、行动与意识的融合方面、清晰的目标与反馈方面和控制感等。

1.3.3 结果分析

图 3 是实验班（1 班）和对照班（2 班）在项目实施前后每位学生的测试分数散点图，可以看出，两个班在项目实施前后的分数差异比较明显，项目前测试分数相差不大，而项目后测试分数实验班明显高于对照班。以项目后测试分数为因变量，以项目前测试分数为自变量，两个班均能较好地拟合线性关系，拟合优度较高。使用软件 SPSS 进行班级和项目前测试分数的交互分析（主体间效应检验），显著性小于 0.001，表明两者之间不存在交互作用。综上，以项目后测试分数为因变量、以班级（实验班、对照班）为自变量、以项目前测试分数为协变量，满足各研究对象之间具有独立的观测值、各组内协变量和自变量之间存在线性关系、各组之间协变量和因变量之间不存在交互作用，确定符合单因素协方差分析法的适用条件，用来分析项目后测试数据。

项目综合成绩协方差分析结果见表 1。可以看出，对照组和实验组学生项目前测试平均成绩相差不大，而项目后测试平均成绩在数值上表现出明显差距，实验组明显好于对照组，但由于学生的个体学习能力和基

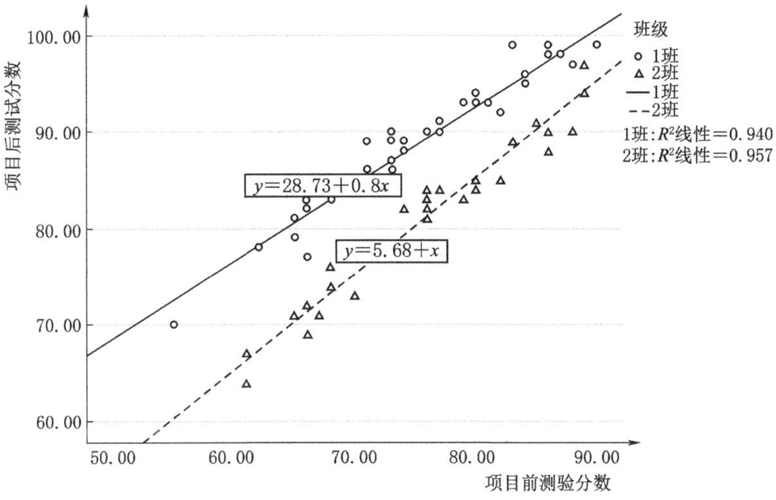

图 3 项目实施前后学生测试分数散点图

础知识的差异，为消除两组之间的个体差异，以前测成绩为协变量，采用单因素协方差分析法，得到实验组和对照组的调整均值分别为 89.75 和 81.84，并且显著性小于 0.001（一般认为显著性小于 0.05 时，就表明不同组的因变量平均值存在显著差异），偏 Eta 平方为 0.807，远大于 Ferguson 总结的社会科学领域小、中、大三种参数水平所对应的各类效应量指标临界参考值（偏 Eta 平方大于 0.64 时为大效应）。由此，可以得出结论，与采用传统翻转式教学模式的对照组相比，采用人机协同教学模式的实验组，学生对知识的理解和应用能力更好，表现为对储能新技术更灵活的迁移运用能力和实践创新能力。

心流体验，又称“完全投入”或“心流状态”，是个体在进行某种活动时完全沉浸其中并且享受这项活动本身的状态。在这种状态下，个体会感受到一种高度的专注和投入，并且在活动中获得极大的满足感。在传统的翻转课堂中，许多学生表示，由于大部分时间只是被动地观看课程视频，虽然确实比传统讲授课活泼一些，但仍难以完全投入，从而影响了学习效果。然而，在人机协同创新教学模式下，许多学生表达了截然不同的体验。学生小杨说道：“以前的翻转课堂虽然不枯燥，但总感觉很被动，很多视频看完就忘了。现在有了 AI 的帮助，我在预习时就能根据自己的问题不断提问，AI 会给出解答和相应的学习资源，这让我感觉自己在主动发现和解决问题，学习更有趣了。”在课堂教学环节，学生们通过与生成式人工智能合作完成探究任务，体验到了高度的控制感和成就感。小王分享道：“课中我们小组设计储能系统方案时，AI 能实时模拟各种方案的效果，让我们找到了最优解。这种实时反馈和明确的目标让我们觉得自己真正掌握了所学知识，而不是机械地完成任务。”此外，还有学生提到，通过多轮对话和讨论，特别是在课后项目设计和任务实施中，逐渐发现了自己在跨学科探究中的潜力和兴趣点，这种持续的投入和专注让他们深感满足，甚至在完成任务后还有意犹未尽的感觉。学生小李说：“和 AI 协作完成项目报告时，我感觉自己是项目的负责人，不仅学到了新知识，还锻炼了我的思维和解决问题的能力。”

总的来说，采用人机协同创新教学模式后，学生们普遍表现出更高的专注度和投入感，他们通过挑战与技能的精准匹配、行动与意识的高度融合、清晰的目标与实时反馈以及显著的控制感，真正体验到了心流状态，极大地提升了学习的满意度和成就感。

表 1　　项目综合成绩协方差分析结果

组别	学生数	前测		后测		调整均值	标准误差	显著性	偏 Eta 平方
		平均值	标准差	平均值	标准差				
实验组	38	76.37	8.78	89.66	7.23	89.75	0.32	<0.001	0.807
对照组	34	76.59	8.40	81.94	8.55	81.84	0.34		

2　结语

通过本文的研究与实践，我们可以得出以下结论：人机协同教学模式在提升学生学习效果和满意度方面具有显著优势。学生在与生成式人工智能的合作中，能够体验到高度的专注度和成就感，表现出更强的知识理解和应用能力。这种教学模式不仅提高了教学效率，还培养了学生的创新思维和跨学科综合应用能力。随着大语言模型技术的不断发展和成熟，人机协同教学模式将会在更多的教育领域得到应用。未来的研究可以进一步探索如何优化人机协同的互动方式，提升人工智能在专业领域的准确性和可靠性。此外，教育工作者应注重在技术应用过程中传递正向情感、态度和价值观，确保技术的应用不会忽略生命的深层价值。总之，人机协同教学模式的创新实践为智慧教育的发展提供了新的思路和方向。

参考文献：

[1] 杨宗凯，王俊，吴砥，等. ChatGPT/生成式人工智能对教育的影响探析及应对策略 [J]. 华东师范大学学报（教育科学版），2023，41 (7)：26-35.

[2] 尚智丛，闫禹宏 . ChatGPT 教育应用及其带来的变革与伦理挑战 [J]. 东北师大学报（哲学社会科学版），2023 (5)：44-54.

[3] ETZIONI A，ETZIONI. Incorporating ethics into artificial intelligence [J]. Journal of Ethics，2017，12 (21)：403-418.

[4] VON G J，MAYER J. Artificial intelligence in studies—use of ChatGPT and AI-based tools among students in Germany [J]. Humanities and Social Sciences Communications，2023，10：799.

[5] 郑永和，周丹华，张永和，等. 计算教育学视域下的 ChatGPT：内涵，主题，反思与挑战 [J]. 华东师范大学学报（教育科学版），2023，41 (7)：91-102.

[6] 郑燕林，任维武 . 实践观视域下 ChatGPT 教学应用的路径选择 [J]. 现代远距离教育，2023 (2)：3-10.

[7] 李英哲，刘剑玲. 新课标背景下 ChatGPT 在初中数学备课中的创新功能与价值定位 [J]. 中国电化教育，2024 (3)：109-114.

[8] 魏航，郑迎迎，陈静. ChatGPT 对商科的挑战与机遇 [J]. 外国经济与管理，2023，45 (9)：69-78.

[9] 姜春茂，段莹. ChatGPT 背景下的计算机实践类课程改革初探 [J]. 实验技术与管理，2023，40 (12)：1-7，23.

[10] 贺樑，应振宇，王英英，等. 教育中的 ChatGPT：教学能力诊断研究 [J]. 华东师范大学学报（教育科学版），2023，41 (7)：162-176.

[11] 刘明，郭烁，吴忠明，等 . 生成式人工智能重塑高等教育形态：内容、案例与路径 [J]. 电化教育研究，2024，45 (6)：57-65.

[12] 严奕峰，丁杰，高赢，等. 生成式人工智能赋能数字时代育人转型 [J]. 开放教育研究，2024，30 (2)：42-48.

[13] 王一岩，刘淇，郑永和 . 人机协同学习：实践逻辑与典型模式 [J]. 开放教育研究，2024，30 (1)：65-72.

[14] 何文涛，张梦丽，逯行，等. 人工智能视域下人机协同教学模式构建 [J]. 现代远距离教育，2023 (2)：78-87.

[15] RHEINBERG F，VOLLMEYER R，ENGESER S. Die erfassung des flow-erlebens [J]. Zeitschrift für Pädagogische Psychologie，2004 (1)：65-67.

制冷装置设计课程的混合式教学改革研究

付海玲*，孙志利，田绅

（天津商业大学机械工程学院，天津 300134）

【摘　要】 随着全球能源转型和环保标准的提升，制冷技术的应用越来越广泛，对制冷专业人才的需求日益增长。当前制冷装置设计课程在教学内容和方法上存在一定的局限性，如内容更新滞后、缺乏实践教学等，这些问题限制了学生技能的发展。本研究旨在通过实施一系列教学改革措施，如课程内容更新、教学方法创新、实验和实践的强化以及推行跨学科课程设计等，提升学生的学习体验和技能。通过对比分析改革前后的教学效果，证明了改革措施的有效性。

【关键词】 制冷装置设计；教学改革；实践教学；数字化教学资源

0　引言

在当今社会，制冷技术已成为现代工业和日常生活中不可或缺的一环。从食品保存和医药保健到环境控制与能源管理，制冷装置的设计与运用广泛影响着众多关键行业[1]。鉴于此，制冷装置设计课程对于机械工程及相关专业的学生来说极为重要，课程旨在培养学生掌握核心制冷原理和设计技能，以应对行业的实际需求[2]。

当前的教学模式大多侧重于理论教育，缺乏与工业实际相结合的教学内容和方法，导致学生难以在毕业后迅速适应工作需求[3]。目前存在的问题包括：①理论与实践脱节，虽然课堂上涵盖了大量的制冷原理和装置设计理论，但实际操作和现场解决问题的训练不足；②课程内容更新滞后，制冷技术迅速发展，新的材料、技术和规范层出不穷，而教材和课程内容更新速度跟不上行业发展；③缺乏跨学科教学模式，制冷装置设计不仅涉及热力学和流体力学，还需要电气、电子和控制技术的支持，现有课程往往忽视了这种跨学科的整合。

近年来，教育领域关注如何通过改革教学策略来应对快速变化的技术和市场需求[4]。文献中普遍认为，教学改革应包括内容更新、教学方法创新及评估机制的改进[5]。特别是在工程教育中，实践教学的重要性被频繁强调，它有助于提高学生的技术技能和问题解决能力[6]。此外，数字技术如虚拟现实（virtual reality，VR）和在线学习平台已被证明可以有效提升学习体验和成果[7]。

本文旨在探讨并实施制冷装置设计课程的教学改革。改革的核心目的是通过引入更多实践教学环节、更新课程内容和教材，以及采用现代教学方法和技术，来提高教学质量和学生的实践技能。具体改革措施包括但不限于实验与案例研究的增加、与企业合作开展实习项目，以及利用 VR 等技术进行模拟教学。本文将详细阐述上述教学改革的具体策略和实施步骤，并通过前后对比分析，评估改革措施的实际效果。通过这一系列的教学改革，预期将极大提升制冷装置设计课程的教育质量和学生的职业准备水平，更好地满足行业对高素质专业人才的需求。

1　教学改革措施

1.1　增强实践教学，开展模拟训练

（1）建立一个配备先进制冷设备和实验工具的校内实训中心，使学生能够在教师的指导下进行设备操作、故障排查及系统优化实践。与制冷设备制造或使用企业合作，建立实习基地。这不仅为学生提供实际工作环境，也使他们能够接触到行业内的最新技术和操作流程。在每个学期的课程中增加实验课程比例。例如，除了理论课外，每周至少有一次实验或实操课程，让学生亲自实施制冷系统的设计、安装和调试。定期组织案

* 付海玲（1985—　），女，副教授，博士。研究方向：制冷。联系地址：天津市北辰区光荣道 409 号，邮编 300134。E-mail：fuhailingt@tjcu.edu.cn。

基金项目： 天津商业大学本科教学改革研究项目（No. TJCUJG2023033）。

例分析课程，选取真实的制冷系统设计和故障排除案例，引导学生分析问题、讨论解决方案，并进行模拟实践。

（2）利用 VR 和增强现实（augmented reality，AR）技术模拟制冷系统操作环境，让学生在无风险的情况下进行故障诊断和系统优化训练。使用专业的制冷设计和仿真软件，如 Autodesk Revit 和 Matlab Simulink，进行系统设计和仿真分析。通过软件模拟，学生可以在没有实体设备的情况下，理解和应用制冷系统的设计原理。

（3）设立为期至少一个月的实习，使学生在行业内进行实际工作，应用所学知识解决实际问题。鼓励学生在毕业设计中选择与制冷装置设计相关的项目，实施从需求分析到设计实施的完整流程，提供完整的解决方案。

1.2 更新课程内容和教材

设立固定的教材修订周期，例如每两年审查并更新一次教材，以反映最新的技术进步和行业标准。邀请行业专家参与教材的编写和审阅过程，确保内容的实用性和前瞻性。这可以通过组建一个包括学术和行业代表的教材修订委员会来实现。在课程中加入新兴技术的模块，如磁制冷技术、CO_2 制冷系统等，让学生了解和掌握行业的最新发展方向。增加关于环保制冷剂和高能效设备的讨论，培养学生的环境意识和可持续发展的思维方式。

设立定期讲座系列，邀请制冷领域的研究人员、技术开发者和行业领袖分享他们的见解和经验。这些讲座可以是面对面的，也可以通过线上平台进行，以便更多的学生和教师参与。组织技术研讨会，让学生、教师和行业专家一起探讨特定的技术问题或项目。这种互动可以增强学生的问题解决能力和批判性思维。利用在线教学平台，教师可以根据最新的技术发展实时更新课程内容。例如，通过在线课程的附加阅读材料、视频讲座和实时 Q&A 环节来增强学习体验。建立一个系统性的学生反馈机制，收集学生对课程内容、教学方法和教材的意见和建议。这些反馈将直接用于指导未来的课程和教材更新。

1.3 推行跨学科课程设计

将机械工程、电气工程、环境科学和计算机科学等相关学科知识融入制冷装置设计的教学中。例如，引入环境科学的最新研究，帮助学生理解制冷剂对环境的潜在影响，并探讨可持续发展的制冷技术。

实施以团队项目为基础的学习方式，鼓励学生跨专业组队，共同完成从设计到实施的制冷系统项目。这样的实践活动可以增强学生的团队协作能力和实际操作技能。

与其他学院合作，例如与计算机学院合作开发智能制冷系统的控制算法，或与环境科学学院合作研究制冷系统的环保影响。通过这种跨学科合作，学生能够从不同的视角理解和解决问题。

建立一套针对跨学科项目的评估体系，以确保学习成果的实效性和适用性。此外，收集学生和行业合作伙伴的反馈，不断优化课程内容和教学方法。

2 实施策略与改革效果评估

组织教师参与专业培训，提升他们使用新教学工具和方法的能力。特别是在项目驱动学习和 VR 技术的应用方面，确保教师能够有效地整合这些新工具进入教学中。确保有足够的资金和资源用于更新教学设备、引进先进的教学软件，以及改善实验室设施。此外，与行业企业合作，获取最新的行业技术和支持。鼓励学生参与到教学改革的过程中，例如通过反馈机制和参与设计项目，增加他们对课程的投入和兴趣。改革过程中，定期收集反馈并进行评估，根据反馈结果对教学方法和内容进行必要的调整。

在对比分析制冷装置设计课程改革前后的教学效果时，采用了定量和定性两种评估方法。首先，通过标准化测试结果的统计分析，发现改革后，学生的理论知识掌握水平有了显著提高，具体表现在测试平均分从改革前的 70 分提升至 85 分，同时标准差减小，显示出学生理论知识的整体提升和差异的缩小。此外，还通过实际操作测试来评估学生的实践能力。改革后，学生在设计和构建制冷装置的实践项目中，表现出更高的创新性和问题解决能力，项目成功率从之前的 60％提升至 90％。

同时，通过问卷调查和访谈收集的定性反馈也支持了这一结论。学生和教师普遍反映，跨学科课程设计使学生能更好地将理论知识应用于实际问题中，提高了学习的积极性和深度。教师观察到，学生们在处理复杂问题时更加自信和有效，团队合作能力也有显著提升。

综合这些数据和反馈，我们可以明确地看到，教学改革措施有效地提升了学生的理论知识和实践能力。

这证明了改革的有效性，并为未来进一步的教学改革提供了坚实的数据支持。

3 结语

通过采用现代教学方法和技术，更新教学内容以符合行业标准，可以有效地提升学生的学习效果和实际操作能力。这些研究成果不仅为本文提出的教学改革方案提供了理论和实证支持，也为制冷装置设计课程的未来发展方向指明了路径。

参考文献：

[1] 姚丽，张琳邡，刘丰榕. 应用型本科制冷技术课程课程思政实践探索 [J]. 中国现代教育装备，2023 (23)：114-116.

[2] 关晓. 高职院校制冷空调装置设计课程的教学设计 [J]. 现代制造技术与装备，2023，59 (5)：219-221.

[3] 陈宇，温欣玲，袁伟涛，等."新工科"背景下以工程实践和创新能力为核心的专业人才培养模式改革研究——以郑州航空工业管理学院电子信息类专业为例 [J]. 科技经济市场，2023 (9)：140-142.

[4] 谢继红，卢雪，姚凤珠. 近十年我国教育领域核心素养研究热点与趋势分析 [J]. 天水师范学院学报，2024，44 (2)：110-116.

[5] JONES D. Enhancing engineering education through practical learning strategies [J]. Journal of Engineering Education，2019，108 (4)，559-583.

[6] LEE J，NGUYEN T. The effect of VR technology on engineering education [J]. Virtual Reality in Education，2020，5 (2)，110-125.

[7] SMITH L，et al. Innovative teaching in engineering：a review [J]. Educational Technology Research and Development，2021，69 (3)：1237-1256.

提高双非高校推免生竞争力的探索与实践

刘俊红*，刘芳，张文科，周世玉，刘凤珍

（山东建筑大学热能工程学院，山东　济南 250101）

【摘　要】增强双非高校推免生的竞争力才有更多的机会沿上升通道进入名校。组织学生参加科研实验和学科竞赛出成绩是一种重要途径和突破点，本文探索如何将之贯彻于整个大学生活并进行了多年实践，取得了良好效果，最后提出建议以供探讨。

【关键词】双非高校；推免生；竞争力；学科竞赛

0　引言

研究生招生工作中，接收高水平推免生是高校提高优质生源质量的重要举措，对提升学科及科研质量、研究生培养水平有积极影响。研究生推免政策实行至今，具备推免资格的学生比例和高校的数量规模不断递增。部分顶尖高校推免生名额占据了本校整个研究生招生计划的50%以上，甚至部分专业全部招收推免生[1]。同时名校所接收的推免生源绝大部分也都来自“双一流”院校[2]。

推免是成功攻读名校研究生的重要途径，尤其是对于非985工程建设高校、非211工程建设高校（简称双非高校）的推免生。但在推免生选拔过程中，双非高校的推免生面临本科出身门槛条件不达标而无缘名校面试的情况[3]，或者进入985高校面试后面临竞争力小而导致不被录取的问题。

虽然有研究证明，本科毕业于普通院校的学生，其进入研究生阶段后，创新成果的质量和数量均优于毕业于“双一流”高校或一流学科高校的研究生[4]。原因在于毕业于普通高校的研究生进入高层次大学后，能够正视自身差距，付出更多时间和精力，从而取得更多、更好的创新成果。对于双非高校的推免生来说，如何增强自己的竞争力以有更多的机会沿上升通道进入名校非常重要。而对于他们的老师来说，如何提高本校推免生的竞争力也是一个很重要的课题。

1　科研实验和学科竞赛出成绩

研究生教育主要是培养学生的科研能力，在此基础上提高其科研创新能力。高校理工科的本科生通过参与科研实验能够获取前沿知识，并全面了解整个行业的发展，同时也能培养学生的自主学习和创新意识，为后续的发展奠定基础。

学科竞赛是培养大学生创新精神和创新能力的重要手段，是检验大学生专业知识掌握运用情况的重要平台。学科竞赛可以培养学生的实践与创新能力，还可以锻炼学生的合作能力，提升学生的自主学习意识，除此之外，还可以提高大学生的专业知识综合运用能力、自学拓展能力、科技写作能力、语言表达能力、团队协作精神等[5]。大学生参加学科竞赛的参赛经历对大学生的工作和发展都非常有利。

从中国高等教育学会自2018年发布的全国普通高校大学生学科竞赛榜单可以看出，985高校总分排名都较靠前，但也有排名靠前的普通二本高校。这说明学校的生源优势在学科竞赛排名中并不是决定性因素。因此组织学生参加学科竞赛可以作为提高双非高校推免生竞争力的重要途径和突破点。

2　探索与实践

鼓励学生参与科研实验和学科竞赛贯彻于整个大学生活。

2.1　大一增加学生认知鼓励学生参与

面向大一入学的新生在开学初设有专业概论课程，上课时老师就会把大学生活中能够参与的各种比赛向

* 刘俊红（1973—　），女，博士，副教授。研究方向：制冷空调、建筑节能。E-mail：ljhruby@sdjzu.edu.cn。

基金项目：2021年高等学校能源动力类教学研究与实践项目（编号：NSJZW2021Y-36）；山东省本科教学改革研究项目（M2021185）。

学生进行介绍，如尽可能大一大二时参加的数学建模、英语竞赛等专业类竞赛，“挑战杯”竞赛、中国“互联网+”大学生创新创业大赛、全国大学生节能减排社会实践与科技竞赛等综合类竞赛，以及国内外组织的各种专业比赛。对于能源与动力工程制冷方向的学生来说，有空调设计的专业比赛，如中国制冷空调行业大学生科技竞赛、MDV中央空调设计应用大赛、“海尔磁悬浮杯”绿色设计与节能运营大赛、CAR-ASHRAE学生设计竞赛、山东省大学生制冷空调创新设计大赛等。

学生在了解各种比赛后，就会有意识地关注并参与到感兴趣的赛事中，同样对于老师的科研实验也会在高年级学生的引领下有意识地关注。

2.2 大二鼓励学生积极参与

经过一年的大学生活与学习，大部分大学生对自己的大学规划有了更为清晰的认识，对各种学科竞赛和老师的科研实验都会主动参与。老师也鼓励大二的学生作为后备力量积极参与，使学生在团队协作中得到锻炼，为后期的挑大梁打下基础。

2.3 大三学生主动参与并组织团队参赛

由于大二下学期已经分方向，大学两年的成绩及其专业排名已经基本确定，学生对自己的规划有了更为深刻的认知。成绩好或者排名高、符合推免条件的学生会积极主动参与老师的科研实验，并作为主要成员或者组织队伍参加各种综合类竞赛。同时，老师也会优先考虑成绩好和参赛意愿高的学生，给学生更多接触实践的各种机会。

大三也是大学生最出成绩的一年。参与科研实验的学生经过长时间的积累可以撰写文章，而参加竞赛的学生也会获得较好的比赛成绩。

2.4 大四英语学习并提前介入导师课题

大四开学的十一国庆节后，研究生推免工作结束。大部分获得推免资格的学生也联系好导师。鼓励学生在大四上学期上好课的同时进一步提高英语水平，并联系导师确定下学期的毕业设计（论文）题目。教研室根据研究生导师的题目确定毕业设计指导老师，积极为学生服务，使学生的毕业设计能够学有所用。对导师没有明确要求毕业设计题目的推免学生，鼓励学生做好做精毕业设计，进一步系统掌握本科所学专业知识，为后期科研打基础。

3 实践效果与建议

3.1 实践效果

山东建筑大学能源与动力工程制冷方向学生已经有7届本科生获得研究生推免资格，分别从最开始的每年1名到2022年开始的2名，共有9名学生。除1名对地域和学科有强烈要求的学生进入某211高校，其余8人均入学985高校。

2023年因学校推免政策的变动，制冷方向的一名学生在意外有推免资格的一个礼拜后，成功得到重庆大学入场券。这与她的专业课成绩全优，以及获得全国大学生节能减排社会实践与科技竞赛一等奖的经历都密不可分。

3.2 建议

3.2.1 部分名校对双非高校推免生“开一条缝”

以山东建筑大学能源与动力工程制冷方向学生为例，以前每年都有学生考研到上海交通大学和西安交通大学，甚至一年有多名学生考入。但7届推免生无一人被这两所学校接受，因为不够入门门槛，即使可能有的学生非常优秀。

建议名校降低推免生的入门门槛，对双非高校推免生“开一条缝”，比如对双非高校推免生设一定的入学比例，使双非高校推免生能够看到一束光。这束光也会照耀到双非高校非推免研究生的身上。

多年没有推免生进入专业学科排名顶尖的名校对于其他学生考研也十分不利，后果严重。因为其他学生看到专业排名第一的学生只能进入学科排名相对不那么高的几所名校，他们在考研报名的时候会自动往下选择学校，不会想着我也能进入这些排名高的学校。虽然双非高校的生源不高，但每年也都有一些出类拔萃的学生，主动性和学习能力都很强，考研的分数也很高。但有推免生以后，山东建筑大学能源与动力工程制冷方向学生考研的学校每年都有“新突破”，每年都会出现以前从来没有听说过的学校。问学生后得知是为求稳从专业排名向下找的学校。

3.2.2 构建合理的教师指导体系

学生参与科研实验和学科竞赛都需要教师指导。指导老师肯定会牺牲自己较多的教学和科研时间，大多与自身的提升不匹配。为了增加教师指导竞赛的热情与积极主动性，需要构建合理的教师指导体系。给予指导教师教学工作量或科研工作量的奖励，会从根本上提高教师参与指导竞赛的热情，增加教师指导的积极主动性。

4 结论

鼓励学生大学四年参与科研实验和学科竞赛，提升作为未来可能的推免生的竞争力，使他们能够有更多的机会沿上升通道进入名校，同时也有助于新工科大学生的专业素质持续提升。这种学生参与科研实验和学科竞赛实践的实施过程在持续改进，仍需继续研究。

参考文献：

[1] 廖雨彤. 我国研究生推荐免试制度改革研究——基于规则的视角 [D]. 武汉：武汉理工大学，2021.

[2] 杨曼. 双非学子名校新传专业考研现状及困境调研 [D]. 南京：南京大学，2021.

[3] 周星. 推荐免试学术型硕士研究生学业表现研究——基于E高校的问卷调查 [D]. 上海：华东师范大学，2021.

[4] 王光臣，任玉鑫. 研究生主体特征及导师主导因素对创新成果影响的实证研究 [J]. 高教学刊，2023，9 (28)：79-85.

[5] 戎贵文，宋晓梅，许光泉，等. 基于赛事培养大学生创新能力的实践 [J]. 大学教育，2017 (3)：147-148.

制冷空调领域国家一流本科课程调研及专业课程设置特色分析

陈浩，郭航*，孙晗，周峰

（北京工业大学制冷与低温工程系，北京 100124）

【摘　要】 为了推进北京工业大学能源动力类一流本科课程的建设，本文对制冷空调方向相关课程首批和第二批入选国家级一流本科课程的学校相关专业课程设置开展调研，对比了不同学校制冷空调方向相关课程所在专业的本科课程设置方面的不同。通过对比可以发现：在线下开课方面，清华大学、武汉理工大学、大连理工大学、太原理工大学和广州大学的相关一流本科课程均设置在建筑环境与能源应用工程专业下，而天津商业大学的相关课程则是设置在了能源与动力工程专业。在相关专业课开课之前，根据相关国家标准，均开设了工程热力学、传热学和流体力学课程，这有助于学生更好地学习和掌握相关专业知识。此外，每个学校均设置了专业实践课程，为学生的专业实践能力锻炼提供了很好的机会，有助于巩固学生的专业知识，让学生学会解决工程实际问题。

【关键词】 制冷空调；国家级一流本科课程；课程建设；专业课程

0　引言

为了大力推进本科生教育发展，提升本科毕业生能力，教育部在 2019 年印发了《关于一流本科课程建设的实施意见》，并提出要建成万门左右国家级和万门左右省级一流本科课程。截至 2023 年 6 月 12 日，教育部已公布两批国家级一流本科课程名单。

目前，制冷与空调方向相关线下理论课程入选首批和第二批国家级一流本科课程院校共六所，分别是清华大学、天津商业大学、武汉理工大学、大连理工大学、太原理工大学和广州大学；入选课程包括暖通空调与冷热源、制冷原理与设备、空调工程、建筑用制冷技术、制冷装置设计、建筑冷热源及冷热源工程，共七门课程。表 1 为这六所院校入选国家级一流本科课程的课程名单及入选批次。

表 1　制冷与空调方向国家级一流线下本科理论课程名单

序号	课程名称	开设院校	批次	课程类型
1	暖通空调与冷热源	清华大学	首批	线上线下混合
2	制冷原理与设备	天津商业大学	首批	线下课程
3	空调工程	武汉理工大学	第二批	线上线下混合
4	建筑用制冷技术	大连理工大学	第二批	线下课程
5	制冷装置设计	天津商业大学	第二批	线上线下混合
6	建筑冷热源	清华大学	第二批	线上课程
7	建筑冷热源	太原理工大学	第二批	线下课程
8	冷热源工程	广州大学	第二批	线下课程

除此之外，还有一些学校开设的实践类课程也入选一流本科课程，见表 2。这些课程是通过虚拟仿真的方式让学生接触实际工程问题，利用学到的专业理论知识解决问题，从而进一步掌握专业知识。

* 郭航（1970—　），男，教授，博士。研究方向：清洁能源利用与制冷空调。联系地址：北京市朝阳区平乐园 100 号，邮编 100124。E-mail：hangguo@bjut.edu.cn。

基金项目： 北京工业大学一流本科课程建设项目（049000513113）；北京市高等教育学会面上课题（MS2022008）。

表 2　　制冷与空调方向国家级虚拟仿真实验教学一流课程名单

序号	课程名称	开设院校	批次	课程类型
1	空调风系统管网设计与调试虚拟仿真互动式实验项目	北京工业大学	首批	虚拟仿真实验教学课程
2	建筑冷热源系统优化设计及运行调节虚拟仿真实验教学项目	山东建筑大学	首批	虚拟仿真实验教学课程
3	生鲜肉行业可持续冷链运营管理的虚拟仿真实验	南京信息工程大学	第二批	虚拟仿真实验教学课程
4	香蕉冷链物流流程及品质变化仿真实验	广州大学	第二批	虚拟仿真实验教学课程

这些课程涵盖了制冷与空调技术的各个方面，从基本原理到实际应用，从设计制造到运行维护，为学生提供了全面的知识和技能体系。同时，这些课程也注重实践教学和创新能力的培养，通过实验、实习、项目设计等环节，让学生在实践中学习和成长，为未来的职业发展奠定坚实基础。本文对这六所院校一流本科理论课程所在专业的课程设置进行调研，并详细分析了每所高校的课程设置特点及特色。

1　各学校相关专业课程设置

1.1　清华大学

清华大学的暖通空调与冷热源课程为建筑环境与能源应用工程专业的专业必修课，除此之外，清华大学还设立了建筑环境测试、建筑自动化、室内空气质量、城市能源系统这四门专业必修课。在专业限选课里面，分了能源方向和环境方向两个课组，能源方向限选课包括制冷与热泵装置设计和建筑能源专题课两门课程，而环境方向限选课包括洁净技术和建筑环境专题课两门课程。

另外，根据建筑环境与能源应用工程专业本科教学质量国家标准，清华大学在建筑环境与能源应用工程专业设置了六门专业基础课，分别是建筑学基础、建筑环境学、工程热力学、传热学、热质交换原理、流体力学与网络。这六门课程的学习将为专业必修课和专业选修课的学习奠定良好基础。此外，清华大学还设置了空调与能源系统课程设计，以及综合论文训练两门专业实践环节，这为建筑环境与能源应用工程专业毕业生未来的发展，包括专业知识的工程应用以及研究论文撰写方面打下良好基础。

1.2　天津商业大学

天津商业大学的制冷原理与设备、制冷装置设计均入选为国家级一流本科课程，这两门课程为天津商业大学能源与动力工程专业核心课程。在专业基础课方面，参照能源动力类教学质量国家标准，天津商业大学设置了流体力学、工程热力学、传热学三门课程；在专业选修课程中，设置了热与流体课程实验、能源与动力测试技术、换热器生产工艺实验、制冷压缩机、制冷装置自动调节、食品冷冻冷藏工艺学以及冷库建筑这几门专业必选课程，此外，还设置了能源管理与新能源利用、制冷装置制造工艺、热泵技术、热质交换原理与设备、低温技术基础、冷冻冷藏工程标准与规范、特种及专用制冷系统、制冷电器及系统运行控制、制冷系统节能技术、泵与风机、空气调节以及 AI 制冷技术等相关任选课程。

在实践环节，设置了制冷原理与设备课程设计、制冷装置自动调节课程设计以及制冷装置课程设计三门实践课程，同样让学生能够有机会接触到工程实际应用，让学生能够把学到的专业知识更好的应用于实践。

1.3　武汉理工大学

武汉理工大学的空调工程课程属于专业核心课程，与此同时，武汉理工大学还设立了建筑环境学、流体输配管网、热质交换原理与设备、冷热源工程这四门专业核心课程；另外，还设立了三门专业特色课程，包括建筑节能、新能源技术以及节能建筑计算与仿真。在武汉理工大学的本科生培养方案里面，并没有明确写出哪些课程属于专业基础课，但是，在建筑环境与能源应用工程专业的必修课程里面，根据建筑环境与能源应用工程专业教学质量国家标准，同样包含了工程热力学、工程流体学、传热学、建筑环境学、流体输配管网这几门课程。此外，武汉理工大学还设置了房屋建筑学、通风工程、建筑环境创新、建筑环境测试技术、建筑设备工程施工技术与管理、供热工程、建筑设备自动化等若干门选修课，学生在选修课程里面，需要选至少 3.5 学分的课程。在专业实践环节，武汉理工大学设置了建筑环境创新创业实践、通风课程设计、建筑节能课程设计、空调课程设计、空调用制冷技术课程设计和供热课程设计，共计六门专业实践课程，这为学生提供了更多的参与工程实际应用的锻炼机会。

1.4 大连理工大学

大连理工大学的建筑用制冷技术为该校建筑环境与能源应用工程专业基础课程，在此之前，学校设置了工程热力学、传热学两门前置专业基础课程。另外，学校的专业基础课程设置里面，同样设置了流体输配管网、建筑环境学课程，此外，培养计划中还涵盖了其他门课程，分别是热质交换原理与设备、建筑热源、供热工程、暖通空调、建筑设备工程施工技术与管理，以及建筑设备自动化等课程。大连理工大学还设置了两门专业与专业方向课程，分别是燃气储存与输运和建筑环境测试技术。

在专业实践课程方面，大连理工大学设置了建筑空调采暖课程设计、建筑热源课程设计、小区供暖外网课程设计三门专业实践环节。能够满足让学生将学到的基础知识应用于工程实际。

1.5 太原理工大学

太原理工大学的建筑环境与冷热源为该校建筑环境与能源应用工程专业必修课程，除此之外，还设置了暖通空调、建筑设备与能源系统自动化两门专业必修课程。除了国家标准中规定的传热学、流体力学、工程热力学等课程外，在学科的课程设置中，还包括建筑环境、能源应用工程测试技术这几门必修基础课程，以及热质交换原理与设备、流体输配管网和建筑环境学课程。此外，还设置了建筑概论与建筑设备、建筑环境与能源应用工程专业导论、供热工程、通风工程、暖通空调典型工程分析、建筑设备工程施工管理与经济这几门专业选修课程，以及新能源技术、燃气储存与输配、建筑设备自动化编程与实务和空气洁净技术四门自选课程模块。

在专业实践课程中，太原理工大学设置了建筑环境与能源应用工程专业认识实习、建筑环境与能源应用工程专业生产实习、暖通空调课程设计、通风工程课程设计、建筑冷热源及管网课程设计、建筑设备与能源系统自动化课程设计这几门实践性教学环节。从课程设置来看，太原理工大学同样设置了较多课时的实践教学环节，说明对于学生的工程实践方面的提升更加侧重。

1.6 广州大学

广州大学的冷热源工程为建筑环境与能源应用专业必修课程，该校培养计划中，除了包括国家标准中规定的传热学、工程热力学、流体力学之外，广州大学还设置了流体输配管网、建筑环境学、热质交换原理与设备、建筑力学、建筑热备自动化、流体与热工基础实验、建筑环境测试技术、建筑环境测量实验空调工程、供热工程、通风工程、暖通空调系统及控制实验，以及建筑热备施工技术与管理等专业必修课。在广州大学的课程设置中，工程热力学、传热学等基础类课程也都设置在了专业必修课里面。此外，广州大学的专业选修课程中设置了卓越班模块、创新班模块以及跨模块选修课程，其中卓越班模块中包括建筑概论、燃气供应、暖通空调系统调试与运行优化、机电安装工程管理与实务等几门相关课程，在跨模块选修课程中，包括建筑环境与能源应用工程专业导论、低碳建筑与低碳城市、建筑给排水与消防工程、计算流体力学基础、热泵技术与应用、辐射供冷与供热、暖通空调系统虚拟仿真、蒸发冷却空调技术、可再生能源建筑应用、空气洁净技术、城市能源规划、绿色建筑与建筑节能技术、空调用蓄冷蓄热技术、室内空气质量与健康等大量跨模块专业选修课程。

广州大学的实践教学环节中，设置了冷热源工程课程设计、空调工程课程设计、建筑设备自动化课程设计、通风工程课程设计、供热工程课程设计等与相关专业课相关的实践教学课程。这样可以使学生在学习完专业课之后，通过相关课程设计的锻炼，提高自己对知识的掌握情况，达到学以致用的目的，并锻炼自己利用专业知识解决工程实际问题的能力。

2 一流课程开课高校课程设置特点

国家级一流本科课程开课高校极其注重教学质量的提升，通过丰富多样的教学方法和手段，培养学生扎实的专业知识和创新能力。通过调研，可以看出这些课程所在高校具有卓越的教学质量，能够为学生提供高质量的教育资源和学术支持。在被调研的这几门一流本科课程中，虽然课程不同，但是这几门课程都属于本科阶段所属专业的核心专业课程。学校在开课之前，根据现在有高等学校专业国家标准，均开设传热学、工程热力学以及流体力学等相关专业基础课程。这些课程的学习能够保证学生在学习专业课程时拥有足够的知识储备，此外，专业课的学习也是对专业基础课程中所学到知识的深入巩固和应用，即便学生未来不从事与该门专业课相关领域的工作，通过该课程的学习，也能够让学生更牢固地掌握专业基础知识。另外，被调研的几所学校在完成相关专业核心课程的学习之后，均设置了不同课时的专业实践课程环节。这恰好为学生提供了一个接触实际工程问题的机会，不仅让学生对学到的专业知识进一步巩固，同时能够让学生提前接触到未来工作或者读研过程中将要面临的工程问题[1]。

国家级一流本科课程的课程设置注重理论与实践的结合，紧跟时代发展趋势，能够满足社会对高素质人才的需求。同时，这些课程还注重培养学生的专业素养、创新思维和实践能力，具有前沿性、实用性和启发性。这些课程通常包括丰富的实践环节，如实验、实习、课程设计等。这些实践环节有助于培养学生的实践能力和创新能力，提高学生的综合素质。以北京工业大学毕业生为例，学生在经历了如空调原理等专业课程的学习之后，学校还设置了相关的课程设计环节，这为学生提供了良好的机会用于接触实际工程问题。在每年的毕业设计中，可以看出学生对于相关专业知识掌握非常牢固[2,3]。

3 结语

通过调研对比，发现在这六所国家级一流课程开课的高校中，相关专业理论课程开课之前根据相关专业的教学质量国家标准，均设置了工程热力学、传热学和流体力学这三门专业基础课程。此外，被调研的几所学校均设置了不同数量的专业实践课程，其中武汉理工大学和太原理工大学分别设置了六门专业实践课程，广州大学设置了五门专业实践课程，其他几所学校均设置了两至三门专业实践课程。说明学校对于学生解决工程实际问题的能力非常重视。清华大学还设置了综合论文训练课程，可以看出清华大学除了对学生的实践能力重视之外，还对学生的科学研究方面的基本能力训练非常重视。对于专业课程的设置方面，提前学习好专业基础课程有助于更好地学习专业核心课程，而专业实践课程的设置不仅有助于学生进一步掌握相关专业知识，而且还有助于锻炼学生解决实际工程问题的能力。

参考文献：

[1] 孙晗，郭航．欧美典型高校制冷学科课程设置调研报告［C］//第八届全国高等院校制冷、暖通空调学科发展与教学研讨会论文集．成都：西南交通大学出版社，2015：25－29.

[2] 孙晗，郭航．提高本科生毕业论文质量的思考［C］//制冷及暖通空调学科发展与教学研究——第十届全国高等院校制冷及暖通空调学科发展与教学研讨会论文集．威海：山东大学出版社，2020：261－264.

[3] 孙晗，郭航，晏祥慧，等．北京工业大学制冷专业近五年毕业生去向统计与分析［C］//制冷空调学科发展与教学研究．西安：西安交通大学出版社，2012：46－50.

能源动力专业课程思政情境构建探索与研究
——以低温原理及应用课程为例

周峰*，马国远，许树学，晏祥慧，王磊

（北京工业大学制冷与低温工程系，北京 100124）

【摘 要】 如何使课程思政元素与专业课程无缝衔接，形成可持续的模式机制，不因人、因课而变，是当前课程思政开展面临的难点。本文针对能源动力专业的新工科特点，以低温原理及应用课程为例，基于其课程目标，采用建构主义教学方法，在实践中尝试构建了不同的教学情境，并举例说明了其教学设计，对课程思政开展过程存在的问题和不足进行了阐述，为能源动力专业建构主义课程思政体系建设提供参考和借鉴。

【关键词】 能源动力；课程思政；建构主义；情境构建；教学设计

0 引言

新工科计划提出了工程教育的新理念，对工科类学生应掌握的能力、应具备的道德素养以及对应的教学组织形式和创新创业体系支持均提出了要求，这些理念与要求也是面向能源动力专业学生开设专业课应实现的教学效果。而从课程思政的角度出发定位能源动力专业课程效果则更为复杂，从知识的角度，课程应着眼于专业、行业、国家、国际、历史等多个角度，鼓励学生发掘和探索不同领域的广度、深度和温度；从教育的角度，应注重思想品德修养、人文素质、科学精神、法治意识、国家安全、认知能力等的提升；此外，还应需要回应《高等学校课程思政建设指导纲要》（教高〔2020〕3 号）中确定的思政建设教学效果：训练科学思维方法，开展科学和工程伦理教育，鼓励探索未知、追求真理，培养工匠精神，激发爱国心、报国志、奋斗怀等。

工科专业理论课程教学具有严谨的教学体系、教学内容与教学方法，通常以科技的发展、理念的创新、技术的迭代等作为课程教学内容，而课程思政则是要求教师在科学知识的传播中体现思想政治的元素，如果强制性植入思政元素，不仅很难引起学生的兴趣，同时获得的效果将远低于预期[1]。如何使课程思政元素与专业课程无缝衔接，进而达到润物细无声的效果，并形成可持续的模式机制，不因人、因课而变；如何评估评价课程思政实施效果，这是当前课程思政开展实施面临的技术难关。

1 低温原理及应用课程发展

北京工业大学低温原理及应用课程是基于战略性新兴产业和国计民生主战场的巨大需求、面向低碳清洁能源利用领域而专门开设的专业课，尤其是面向“双碳”和氢能利用领域。基于首都创新驱动发展和国际科技创新中心建设的内在需求，结合学校“立足北京、服务北京、辐射全国、面向世界”的定位，为更好地服务庞大的制冷产业行业、有效支撑学校一流建设目标，在已有的专业课程体系以及制冷、空调、冷冻冷藏等专业特色课程基础上，北京工业大学在 2015 版教学大纲修订中首次开设了低温原理及应用这门低温专门课程，主要面向能源动力大类专业、能源与动力工程专业、新能源科学与工程专业以及建筑环境与能源应用工程专业的本科生，三年级第二学期授课，是能源动力专业唯一的一门关于低温的专业选修课程，以此来进一步完善学生的大类专业知识架构，更好地服务大类专业培养和本科专业通才培养，从而拓宽就业或深造领域，为相关行业的科研和工程技术领域输送更多的专业人才。具体来说，通过该门课程的开设，一是补齐制冷与

* 周峰（1982— ），男，校聘教授，博士。研究方向：制冷空调能源利用与环境控制。联系地址：北京市朝阳区平乐园 100 号，邮编 100124。E-mail：zhoufeng@bjut.edu.cn。

基金项目：北京市高等教育学会面上课题（No. MS2022008），北京工业大学一流本科课程建设项目（No. 049000513113），教育部高等学校能源动力类教学研究与实践项目（No. NSJZW2021Y-94），北京工业大学教育教学研究课题（No. ER2022YRB04），北京工业大学“课程思政”示范课程培育项目（No. KC2021SZ019）。

低温工程专业中的“低温”空白；二是深化从普冷到低温的温区深度认知；三是对比串联专业知识链条，与专业基础课和专业课对照交叉学习；四是拓展拓宽学生的专业认识和未来发展的领域及空间。

2 课程目标

通过该门课程的开设和教学活动的开展，主要从价值引领、知识传授和能力培养三大方面达成课程的教学目标和人才培养目标（图1），从而使能源动力大类专业学生系统地了解和掌握有关低温的专业知识，拓宽毕业后的就业或继续深造领域。

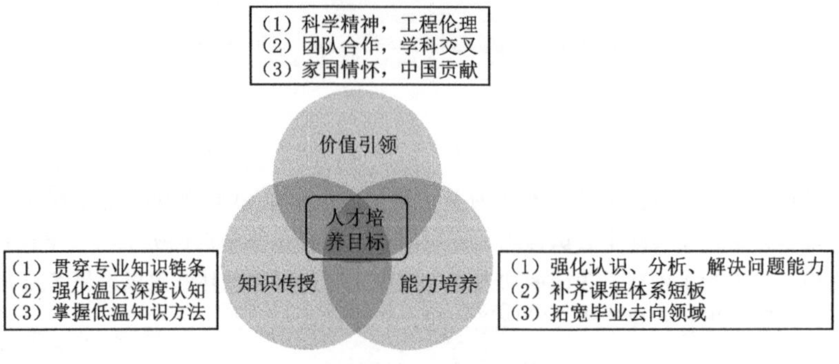

图1 低温原理及应用课程目标

2.1 教学目标

在内容上贴近业界发展现状，向学生传授主流低温制冷方法和装置。通过学习，使学生熟悉常用的低温获取方法和应用领域；掌握G-M循环、斯特林循环和基本型脉管循环制冷机的工作原理及循环特性，能熟练运用图表和计算公式进行分析和热力计算；掌握气体液化低温技术的基本原理和系统过程；熟悉低温系统中常用的低温工质，掌握低温液体贮运设备的主要参数和设备型式，能正确使用和贮存低温工质。具体如下：

（1）知识传授。能够将上述所学的基础知识和低温基本理论用于分析解决在低温获取利用过程中存在的关键问题，进而获得解决问题的基本方法和基本技能，能够识别、表达并通过文献研究分析低温领域中的常见工程问题。

（2）能力培养。具备根据工程现场实际情况进行低温系统方案设计、负荷计算、设备选型的能力，在基础研究与技术应用过程中树立科学伦理、道德、法律等的综合意识。

（3）价值引领。围绕低温发展历史、成就和大型科学仪器的团队协作，引导学生树立多学科交叉合作意识、自主学习和终身学习意识，强调技术不断发展的现实及终身学习的重要性。

2.2 育人目标

课程在内容上反映业界发展现状，传授当今世界应用的主流低温制冷方法，同时向学生适当介绍本领域的学术组织、学科和产业前沿、应用领域，从低温物理、低温技术、低温应用等领域快速发展的事实增强学生终身学习的意识和不断适应发展的潜力。在课程讲授过程中融入著名科学家与专业的密切联系、我国自主成就和贡献等思政元素，引导学生树立家国情怀、科技自豪和自信。同时通过作业、思考题、课外延伸阅读等环节持续培养学生自主学习和终身学习能力。在课程教学中把马克思主义立场、观点、方法的教育与科学精神的培养结合起来，提高学生正确认识问题、分析问题和解决问题的能力。注重强化学生工程伦理教育，培养学生精益求精的大国工匠精神，激发学生运用专业知识的家国情怀和使命担当，培养德智体美劳全面发展的社会主义建设者和接班人。

3 建构主义情境设计

作为一种以学生为中心的教学模式，建构主义教学模式是一种贴近学生认知过程的模式，强调学习的主动性、社会性和情境性，在促进知识和学习能力的迁移方面较传统教学模式更为有效[2]。建构主义教学环境的四大要素是“情境、协作、会话和意义”，鼓励学生成为“知识意义的主动建构者”，要求教师扮演教学过程的“组织、指导、帮助和促进者”的角色。这与新工科下能源动力类专业课程思政设计无疑是契合的。无论采取何种教学方式，“情境”的选择都是基础且核心的问题，只有选择贴近新工科背景下专业、行业发展特点的“情境”，才有可能满足课程思政隐性教学的要求，最大程度激发学生主动学习的动机。

依托上述建构主义要素，从课程思政的内涵、特点以及实现路径等方面入手，按照课程章节设置，结合相关内容，分别在课程的不同阶段，采用不同教学方式开展课程思政教学和评价。在课程具体的教学过程中，结合教学内容，可以提炼构建一些特定的教学情境，确定融入的思政元素，并按照建构主义教学模式的思路，完成“课上＋课下”“线上＋线下”完整的闭环教学环节。以低温原理及应用课程为例，如图2所示，主要从低温学科交叉知识、专业与科学发展前沿、生产生活的应用、经典模型和方法等[3]四个方面构建课程思政的情境。

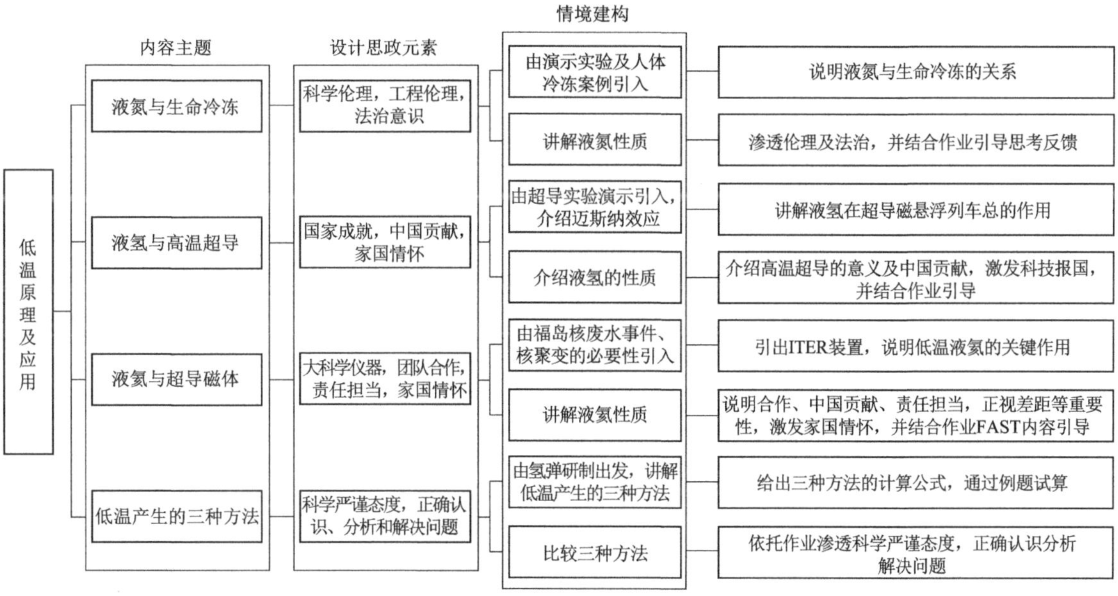

图2　低温原理及应用课程思政教学情境构建设计

4　教学情境列举

为了进一步阐明，下面以液氦与低温超导磁体为例，对整个课程教学环节中课程思政的设计、融入及反馈进行具体阐述。

在回顾上节、介绍本节内容之后，首先构建日本福岛核废水事件情境导入课程主题——可控核聚变能利用，融入生态环保、清洁能源利用等思政元素；之后通过大科学仪器装置ITER，构建低温超导可控磁约束情境，然后讲解低温流体液氦如何在该情境下发挥重要作用，并进一步展开液氦流体的低温特性、三相图以及特殊的两流体模型和代表性低温实验现象学习，抽丝剥茧逐步引导学生找到其在低温超导可控磁约束中具有不可替代作用的原因；并呼应前述情境，分析中国在ITER国际合作中的作用和贡献、技术方面存在的不足等，引导学生运用客观、辩证的方法看待和分析问题，顺势引入如何利用液氦实现低温制冷——大型氦制冷机的国产化研制，融入家国情怀的思政元素，并在大型氦制冷机性能讲授内容之后，鼓励学生接力传承，立足当下，学好本领，科技报国。

随后，在本节总结和下节预告的基础上，布置课后延伸和作业：①观看大型氦低温制冷机国产化团队研制纪录片，融入了团队合作、以周远院士为代表的科学家精神；②分析南仁东先生牵头研制的FAST中低温液氦如何发挥作用，隐含家国情怀、科学家精神等思政元素，同时对FAST面向世界开放事件发表看法和讨论，融入人类命运共同体等元素，从而完成该章节课上课下相结合的完整的教学环节、教学目标和教学实践，实现课程思政的柔性介入，润物细无声。

最后，通过课堂反馈问卷，对教学效果进行评价反馈，也内含了客观公正、教学相长、互促互学的思政元素。

5　结语

如何实现课程思政的如盐入水、入微入味，是一直以来探讨和实践的焦点。以低温原理及应用课程为例，阐述了教学团队在能源动力专业课程教学过程中如何挖掘思政元素，如何利用建构主义教学模式构建教学情境，从而实现专业知识与思政元素有机融合、渗透的有益探索和实践，为进一步优化课程思政体系建设提供了参考。但总体来看，课程思政的体系建设工作仍存在不断改进提升的空间，对专业课程中角色的认识和多样化教学手段的运用还需不断深化，在具体情境案例的构建和丰富方面还需进一步精心雕琢和用心筛选。此外，进一步探索课程思政实施效果的多维度评价，可为课程思政的深化实施和有效开展提供科学指导。

参考文献：

［1］ 万慧琳，户国．工科专业课程践行课程思政的路径探析［J］．大学教育，2020（12）：87－89，99．

［2］ 周峰，马国远，张英，等．基于建构主义的低温原理及应用课程思政供给模式探索［C］//第十二届全国高等院校制冷及暖通空调学科发展与教学研讨会论文集．天津：天津大学出版社，2023：290－293．

［3］ 周峰，马国远，刘中良，等．新工科视角下低温原理及应用课程思政教学路径探索［C］//2021年全国能源动力类专业教学改革研讨会论文集，2021：1356．

结合工程实例的空调原理课程理论教学效果探讨

陈浩[*]，孙晗，郭航

（北京工业大学制冷与低温工程系，北京 100124）

【摘　要】 空调原理课程是能源动力类专业制冷方向必修课程之一，课程所学内容包含空气调节过程及原理的基本专业知识。授课教师须熟练掌握该门课程的基础理论知识，并具备一定的工程项目研究及相关科学研究工作背景。对于学生来说，须完成工程热力学、传热学、流体力学等专业基础课程的学习并掌握其专业知识，熟悉相关专业名词。本文根据北京工业大学2023—2024年秋季学习空调原理课程期末教学评教信息以及学生期末考试成绩情况，分析了空调原理课程教学过程中融入工程实际案例讲解对于学生课堂反馈及教学效果的影响。

【关键词】 本科生教学；空调原理；工程案例；理论教学

0　引言

能源动力类专业制冷方向旨在培养制冷与低温工程专业方面技术人才，该专业方向毕业生一般在空调、冷库、制冷设备等企业从事技术研发方面工作。空调原理课程是能源动力类专业重要的专业课程之一，该门课程将让学生掌握空调系统的基本知识及原理，掌握空调系统的负荷计算步骤，以及空调系统的等专业知识。由于空调原理课程授课是为了让学生掌握专业知识从而解决实际工程问题，目前，人才培养需要遵循以成果为导向的教育理念（outcome based education，OBE），这要求学生不仅需要掌握专业学科的基本概念和原理，还需要学生能够将学到的基本概念和原理准确应用于工程实际，因此，在空调原理课程授课过程中，合理地引入工程案例讲解至关重要[1]。

对于空调原理课程，融入工程案例的原因是多方面的，合适的工程案例不仅能够丰富教学内容，还能帮助学生更好地理解抽象的理论知识，提高其实践能力和问题解决能力[2]。在授课过程中加入工程实例一般是通过在讲授专业知识的过程中加入对应知识点在实际工程领域的应用案例，也就是结合工程实际应用对专业术语进行讲解。首先，工程案例是实际工程问题的真实反映，通过将案例引入课堂，学生可以直观地了解理论知识在实际工程中的应用，从而更好地理解和掌握这些知识。而通过分析案例，学生可以学习到如何将理论知识转化为解决实际问题的工具和方法，提高其实践能力。工程案例通常具有实际性和趣味性，能够吸引学生的注意力，激发其学习兴趣。通过参与案例分析和讨论，学生可以感受到学习的乐趣和成就感，从而更加积极地投入到学习中去。比如，在讲解焓湿图的过程中，可以让学生在了解焓湿图基本概念，并了解其使用方法之后，让学生根据某地区的即时天气数据查找焓湿图，这样，不仅可以激发学生的学习兴趣，还能够让学生从实践中掌握焓湿图的用法，加深对理论概念的理解[3]。

此外，融入工程案例的讲解有助于培养学生的问题意识和批判性思维。工程案例往往涉及复杂的实际问题和挑战，学生需要运用所学的理论知识去分析和解决问题。在这个过程中，学生需要培养自己的问题意识和批判性思维，学会从多个角度去看待问题，提出合理的解决方案，提高学生的综合素质和能力[4]。

在空调原理课程教学过程中，融入工程案例的讲解能够显著提高课程教学效果。本文以北京工业大学2023—2024学年秋季学期空调原理课程教学为例，根据期末学生评教数据以及期末考试成绩分布数据，总结了空调原理课程教学过程中融入工程案例讲解对教学效果以及期末学生反馈的影响。

---

* 陈浩（1987—　），男，助理研究员，博士。研究方向：新能源车辆动力技术及空调系统。联系地址：北京市朝阳区平乐园100号北京工业大学，邮编100124。E-mail：chenh@bjut.edu.cn。

基金项目： 北京工业大学一流本科课程建设项目（049000513113）。

1　学生对工程实例讲解的认可度

1.1　工程实例引入理论教学

空调原理这门课程的内容涉及较多专业术语以及计算过程的学习。在讲授知识的过程中，如果增加一定量的视频演示、实景图片等，并结合现实生产生活中的实际例子进行讲解，这样更有助于学生在听课时理解一个从未听说过的专业术语。比如，在讲解露点温度时，可以通过引入生活中常见的物理现象，例如：在温暖的室内，如果有一瓶刚从冰箱中取出来的水，过段时间后，瓶身表面就会凝结出露珠，究其原因，是因为瓶身表面的温度达到或者低于周围空气的露点温度，导致凝结，进而引入露点温度的概念。通过这种方式的讲解，学生不仅会记住露点温度的概念，而且还能够掌握该温度所涉及的物理现象，从而深入掌握该概念。

对于空调原理这门课程，空调的负荷计算、热湿处理过程、空气调节系统分类、气流分布等几部分是该门课程的核心内容，如果在讲解过程中，这几部分分开讲解，而不联系实际工程应用，那么学生在听讲的过程中很容易造成知识脱节，虽然可以记住一些专业知识，但是很难学会这些专业知识在工程实例里面的具体作用。因此，在对着门课程讲解时，可以首先给学生假设一个空调房间，如果要对这个房间进行空调系统设计，需要完成哪些工作：如果对于一间房间，想要为其设计一个空调系统，就需要知道这个房间的得热量和冷负荷分别是多少，这样我们才能确定用多大的空调；如果想要知道这个房间的冷负荷，那么就要分别计算围护结构、房间内热源湿源能为这个房间提供多少热量和湿量；当我们计算得到了房间的冷负荷之后，我们就需要计算出如果想要房间达到一个指定的温度，要向这个房间送多少风，这个时候，就可以引入送风量的概念；之后，对于送入空调房间的风，需要如何对其进行处理，采用什么样的方式进行处理，这个时候就引入空气热湿处理方面的内容：而当所有以上参数都计算获得之后，还需要根据房间的用途等选定空调系统的类型，并确定空调系统通过什么样的方式将处理好的空气送入房间，这个时候就自然引入了空调系统分类以及气流分布方面的内容讲解。

通过这种方式进行讲解，不仅能够将书本上面的知识传授给学生，还能够让学生牢牢记住每一部分的内容在工程实际应用中有何用途，让学生能够在实际工程案例中掌握书本上的知识，并学会如何应用。从而避免学生在学习过程中通过死记硬背的方式学习知识。

1.2　期末评教结果分析

本文工作针对北京工业大学 2023—2024 学年秋季学期期末评教数据结果进行结果调研，结果显示，该门课程上课学生数量为 34 人，参与评教的学生人数为 31 人，其中有 12 人明确表示融入工程实例讲解的课程教学效果更好，约占总评教人数的 38.7%。

在实际课程讲解过程中，传统教学思维中对于专业术语的讲解一般都是按照教材中的标准描述方法，对概念的表述进行解读，从而让学生从字面意思出发，理解专业概念的含义，并记住其表述。然而，这种讲授方式虽然可以让学生准确地记住专业术语，并且在考试中能够准确对其描述，然而，学生在真正运用该专业术语的时候，却极其含糊，导致不能确定其与相近术语的区别。如果在专业术语讲授过程中，融入工程实际案例，让学生根据工程应用中的对应场景理解某个专业术语，之后再结合教材中对应术语的表述让学生加深理解和记忆，这样的教学效果能够更有助于学生对于专业术语的掌握，从而达到更好的教学效果。

1.3　课堂反馈分析

空调原理课程教学过程中涉及的专业术语较多，且容易混淆的专业术语也比较多。比如，对于得热量和冷负荷两个专业术语，虽然对于两个专业术语的描述比较相近，但是，二者之间有本质区别。在讲解对比这两个专业术语的时候，如果单纯介绍二者的概念，那么可能会对学生造成混淆，但是，如果在讲解的过程中，如果能够结合某个空调房间以及房间内的空调系统运行原理进行讲解，那么学生将会很容易理解二者之间的区别，并记住其含义。从课堂反馈来看，如果在专业术语的讲解过程中适当融入工程实例，由于学生在听课过程中能够体会到更多的代入感和参与感，能够觉得上课的过程更像是在解决实际问题的过程，因此更能够在讲课的过程中让学生跟上讲课节奏，而且能够与授课教师产生更多的互动，从而让学生在实际参与解决工程问题的过程中学习到专业知识。

2　期末成绩以及知识掌握情况分析

图 1 为 2023—2024 学年本科生空调原理期末考试成绩分布情况。在 100 分的卷面中，包含了 48 分与实际

应用有关的题目，这些题目中，虽然考察的是学生对于专业术语的理解，然而，并未直接考察学生是否能够记得住专业术语的表达，而是举出具体工程实例，通过考察学生是否能够根据专业术语的含义和内容来解决具体实际问题。通过期末考试成绩分析来看，在全部参加考试的 33 名学生中，成绩等级达到优秀（90～100 分）的人数有 8 人，成绩达到良好（80～89 分）的人数为 9 人，成绩达到中等（70～79 分）和及格（60～69 分）的人数分别为 13 人和 3 人。通过对卷面的分析来看，通过课堂的讲解，绝大部分同学能够熟练掌握本门课程的专业知识，并熟练掌握相关计算过程。这说明，如果在课程讲授过程中融入大量的工程实际案例讲解，能够更有助于学生对于基础知识的掌握，能够让学生在掌握专业概念的同时，能够熟练地对知识进行应用以解决实际工程问题。

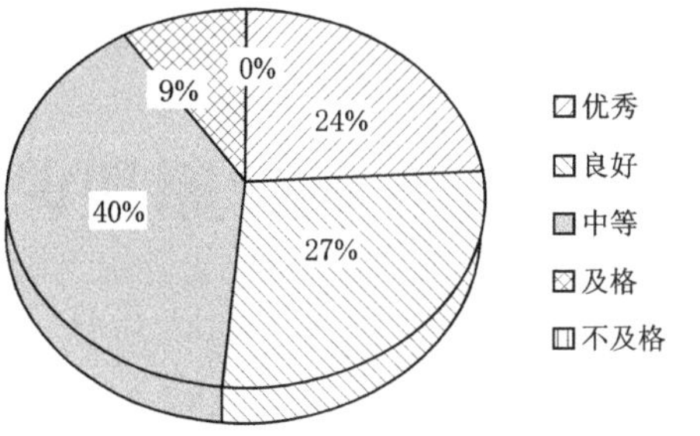

图 1　2023—2024 学年本科生空调原理期末考试成绩分布

通过对 33 名参加考试的同学的成绩进行分析，发现成绩达到优秀水平的人数占 24%，这说明小部分学生能够非常熟练地掌握学到的专业知识，并能够很好地运用学到的专业知识去解决一些简单的工程问题。而成绩达到良好水平的学生人数占比为 27%，这部分同学能够良好地掌握学到的专业知识，并能够学会解决一些简单的工程问题。而成绩达到中等和及格的人数占比为 49%，这部分学生能够基本掌握学到的专业知识，并能够基本掌握用专业知识解决工程实际问题的一些方法，但是在整体知识结构和应用能力上还有待提高。

从整体的成绩分布可以看出，此次期末考试中，没有不及格的学生，而试卷的命题中，对于专业知识概念的考察也都是通过解决具体的问题角度命题。因此，可以看出，对于本门课程所要求的专业知识掌握情况，所有的同学都能够达到基本要求，并且基本都能够掌握运用专业知识解决问题的方法。而这其中有一半以上的同学能够很好地利用学到的专业知识解决简单的工程问题，并将学到的专业知识联系到实际应用，而不仅仅是记住专业知识的表述。

3　结语

本文结合北京工业大学 2023—2024 学年空调原理课程教学情况，以该学期期末教学评教反馈情况以及期末考试成绩分布情况作为依据，分析了结合工程实例讲解的空调原理课程教学效果。通过数据分析，可以得到如下结论：

（1）从期末学生评教结果来看，大部分学生明确表示这种结合工程实例讲解的课程教学方式效果较好，学生面对的不再是枯燥的专业术语，而是融入实际，从实际工程问题中发掘问题并解决问题，进而掌握专业知识。

（2）通过对期末考试成绩的分布情况分析来看，有一半以上的同学能够基本学会运用学到的专业知识解决一些简单的工程问题，能够将学到的专业知识应用于工程实际；而从基础知识的掌握情况来看，所有的学生都能够达到对于知识掌握的基本要求。

（3）融入工程案例的工科教学可以更好地适应这些变化，培养出具有创新精神和实践能力的高素质人才，满足社会对人才的需求。通过学习工程案例，学生可以了解实际工程中的工作流程和规范，获得一定的工程实践经验。这些经验将有助于学生更好地适应未来的工作环境和岗位需求，提高其就业竞争力。

参考文献：

[1]　欧阳新萍，刘妮．制冷与空调专业课程的课程思政教学实践［J］．高教学刊，2024，10（6）：123-126.

[2]　孙晗，郭航，晏祥慧，等．北京工业大学制冷专业近五年毕业生去向统计与分析［C］//第七届全国高等院校制冷空调学科发展研讨会论文集．西安：西安交通大学出版社，2012：46-50.

[3]　张春枝，尹宁波，陈敏，等．工程类专业实践教学嵌入理论课程教学的探索——以建筑环境与能源应用工程专业为例［J］．制冷与空调（四川），2020，34（5）：629-633.

[4]　孙晗，郭航．提高本科生毕业论文质量的思考［C］//制冷及暖通空调学科发展与教学研究——第十届全国高等院校制冷及暖通空调学科发展与教学研讨会论文集．威海：山东大学出版社，2020，261-264.

制冷原理课程过程化考核的探索与实践

许婧煊[1*]，刘妮[1]，武卫东[1]，陈曦[2]，李康[2]

（1. 上海理工大学储能科学与工程研究所，上海 200093；
2. 上海理工大学制冷与低温工程研究所，上海 200093）

【摘　要】课程过程化考核是一种以学生的学习过程为主要内容，通过多种方式和手段，对学生的学习态度、学习方法、学习效果等进行全面、系统的评价的考核方式。它是教育教学改革的重要内容，是提高教育教学质量的有效途径。本文以动力工程及工程热物理专业核心课制冷原理为例，进行过程化考核的探索与实践。

【关键词】制冷原理；过程化考核；科学教育；探索实践

0　引言

过程化考核强调的是对学生学习过程的关注，而不仅仅是学习结果。这种考核方式更加注重学生的主动性和创新性，有利于培养学生的自主学习能力和创新能力。过程化考核的方式和手段应该多样化，包括课堂参与、小组讨论、实验操作、课程论文、项目研究等。这些方式和手段既可以考察学生的学习态度和方法，也可以考察学生的学习效果。过程化考核的评价体系应该全面、公正、客观。评价的内容应该包括学生的学习态度、学习方法、学习效果等；评价的方式应该包括自我评价、同伴评价、教师评价等；评价的结果应该反映学生的真实学习情况，而不是单纯的分数。本文以动力工程及工程热物理专业核心课制冷原理为例，进行过程化考核的探索与实践。

1　关键策略和实践

课程过程化考核的方法应用到制冷原理课程，采取了以下一些特定策略和实践，以确保学生不仅是理解制冷系统的工作原理，还能够掌握其设计和维护的实际技能。

（1）持续性评估：在整个学期中安排周期性的小测试，每个单元结束时进行测验，以及针对每章节的实践问题解决任务。利用在线平台进行实时测验，及时了解学生对于制冷循环、压缩机工作原理等关键知识点的掌握情况。

（2）项目与实践作业：设计期中项目，让学生设计一个小型的制冷系统，包括选型、计算制冷负荷和估算能耗。安排学生分组进行实验室活动，比如组装和测试实际的制冷设备，记录实验数据，并进行系统的性能分析。

（3）学习档案的建立：要求学生建立一个包含所有课程作业、项目、实验报告及其反思的电子学习档案。教师定期检查这些档案，与学生讨论其进步和学习过程中遇到的挑战，提供个性化的反馈。

（4）自我反思与同伴评价：在项目和实验报告中加入自我反思部分，让学生评价自己的学习过程和结果。实施同伴评价机制，使学生能在小组项目中相互评估合作和贡献，从中学习如何提供和接受建设性的反馈。

（5）教师的角色转变：教师从传统的讲授者转变为课程的设计者和学习过程的引导者，设计互动和参与度高的教学活动。教师应掌握如何利用数据分析工具来跟踪学生的学习进度，调整教学策略以满足学生的需求。

（6）技术的运用：利用模拟软件让学生在虚拟环境中设计和调试制冷系统，以理解系统响应对不同操作条件的反应。使用在线协作工具和学习管理系统（LMS）来组织课程材料，安排作业和实时反馈，使学习更加灵活和互动。

---

* 许婧煊，博士。研究方向：低温系统/液氢。E-mail：xujingxuan@usst.edu.cn。

基金项目：上海市重点课程建设项目（No. ZK20220369）。

通过这些策略，制冷原理课程不仅能够帮助学生理解理论知识，还能增强他们解决实际问题的能力，从而更全面地掌握制冷技术的应用。这种过程化考核的方法也有助于培养学生的批判性思维和创新能力。

2　项目与实践作业案例

要求学生分析和设计一个实际的低温制冷系统，这个案例可以基于真实的工业应用，如气体液化或低温保存技术。案例描述：氢能作为一种来源广泛、燃烧效率高、清洁灵活、应用场景丰富的二次能源，在化工、交通、能源电力、建筑等领域均涉及应用，是我国实现“双碳”目标的优质替代能源。由于氢气具有较低的密度（标准状况下 0.0899kg/m^3）以及极低的沸点（20.37K@1atm），因此氢气的高密度储存一直是需要突破的难题。常压液氢（LH_2）储存是目前储氢密度最高的选择，但液化过程能耗较大，在此背景下，本设计目的是设计一种高效低能耗的氢气液化低温热力系统。具体要求：充分调研分析已有氢液化流程，在现有流程结构上进行优化，使得系统比功耗低于现有工业上大型氢液化比功耗的 90%（$w \leqslant 12$kW·h/kg）；给出流程关键节点的参数设计；完成关键设备选型。

实施步骤如下：

（1）课前准备。教师提供相关的背景材料和基础数据，学生需预习相关理论知识。

（2）课堂讨论。分组讨论各自的设计思路，教师提供指导意见。

（3）课后作业。每组学生提交一份详细的设计报告，包括系统设计、计算过程和效率分析。

图 1～图 3 展示部分学生的系统设计结果。

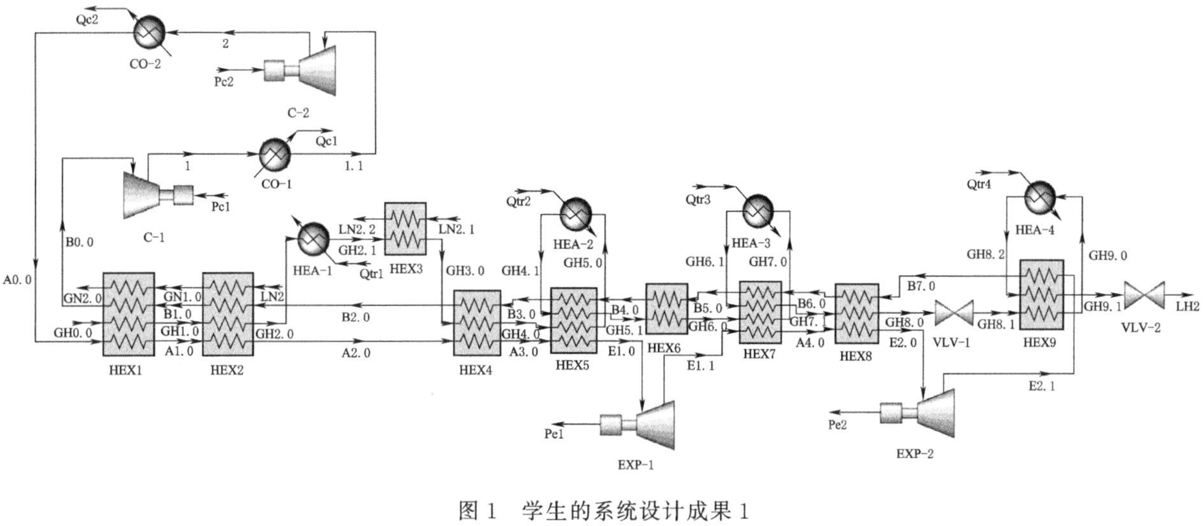

图 1　学生的系统设计成果 1

在教育实践中观察到，学生在执行项目的过程中面临的挑战明显超过了普通课程知识点的掌握。在系统开发阶段，学生频繁遭遇技术障碍；在案例设计中，则需采取渐进式的问题设定，从简到难逐步深入。然而，通过积极与教师交流，并在教师的指导下广泛查阅资料和深入阅读专业论文，学生能逐步克服设计过程中遇到的问题。大多数学生能够独立完成系统设计的课程作业。这种研究性学习方法不仅激发了学生的学习热情和创新思维，也加深了其对低温技术知识的理解与应用。此外，这一教学策略也符合课程的教学目标，即培养学生综合运用所学知识解决实际工程问题的能力。

3　结论与建议

在低温领域课程中开展过程化考核，旨在通过理论与实践结合的方式，培养学生的创新思维和独立解决问题的能力。以下为根据本次实践探索得出的关于实施过程化考核模式的一些建议：

（1）教学内容问题化。将教学内容以问题的形式呈现，设计一系列与低温领域相关的问题，引导学生思考和探索。这些问题应具有挑战性，能够激发学生的好奇心和探究欲。

（2）理论与实践相结合。在教学中，不仅要讲授低温领域的基础知识和理论，还要结合实际案例和实验操作，让学生在实践中学习和运用理论知识。

（3）学生主导的学习。鼓励学生自主学习，教师扮演引导者和辅助者的角色。让学生在研究性学习过程

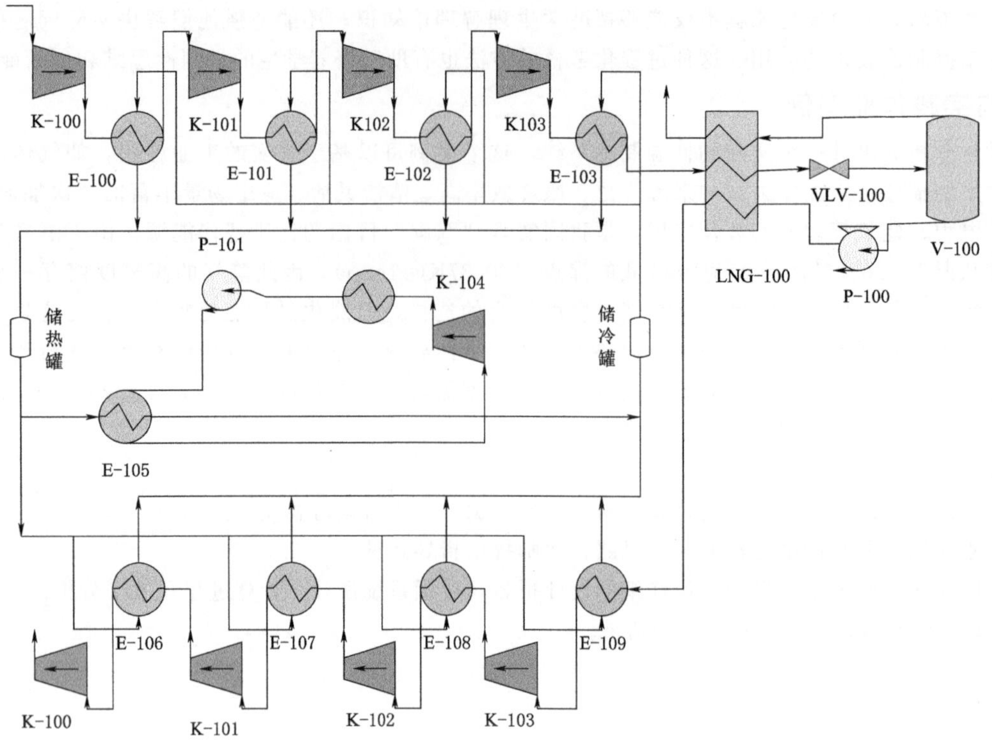

图 2　学生的系统设计成果 2

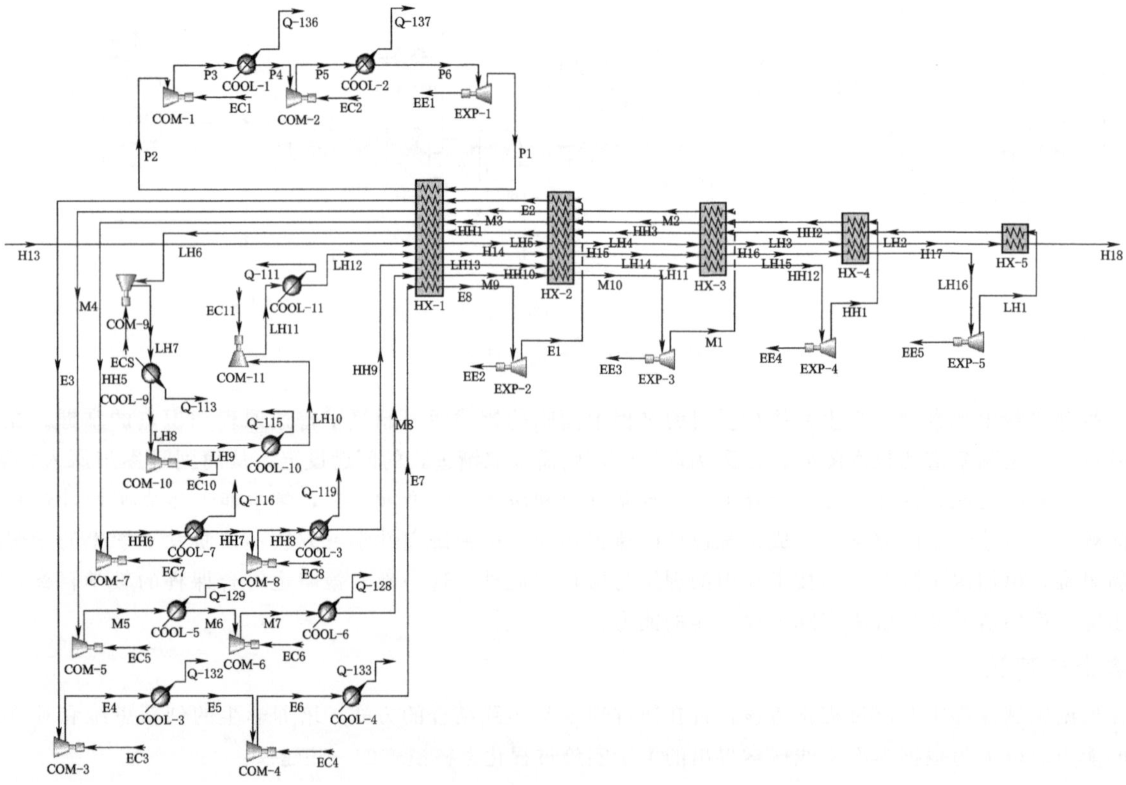

图 3　学生的系统设计成果 3

中提出问题、设计方案、执行实验并分析结果。

（4）创新思维的培养。通过开放性实验、科研项目参与等方式，培养学生的创新意识和创新能力。让学生在解决实际问题的过程中锻炼思维能力和动手能力。

建筑相关专业联合毕业设计的多学科协作与数字化教学改革

周晓洁*，梁士民，胡松涛

（青岛理工大学，山东 青岛 266520）

【摘 要】本文探讨了建筑相关专业的联合毕业设计模式，通过多学科融合和团队协作，提升学生的综合素质和专业能力。本文分析了当前建筑相关专业毕业设计存在的问题，包括教育模式单一、选题与实际结合不紧密、学生缺乏系统性和整体性概念、设计时间不足等。为解决这些问题，本文提出了基于项目的学习（PBL）方法，推行联合毕业设计，引入项目管理工具和数字化技术。通过青岛理工大学2023年和2024年联合毕业设计案例，展示了这一模式的实施过程和成果。

【关键词】建筑相关专业；联合毕业设计；教学改革

0 引言

毕业设计是本科专业按照培养计划实现培养目标的重要实践教学环节，对于以工程实践为背景的工科专业本科生而言，毕业设计的重要性不言而喻[1]。其主要作用包括：①培养综合运用专业知识的能力；②锻炼科学研究和创新能力；③进行实际工程问题的实践训练；④全面总结和评估学生本科阶段的学习成果[2,3]。

目前，建筑相关专业进行毕业设计的现状如下：

（1）教育模式仍以单学科为主。学生在毕业设计中通常独立完成任务，缺乏跨学科的综合训练。而现代建筑项目复杂多样，涉及建筑设计、结构工程、环境科学、能源管理等多个领域，要求从业人员具备多学科综合能力[4]。

（2）毕业设计选题与工程实际结合不紧密。毕业设计选题往往局限于理论研究或虚拟项目，缺乏与实际工程项目的紧密结合。学生在毕业设计中缺乏实际工程项目的经验，设计方案缺乏实践性和应用性。学生难以体会到工程项目的复杂性和实际需求[5]。

（3）学生缺乏对工程设计系统性和整体性概念的认识。学生在学习过程中，课程设置通常是按学科分类进行，学生主要关注各个学科的具体知识和技能。在毕业设计中，学生难以从整体上把握工程项目的全貌，无法在设计初期就考虑各个部分之间的相互关系和协同作用；不仅如此，由于缺乏系统观念，学生的设计方案可能存在各部分之间的不协调[6]。

（4）学生重视程度不够，设计时间不足。部分学生对毕业设计的重视程度不够，认为毕业设计只是形式上的任务，缺乏主动性和积极性。且毕业设计时间安排不合理，学生在较短的时间内完成设计任务，难以进行深入研究和优化设计[7,8]。进而导致毕业设计质量不高，缺乏深入性和创新性。学生无法通过毕业设计获得系统的训练和提升，难以达到培养目标。

1 方法

为了保证建筑相关专业毕业设计的质量，锻炼学生分析问题、解决问题的能力，本文提出了基于项目的学习（project - based learning，PBL）[9]。PBL是一种以学生为中心的教学方法，通过实际项目的操作，学生能够在真实情境中应用和整合不同学科的知识，提高对复杂问题的理解和解决能力。

1.1 推行建筑相关专业进行联合毕业设计

在学校范围内推行多专业多学院联合指导毕业设计，发挥学科优势。多专业共同制订毕业设计指导方案，

* 周晓洁（1983— ），女，副教授，博士。研究方向：建筑环境与能源。联系地址：山东省青岛市嘉陵江东路777号，邮编266520。E-mail：zhouxiaojie@qut.edu.cn。

打破专业、学科、院系间的壁垒，学生在拓宽知识面的同时学会了团队成员分工协作，培养了全局意识，提升了思维格局，埋下了创新种子[10]。

具体的实施方案是：在学生自愿报名的基础上，每专业选拔 2～4 名学生，自由组合成两个由不同专业学生组成的 14 人联合毕业设计小组。各专业教师组成指导团队，从各自专业角度进行指导。在指导教师的帮助下，各小组共同构思并确定一个工程项目进行设计，做到一组一题。

确定题目后，建筑学学生负责建筑方案设计，同组其他专业学生提供技术咨询。建筑设计方案确定后，各专业分别进行设计：工程管理专业学生负责可行性分析和工程造价，土木工程专业学生负责结构设计，装饰工程专业学生负责装饰设计，给排水专业学生负责给排水系统设计，建筑环境与能源应用专业学生负责暖通系统设计，电气专业学生负责电气照明系统设计。

1.2 引入项目管理和系统集成工具

在联合毕业设计中，选择合适的项目管理工具对团队协作和项目进度的管理至关重要。由于联合毕业设计每组的学生成员为 14 人，所以选择适用于 10 人以上大型团队项目管理的 Asana。Asana 提供了丰富的项目管理功能，在联合毕业设计中体现的作用有：

(1) 项目规划和任务分配。支持详细的项目规划和任务分配，每个任务都可以创建任务卡，描述任务内容、设定截止日期、分配负责人并设定优先级，确保团队成员明确各自职责和任务进度。

(2) 实时协作和沟通。评论功能和通知系统使团队成员能够实时沟通和协作，在任务卡中添加评论、提出问题或建议，确保信息透明和即时反馈。可以帮助不同专业的学生保持设计方案的一致性。

(3) 进度跟踪和监督。提供甘特图和日历视图，帮助团队和指导教师实时监控项目进度。通过这些视图，团队可以清晰地看到任务状态和项目进展，及时发现和解决延误问题。

(4) 文件共享和管理。支持文件上传和链接共享，团队成员可以在任务卡中附加相关文件，确保所有人都能访问最新的设计文档和资料。

(5) 提高透明度和责任感。团队成员可以看到每个任务的进展和责任人，增强责任感和项目透明度。指导教师也能更容易监督项目进展，提供必要的指导和支持。

1.3 数字化与智能化教学

在联合毕业设计过程中引入了建筑信息模型（BIM）技术，BIM 是一种数字化建模技术，可以在设计、施工和运营过程中进行信息的全面管理。学生可以使用 BIM 软件（如 Revit、Navisworks）进行建筑设计和项目管理，通过 BIM 技术实现多学科的协同工作和信息共享[11-13]。不仅如此，通过 BIM 技术，还可以提高设计精度和效率，增强学生的数字化技能和信息管理能力[14]。

除了 BIM 技术，还在联合毕业设计过程中引入了虚拟现实（VR）和增强现实（AR）技术，VR 和 AR 技术可以创建和增强现实中的虚拟环境，帮助学生更直观地理解设计方案。该技术的引入，可以让学生在虚拟环境中进行设计和修改，提高学生的空间感知能力和互动体验，使设计过程更加直观和生动。

1.4 强化反馈与改进机制

在联合毕业设计过程中，强化反馈与改进机制是确保项目质量和学生学习效果的重要手段。以下是一些具体措施和方法：

(1) 定期评审会议，所有指导老师和学生都需参会，在评审会议上进行进度汇报、问题讨论、反馈收集和调整下一步工作计划。

(2) 项目管理工具实时反馈，在项目管理工具 Asana 中，团队成员和指导教师都可以在任务评论中提供实时反馈，并且进行进度更新和提醒。

(3) 持续改进机制，使用 PDCA（计划—执行—检查—行动）循环进行持续改进。定期对项目进行总结，分析改进效果，调整下一步的改进措施。

(4) 通过定期评审会议、项目管理工具实时反馈，反馈文档和改进记录，多渠道反馈收集，持续改进机制，指导教师的持续参与以及成果展示与评审，联合毕业设计中的反馈与改进机制可以得到有效强化。

2 案例展示结果

青岛理工大学在 2023 年和 2024 年开展了两次建筑相关专业的联合毕业设计。每次就同一选题项目，由学生组队，形成两个团队，分别进行不同的方案设计。

2024 年的选题是“青岛理工大学校嘉陵江路校区图书馆、艺术馆、校史馆博物馆三馆一体项目”。该项目围绕校图书馆、艺术馆、校史馆三馆一体的核心理念进行设计，设计范围如图 1 所示。每个团队在联合毕设过程中都经历了以下几个阶段：

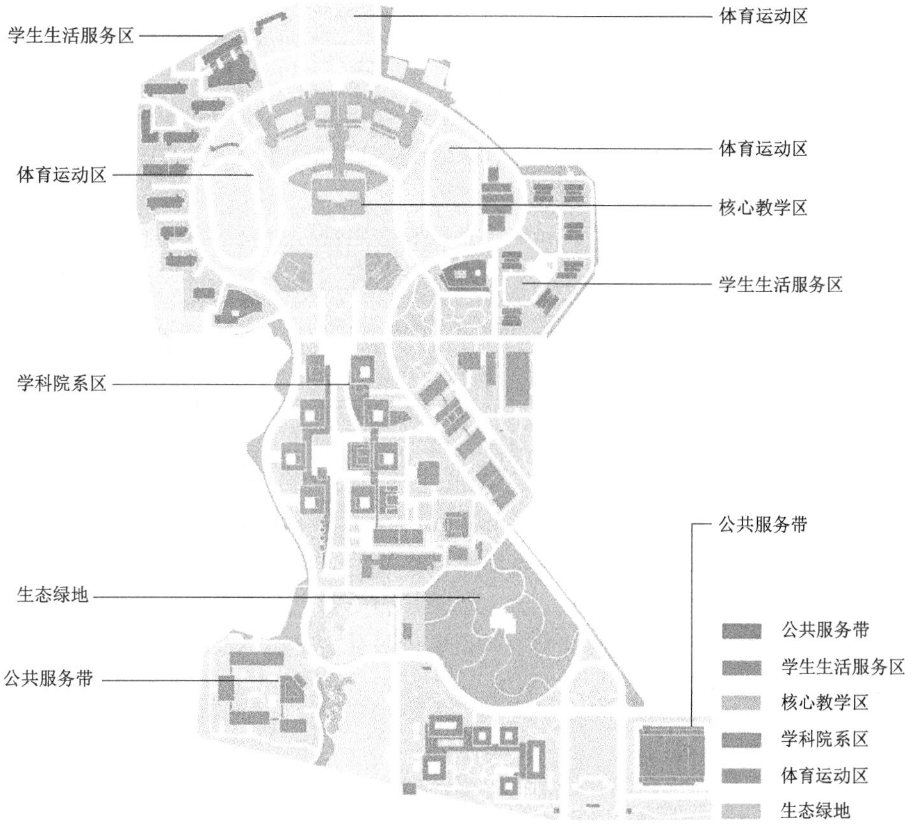

图 1　青岛理工大学 2024 年联合毕业设计项目选题

(1) 初步调研阶段。学生团队进行实地调研，通过问卷调查和访谈收集了校园环境、建筑风格、师生需求等信息。

(2) 可行性分析阶段。由工程管理专业学生进行项目可行性分析，评估设计方案的经济性和实用性。

(3) 建筑方案设计阶段。在这个阶段，建筑学学生负责初步方案设计，提出三馆一体的整体布局和空间分配。其他各专业学生从环境评估、结构分析、能源系统等方面提供技术咨询，共同优化设计方案。

(4) 详细设计阶段。对三馆的各个功能区域进行详细设计，包括图书馆阅览室、艺术馆展览区、校史馆陈列室等。并由各专业分别完成结构设计、装饰设计、给排水系统设计、暖通系统设计、电气照明系统设计等。

(5) 成果展示阶段。团队制作详细的设计图纸和建筑模型，展示三馆一体的整体布局和功能分区。最后通过公开答辩的形式，组织专家评审会，邀请校内外专家对设计方案进行评审，收集反馈意见，进一步优化设计。

通过本次联合毕业设计项目，学生在实际操作中提升了跨学科协作能力和创新设计能力。三馆一体的设计方案得到了专家的高度评价，不仅提升了校园学术氛围，还增强了校园的文化魅力和吸引力。

3　后续提升

经过两年建筑相关专业联合毕业设计的实践，青岛理工大学取得了许多宝贵经验，同时也发现了一些问题。为了进一步提升，需要在以下几个方面继续努力：

(1) 持续学习。以建筑环境与能源应用专业为例，指导老师需要保持对建筑环境与能源领域最新技术和趋势的关注。可以订阅相关领域的学术期刊和专业杂志，了解最新的研究成果和行业动态。利用 Coursera、edX 等在线学习平台，参加相关课程和培训项目，如可持续建筑设计、能源管理系统等，提高专业知识。关注相关行业组织和研究机构发布的行业报告和白皮书，如国际能源署（IEA）、美国绿色建筑委员会（USG-BC）等，了解最新的技术发展和行业趋势。

（2）技术交流。建筑相关专业的各专业老师应与其他专业的教师和行业专家交流。可以定期与本校其他专业的教师进行交流，分享教学经验和研究成果，探讨联合教学和科研合作的可能性。也可以与其他高校的教师和研究人员建立联系，参与联合科研项目和学术交流活动，学习先进的教学方法和科研技术。

（3）多学科协作与融合。为进一步提升联合毕业设计的效果，可以考虑在课程设计阶段提前引入联合的理念。通过设计跨学科的课程，涵盖建筑设计、结构工程、环境科学、能源管理等领域，促进学生在不同学科间的知识融合。此外，在各专业的实习实践阶段引入联合的思想，组织跨学科的项目实践活动，如设计竞赛、创新项目等，让学生在实际项目中体验多学科协作的重要性。

与此同时，应不断推动学科的深度融合。如鼓励教师和学生进行交叉学科研究，探索不同学科在建筑项目中的融合应用。由学校牵头建设多功能综合实验室，进行综合实验室的建设，为学生提供跨学科研究和实践的平台。

4 结语

通过联合毕业设计，学生可以从多个维度分析问题，整合不同学科的知识，提高对复杂问题的理解和解决能力。跨学科的合作和交流激发了学生的创新思维，提升了创造力，并显著增强了他们的沟通、协作和协调能力。

多学科融合理论和协同创新理论在联合毕业设计中的应用，提高了学生的创新能力、批判性思维和综合应用能力。通过团队协作，学生学会了在团队中有效工作，进一步提升了实际操作能力。

总体而言，联合毕业设计模式通过多学科的深度融合和团队协作，提升了学生的专业知识、实践技能和综合素质。这样的教学改革不仅符合现代教育的要求，更为培养高素质、综合性人才奠定了坚实基础，具有广泛的推广价值和实践意义。

参考文献：

[1] 冯竞竞，刘传孝．多元融合联合毕业设计教学改革研究与实践［J］．高教学刊，2023，9（29）：149-152.

[2] 屈龙，章联军，王刚．工程教育认证校企合作毕业设计教学改革研究［J］．教育教学论坛，2023（39）：77-80.

[3] 刘新新，李刚，刘亮，等．新工科背景下本科毕业设计质量提升探讨——以河南农业大学农业建筑环境与能源工程专业为例［J］．科教文汇，2023（20）：6-10.

[4] 赵锐，冉武平，吕疆红．新工科背景下交通土建方向毕业设计改革探索——以新疆大学为例［J］．科技资讯，2023，21（2）：162-166.

[5] 舒小娟，沈明燕，陈炳初．土木专业毕业设计团建式学习教学组织方法［J］．教育教学论坛，2023（22）：148-151.

[6] 李祎．土建类高校跨专业联合毕业设计教学模式初探［J］．大学教育，2022（10）：32-34，41.

[7] 陈璐，吴艳琼，朱真璞．工程人才国际化竞争力培养效果分析与评价——以上海交通大学国际联合本科毕业设计项目为例［J］．教学学术，2022（2）：121-132.

[8] 李春姬，金日学．寒地联合毕业设计地域建筑教学改革与创新——以吉林建筑大学为例［J］．教育教学论坛，2021（1）：66-69.

[9] ŽEROVNIK A，NANČOVSKA ŠERBEC I. Project-based learning in higher education［J］. Technology supported active Learning：Student-centered approaches，2021：31-57.

[10] 张玉龙．基于BIM-CDIO的土建类高校跨专业联合毕业设计模式研究［D］．张家口：河北建筑工程学院，2019.

[11] 万云，王李福，陈莘莘，等．基于BIM技术的土木类联合毕业设计教学改革与实践——以华东交通大学为例［J］．科教导刊，2023（12）：19-21.

[12] 蔡碧新，杜峰，吴聪慧．BIM技术的土建类多专业联合毕业设计新模式探索与实践［J］．中州建设，2022（5）：71-73.

[13] 印红梅，贾春辉，黄紫旭．BIM技术在建筑环境与能源应用工程专业毕业设计中的应用［J］．制冷与空调（四川），2020，34（6）：739-747.

[14] 赵浩亮，肖迪特，左鑫，等．基于建筑信息模型对异形空间空调负荷的工程求解方法分析与探讨［J］．制冷技术，2016，36（6）：56-59.

基于“三位一体”的制冷系统模拟及优化课程思政教学改革

胡开永*，席肖桐，孙欢，吴冬夏

（天津商业大学，天津市制冷技术重点实验室，天津 300134）

【摘　要】 制冷系统模拟及优化技术是能源与动力工程专业学生必须要掌握的技能，在专业知识培养体系中发挥着重要作用，以价值塑造、知识传授、能力培养“三位一体”为基本要求，针对制冷系统模拟及优化课程开展思政建设工作。课程建设过程中深挖课程内容中的思政元素，结合数字化教学手段，在理论教学和实践教学中开展思政教育；此外，完善课程评价体系，课程思政的考核评价体系应包含教师、学生和课程本身，多角度多维度进行评价，根据评价结果，对课程思政过程进行反馈，从而进一步改进。

【关键词】 制冷系统模拟；课程思政

0　引言

制冷系统模拟及优化是能源与动力工程专业学生开展设计和研究工作中最重要的技能，在专科课程体系中占据着非常重要的作用，特别是节能减碳背景下，人工智能技术的发展将进一步促进制冷系统模拟及优化技术的发展。

《关于深化新时代学校思想政治理论课改革创新的若干意见》指出，要把思想政治教育贯穿人才培养体系，发挥好每门课程的育人作用，提高人才培养质量。课程思政能够激发学生的学习动力，使学生明确学习目的和意义，为综合发展提供方向性指导。

作为以教学为主的本科院校，教学的主要目标是培养高级应用型人才，一方面需要培养学生具备扎实的专业理论基础；另一方面需要让学生明确学习目的，培养其家国情怀的意识。而作为和国计民生息息相关的能源类专业，思想政治觉悟高，才能在未来竞争激烈的国际形势下，具有立足之地，满足中国特色社会主义对于人才的需求。因此，作为本科院校，在专业教学上明确教学使命感，不能仅仅传授科学知识，更应该结合国家需求，结合新工科的要求[1]，以价值塑造、知识传授、能力培养“三位一体”为基本要求，开展专业课程思政教育[2]。

1　课程内容和思政元素整合

制冷系统模拟及优化是一门专业性比较强的课程，提炼专业知识体系中的思想价值和精神内涵，可以拓展专业课程的广度和深度，提高学生学习的热情，激发学生的创造力。

1.1　挖掘课程中的思政元素

深入分析专业课程内容，从课程背景、知识点和应用案例中寻求思政元素，如科学家精神、职业道德和社会责任等。将课程特点和社会需求相结合，选取代表性案例、事件和人物，作为思政教育的切入点。

在讲解制冷系统组成、工作原理时，结合历史发展、科技创新、环境保护等思政元素，如介绍古代制冷方法、现代制冷技术、制冷技术发展里程碑事件等，激发学生的爱国情感和民族自豪感。

1.2　改进教学方法和手段

（1）采用信息化手段。利用思维导图的形式整理课程知识点，建立知识点之间逻辑关系图[3]，针对知识点采用案例分析、小组讨论等多样化的教学方法，将思政元素与专业知识有机融合，提高学生的学习兴趣和参与度。此外，利用现代化的信息手段，如多媒体、网络等，开展线下线上混合式教学，拓展教学空间，为

* 胡开永（1987—　），男，副教授，博士。研究方向：制冷系统智能优化。联系地址：天津市北辰区天津商业大学3号实验楼501室，邮编300134。E-mail：hky422@tjcu.edu.cn。

基金项目： 天津商业大学研究生教学项目（23YKCSZ0116），天津商业大学党建工作“样板支部”项目资助。

课程思政的实施提供有力的支持。

（2）专题嵌入式教学。结合国家政策和行业话题，针对特定章节嵌入思政元素，如环保专题、工匠精神等，并且在讲解专业知识时适当点出相关的思政元素，如节能减排、碳达峰碳中和等内涵，让学生在学习专业知识的同时培养社会责任感。

（3）元素化合式教学。将思政元素与专业知识进行化合，如在制冷系统优化中融入节能减排的策略，使学生明白本门课程可以解决的问题，从而感受思政教育的量。

1.3 强化实践环节与思政体验

在课程实践环节，融入思政教育内容[4]，如在制冷系统优化方法演示环节，将最新的智能算法以及在制冷产品中的应用案例分享给大家，使学生在实践中体验思政理念。

鼓励学生尽早明确自己的研究课题，将本课程所学的优化方法和其他课程相结合，以解决社会和行业问题为背景，确立自己的课程论文，从而培养他们的社会责任感和奉献精神。

2 完善考核评价体系

专业课课程思政评价不同于传统课堂，需要从多个维度出发，确保评价的科学性和全面性。

课程思政的考核评价体系应包含教师、学生和课程本身。学生作为课程教育的主题，其思想政治素养的提升是评价的核心。教师是课程思政的实施者，其教学能力和思想素养同样重要；课程本身是思政教育的载体，其教学实施过程和效果是评价的关键。

2.1 学生思政素养发展评价

学生思政素养发展评价是一个多维度综合性的过程，涉及学生的政治态度、思想品质和道德修养等。

学生应当坚持正确的政治方向，明白“为谁培养人”，明白“科学无国界，但科学家有自己祖国”的道理。主动学习中国特色社会主义理论体系，通过学习，能更好地理解党的路线方针政策，增强政治敏锐性和鉴别力。

学生应当具备良好的思想品质，积极向上，具有良好的道德情操和人文素养。在专业课学习和实践环节，积极参与具体活动，培养良好的团队合作精神，与同学和睦相处，共同进步。

2.2 课程思政教学评价

针对课程教学目标、思政内容、教学模式与方法、教学管理与评价和教学效果，分别采用自评和他评两种模式开展评价。针对每次课堂教学过程，采用自我反思的形式，结合学生反馈，对思政过程的方法进行自评。为了更好地达到思政育人的目的，邀请同行听课，通过他们的角度，调整课程思政的内容和教学过程。

在课程教学过程中，随时了解学生的学习情况，及时对教学过程进行调整。同时，在课程结束之后，对教学的整个过程进行全面评价，全面评估课程思政的整体效果，为下一个周期课程思政的开展做好准备工作。

2.3 教师思政素养的评价

课堂表现评价，教师是否能够将思政元素有机融入课程内容中，设计具有针对性和吸引力的教学方案；在授课方式上，观察教师的授课方式是否多样，是否能够激发学生的学习兴趣和参与度；在课堂管理上，评价教师在课堂上的秩序维护、学生互动引导等方面的能力。考察教师是否具备高尚的师德师风，是否以身作则，为学生树立榜样。

3 结语

制冷技术在国民经济和生产中发挥的作用越来越大，在智能化时代的背景条件下，制冷系统模拟及优化这门课程的重要性越来越突出。本文以价值塑造、知识传授、能力培养“三位一体”为基本要求，针对制冷系统模拟及优化课程提出了以下课程思政改革措施：

（1）课程内容和思政元素整合。深挖课程内容中的思政元素，结合数字化教学手段，在理论教学和实践教学中开展思政教育。

（2）完善课程思政考核体系。课程思政的考核评价体系应包含教师、学生和课程本身，多角度多维度进行评价，根据评价结果，对课程思政过程进行反馈，从而进一步改进。

参考文献：

[1] 钟登华. 新工科建设的内涵与行动 [J]. 高等工程教育研究，2017 (3)：1-6.

[2] 张洋．面向新时代课程思政教学改革的模拟电子技术“三位一体”多元化教学模式［J］．高教学刊，2024，10（20）：149－152．
[3] 刘国梁，杨勇，刘晓玲，等．思维导图在机械设计基础课程教学中的应用［J］．中国冶金教育，2024（3）：1－3．
[4] 逄靓．基于OBE理念的《Java程序设计》课程思政教学研究与实践［J］．中国新通信，2022，24（23）：116－118．

新工科背景下高等工程热力学课程思政建设的探索与实践

崔旭阳，杨俊兰*，朱玉雯，李伟，李艺凡

（天津城建大学，天津 300384）

【摘　要】全面推进高校课程思政建设是落实立德树人根本任务的战略举措。新工科是适应新产业发展的必然趋势，将课程思政融入高等工程热力学课程对于课程建设及育人实践具有重要意义。课程思政能够赋予高等工程热力学更深层次的价值内涵，深入挖掘其中的思想政治教育资源，充分发挥其育人功能，是亟待解决的问题。本文分析了高等工程热力学课程特色及其开展思政教育的必要性，并结合新工科背景，对课程中思政教育的融入点及达成途径进行了探索。通过思政教育的融入，做到显性教育和隐性教育相统一，为相关课程的教育教学提供参考与借鉴。

【关键词】高等工程热力学；新工科；立德树人；课程思政体系

0　引言

全面推进高校课程思政建设是深入贯彻落实习近平总书记关于教育的重要论述和全国教育大会精神的重要举措。党的十八大以来，习近平总书记先后主持召开全国高校思想政治工作会议、全国教育大会、学校思想政治理论课教师座谈会等重要会议，作出一系列重要指示，强调要加强高校思想政治教育，这些重要讲话为推进高校课程思政建设工作指明了前进方向、提供了根本遵循。

为了适应新经济、新产业的发展，以打造新工科为契机的研究生培养模式正在发生深刻变革。在新工科蓬勃发展的时代浪潮中，能源动力类研究生培养肩负着重大使命。高等工程热力学是天津城建大学能源与安全工程学院所有专业硕士研究生的学位课程之一，主要涉及热力系统特性、热力学基本定律和能量方程的运用、非平衡态热力学理论等方面的内容[1-3]。新工科强调多学科交叉融合、创新实践能力的塑造以及对前沿科技的敏锐洞察。在这样的背景下，研究生培养不再局限于单一学科的深耕，而是追求跨领域知识的融会贯通[4,5]。

课程思政能够赋予高等工程热力学更深层次的价值内涵。它不仅仅是关于热力学原理和工程应用的知识传授，更是培养学生责任感和使命感的重要途径。将课程思政融入高等工程热力学课程具有至关重要的意义。基于此，课程组深刻把握学科专业特色，结合高等工程热力学的课程特点，将立德树人的育人理念融入课程教学过程当中，深入挖掘思想政治教育资源，分析了高等工程热力学课程特色及其开展思政教育的必要性，并结合新工科背景特色，对课程中思政教育的融入点及达成途径进行了探索，以期为相关课程的教育教学提供借鉴和参考。

1　高等工程热力学课程特色及开展课程思政必要性

新工科背景下，高等工程热力学课程成了连接不同学科的桥梁。它不仅传授深厚的热力学理论，更注重培养研究生运用这些知识解决复杂工程问题的能力。通过课程中的案例分析、实验研究和学术研讨，研究生们得以深入挖掘热力学原理在新兴领域（如新能源开发、高效能源转换系统设计）中的应用。高等工程热力学与基础工程热力学在内容深度和广度上有所不同，这种差异也反映在教书育人的方法和重点上。以下是高等工程热力学在课程特色及开展课程思政方面的必要性。

1.1　包含更深入的理论探讨

高等工程热力学通常涉及更为复杂的理论，如不可逆过程的详细分析、实际循环与理想循环的比较、多

---

* 杨俊兰（1971—　），女，教授，博士。研究方向：制冷与热泵技术，能源系统分析与优化，可再生能源应用技术。联系地址：天津市西青区张家窝镇津静路 26 号行知楼，邮编 300384。E-mail：yjlfg@163.com。

基金项目：天津市普通高等学校本科教学改革与质量建设研究计划项目（编号：B231079201），天津城建大学研究生教育教学改革与研究重点项目（编号：JG-ZD-2203）。

相系统的热力学性质等。这要求学生具备更强的理论基础和数学技能，教师在教学中需要更多地引导学生理解和应用这些高级概念。

高等工程热力学在工程热力学基础之上进一步深入和拓展，其会涉及更复杂的系统，如实际气体、多组分混合物、不可逆过程等。比如研究实际气体的状态方程修正和多组分混合物的热力性质计算。此外，工程热力学中的数学推导相对较为简单和直观，侧重于对基本原理的理解和应用。而高等工程热力学则需要运用更高级的数学工具，如偏微分方程、变分法等进行复杂的理论推导和分析。

1.2 注重理论与实际应用的结合

高等工程热力学课程往往更注重理论与实际应用的结合，例如通过案例研究分析实际工程问题，如能源系统的优化、环境影响评估等。这种教学方式可以培养学生解决实际问题的能力，同时也能够激发学生对所学知识背后实际意义的深入思考。

1.3 包含更广泛的跨学科知识整合

高等工程热力学可能需要结合流体力学、材料科学、环境科学等多个学科的知识，这要求学生具备跨学科的思维方式。教师可以通过跨学科的讨论，帮助学生建立更广泛的知识体系，培养其在复杂系统中综合应用知识的能力，这也是新工科培养的目标之一。

高等工程热力学与其他学科的融合在现代工程实践中非常常见，例如：

（1）以能源系统的优化为例，可以结合经济学和环境科学。在设计和优化发电厂和热电联产系统时，热力学原理用于提高能效，经济学原用于确保成本效益，而环境科学则用于评估和最小化对环境的影响。例如，通过使用热力学分析来优化蒸汽循环，结合经济模型评估不同配置的成本效益，同时考虑排放控制技术以符合环境法规。

（2）在制冷和空调系统设计中涉及流体力学。热力学用于分析和优化热交换过程，流体力学用于优化冷媒在系统中的流动，化学则用于开发和选择环境友好型冷媒。案例包括使用 CO_2 作为冷媒的制冷系统，这种系统需要在高压下运行，涉及热力学和流体力学的复杂交互，同时考虑化学稳定性和环境影响。

这些案例展示了高等工程热力学在多学科融合中的应用，通过与其他学科的结合，可以更全面地解决复杂的工程问题。

1.4 注重更高层次的批判性思维和创新能力培养

高等工程热力学课程鼓励学生对现有理论和技术进行批判性分析，探索可能的改进和创新。通过研究讨论等方式，教师可以激励学生发展独立思考和创新解决问题的能力。

高等工程热力学绝非仅仅是对基础热力学知识的深化，它更注重培养学生获得更高层次的批判性思维和创新能力。在这门课程中，批判性思维的培养使学生不再盲目接受既定的理论和方法，而是能够深入剖析其背后的假设和局限性。他们会思考传统热力学模型在复杂实际场景中的适用性，质疑看似完美的理论推导是否忽略了某些关键因素。而创新能力的培养则鼓励学生突破常规，开拓新的思路和方法。他们不再满足于对已有技术的简单应用，而是尝试从根本上改变思考问题的角度，以创新的方式解决工程热力学中的难题：或许是提出一种全新的热力循环概念，以大幅提高能源利用效率；又或许是设计一种基于独特热力学原理的新型材料，用于高效的能量存储和转换。高等工程热力学就像一把钥匙，开启了学生思维的无限可能，使其在批判性思考中洞察问题的本质，在创新探索中为工程热力学领域带来新的突破和发展。

2 高等工程热力学课程思政体系构建

课程思政贯穿于课程的整个教学过程，使学生能够掌握能源转化与利用规律，深刻理解提高我国能源利用效率的重要意义，以及我国能源事业面临的挑战和能源可持续发展战略，促使学生在能源建设及节能减排中树立起应有的社会责任担当和科学的世界观。结合课程章节的知识点内容，确定与其相结合的思政理念与内涵，挖掘相关的思政元素，选择适当的思政案例。制订案例课的教学目标，合理组织教学内容，采用创新多样性的教学方式，将专业知识与思政元素有机融合，达到如盐融水、润物无声的教学效果。

课程教学章节与思政教育融合模式构建见表1。

表 1　　　　　　　　　高等工程热力学教学章节与思政教育融合模式构建

教学章节	思政元素	思政融入点	教学方式	思政元素类型
绪论	例如：强调节能减排理念，以及责任担当意识等	通过介绍国家能源发展战略，引入“双碳”目标，彰显大国担当精神。了解国家可持续发展战略和面临的挑战。认识到学习该课程的重要性，对于节能减排意义重大	创新自主性、探索性、互动式的教学方法	①+③
热力学第一定律	科学方法，社会责任感，绿色环保意识	引入热力发电厂的热能有效利用率仅有40%左右，大部分以废热的形式排放，如何提高能量转换效率，应用所学知识解决工程技术问题，树立绿色环保理念		①+③+④
热力学第二定律	科学精神，崇高理想，奋斗精神	卡诺是热力学的奠基人之一，他在二十多岁时提出了提高热机效率的卡诺循环，给出了热机效率的最高极限和改进方向。通过讲解他的事迹激励学生学习的斗志，要树立为我国能源事业奋斗的信心		②+③
不可逆过程熵增原理	创新思维，以身作则，遵纪守法，社会责任感等	“熵”用来表征系统的混乱程度。根据孤立系统熵增原理，说明采取措施提高能源利用效率，保护环境，治理污染，都是“反熵增”的过程。进而引申出国家法规和社会纪律存在的重要性		①+③+⑤
实际气体	家国情怀，爱国精神	介绍浙江大学侯虞钧教授，他1955年在美国博士毕业后回到祖国，与美国科学家合作提出的马丁—侯方程，是世界公认的精确的实际气体状态方程之一。学习科学家的爱国精神		②+③
蒸汽动力循环	掌握科学方法，创新意识，发展理念，与时俱进的精神	引入新型动力循环IGCC、超临界CO_2动力循环、有机朗肯循环等技术的发展与应用情况，及其在我们国家电力生产方面的重要性，以及所带来的经济、社会、环保效益，对促进我国能源结构转型意义重大		③+④+⑤

高等工程热力学课程章节内容与思政教育的具体结合点有①～⑤几种类型。

2.1　类型①——强调责任感和可持续发展观念

高等工程热力学是典型的能源动力类研究生专业基础课程，该课程可有效教授学生如何通过热力学原理来设计更高效的能源系统，减少能源浪费，促进环境保护。同时，引导学生理解科技进步应与社会公平、环境友好相协调，激发其为解决能源与环境问题、促进社会和谐发展而努力的决心。

2.2　类型②——培养学术的爱国热情及家国情怀

在高等工程热力学课程中，可以通过以下多种方式培养学生的爱国热情及家国情怀：

（1）引入国家重大工程案例。在课程中讲解我国在能源、动力等领域的重大工程项目，如自主研发的先进核反应堆、特高压输电技术中的热力学应用等。通过分析这些案例，让学生了解我国在相关领域取得的巨大成就，激发其民族自豪感。例如，介绍我国自主研发的华龙一号核反应堆，其在热力学设计和安全保障方面的创新，体现了我国在核能领域的技术实力，使学生为国家的科技进步感到骄傲。

（2）讲述科学家的爱国故事。分享我国热力学领域科学家为国家发展默默奉献的事迹，展现他们在艰苦条件下坚持科研、为国家利益舍弃个人利益的精神，激励学生以他们为榜样。比如讲述老一辈科学家克服重重困难回国，为我国的热力学及相关领域奠定基础的故事，让学生感受他们的爱国情怀和对科学事业的执着追求。

（3）对比国内外技术发展。客观分析我国在高等工程热力学及相关产业与国际先进水平的差距和优势，激发学生的使命感和紧迫感，鼓励其为国家科技的赶超贡献力量。可以对比我国在某些热力设备制造方面与发达国家的技术差异，引导学生思考如何通过创新实现弯道超车，为提升国家产业竞争力而努力。

（4）强调能源安全与国家发展。阐述能源在国家经济和安全中的重要地位，以及高等工程热力学在保障能源高效利用、开发新能源方面的关键作用，使学生认识到自己所学与国家命运的紧密联系。例如，讲解我国能源结构调整过程中对热力学技术的需求，让学生明白其研究和创新对于保障国家能源安全的重要意义。

2.3 类型③——培养团队合作精神及诚实与诚信

通过团队协作教学模式，鼓励学生合作解决复杂的工程问题。在团队活动中强调每个成员的角色和贡献，培养学生的协作和沟通能力。在课程中利用科学家案例强调数据的准确性和实验结果的真实性，教育学生在学术和职业生涯中保持诚实。对作业和考试实行严格的学术诚信政策，教育学生遵守规则的重要性。

2.4 类型④——掌握科学方法，发展批判性思维和解决问题的能力

通过挑战性的问题和案例研究，激励学生分析和解决复杂的热力学问题。教授学生如何评估不同的工程方案，选择最有效、最可持续的方法。

2.5 类型⑤——培养终身学习的态度及创新思维

高等工程热力学课程通常会涉及该领域的最新研究和技术进展，教师可以通过这些内容激发学生的好奇心和探索欲。

同时，教师可以引导学生认识到知识更新的速度和学习的持续性，培养其终身学习的意识和能力。鼓励学生追求新知，持续更新技术和理论知识。强调热力学和相关领域的快速发展，激发学生对持续学习的热情，持续挖掘学生的创新思维及创造意识。

3 高等工程热力学课程思政达成途径

探索在教学过程中开展“课程思政”，进一步提升教学目标，挖掘教学内容中的思政教育资源，采用多样化的教学组织方式，做到“课程”与“思政”相融合，提炼出爱国情怀、社会责任和科学精神等德育要素，引导学生树立正确价值取向，实现教育教学中的“三全育人”，达到培根铸魂的目的。高等工程热力学课程思政有以下几个达成路径。

3.1 重新构建课程知识体系

重新构建课程知识体系，达到提升思维和价值塑造的教学目标。课程教学目标分为四个层次：知识传授、能力培养、思维提升、价值塑造。重新构建高等工程热力学知识体系，紧密结合“双碳”目标、国家能源发展战略、绿色低碳、前沿技术和科技强国等内容，挖掘教学内容中的思政元素，培养研究生学思并重，充分体现“知识”和“价值”相结合，在知识传播中强调价值引领，在价值传播中凝聚知识底蕴，达到显性和隐性教育相统一。培育和弘扬社会主义核心价值观，培养研究生成为德才兼备、全面发展的高层次创新人才。

3.2 充分挖掘教学内容中的思政元素

充分挖掘教学内容中的思政元素，建立课程思政案例和资源库。通过修订教学大纲，凸显课程思政理念，更新完善每个章节的教学内容，挖掘思政元素，构建与课程知识点融合的思政案例，建立课程思政资源库，建设一套能体现课程思政特点的新课件、新教案，将“知识传授”和“价值引领”同向同行，实现热力学专业知识和思政教育的有机融合。

将课程内容与国家能源战略、国家重大需求等相结合，使学生认识到学习该课程的重要性，引入“双碳”目标，培养学生具有节能减排理念，要有爱国情怀，责任担当的意识。引入学科发展历史、科学家的故事等，培养学生崇尚科学精神，树立个人理想，具有奋斗和创新精神。通过讲述科技前沿、大国重器等，引领学生认识科技强国的重要性，树立专业自豪感与社会责任感。

3.3 采用创新多样性的教学组织方式

采用创新多样性的教学组织方式，提升教学效果的整体性和生动性。为了达成课程目标的高阶性，采用线上与线下混合教学方式。创新自主性、探索性、互动式的教学方法，发挥好个人、小组、集体的能动性，促进研究生积极参与、思考、分析和研究，培养学生追求真理、精益求精和团队合作精神。

注重理论知识与实际应用相结合，增加生动的案例教学，激发学生的学习兴趣。注重结合创新创业教育，引导研究生积极参加学科科技竞赛，培养学生绿色低碳、节能减排的创新设计理念，为实现“绿水青山就是金山银山”的“中国梦”而努力奋斗。

4 结论

本文结合实际教学经验，分析了高等工程热力学课程特色及其开展思政教育的必要性，并结合新工科背景特色，对课程中思政教育的融入点进行了探索，挖掘归纳了强调责任感和可持续发展的观念，培养学生的爱国热情及家国情怀，培养团队合作精神及诚实与诚信，掌握科学方法，发展批判性思维和解决问题的能力，

培养终身学习的态度及创新思维等五种类型的高等工程热力学课程思政元素。主要在重新构建课程知识体系、充分挖掘教学内容中的思政元素以及采用创新多样性的教学组织方式上下功夫，通过使思政教育自然地融入专业课程教学中，做到显性教育和隐性教育相统一，对相关课程的教育教学及课程建设有一定的借鉴意义。

参考文献：

[1] 刘龙，刘翠浴，时伟，等. 工科学生人文素养与科学教育实现路径探索——以工程热力学课程教学为例 [J]. 高教学刊，2023，9 (34)：78-81.

[2] 刘强，王泽霖. 高等工程热力学层次递进教学法实践 [J]. 中国电力教育，2023 (11)：81-82.

[3] 李期斌，李逍霄，吴闯. 高等工程热力学近代进展的教学实践与探索 [J]. 教育教学论坛，2023 (29)：97-100.

[4] 蒋润花，曲万军，王文豪. 新工科建设背景下《工程热力学》课程建设改革与探索 [J]. 广东化工，2021，48 (21)：213-214.

[5] 姚寿广，冯国增，许津津，等. 工程热力学系列课程的教改理念与创新教学实践 [J]. 高等工程教育研究，2019 (S1)：179-181.

党建引领下制冷专业科普育人实践探索

胡开永*，陈勇，孙欢，吴冬夏，田绅

（天津商业大学制冷及低温工程系，天津 300134）

【摘　要】 党中央提出科普作为一项基础性工程，要坚持把科学普及放在与科技创新同等重要的位置。制冷专业的知识关系到国计民生，既和国家的发展战略相关，也和人民群众的日常生活相关。为响应党中央有关科普工作的要求，本文介绍了以制冷专业为知识为背景开展的专业知识科普实践探索，通过成立功能型党支部，建立学校和社区之间的关系，服务于社区中小学的科普工作，通过走出去和引进来的方式，借助学校设备和自制设备开展开展不同形式的科普活动：一方面，将专业知识向大众普及，提升大众的制冷专业知识科学素养；另一方面，延伸了人才培养的深度，培养了学生服务社会的责任感。

【关键词】 制冷专业；党建工作

0　引言

习近平总书记指出，科技创新、科学普及是实现创新发展的两翼，要把科学普及放在与科技创新同等重要的位置[1]。党的十八大以来，科普工作一直备受党中央领导层的关注，从顶层设计方面构建了科普工作的新格局。2014 年，中国科学技术协会启动“科普中国”栏目，开启了中国科普信息化建设的新航程。2022 年，中共中央办公厅、国务院办公厅印发《关于新时代进一步加强科学技术普及工作的意见》，指出“科普作为一项基础性工程，要坚持把科学普及放在与科技创新同等重要的位置”。

制冷专业和国计民生息息相关，利用高校优势做好科普教育，构建前沿科普、趣味科普，将科普工作和党建思政工作相融合[2]，开发有趣的、有代表性和操作性的科普作品，使听众在思中学，在体验制冷之精彩、制冷之功效的同时，了解现象背后的制冷原理，从而提高受众地区群众的整体科学素养，是新时期教育的需求。

1　科普实践活动

在党建引领下，制冷专业的科普育人实践探索涉及多个方面，包括党建引领与专业教学深度融合、科普活动创新开展、优化科普教学资源等。

1.1　党建引领与专业教学深度融合

成立功能型党支部，比如制冷与低温工程教师党支部和天商爱心支教团队、天商科普志愿团队联建，将党建工作与专业教学和志愿科普活动紧密结合，提高专业教学内容的深度。

构建“社区党委—中小学党委—制冷系党支部”的组织链条，把制冷与低温工程系教师党支部的工作延伸到基层社区和中小学，形成一定范围的专业知识科普圈。

1.2　科普活动创新开展

结合制冷专业特点，开发具有专业特色的科普内容，如结合本专业冷冻冷藏特色，将活鱼无水冷藏技术设计成科普活动，让听众亲身见识鱼在无水冷藏后的复活现象，科普冷冻冷藏技术助力生鲜食品贮藏优势以及食品安全和冷链物流之间的关系。图 1 为小学生观察鱼的无水冷藏复活现象。

响应国家号召，在科普活动周、世界环境日等特定日期，结合活动主题，依托本专业最新的研究成果，开展科普活动。在 2024 年 6 月 5 日世界环境日，制冷与低温工程系教师党支部在实验室迎来了 30 多名小学生，借助实验室研究内容讲解了制冷行业在推动“双碳”目标下取得的成果和作出的努力，帮助孩子们增强环保观念。活动结束后学生们纷纷表示，今后的学习生活中，要积极响应国家号召，养成良好生活习惯，争

* 胡开永（1987—　），男，副教授，博士。研究方向：制冷系统智能优化。联系地址：天津市北辰区天津商业大学 3 号实验楼 501 室，邮编 300134。E-mail：hky422@tjcu.edu.cn。

基金项目：天津商业大学党建工作“样板支部”、天津市科学技术普及活动项目（23KPHDRC00050）资助。

图 1　鱼的无水冷藏复活

当“环保小卫士”，自觉维护周围的生态环境。

开展不同形式的科普活动，比如通过互联网和多媒体技术，开展线上科普讲座、直播互动等活动，同时在线下活动中利用科普道具进行互动，提高科普效率。联合企业，利用企业丰富的志愿，一方面给企业员工开展专业知识和安全培训教育；另一方面邀请企业技术人员加入科普团队中，利用其丰富的实践经验给大众讲解制冷技术和制冷装备。走进社区，开展制冷技术咨询、制冷设备维护培训等公益活动，提高公众的制冷技术安全意识。

1.3　优化科普教学资源

根据党中央文件和社会需要求及时更新科普材料，确保科普内容基于最新的科学研究和发现，保持信息的准确性和时效性，并且定期对科普内容进行审查和更新，淘汰过时或不准确的信息。

开发多种形式的科普资源，如文本、视频、互动仪器和科学实验指南等，以适应不同的场景和人群需求。比如针对中小学生，开发小型制冷装备，从而将专业制冷知识形象化，让中小学生通过实际现象理解专业知识，提高其参与科普活动的兴趣。借助虚拟现实（VR）技术，将大众带入专业场景，体验制冷设备的不同使用场景和与制冷相关的食品保鲜技术，加深专业知识的科普效果。

2　科普助力育人模式优化

2.1　科普助力育人目标优化

将科普融入课程体系。学生学习的目的不仅是将来从事专业工作，应培养学生利用有用知识解决专业问题的能力，以及将专业知识用通俗语言进行科普的能力。专业学习最终的目的是服务社会，而服务社会的方式有很多种，其中科普就是一种可以直接服务于大众的有效方式。

通过组织科普实践活动，培养一批科普志愿者，通过科普讲解、科普道具制作和社区活动，提高能力的同时，可以增强其社会责任感。

2.2　科普助力师资队伍建设

教师作为最具权威的专业知识代表，不仅要服务于专业人才队伍的培养，也应该服务于大众知识体系的构建，因此，定期组织教师参加科普活动和研讨会，将专业知识落地，从而提升教师队伍的实践能力。

鼓励教师采用创新方法，将科普知识融入日常教学中，并且鼓励教师在教学活动中设计实践环节，让学生参与到科普活动中，从而实现被动学习到主动学习的转变。

2.3　持续评估与改进

根据科普群众的反馈信息，定期对科普师资队伍进行评估，包括教师科学素养提升、教学方法创新以及学生学习效果等。根据评估结果，及时调整科普策略，确保持续改进和优化。

3　结语

中共中央办公厅、国务院办公厅印发《关于新时代进一步加强科学技术普及工作的意见》，指出“科普作为一项基础性工程，要坚持把科学普及放在与科技创新同等重要的位置”，为响应党中央号召，主要从以下几个方面开展了制冷知识科普实践活动：

（1）通过党建活动，构建“社区党委—中小学党委—制冷系党支部”的组织链条，组织专业志愿者到社区开展科普活动，通过专业知识提升群众的科学素养。

（2）通过科普实践活动，优化教师的师资队伍建设，深化专业教育的内涵，同时，根据科普反馈信息，及时调整科普策略，最终实现科普和科研互助的目的。

参考文献：

[1]　宁方刚. 构建新时代科普工作新格局的实践探索——“科普中国”建设路径与运营成效［J］. 科技传播，2024，16（7）：66-69.

[2]　张露予，任天宇，王嘉. 植入科普思政元素的电路实验教学改革探索［J］. 科教导刊，2024（12）：50-52.

热工测量与实验技术教学中的课程思政探索与实践

宋蔷*

（清华大学能源与动力工程系，北京 100084）

【摘　要】 课程思政对于落实立德树人根本任务、提升课程教学质量、培养德才兼备的高素质人才极为关键。热工测量与实验技术是能源与动力类本科和研究生人才培养中的重要专业课程。本文结合清华大学开设的研究生专业课现代热工测量与实验技术的教学实践，分析了如何结合课程目标和教学内容深入挖掘专业知识体系中的思政元素和精神内涵，积极践行价值塑造、能力培养、知识传授"三位一体"教育理念。通过厘清课程教学目标、创新教学方法、结合课程特点和内容，将思想政治教育融入课程教学全过程，对学生进行科学精神的培养和正确价值取向的引导。

【关键词】 热工测量；课程思政；专业课；教学实践

0　引言

实验研究是认识客观世界、开展科学研究的主要方法之一。在能源与动力工程、制冷与低温等领域的人才培养中，以掌握热流科学测量基本原理和方法为目标的热工测量课程无论是在本科生还是研究生培养中均有重要作用。清华大学能源与动力工程系在相关学科专业本科与研究生培养方案中，均设置了热工测量课程。

2016 年，习近平总书记在全国高校思想政治工作会议上强调，高校思想政治工作关系高校培养什么样的人、如何培养人以及为谁培养人这个根本问题。要坚持把立德树人作为中心环节，把思想政治工作贯穿教育教学全过程，实现全程育人、全方位育人，努力开创我国高等教育事业发展新局面。各门课都要守好一段渠、种好责任田，使各类课程与思想政治理论课同向同行，形成协同效应[1]。2020 年，教育部印发了《高等学校课程思政建设指导纲要》，明确提出全面推进高校课程思政建设，发挥好每门课程的育人作用，对于专业课程也专门提出要求要深度挖掘提炼专业知识体系中所蕴含的思想价值和精神内涵，科学合理拓展专业课程的广度、深度和温度。还指出落实立德树人根本任务，必须将价值塑造、知识传授和能力培养三者融为一体、不可割裂。这与清华大学自 2013 年起就积极探索的价值塑造、能力培养、知识传授"三位一体"的教育理念高度契合、完全一致，而这一理念其后也写入了《清华大学章程》。这既意味着每一位清华学生在读期间都会获得价值、能力和知识的融合提升，也意味着每一位清华教师、每一门清华的课程也都需要自觉践行"三位一体"的教育理念，在课堂教学中做好课程思政。广大教师对此积极响应，并开展了有益实践，很多院系和教师在此方面已有成功经验[2,3]。

热工测量与实验技术是非常"硬核"的专业课程，如何在专业课程中深入挖掘课程内容和教学方式中蕴含的思想政治教育资源，在做好知识传授和能力培养的同时，也能更有效地做好正确价值观的引导，让学生拓宽视野、增长见识、深入思考、塑造品格，是课程教学中面临的新挑战。本文结合清华大学研究生专业课现代热工测量与实验技术的教学实践，重点介绍了近年来在教学改革和课程思政方面的探索。

1　课程定位与目标

现代热工测量与实验技术课程主要介绍现代热工测量与实验技术的基本原理、典型方法和前沿动态，配合以常用测量技术和典型仪器的实验训练。通过本课程的学习，培养研究生掌握现代热工测量与实验技术的基本原理和方法，熟悉速度测量、组分分析等主要测量技术，提高实验设计与动手能力及分析解决问题的能

* 宋蔷（1971—　），女，长聘副教授，博士生导师，博士。研究方向：燃烧污染控制，非常规油气开采，多相反应流。联系地址：北京市海淀区清华大学能源与动力工程系，邮编 100084。E-mail：qsong@tsinghua.edu.cn。

力，了解能源动力领域先进的测量技术与应用，为研究生解决专业学习与课题研究中的实验测量问题奠定基础。

选课研究生主要来自能源与动力工程系和航天航空学院，学科属于能源与动力领域，2/3 以上的研究生学位论文工作中涉及实验研究。在进入研究生培养阶段之前，学生们已经接触过许多不同类型的教学实验，教学实验一般由教师设计，通过实验观测以更深入地理解已知的理论与应用。不同于教学实验，研究生阶段的实验研究要求研究者有能力根据一定的研究目标，自主设计实验系统与方法，通过开展实验测量获得新的科学认识。对于刚进入研究生阶段的学生，在自主设计和开展实验研究方面缺乏经验以及系统的方法论指导。尤其是能源与动力领域的研究生，其实验研究中常涉及流动、传热、传质以及化学反应等多种物理、化学机制的复杂耦合，给实验研究方案的科学设计带来了挑战，复杂系统的多参数测量也对测量技术的多样性与高精度提出了要求。仅依赖研究生个体在实验研究中逐步积累经验并形成自己的方法论，周期长，效率低。因此，针对能源动力领域研究生的专业需求，开设了本专业课，课程内容以实验系统与方法设计、数据分析、典型测量技术为主，课程形式包括理论知识讲授、案例分析与研讨、实验探索等。考虑到能源动力领域研究生的需要以及先修课程（尤其是本科相关课程）已学习的内容，本着避免重复、拓展深化、结合应用的思路，本课程安排的主要教学内容包括：实验系统设计与不确定度分析；测速技术（热线/热膜测速、激光多普勒测速、粒子图像测速等）；相分布测量技术（接触式测量技术、层析成像技术等）；物质表征（光谱分析、色谱分析等）；反应表征（热重分析、差示扫描量热、原位光谱分析等）。

课程的教学目标包括两个方面：

（1）专业知识和能力的培养。培养研究生掌握现代热工测量与实验技术的基本原理和方法，熟悉速度测量、组分分析等主要测量技术，提高实验设计与动手能力及分析解决问题的能力，了解能源动力领域先进的测量技术与应用，为研究生解决专业学习与课题研究中的实验测量问题奠定基础。

（2）科学精神的培养。实验研究依赖于人的主观能动性，既需要严谨、勤奋、求实、创新之学风，也需要有直面挑战、砥砺前行、勇攀高峰之精神。通过案例分析，启发学生具象化认识实验研究中科学精神的重要性。激发学生在我国能源转型这一重大历史时期的使命感，发扬科学精神，为能源与动力领域理论和技术创新贡献力量。

2　教学方法与成效

2.1　教学方法

课程采用理论知识讲授、案例分析、实验探索和课程探讨等教学方法与手段。

2.1.1　理论知识讲授

系统讲授实验研究的通用原则，以能源与动力领域典型的流动、传热、传质与反应实验研究为例，引出实验系统设计的相似性准则与简化影响因素、突出关键机制的原则；系统讲授实验数据的测量不确定度分析方法；简要讲授典型测速技术、热分析技术、光谱分析与色谱分析技术的基本原理与使用方法，强调各类技术的发展现状与在专门研究中的二次开发。

2.1.2　案例分析

以能源与动力专业研究生的具体实验研究为案例，启发学生从实验系统设计的科学性、系统内实际发生的物理化学过程、实验重复性与数据精度等角度运用专业理论知识进行分析，判断实验设计中的问题并提出解决方案。

2.1.3　实验探索

设置了 4 次教学实验，分别是相位多普勒测速实验、热重分析—红外光谱联用实验、电感耦合等离子体原子发射光谱测量实验、离子色谱测量实验，对应课堂教授的 4 种主要的测速、热分析与物质表征技术。教学实验设定了详细的操作流程，帮助学生掌握仪器结构、功能和操作方法，在此基础上设计了思考题，启发学生结合流动、传热、传质与反应的专业知识分析实验现象，进一步辩证认识测量技术的先进性与发展需求。

2.1.4　课程研讨

由学生自主调研和完成能动专业领域内的某一具体实验研究或测量技术的研究报告，并进行课堂展示与讨论，考核方式为答辩评审，评审组由主讲教师、特邀点评教师以及助教组成。通过该环节进一步丰富学生对能源动力领域各类前沿实验研究与先进测量技术的了解，学习用科学的方法评价实验研究与测量技术，同时也有效锻炼提升学生的表达能力。

值得一提的是，在其他课程的调研中，同学们曾反馈课程研讨和报告环节话题较为分散、知识不系统、报告内容既有正确的认识也会混杂报告人的错误理解、作为听众的参与度低和收获小等问题，对此，本课程采取了一系列针对性的举措以提升教学效果，包括设置了互动提问环节，鼓励作为听众的同学提出高质量的问题；既有研讨中的“放”，也有主讲教师和特邀点评教师总结评价中的“收”；既鼓励自主选题中的多样性和发散思维，也要在讨论、评价等环节聚焦于关键问题、实验手段和方法的选择、实验设计的思路、数据分析的方法等课程的核心主题。

课程考核根据研究报告和实验完成情况给定成绩，其中研究报告成绩占比 80%，实验成绩占比 20%。

2.2 育人成效

课程有效启发了研究生在测量技术上的辩证思考与创新发展，课程讲授的实验设计原则、数据表达方法以及相关测量技术已被研究生广泛应用于课题的实验研究中，课程结束后部分学生仍会持续请教具体的实验问题，并反馈课程学习为其课题研究提供了有效帮助。部分同学紧密结合课程教学中学习的方法和技术，拓展思路、创新思维，在进一步延伸研究中取得了创新性的研究成果，并发表了高水平的学术论文。近几年具有典型性的案例包括：研究生 A 学习热分析技术后，巧妙利用热重分析仪对热环境中样品质量的精确计量，将其拓展应用于重金属 Se 的饱和蒸气压测量，相关成果发表于 SCI 期刊 Thermochimica Acta；研究生 B 对热分析过程中的流动与传质进行分析，提出了热重法测量极低饱和蒸气压的方法，相关成果发表于《清华大学学报》；研究生 C 根据课程讲授的实验设计与数据分析方法，对 I_2 在 HI 溶液中的溶解度进行了高精度测量，相关成果发表于 SCI 期刊 International Journal of Hydrogen Energy，进而对 HI_x 溶液的密度进行了高精度测量与建模，相关成果发表于《工程热物理学报》。

3 课程思政实施思路与举措

要做好专业课程的课程思政，要求我们要在课程教学中把马克思主义立场观点方法教育与科学精神培养结合起来，提高学生发现问题、分析问题和解决问题的能力。既要做好课程知识的传授，也要注重科学思维尤其是深度思维方法的训练，以及科学道德和学术伦理的教育，培养学生严谨的学风、追求真理、勇攀高峰的使命担当。结合能源和动力学科的特点，以及“双碳”目标的历史责任，激发学生科技报国的家国情怀和使命担当。在课堂教学中，积极践行价值塑造、能力培养、知识传授“三位一体”教育理念，扎实做好专业知识的传授，强化批判性思维与创新能力的培养，突出科学精神、爱国情怀与社会责任的价值引领，努力培养肩负使命、追求卓越的创新人才。

本课程教学过程中课程思政的部分实施案例如下：

（1）在讲授实验系统设计时，首先介绍了实验系统设计的通用原则及能源动力领域实验设计的专门原则；再以能源动力领域的具体实验研究方案为例，启发学生运用专业知识进行分析，指出实验设计存在的问题并提出解决方法，培养学生批判性思维；继而介绍了该实验研究一波多折的发展历程，阐述其中涉及的实验研究的科学性与规范性，强调实验研究中的求真、求实与创新意识，培养学生的科学精神。

（2）在讲授实验数据的精度分析时，首先介绍了不确定度分析方法；再以能源动力专业的具体实验研究为例，给出了实验数据不确定度分析的具体示例，培养学生对实验数据的分析与表达能力；继而以学术发表中筛选数据、编造数据等失范现象为例，说明学术失范的恶劣影响，强调学术诚信的重要性。研究生培养中的规范学术训练、学术道德是底线和基础，需要常抓不懈、防微杜渐，在专业课教学中也要有意识地融入科学精神和学术道德教育内容。

（3）在讲授流速测量技术时，首先介绍了接触式以及光学测速技术的基本原理与使用方法；再以皮托管使用错误造成飞机失事为例，强调严谨规范在科研中的重要性。继而以国外对我国的光学镜头限购为例，激励学生在科技上的自主研发与创新意识，激发学生的使命感和责任感。

（4）在讲授热分析技术时，首先介绍了热重分析与量热分析的技术原理与使用方法；再以生物质等燃料转化过程的热分析为例，锻炼学生运用热分析技术解决实际问题的能力；继而以热分析过程的传质分析为例，强调在科学研究中要辩证思考、敢于质疑，以热重法拓展测量物质饱和蒸气压为例，鼓励学生创新性思维。

（5）在讲授光谱分析技术时，首先介绍了原子光谱、分子光谱的测量原理与典型技术；再以原子发射光谱仪的发展历程为例，指出我国在现代科学发展中的滞后性，激发学生的科技报国意识。

（6）在讲授色谱分析技术时，首先介绍了色谱分析的基本原理以及气相色谱与离子色谱测量方法；继而以色谱技术的产生历史为例，强调在科学研究中对新现象、新规律求真的重要性。

4 结语

热工测量与实验技术是能源与动力工程类本科和研究生培养中重要的专业课程，本文结合清华大学研究生专业课现代热工测量与实验技术的教学实践，分析了如何从专业知识体系中深入发掘精神内涵和思政要素，结合研究生培养特点有的放矢地开展课程思政。实践表明，将思政元素润物无声地融入各个教学内容和教学环节，可以实现良好的效果，实现与思政课程的同向同行、协力共振，共同促进立德树人根本任务的实现。

参考文献：

[1] 习近平. 把思想政治工作贯穿教育教学全过程 开创我国高等教育事业发展新局面 [N]. 人民日报，2016-12-19.

[2] 于歆杰. 理工科核心课中的课程思政——为什么做与怎么做 [J]. 中国大学教学，2019（9）：56-60.

[3] 于歆杰，朱桂萍. 从课程到专业，从教师到课组——由点及面的课程思政体系建设模式 [J]. 思想理论教育导刊，2021（3）：92-98.

国防类院校能源动力与机械工程学科交叉专业本科生传热类课程教学探索分析

宋孟杰*[1]，罗晓艳[2]，张旋[1]，张龙[1]

（1. 北京理工大学机械与车辆学院，北京 100081；
2. 北京理工大学宇航学院，北京 100081）

【摘　要】为面向中国制造2025和制造业转型升级的发展需求，2019年教育部批准在北京理工大学成立了第一批新工科专业，其中包含智能制造工程专业。该专业旨在依托机械工程学科的既有基础优势，加强能动、信息、控制等相关学科的交叉与融合，培养服务智能制造、汽车运载、能源动力、机床工具等国家战略行业的国防类创新型领军技术人才。鉴于智能制造过程普遍涉及强化传热问题，学校在本科生课程培养方案中已有传热学必修课的基础上，进一步设置了智能制造之强化传热选修课程。在课程讲授环节，开展了“微课＋翻转课堂”“课程思政建设”“应用案例探讨”“小组课业辅导”“专家/朋辈学术报告”“课前课后问卷调查”等教学改革探索。为分析该课程的教学成效，本文对授课调查问卷结果进行了定量分析。数据显示，从专业认同、理论学习、实践交流、爱国情怀、深造就业等多个角度，授课获得了学生的一致好评。本文围绕学科交叉专业本科生课程开展的教学改革探索，可为国防类院校新工科专业选修类基础课程的优化设置及讲授改善等提供参考与借鉴。

【关键词】国防类院校；智能制造；强化传热；机械工程；学科交叉；教学探索；新工科专业

0　引言

开展新工科建设是深入学习贯彻习近平新时代中国特色社会主义思想和党的十九大精神，写好高等教育“奋进之笔”，打好提升质量、推进公平、创新人才培养机制攻坚战的重要举措[1,2]。“新工科”建设是主动应对新一轮科技革命与产业变革的战略行动，以新技术、新产业、新业态和新模式为特征的新经济呼唤“新工科”，国家一系列重大战略深入实施呼唤“新工科”，产业转型升级和新旧动能转换呼唤“新工科”，提升国家硬实力和国际竞争力呼唤“新工科”[3,4]。教育部多次发文表态：要把握好“新工科”建设的内涵，统筹考虑“新的工科专业、工科的新要求”，加快培养新兴领域工程科技人才，改造升级传统工科专业，主动布局未来战略必争领域人才培养。要探索建立“新工科”建设的新理念、新标准、新模式、新方法、新技术、新文化，实现从学科导向转向产业需求导向、从专业分割转向跨界交叉融合、从适应服务转向支撑引领。

为积极开展“新工科”研究与实践，发挥工科优势高校的工程科技创新和产业创新主体作用、催生新技术和孕育新产业、对区域经济发展和产业转型升级发挥支撑作用，教育部在清华大学、哈尔滨工业大学、浙江大学等高校批准成立了诸多新工科专业。作为2019年教育部批准在北京理工大学成立的第一批新工科专业，智能制造工程专业旨在依托机械工程学科的既有基础优势，加强车辆、能动、信息、控制、人工智能等相关学科的交叉与融合，培养服务智能制造、汽车运载、能源动力、机床工具、空天装备等国家战略行业的国防类创新型领军技术人才[5,6]。鉴于智能制造过程普遍涉及强化传热问题，学校在本科生课程培养方案中已有传热学必修课的基础上，进一步设置了智能制造之强化传热选修课程，旨在掌握强化传热相关的理论与技术以帮助学生在开展智能制造基础科学研究、关键技术开发、工程技术应用等工作时更好地发现问题和分析问题。

---

* 宋孟杰，教授/博导、结霜实验室主任，博士。联系地址：北京市海淀区中关村南大街5号北京理工大学一号楼。E-mail：mengjie. song@bit. edu. cn。

项目：北京理工大学2022年机械与车辆学院教育教学改革一般项目。

智能制造之强化传热课程属于典型的能源动力与机械工程学科交叉类课程，因此在课程教学环节对智能制造技术与强化传热技术的融合更为侧重。一方面不能机械地重复该专业本科生课程培养方案中已有的传热学课程内容；另一方面还要做到提高学生对智能制造专业的理解与认同、强化传热基础理论的掌握与认识，培养学生的新工科交叉融合思维，提升学生的综合素质和分析能力。为提升教学成效，在讲授环节开展了“微课＋翻转课堂”[7,8]、“课程思政建设”[9,10]、“应用案例探讨”[11,12]“小组课业辅导”“专家/朋辈学术报告”“课前课后问卷调查”等诸多教学改革探索与尝试[13,14]。为分析该课程的教学成效，授课前后开展了问卷调查工作。本文希望通过问卷分析结果了解授课成效，在进一步提升该课程教学水平的同时，将此学科交叉本科生课程教学改革探索的结果作为国防类院校新工科专业选修类基础课程优化设置及讲授改善的参考与借鉴。

1 既有课程情况与课程建设举措

1.1 既有课程情况简介

智能制造工程专业2019年经教育部批准设立，是北京理工大学开设的第一批新工科专业。专业适应中国制造2025和制造业转型升级的发展要求，面向智能制造、高端设备制造、工业机器人等新技术集中交叉地带的发展趋势和重点领域，依托专业教师在先进结构智能设计、工艺过程智能控制、激光智能微纳制造、智能增材制造、精密智能制造、智能生产系统等领域的研究基础和平台条件，加强机械、信息、控制、计算机等学科的深度交叉和融合。旨在培养知识体系扎实宽广深厚、精益求精工匠精神优异、家国情怀国际视野兼有、卓越人才发展要素具备的创新型领军技术人才，使学生具备在制造、汽车运载、工程机械、能源动力、机床工具等国家重点行业与航天、航空、船舶、科技工业关键岗位从事智能制造基础科学研究、关键技术开发、工程技术应用、生产过程管理、工程项目管理的能力，同时具备较强的自主创业意识和能力。

智能制造领域的众多过程都涉及热物理、流体力学等多学科知识，尤其是强化传热问题，例如先进结构智能设计中的传热设计与优化、激光智能微纳制造中的材料烧蚀、智能增材制造中的材料相变等，掌握强化传热相关的理论与技术能够帮助学生在开展智能制造基础科学研究、关键技术开发、工程技术应用等工作时更好地发现问题和分析问题，在重视智能制造的同时，强调传热技术的综合考量。因此，在目前智能制造工程专业本科生课程培养方案（表1）中已有的工程热力学、流体力学和传热学三门必修课程基础上[15,16]，进一步建设智能制造之强化传热选修课程，有助于提高学生对强化传热基础理论的认识，培养学生的新工科思维，提升学生的综合素质和能力。

表1　北京理工大学智能制造工程专业本科生必修课程目录

必修课程			
微积分	理论力学	自动控制原理	复变函数与积分变换
材料力学	智能控制与决策	大学化学	智能制造专业导论
大学物理	传感与测试技术	人工智能基础	智能制造装备与工业机器人
物理实验	工业物联网基础	数字化设计与制造	电工和电子技术实验
传热学	线性代数	工程材料基础	数理方程与特殊函数
智能制造工厂	计算方法	智能制造服务	计算机科学与智能程序设计
工程热力学	电工和电子技术	概率与数理统计	智能制造工程前沿系列讲座
流体力学	大数据技术基础		

1.2 课程建设情况

北京理工大学智能制造之强化传热课程是从2022年开设的一门面向智能制造专业的本科生选修课，共计32个学时、2个学分。为提高教学质量，针对课程建设的背景，在讲授环节做到了如下几方面的课程建设工作：①结合初步的课程目标和规划，制订课程调研方案，采用问卷星等工具或者个人采访的方式在学生、知名教师/学者、企业、科研机构等中开展了调研，并对调研数据完成统计和分析；②实地考察华中科技大学、西安交通大学、天津大学、湖南大学、上海交通大学、北京航空航天大学、哈尔滨工业大学等兄弟院校智能制造相关专业中强化传热类似课程的设置和授课情况，对课件进行了针对性的提升；③对比工程热力学、流体力学和传热学三门与强化传热相关的传统课程内容，系统梳理智能制造过程可能涉及的强化传热场景和案例，尤其是与传统传热课程体系和内容的区别；④结合前期各种渠道获得的调研和分析结果，根据应用领域或主题完成知识分类，确定并建立了完备的课程知识体系，课程基本教学体系如图 1 所示，课程讲授环节播放视频列表如图 2 所示；⑤鉴于北京理工大学的国防类院校背景，在思政教育方面大量采用相关人物与学术案例，部分见表 2；⑥课程责任教授为国家级高层次青年人才宋孟杰教授，课程组还包括北京市青年托举人才张旋副教授，二人分别负责单相和多相强化传热部分的课程讲授。此外，还设置了四个朋辈/专家学术报告，分别由研究生二年级学生江正勇、中国科学院理化技术研究所王晓涛副研究员、北京科技大学褚福强副教授和日本东洋大学詹天卓副教授提供，具体资料见表 3。

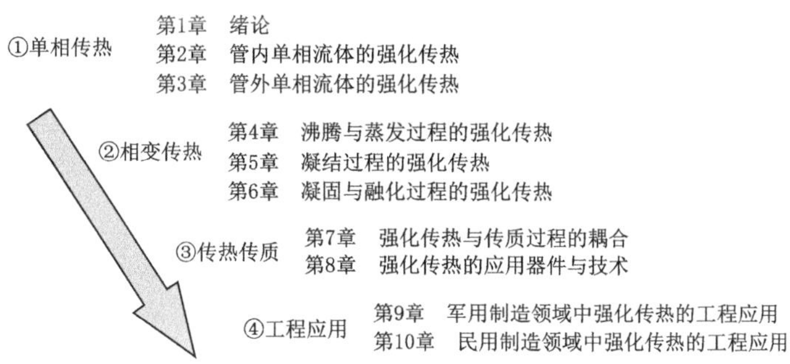

图 1 智能制造之强化传热课程的基本教学体系

图 2 智能制造之强化传热课程讲授环节播放视频列表

表 2　部分源自北京理工大学的课程思政案例

序号	学院	教授/院士	智能制造之强化传热相关事件
1	机械与车辆	刘福水	保家卫国：15 式轻型坦克发动机散热与低温冷启动技术
2	机械与车辆	孙逢春	服务冬奥：低温环境电动车电池保温技术及冷启动技术
3	机械与车辆	孙柏刚	引领车企：全国首台氢能发动机及其燃烧温控技术
4	先进结构技术研究院	方岱宁	重大仪器：先进材料与结构力电磁热多场多尺度计算力学方法与设计制备方法
5	宇航	郝继光	空天动力：火箭发射时“水包火”式底座降温技术
6	宇航	张成	远程攻防：火箭用自旋运动体导航与控制系统技术
7	材料	陈棋	Science 文章：基于相分离热动力学等开展了高效稳定性的钙钛矿太阳能电池工作
8	化学与化工	王博	Science 文章：提出并构筑了适用于氢能燃料电池催化层的多孔共价有机框架离聚物
9	化学与化工	赵之平	Nature 文章：通过表面晶体诱导生长法精确构筑 MOF 纳米片膜研究
10	物理	周家东、姚裕贵	Nature 文章：构筑全新异维结构物质，观察到室温面内反常霍尔效应，突破物质结构认知

表 3　智能制造之强化传热课程组授课及报告成员基本资料

序号	姓名与职称	所 属 院 系	课 程 职 责
1	宋孟杰，教授，国家高层次青年人才	北京理工大学，机械与车辆学院、能源与动力工程系	课程责任教授，单相强化传热部分课程教授
2	张旋，副教授，北京市青年托举人才	北京理工大学，机械与车辆学院、能源与动力工程系	多相强化传热部分课程讲授
3	江正勇，硕士研究生	北京理工大学，机械与车辆学院、能源与动力工程系	先进冷却技术研究朋辈学术报告 1
4	王晓涛，副研究员	中国科学院理化技术研究所，低温与制冷研究中心	低温制造领域学术报告 2
5	褚福强，副教授	北京科技大学，能源与环境工程学院、热科学与能源工程系	高温制造领域学术报告 3
6	詹天卓，副教授	日本东洋大学，生物纳米电子研究中心	热电材料及器件加工学术报告 4

新冠疫情期间构建了乐学平台与雨课堂等线上课程体系，满足全体学生“停课不停学”的基本要求。线下课程开设后，也实现了翻转课堂的新模式，学生们在乐学平台及雨课堂上可随时学习，也可以多次学习。特别是课上提及的数理建模与软件操作部分，通过提供更加充分的讲授互动时间，使得每位同学都掌握了ImageJ、Matlab 等基本编程绘图类工具。课程大作业清单见表 4。此外，针对学生相对分散难以有效组织教学的难点，课程组采用雨课堂、问卷星、微信群、钉钉群等多种互联网通信工具，及时掌握学生学习进程、及时在线答疑解惑，保障了教学过程的顺利进行，也保留了长期沟通互动的有效渠道。

表 4　智能制造之强化传热课程大作业清单

序号	领　　域	内　　容
1	金属冶炼中的强化传热研究，如工艺优化、金属淬炼等	第一部分：加工制造
2	机械加工过程中的强化传热研究，如切削、打磨等	第一部分：加工制造
3	激光加工（如线切割、焊接等）过程中的强化传热研究，如激光发射器散热、材料融化等	第一部分：加工制造
4	增材制造过程的强化传热研究，如激光粉末床（L－PBF）床体散热、熔融沉积技术喷头保温、光固化过程等	第一部分：加工制造
5	零部件制造过程的温度特性对其特征（如内部气孔、缺陷等）及力学性能（如屈服、断裂强度等）的影响研究	第一部分：加工制造

续表

序号	领　　域	内　　容
6	特种车辆部件中的强化传热研究，如增压器、发动机等散热、机油冷却器等	第二部分：交通运输
7	飞机、船舶部件中的强化传热研究，如发动机或燃气轮机的叶片散热、蒙皮及表层的防除冰等；火箭、航空器等发射与返回过程的强化传热研究，如火箭发动机散热、发射场温控、高超热防护等；宇宙空间站、航空服、卫星等太空设备中的强化传热技术，如环路热管等	第二部分：交通运输
8	高铁、地铁、磁悬浮等有轨交通设备内关键部件的强化传热研究，如高功率密度电力电子器件的散热	第二部分：交通运输
9	芯片冷却方面的强化传热研究，如风冷、水冷、流动沸腾等	第三部分：电子通信
10	数据中心冷却研究，如相变储冷器、微通道换热器等	第三部分：电子通信
11	通信设备的散热研究，如 5G 基站、手机等	第三部分：电子通信
12	核能、火力等发电站中部件的强化传热技术，如大型电站锅炉再热器、核物质温控的应用、燃气轮机的散热	第四部分：能源电力
13	风力、太阳能等新能源发电领域的强化传热技术，如电机散热、太阳能电池板温控等	第四部分：能源电力
14	输配电设备的强化传热研究，如变压器的散热、保险丝的融化等	第四部分：能源电力
15	建筑环境方面的强化传热研究，如房屋保温、供暖供冷等；制冷设备中的强化传热研究，如冰箱蒸发器、冷凝器等	第五部分：其他领域
16	食品生产、储藏等方面的强化传热研究，如粮食存储、食品保鲜、发酵过程等	第五部分：其他领域
17	医学领域中的强化传热研究，如激光祛痘、冷冻治疗、细胞冷冻等	第五部分：其他领域

综上所述，相较于其他诸多通识基础类课程，北京理工大学智能制造之强化传热课程具有如下四个显著特征：①新工科专业背景，智能制造是面向中国制造 2025 和制造业转型升级发展要求的新设专业，课程背景要与专业培养人才的目标一致；②课程教材需要课程组编写，既有的机械类或传热类教材都不适合本课程，且讲授环节需加入更多的时效性教案；③课程思政素材多，作为中国共产党建立的第一所理工科院校，在新中国建设的科研教育领域有诸多北京理工大学优秀师生校友的身影，因此关于课程方面的思政素材量多且类型丰富；④课程互动效果好，一方面师生的课堂互动很充分，另一方面在课下评教环节该课程获选课学生好评，评教分数高达 96.69 分。

2　课程教学成效分析与评价

智能制造之强化传热课程第一个学期的讲授中，选课学生为大四上学期，总人数为 17 人。学生得分与课程结束后的学生评教分数可作为课程讲授成效的两项基本参考数据。此外，为进一步分析智能制造之强化传热的课程讲授成效，课程组在授课前后开展一系列的问卷调查工作，对课程相关的一系列问题进行了调研和定量分析工作，部分问题见表 5。本文将重点围绕该调查问卷的结果开展课程教学成效分析与评价工作。

表 5　　授课前后开展调查问卷的部分问题（10 例）

序号	类型	题型	问　　题
1	定性	多选	你为什么选择智能制造之强化传热这门课程？
2	定性	单选	你是否有热力学、传热学、流体力学等相关课程的学习基础？
3	定量	单选	你认为智能制造与强化传热的相关度有多少？
4	定性	单选	如果你有读研究生的机会，是否考虑开展强化传热相关的研究？
5	定性	单选	如果你未来有工作的机会，是否考虑从事强化传热相关的工作？
6	定性	单选	课程中，是否有必要介绍一些北京理工大学在强化传热方面的特色研究？
7	定性	单选	课程中，是否有必要设置一些实验或者现场提供一些实验器材？
8	定性	单选	课程中，是否有必要设置一些数理建模环节？
9	定量	单选	你认为强化传热课程会让你对智能制造方向的感兴趣程度增加几成？
10	定性	多选	你认为本课程需要专门教材的原因是什么？

2.1 课程结束后学生得分与学生评教分数分析

2022 年秋季学期学生 5 分段得分情况见表 6，全班学生的平均得分为 98.18 分，其中最高分为 95 分，最低分为 85 分。90 分以上的有 7 人、81～90 分的有 10 人。成绩由平时考勤、小组汇报和结题报告三部分构成。该课程的学生得分在机械与车辆学院同类课程中排名前 10%，从得分情况看，授课效果良好。授课结束后，两位授课老师的评教得分均为 96.69 分，同样在机械与车辆学院同类课程中排名前 10%，这也反映了授课效果良好。

表 6　　智能制造之强化传热课程 2022 年秋季学期学生 5 分段得分情况

序号	分数段	人数	该分数段人数占总人数的百分比
1	96～100	0	0
2	91～95	7	41.2%
3	86～90	9	52.9%
4	81～85	1	5.9%
5	80 分以下	0	0

2.2 授课环节学术报告的分数评价

为进一步分析授课质量，对课程专题学术报告得分情况进行了分析，见表 7。其中报告 1、报告 2 为线下形式，报告 3、报告 4 为线上形式，从分数上看并没有出现线下报告得分更高的优势。尽管报告 1 为硕士生的朋辈报告，但平均得分依然在 9 分以上，说明同学们对该报告的认可。整体上平均分在 9.22 分，说明大家对报告的认可程度非常高。但在课程结题后的问卷调查中，88.24%的同学认为线下报告更好。因此，后期课程引入学术报告，仍应以线下报告为主。

表 7　　智能制造之强化传热课程专题学术报告得分情况

题目 \ 选项	报告 1	报告 2	报告 3	报告 4	小计
1	0 (0%)	0 (0%)	0 (0%)	0 (0%)	0 (0%)
2	0 (0%)	0 (0%)	0 (0%)	0 (0%)	0 (0%)
3	0 (0%)	0 (0%)	0 (0%)	0 (0%)	0 (0%)
4	0 (0%)	0 (0%)	0 (0%)	0 (0%)	0 (0%)
5	0 (0%)	0 (0%)	1 (5.88%)	0 (0%)	1 (1.47%)
6	1 (5.88%)	1 (5.88%)	0 (0%)	0 (0%)	2 (2.94%)
7	2 (11.76%)	1 (5.88%)	0 (0%)	1 (5.88%)	4 (5.88%)
8	2 (11.76%)	2 (11.76%)	2 (11.76%)	3 (17.65%)	9 (13.24%)
9	2 (11.76%)	3 (17.65%)	2 (11.76%)	3 (17.65%)	10 (14.71%)
10	10 (58.82%)	10 (58.82%)	12 (70.59%)	10 (58.82%)	42 (61.76%)
平均分	9.06	9.18	9.35	9.29	9.22

2.3 授课环节的实验与数理建模增设效果分析

此外，还分析了授课环节的对比实验与数理建模等增设的效果，结果如图 3 所示。实验器材与仿真模型的展示，多数同学认为非常有必要；大部分学生都认为三者有必要在课堂增设予以讲授。而课程讲授环节，硕士生江正勇带来的朋辈报告环节，有实验器件的展示，当时吸引了大量同学的目光，效果与反馈良好。

2.4 学生课堂积极性影响因素分析

基于问卷调查数据，本文对教学环节学生课堂积极性的诸多影响因素进行了分析，授课前后影响学生来课堂线下学习积极性原因的对比分析结果如图 4 所示。结果显示，学生普遍认为课程内容是最影响积极性的因素，其次是日常考勤的成绩占比情况。说明日常考勤可有助于提高学生的课堂积极性。但课堂点名和其他因素，被普遍认为不是主要的影响因素。因此，对课程的内容及考核方式的优化，是提高学生来课堂线下学习积极性的关键点。

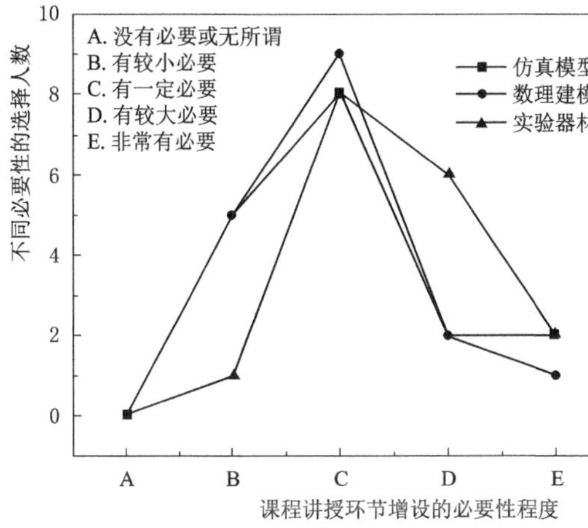

图 3　课程讲授环节增设部分内容的必要性程度分析

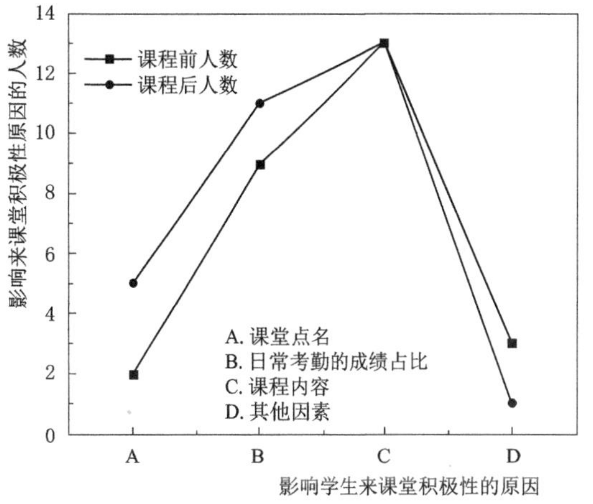

图 4　授课前后影响学生来课堂线下学习积极性原因的对比分析

2.5　课程对专业认同感的增强效果分析

本课程授课前后，令学生对智能制造方向感兴趣程度增加的程度分析结果如图 5 所示。其中虚线代表课程前认为强化传热课程对智能制造方向感兴趣程度增加的概率，实线代表课程后的对应概率。数据显示，本课程讲授后，占比最高的 8 名同学认为可提高 80％的认可程度，而另有 4 名同学分别认为可提高 100％的认可程度。该曲线说明，课程的讲授可以让学生对智能制造专业更加了解，因而对本专业的兴趣及认同感也普遍提高。

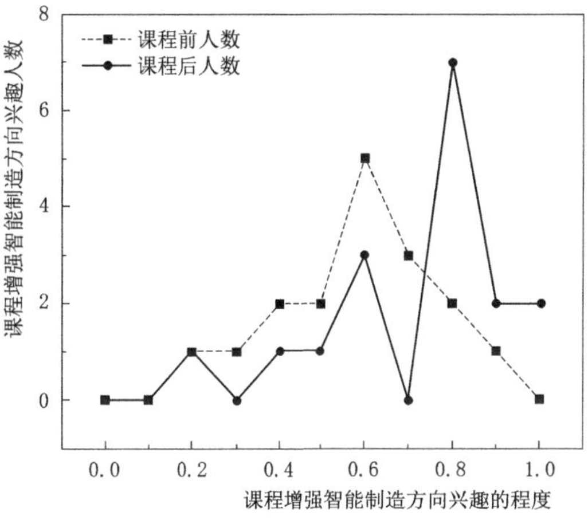

图 5　授课前后课程让学生对智能制造方向感兴趣程度增加的程度分析

3　结语

为面向中国制造 2025 和制造业转型升级的发展需求，依托机械工程学科的既有基础优势，加强能动、信息、控制等相关学科的交叉与融合，培养服务智能制造、汽车运载、能源动力、机床工具等国家战略行业的国防类创新型领军技术人才，针对北京理工大学智能制造工程专业的本科生，开设了智能制造之强化传热选修课程。通过课程讲授环节开展的“微课＋翻转课堂”“课程思政建设”“应用案例探讨”“小组课业辅导”“专家/朋辈学术报告”“课前课后问卷调查”等教学改革探索，经前后综合对比与数据分析，取得的主要结论如下：

（1）课程结束后，该课程的学生得分在机械与车辆学院同类课程中排名前 10％，两位授课老师的评教得分在机械与车辆学院同类课程中排名前 10％，两项分数均反映了授课效果良好。

（2）课程专题学术报告整体平均分在 9.22 分，88.24％的同学认为线下报告更好。多数同学认为授课环节的对比实验与数理建模等很必要，尤其是实验器材与仿真模型的展示。

（3）学生普遍认为课程内容是最影响积极性的因素，其次是日常考勤的成绩占比情况。课堂点名和其他因素被普遍认为不是主要的影响因素。本课程授课前后，学生普遍认为课程可提高对智能制造专业的了解与认同。

本文围绕学科交叉专业本科生课程开展的教学改革探索，可为国防类院校新工科专业选修类基础课程的优化设置及讲授改善等提供参考与借鉴。

参考文献：

［1］　韩宇．信息检索课程的优化改革探讨［J］．科教文汇（中旬刊），2020（35）：102－103.
［2］　司万童，朱江，陈泉洲，等．《信息检索与论文写作》课程大纲创新设计［J］．科技视界，2020（25）：31－32.

[3] 马彦图，施秋红，张正寰. 新工科+新农科背景下基于协同育人机制的大数据人才培养模式研究——以甘肃农业大学为例 [J]. 南宁师范大学学报（自然科学版），2025，42（2）：7-12.
[4] 杨青胜，詹习生，华晖. “双主体、三融合、四融通”新工科应用型人才培养探索与实践——以地方高校自动化类专业为例 [J]. 湖北师范大学学报（自然科学版），2025，45（1）：115-118.
[5] 李智，胡成龙，骆峰. 基于协同创新的智能制造人才培养服务平台构建 [J]. 浙江交通职业技术学院学报，2018，19（Z1）：86-91.
[6] 张福荣，章勇. 智能制造背景下服务地方企业的高职制造类人才培养方案探索 [J]. 中国现代教育装备，2018（13）：69-71.
[7] 焦建利. 微课与翻转课堂中的学习活动设计 [J]. 中国教育信息化：基础教育，2014（24）：4-6.
[8] 周贤波，雷霞，任国灿. 基于微课的翻转课堂在项目课程中的教学模式研究 [J]. 电化教育研究，2016，37（1）：97-102.
[9] 黄永江，李隽，刘钢. 新工科背景下“非晶合金”课程思政建设 [J]. 教育教学论坛，2023（26）：165-168.
[10] 隋春霞，冯时，王多，等. 数智化时代背景下《食品化学与分析》课程思政建设的教学改革与实践 [J]. 食品工业科技，2024，45（11）：323-332.
[11] 罗敏. 案例教学在文献检索课程中的应用探讨 [J]. 大学图书馆学报，2007（3）：101-103.
[12] 李欢. 案例教学法在自动控制原理课程中的应用探讨 [J]. 中关村，2023（9）：96-97.
[13] 孟方，王士雷，徐继承. 高等医学院校课程教学改革与教改课程认定工作的实践探索 [J]. 中华医学教育探索杂志，2023，22（12）：1825-1829.
[14] 彭辰晨，黄志辉. “液压与气压传动控制技术”课程教改实践探索 [J]. 南方农机，2022，53（12）：163-164，186.
[15] 刘红姣，王小雨，晋梅. 新工科背景下工程热力学课程思政建设探索 [J]. 高教学刊，2023，9（21）：153-156.
[16] 刘美丽，孔令真，初庆东，等. 高等流体力学课程思政建设实践探索 [J]. 中国教育技术装备，2023（18）：56-58.

新工科背景下能源低碳利用技术课程教学改革探索

罗冠群，潘权稳*，王博，陶轩

（浙大城市学院低温中心，浙江　杭州 310015）

【摘　要】能源绿色低碳转型是实现“双碳”目标的重要途径，因此“双碳”人才需要不断提升在能源技术领域的专业水平。本文对能源低碳利用技术这门课程和与其相似的新能源技术类课程目前教学过程中存在的问题进行分析，结合新工科建设理念，从课程思政、教学模式和考核方式等多角度提出教学改革措施，以提升教学成效，助力高质量“双碳”人才培养。

【关键词】新工科；“双碳”；能源；低碳；教学改革

0　引言

近年来，全球气温屡创历史新高，极端天气事件日益频发，气候危机已经对人类造成了广泛而普遍的影响；因此，积极应对气候变化已经成为全球共识。作为世界上最大的发展中国家，中国克服自身经济和社会等方面困难，始终积极参与应对气候变化全球治理。2020 年 9 月，中国明确提出力争于 2030 年之前使二氧化碳的排放达到峰值，努力争取 2060 年之前实现碳中和（简称“双碳”目标）[1]。目前，我国是全世界碳排放量最多的国家，由于以化石能源为主的能源结构特点，碳排放主要来自能源（包括能源供给与能源消费）领域，这意味着我国能源产业的低碳绿色转型是实现“双碳”目标的重要手段[2]。而高质量人才是能源产业绿色转型的迫切需要。2021 年 9 月，中共中央、国务院印发《关于完整准确全面贯彻新发展理念做好碳达峰碳中和工作的意见》，明确要求建设“双碳”人才体系，鼓励高等学校增设“双碳”相关学科专业。2022 年 4 月，教育部印发《加强碳达峰碳中和高等教育人才培养体系建设工作方案》，提出要面向“双碳”目标，加快新能源、储能、氢能和碳捕集等紧缺人才培养和传统能源类、电气类、交通类等专业人才培养转型升级，提高“双碳”相关专业人才培养质量。

从 2017 年开始，教育部积极推进新工科建设，以主动应对新一轮科技革命与产业变革，服务国家重大战略需求[3]。因此，高质量“双碳”人才培养体系可以以新工科理念为指导而构建。在新工科背景下，人才的培养应坚持立德树人，践行“学生中心、成果导向、持续改进”的国际工程教育专业认证理念，面向企业需求，注重学科交叉，探索产学研深度融合的教学模式；培养出具有科学基础、创新意识、实践能力且德才兼备的复合型人才[4,5]。

“双碳”人才需要不断学习，不断提升自己在新能源领域的专业水平。目前，新能源技术已进入高速发展阶段，相关技术知识和产业不断迭代升级。因此，有必要结合新工科人才培养要求，深入探究新能源技术相关课程的教学模式，以适应“双碳”领域相关企业不断发展的需求。本文将根据作者的授课经历，针对本校“智慧能源特色班”下设的核心专业课程能源低碳利用技术进行课程背景、内容与痛点的分析，在此基础上，结合新工科的建设理念，对该课程的教学模式进行改革和探索，亦可为其他相关课程教学改革提供思路。

1　课程建设背景

“双碳”目标已成为我国“十四五”污染防治攻坚战的重要目标。智慧能源，以能源为载体，与新一代信息技术深度融合，是实现能源绿色和可持续发展的内在动力与要求，为推动我国能源转型、化解当前能源发展面临的系列风险和挑战提供了有效途径。面向能源转型发展需求，培养智慧能源领域的专业人才迫在眉睫。

---

* 潘权稳（1987—　），男，副教授，博士。研究方向：能源高效利用。联系地址：浙江省杭州市湖州街 51 号，邮编 310015。E-mail：panqw@hzcu.edu.cn。

基金项目：浙大城市学院创新班（产业班、特色班）专项课程建设项目（No. CXKC2024006）。

因此，学校与地方相关企业合作，设立“智慧能源特色班”，面向全校本科生进行招生，旨在培养掌握新能源相关技术，拥有良好管理科学素养，将信息化技术与电气工程、能源系统融会贯通，能够运用学科交叉思维解决实际问题的高质量产业人才。“智慧能源特色班”下设 7 门课程，其中 5 门属于理论教学课程、2 门为实践教学课程，共计 15 学分。能源低碳利用技术这门课程属于理论教学课程中的核心课程，总学分为 2 分，先修课程为能源与环境和热工基础，在特色班整体课程设置中有着承上启下的作用。

2　课程内容与存在问题

能源低碳利用技术这门课程内容的设计从工程应用角度出发，具体围绕着清洁能源的高效利用技术，碳捕集利用与封存技术，包括太阳能和氢能在内的低碳能源技术原理和应用，以及储能技术等内容进行系统教学工作。通过本课程的学习，希望学生可以掌握传统能源清洁利用技术、新能源利用技术等的特点，具备辩证分析能源、环境与低碳可持续发展的关系和解决能源工程实际问题的能力，为后续专业课程学习乃至为未来从事能源相关领域工作奠定理论与能力基础；同时树立学生的绿色与低碳发展的生态文明意识，培养家国情怀和社会责任。

目前，能源技术低碳利用课程或与之相似的同类课程在教学过程中仍存在一些问题，具体分析如下：

（1）该类课程相关教材主要围绕着专业理论知识编写，围绕教材的课程知识讲授主要侧重于知识与能力目标的培养，课程思政相对缺乏“系统化”设计，易呈现“碎片化”特点，不利于素质目标的达成。

（2）本门课程内容不仅涉及传统能源清洁利用技术，碳捕集利用与封存技术，同时包含多种低碳能源技术，如太阳能、风能和氢能等，存在课程内容丰富而学时有限的问题。

（3）本门课程所涉及的能源相关技术高速发展，技术更新迭代较快，教材的内容更新速度往往落后于行业发展速度，存在教材内容与行业前沿相脱节的问题。

（4）该类课程基本以理论教学为主，由于课时限制或实验条件限制等，缺乏实践环节，不利于应用型人才培养。

（5）该类课程目前大多通过期中或期末考试情况评定成绩，考核方式相对单一。该种考核方式侧重于对知识目标达成度的考核，更加关注结果，缺乏过程性评价和对教学目标达成度的综合评价。

3　课程改革探索

针对能源低碳利用技术和同类课程目前教学过程中存在的问题，结合新工科理念，本文提出了价值引领，进行“自上而下”一体化课程思政设计，同时采用翻转课堂、产教融合、赛教融合等多元结合的教学模式，运用关联性评价方式验证教学成效，并持续进行教学改进的教学改革路线，以使学生达到知行耦合的学习效果（图 1）。

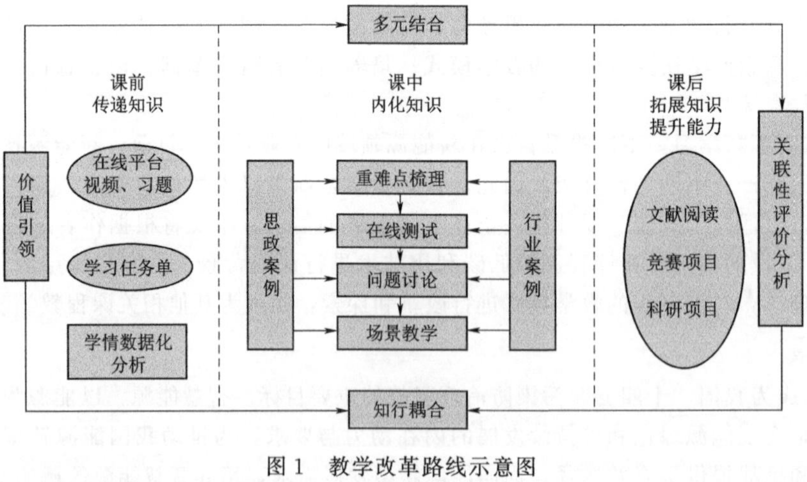

图 1　教学改革路线示意图

3.1　课程思政，完善顶层设计

新工科理念以立德树人为根本，课程思政是落实立德树人的重要举措。“智慧能源特色班”采用“自上而下”的课程群一体化思政设计，即聚焦特色班人才培养目标确定“思政面”，针对课程特点确定“思政线”，结合章节内容确定“思政点”。能源低碳利用技术是以传统能源清洁利用技术和可再生能源转化技术为内容的课程，绿色低碳是该课程的特点，也是我国生态文明建设的主旋律。因此，该课程以“习近平生态文明思想理论体系”的核心内容为指导，有机结合国家能源领域相关政策，如《2030 年前碳达峰行动方案》等，运用多种媒介和丰富的行业案例将思政点融入于各个章节，也采用“自上而下”的思政设计。课程具体以树立绿色与低碳发展的生态文明意识为思政主线，同时培养学生的家国情怀与社会责任。该课程思政模式将价值塑造巧妙融入于知识传递和能力培养过程中，有助于学生未来积极投身于能源绿色转型的事业中，助力“双碳”目标实现。

3.2 翻转课堂，促进自主学习

为解决教学中内容多与学时少的矛盾，本课程在部分章节的授课过程中采用翻转课堂的教学模式。课前发布预习任务，学生通过阅读相关教材内容，观看 MOOC 相关视频或教师自录视频，完成事实性知识或难度较低的概念性知识的自主学习。授课教师根据学生自主学习的反馈结果设计线下翻转课堂问题讨论环节，线下课堂教学更加关注知识重难点的梳理，结合工程案例，讲解如何运用理论知识解决工程实际问题。课后通过课程平台发布课后作业和拓展任务，学生按照任务要求完成作业并结合自身基础对课程知识进行适当程度的拓展学习。翻转课堂的教学模式重构了学生课内外的学习流程，实现了“课前知识学习，课堂知识内化，课后巩固拓展”。与此同时，该教学模式实现了分层次、差异化的精准教学，提高了教学效率。在此过程中，学生从被动的学习者转变为主动的学习者，激发了学习兴趣，培养了探究精神，提升了自主学习能力。

3.3 产教融合，聚焦行业前沿

新工科背景下的人才培养尤为关注工程人才关键能力的培养，包括工程思维、实践能力与创新能力等，以适应变化、面向未来[6,7]。“智慧能源特色班”与地方相关企业合作共建，企业工程师参与特色班课程建设与课程教学，构建“双师型”教师队伍，充分发挥校内教师理论教学技能与企业导师专业实践经验的耦合。对于本门课程，校内教师和企业导师将部分课程的上课地点带到基地或企业，利用行业或企业真实场景的环境优势开展教学活动，实施理论与实务一体化培养。例如任课教师将学生带到能源基地，结合现场的高精度太阳能塔式定日镜场及智能控制试验平台讲解光热发电的技术原理和不同种类光热发电技术的特点；浙江运达风电股份有限公司的企业导师将学生带到风力发电机组生产基地结合生产工艺讲解风力发电的原理和风力发电机组的组成等；同时教学内容中涵盖了丰富的企业项目案例，聚焦行业前沿，是对教材理论内容的重要补充。产教融合场景式教学模式，不仅可以促进特色班中不同专业背景的学生对能源理论知识的理解，提升学习主动性与积极性；又可以拓宽学生视野，培养学生理论联系实际的能力和持续学习的意识，为应对未来产业快速变化奠定良好基础。

3.4 以赛促学，提升实践能力

全国大学生节能减排社会实践与科技竞赛是教育部确定的全国十大大学生学科竞赛之一，是能源动力领域影响力最大、专业性最强的赛事之一。该竞赛的主题为“节能减排、绿色能源”，紧密围绕着国家的能源与环境政策和国家的重大需求。本课程的教学内容结合其前修课程能源与环境和热工基础的教学内容，可以为学生参与该竞赛提供良好的理论基础。因此，本课程以全国大学生节能减排社会实践与科技竞赛为载体，推进以赛促学的教学模式，作为课堂理论教学的重要补充。

鼓励选课学生全员参与该竞赛项目，结合自身兴趣，自由组成 3～4 支队伍。根据学生选题内容与特色班教研组教师的专业特长匹配度决定团队指导教师，以实现指导教师对学生进行专业性与系统性指导。在参与竞赛项目的初期，学生开展头脑风暴，形成设计方案的初步概念，由指导教师对其合理性和可行性进行评估。通过评估后，在指导教师的协助下，进一步查阅书籍与文献对项目相关理论知识进行深入学习。与此同时，开展实践环节。实践中指导教师主要负责实验设计指导、仪器设备安全操作指导和答疑解惑，最终参赛项目涉及的实验测试和作品模型制作由学生团队协作自主完成。以赛促教的教学模式弥补了传统单一课堂教学模式中实践环节的缺失，有助于激发学习兴趣，促进理论知识理解与应用，培养自主学习、管理协作和创新实践等综合能力，符合新工科建设人才培养目标。

3.5 综合评价，激发学习动力

在评价学生对本课程学习情况时，注重学生达成知识目标、能力目标与素质目标情况的综合评价。评价内容包含课堂参与度、基础理论知识掌握程度、应用知识分析解决实际问题能力以及团队协作意识等；并将评价内容贯穿于整个教学环节，融合于多种考核形式之中。本课程平时成绩和期末考试成绩各占总成绩的50%，其中平时成绩包括对课堂出勤、课前预习、随堂测试、课堂讨论、课后作业和实践报告等多方面的考核。与此同时，鼓励学生参与课程考核评价，采用老师评价、学生自评与互评等多种关联性评价方式，以实现不同评价方式的互补。综合评价的方式不仅关注学生学习的成果，也对学生学习的过程进行评价；不仅能够更加全面地评价学生的学习情况，也能够激发学生的学习动力和提升学生的课堂参与度。

4 结语

能源低碳利用技术是浙大城市学院“智慧能源特色班”下设的专业核心课程，与其相似的新能源技术类课程也是能源动力类相关专业重要的专业核心课程之一，该类课程的教学成效对“双碳”背景下高质量复合型人才培养至关重要。本文以能源低碳利用技术课程为例，深入剖析该门或同类课程在教学过程中存在的问题，并结合新工科建设理念提出改革措施。采用价值引领、完善课程思政设计、综合运用翻转课堂、产教融合、赛教融合等多种教学模式，并结合关注过程性评价的考核方法，有效达成知识、能力和素质目标。本文所提出的教学改革内容和模式可以为其他相关课程教学改革提供新思路，但仍需在后续教学实践中进一步探索与改进。

参考文献：

[1] 习近平. 在第七十五届联合国大会一般性辩论上的讲话 [J]. 中华人民共和国国务院公报，2020 (28)：5-7.

[2] 张君宇，宋猛，刘伯恩. 中国二氧化碳排放现状与减排建议 [J]. 中国国土资源经济，2022，35 (4)：38-44，50.

[3] 陈聪诚. 新中国高等工程教育改革发展历程与未来展望 [J]. 中国高教研究，2019 (12)：42-48，64.

[4] 钟登华. 新工科建设的内涵与行动 [J]. 高等工程教育研究，2017 (3)：1-6.

[5] 赵云，秦志宏，倪中海，等. 基于新工科立体改造协同作用的能源化学工程专业“双碳”工程人才培养模式探究 [J]. 化工高等教育，2024，41 (1)：42-47，135.

[6] 王飞. 新工科视域下情境化工程实践教育教学探索——以天津职业技术师范大学为例 [J]. 职业教育研究，2024 (5)：77-82.

[7] 王宏，崔东旭. 新工科视域下工程人才关键能力培养的探索与实践——以城乡规划专业设计类课程为例 [J]. 学园，2024，17 (15)：8-10.

冷冻冷藏工程标准与规范课程思政的思考与实践

吴冬夏*，孙志利，苗敬臣，康博强

（天津商业大学，天津 300134）

【摘　要】 课程思政会对学生的价值引领、道德品质、责任担当、职业素养等带来巨大影响。本文以天津商业大学制冷及低温工程专业课程冷冻冷藏工程标准与规范为例，对工科专业的课程思政方法进行了深入的探索，结合课程的人才培养目标，对新工科背景下课程思政的教学目标进行了思考与分析，将冷冻冷藏工程标准与规范课程各章节的思政元素融入了教学授课环节，提出了课程思政的教学手段和实施方法。课程思政元素的融入能增强学生对课程的兴趣，引导学生践行社会主义核心价值观。

【关键词】 冷冻冷藏工程；标准与规范；课程思政；教学改革；课程建设

0　引言

习近平总书记对学校思政课建设作出重要指示：新时代新征程上，思政课建设面临新形势新任务，必须有新气象新作为。要坚持以新时代中国特色社会主义思想为指导，全面贯彻党的教育方针，落实立德树人根本任务，坚持思政课建设与党的创新理论武装同步推进，构建以新时代中国特色社会主义思想为核心内容的课程教材体系，深入推进大中小学思想政治教育一体化建设[1]。

新工科背景下，对工科专业人才提出了复合型、创新型培养要求[2]。冷冻冷藏工程标准与规范课程是一门面向大四本科生的专业课程，能源与动力工程专业（制冷及低温工程方向）学生在研修传热学、工程热力学、流体力学、制冷原理与设备、制冷装置设计等课程的基础上，可系统学习冷冻冷藏工程与实践过程中所涉及的标准与规范。该课程主要介绍冷冻冷藏工程标准与规范的基础知识、性能测试方法、工程应用原理[3]，目标是应对学生工程实践过程中理论知识匮乏、动手能力不足的问题，培养学生运用标准化方法和原理解决冷冻冷藏工程实践问题的能力和思维，并兼具培养学生的创新性。

本文对冷冻冷藏工程标准与规范课程进行了细致地剖析，提出了课程思政的教学目标，挖掘了课程各个章节的思政元素，融入了正确的世界观、人生观和价值观，梳理了各章节思政元素的授课措施，探讨了课程思政的教学手段和方法，为新工科背景下的课程思政建设途径和思路进行了多方面的探索和实践。

1　课程思政的教学目标

冷冻冷藏工程标准与规范围绕冷冻冷藏行业中的工程实际问题，讲述标准与规范在冷冻冷藏工程中的方法、原理、思维、案例和进展。为了深化新工科人才培养工作的要求，从工程实践需求出发，将冷冻冷藏工程标准与规范课程的教学目标分为知识目标、能力目标和思政目标。

三个目标之间起到相辅相成的作用。知识目标是能力培养和思政教育的基础，只有学生掌握了扎实的理论知识，才能在此基础上提升冷冻冷藏工程中的实践能力和思想政治素养。能力目标是连接知识和思政的桥梁，学生在实际应用中需要综合运用所学的冷冻冷藏标准与规范的知识，同时在工程实践中感受到职业道德和社会责任的重要性，从而促进思政教育的实现。思政目标为知识学习和能力培养提供了方向和动力，在熟练掌握冷冻冷藏工程标准与规范知识和能力的基础上，帮助学生树立正确的价值观，使学生在学习和实践中更加积极主动，具有更高的社会责任感和职业操守[4]。

1.1　知识目标

知识目标是指学生在学习冷冻冷藏工程标准与规范课程过程中需要掌握的理论知识和专业技能，包括基本概念、原理、方法和技术等。通过冷冻冷藏工程标准与规范课程教学，使学生掌握以下知识内容：掌握标

* 吴冬夏（1992—　），男，博士，讲师。联系地址：天津市北辰区光荣道409号，邮编300134。E-mail：wudongxia@tjcu.edu.cn。

准的查找和阅读方式；掌握标准与规范的格式要求；掌握制冷剂的标号方法与安全性分类；掌握房间空调器、蒸气压缩循环冷水（热泵）机组、容积式制冷压缩冷凝机组的定义与分类，匹配不同设备的性能测试方法；掌握房间型量热计法、室内空气焓值法、液体载冷剂法、热平衡法、液体制冷剂流量计法、第二制冷剂量热器法、二次流体量热器法、干式制冷剂量热器法的原理，明确这些测试的流程和方法；掌握能效标准和等级，熟悉能效标识，明确冷冻冷藏行业节能减排的措施。

1.2 能力目标

能力目标是指培养学生在实际应用中解决问题的能力，包括分析问题、解决问题、创新思维、实践操作等方面的能力。能力目标的实现使学生能够将所学知识应用于实际工作中，提升学生的综合素质和职业竞争力。通过对国内外冷冻冷藏标准与规范总体概况的讲解，使学生明白标准与规范在工程实践过程中的重要性，培养国际视野与标准化专业能力；通过对制冷剂的标号方法与安全性分类的讲解，使学生理解安全在冷冻冷藏行业的重要性，具备安全意识与应急处理能力；通过对各类冷冻冷藏设备/系统和性能测试方法的讲解，使学生具备冷冻冷藏工程中性能测试的实验设计、实验准备、测试操作、数据采集、数据处理、报告撰写的能力，同时兼具科学研究和创新创造的能力；通过对能效标准、能效等级、能效标识的讲解，使学生具备熟练利用自己专业知识助力节能减排的能力。

1.3 思政目标

思政目标是指通过课程教学培养学生正确的价值观、道德观和社会责任感，包括思想政治素养、职业道德、社会责任感等方面的培养。思政目标的实现可帮助学生树立正确的世界观、人生观和价值观，培养学生成为德才兼备的全面发展的人才[5]。

1.3.1 塑造爱国主义精神和社会责任感

向学生介绍我国冷冻冷藏技术标准的发展历程和成就，展示我国在这一领域的进步和贡献；强调标准在保障食品安全、提升冷链物流效率方面的重要作用，激发学生对国家科技进步的自豪感；介绍我国在冷冻冷藏技术方面的领先成果和创新案例，如高效节能的冷藏设备、新型环保制冷剂的研发等；强调国家标准在适应本土需求、保障食品安全和推动行业发展中的独特作用，增强学生的爱国情怀和责任感；讲述在冷冻冷藏领域做出突出贡献的中国科学家和工程师的故事，弘扬学生的爱国精神和奉献精神，激励学生树立报效祖国、服务社会的远大志向。

1.3.2 弘扬全球意识和大国担当精神

向学生介绍冷冻冷藏领域的国际标准和规范，如国际标准化组织（ISO）制定的相关标准。讲解不同国家和地区的冷冻冷藏标准和法规，帮助学生理解和比较国际间标准的差异和共同点；介绍冷冻冷藏标准的制定与实施对全球气候变化的影响；鼓励学生关注全球冷冻冷藏标准和冷链物流案例，树立全球意识和大国担当精神[6]。

1.3.3 培养吃苦耐劳和开拓创新的能力

鼓励学生在冷冻冷藏技术和标准化领域进行自主研究和创新实践；与冷冻冷藏企业合作，安排学生到企业进行实习，了解行业前沿技术，阅读企业标准与规范并提出建议。通过真实的行业案例分析，培养学生发现问题、分析问题和解决问题的能力。例如，分析冷链物流过程中常见的问题，并提出改进方案。

定期向学生介绍冷冻冷藏领域的最新研究成果和技术进展，保持学生对前沿知识的敏感性和兴趣。提供丰富的学习资料、研究报告和案例分析，方便学生自主学习和研究。组织学生实地考察冷链物流企业和科研机构，了解实际工作环境和操作流程，培养学生的吃苦耐劳精神。

1.3.4 树立严谨安全和精益求精的思想

在组织学生参观实验室和企业实习实践之前，对学生进行系统的安全培训，讲解冷冻冷藏设备使用中的安全注意事项和应急处理方法，确保学生具备基本的安全知识。在实验和实践过程中，严格按照标准操作流程进行，培养学生对标准和规范的重视程度。在学生操作过程中进行细致指导，确保熟练掌握安全操作要点。在实验和实践结束后，进行安全评估，分析操作中的安全隐患和改进措施。建立安全反馈机制，鼓励学生主动报告安全隐患，并提出改进建议，培养学生的责任意识和参与意识。分析冷冻冷藏领域的真实安全事故案例，帮助学生理解安全隐患的严重性和防范措施的重要性。

在备课和授课过程中，关注并分享冷冻冷藏技术行业的最新安全动态和创新实践，帮助学生保持对安全问题的关注和敏感度。通过分析冷冻冷藏标准对专业工程提质增效的案例，展示精益求精的实际效果，激励学生追求卓越。

1.3.5 提高恪守规则和遵纪守法的意识

讲解与冷冻冷藏相关的法律法规和标准，如食品安全法、食品冷链物流追溯管理要求等，使学生了解并理解这些规则的具体内容和重要性。通过分析违反法规和标准的典型案例，讨论其造成的后果和影响，帮助学生认识到遵守规则和法规的重要性。在实验和实习过程中，严格按照标准操作流程进行操作，培养学生遵守操作规程的习惯和意识。结合冷冻冷藏技术的社会影响，讨论企业和个人在安全、环保等方面的社会责任，培养学生的责任意识和法治观念。组织学生参观冷链物流企业、食品生产企业等，观察和学习企业在实际操作中如何遵守法规和标准，增强学生的感性认识。在实验和实习中，对学生的每次操作进行详细的记录和评价，及时指出学生在遵守规程和法规方面的不足，并给予指导和改进建议。

2 课程思政元素及授课措施

通过对冷冻冷藏工程标准与规范各章节教学内容和课程思政理念的分析，将各章节教学内容、思政元素、教学环节和德育目标整理在表1中。

表1　　冷冻冷藏工程标准与规范课程思政教学设计方案

课程章节	教学内容	思政元素、教学环节	德育目标
第一章　绪论	(1) 标准与规范的发展。 (2) 标准与规范的概述。 (3) 冷冻冷藏国际标准与规范。 (4) 标准与规范的意义	(1) 讲解“1453mm轨距为国际通用标准”与“1453mm为古罗马时代战车轮距”的故事，引出标准的重要性。 (2) 对比ISO（国际标准化组织）各国秘书处承担数量。 (3) 讲解我国先进的5G和特高压输电技术和制订国际标准的主导地位	(1) 使学生认识到标准的重要性。 (2) 使学生意识到国际标准话语权的意义。 (3) 理解国际标准话语权对国家发展的重要性，树立科技强国志向。 (4) 培养学生民族自豪感和责任心
第二章　标准与规范的格式要求	(1) 标准与规范的格式要求。 (2) 标准与规范的格式要求——以冷库设计标准为例	(1) 介绍国内外冷库安全事故案例。 (2) 讲解冷库库址的选择与人居环境的关系	(1) 培养学生在冷冻冷藏工程实验和实践中的安全意识。 (2) 使学生意识到工业发展与人居环境和谐共存的重要性
第三章　制冷专业术语、制冷剂标号和安全性分类	(1) 制冷专业术语。 (2) 制冷剂标号方法。 (3) 制冷剂安全性分类	(1) 通过讲解制冷剂分类，引出制冷剂对环境的影响，介绍一些新研发的环保制冷剂。 (2) 介绍一些典型制冷剂的可燃性和毒性	(1) 培养学生在冷冻冷藏工程实践中的环保意识，使学生理解安全在制冷产业的重要性。 (2) 培养学生勤学善思和精益求精的工匠精神
第四章　房间空调器及性能测试	(1) 房间空调器概述。 (2) 房间空调器性能测试	(1) 组织学生到焓差实验室参观，讲解焓差室构成和标准化测试流程。 (2) 介绍焓差法测试对企业产品研发与测试的重要性	(1) 使学生结合自己的专业体会到标准对于产品研发和企业发展的意义。 (2) 培养学生科技兴国意识
第五章　蒸气压缩循环冷水（热泵）机组及性能测试	(1) 蒸气压缩循环冷水（热泵）机组概述。 (2) 蒸气压缩循环冷水（热泵）机组性能测试	(1) 组织学生参观冷库，讲解热平衡法原理和标准化测试过程。 (2) 讲解老一辈制冷专业教师在艰苦环境下进行实验测试的故事	(1) 培养学生严谨细致、精益求精的精神。 (2) 培养学生吃苦耐劳、艰苦奋斗、心怀感恩的品质
第六章　容积式制冷压缩冷凝机组及性能测试	(1) 容积式制冷压缩冷凝机组概述。 (2) 容积式制冷压缩冷凝机组性能测试	(1) 引导学生思考不同性能测试方法之间的共同点与差异。 (2) 组织学生参观制冷压缩冷凝机组性能测试试验台，讲解安全操作事项	(1) 培养学生的创新思维与能力，通过自己的专业服务社会的意识。 (2) 增强学生在专业活动过程中的安全意识
第七章　能效等级和能效标准	(1) 节能与计量的意义。 (2) 节能标准化。 (3) 国内外能效标准、等级、标识	(1) 结合短视频介绍全球变暖、温室效应导致的全球变暖、海平面上升、物种灭绝等问题。 (2) 介绍中国应积极应对全球变暖、温室效应所建立的科学发展观和采取的政策措施。 (3) 引导学生扫描空调能效标识上的二维码，与学生就扫描的能效等级进行交流讨论	(1) 使学生结合自己的专业知识认识到环境污染的严重性。 (2) 使学生认识到科学技术和标准规范在环保方面的重要性。 (3) 提高学生在本专业节能降碳环节的参与度，培养学生的专业使命感和责任感。 (4) 使学生理解实施能效标准、认识能效标识的意义

3 课程思政的教学手段与方法

在冷冻冷藏工程标准与规范课程中融入思政教育，需要教师在教学过程中有机结合专业知识和思想政治教育内容，既要传授专业技能，又要培养学生的社会责任感和正确价值观[7]。以下是一些具体的授课方法。

3.1 行业发展融入课程内容

专业知识与思政内容结合：在讲授冷冻冷藏标准时，结合环保、食品安全、节能减排等社会热点问题，培养学生的社会责任感。例如，讲解冷库标准时，可以讨论如何减少场地浪费和降低能耗。

行业案例教学：选择具有思政教育意义的案例，结合专业知识进行分析和讨论。例如，结合冷链物流中的制冷系统安全事件，可以引导学生思考如何提高冷库运行安全。

3.2 多样化、多元化教学手段

多媒体教学：利用视频、动画、图表等多媒体手段，生动地呈现思政教育内容，增强学生的感性认知和理解。例如，播放制冷剂泄漏和全球变暖的短评，让学生直观了解实际情况。

互动教学：在专业课学习过程中，邀请名人、名师、名企进入课堂和学生实现互动、讨论和交流，激发学生的参与热情，培养学生的独立思考和团队合作能力。例如，组织学生参与企业专家线上报告和交流活动，讨论标准如何影响企业产品的研发。

3.3 全方位、场景化实践教学

实验与实习：在实验和实习环节中，强调我国冷链标准的发展史和成就，提醒学生安全生产注意事项，培养学生的职业素养和责任意识。例如，在实验中严格要求学生遵守安全操作规程，培养学生的安全意识和责任感；要求学生在参观冷链企业的过程中，研读并深入思考企业布置在显眼位置处的规范和规定。

专业实践：鼓励学生积极参加学科竞赛和社会实践活动，如参观冷链物流企业、社区服务、志愿活动等，结合实际体验深化思想政治教育效果。例如，安排学生参观冷链企业，了解企业在环保和社会责任方面的实践。

3.4 课程内容设计与评价

思政教育目标明确：在课程设计中明确思政教育目标，将思想政治教育内容贯穿于教学目标、教学内容和教学评价中。例如，在课程大纲中明确规定思政教育的具体内容和目标。

多元化评价方式：采用多元化的评价方式，如过程性评价、项目评价、学生自评与互评等，全面考察学生的思政教育效果。例如，要求学生在实践报告中加入思政内容，教师对思政内容进行评价，考察学生在实践中的职业道德和责任意识。

4 结语

本文对冷冻冷藏工程标准与规范课程思政进行了研究和探讨，分析了课程思政的教学目标，总结了课程教学过程中的思政元素和实施方法，提出了课程思政的教学手段和方法，将家国天下、价值观、责任、担当、传承、信仰等意识融入了课程教学中，激发了学生对课程的兴趣，激起了学生主动求学的热情、激励了学生努力拼搏的斗志，为工程类专业课程教学中融入思政元素提供了参考。

参考文献：

[1] 习近平. 习近平对学校思政课建设作出重要指示强调 [N]. 人民日报，2024-5-12.

[2] 钟登华. 新工科建设的内涵与行动 [J]. 高等工程教育研究，2017 (3)：1-6.

[3] 全国冷冻设备标准化技术委员会. 制冷空调国家标准汇编 [M]. 北京：中国标准出版社，2015.

[4] 陈晟，黄玉坤，马嫄，等. 论“食品安全学”课程思政中的情感、知识和能力目标设计 [J]. 食品工业，2024，45 (5)：230-233.

[5] 李亚奇，汪波，蔡艳平，等. 新工科背景下热工基础课程思政教学改革探索 [J]. 高教学刊，2024，10 (20)：141-144.

[6] 陈九玉，孙运兰，朱宝忠. 新时代教育改革背景下“工程热力学”课程思政设计与实践 [J]. 科学咨询，2024 (5)：261-264.

[7] 董春阳，冯妍卉，王静静. 能源动力类专业课程思政 [J]. 中国冶金教育，2023 (4)：75-77，81.

建筑冷热源课程思政的探索与实践

吴延鹏[1]，杨斌[*2]，李栋[3]

（1. 北京科技大学土木与资源工程学院，北京 100083；
2. 天津城建大学能源与安全工程学院，天津 300192；
3. 东北石油大学土木建筑工程学院，黑龙江　大庆 163318）

【摘　要】 建筑冷热源是建筑环境与能源应用工程专业的专业核心课程，通过本课程的学习，使学生掌握以蒸气压缩式制冷为重点的制冷和热泵的基本理论、原理，制冷装置的性能和构造，并对空调机组、冷水机组、溴化锂吸收式制冷和热泵机组、锅炉和锅炉房设备的工作原理及装置的特点、空调用制冷和热泵技术的发展趋势有一定了解。将课程思政有机融入课程教学中，对于培养既具备专业技能又具备社会责任感的新时代建环工程师意义重大。

【关键词】 建筑冷热源；信息化教育改革；课程思政；工程伦理教育

0　引言

建筑冷热源是建筑环境与能源应用工程专业重要的专业核心课程，应结合课程特点，从社会需求、技术进展和中国人对建筑冷热源的贡献等方面去挖掘思政元素、组织教学设计，并以适当的教学方式传授给学生[1]。本课程旨在将思想政治教育自然融入专业教学，通过修订教学大纲、利用信息化载体、引入红色文化建筑案例等方式，推动思政教育与专业知识的融合，重点在于深化专业课程内容的同时，培养学生的家国情怀、社会责任感、科学精神及人文素养。通过线上线下混合式教学和工程伦理教育的结合，课程不仅提升了学生的综合素质，也增强了学生的创新思维和实际应用能力，最终目标是培养既具备专业技能又具备社会责任感的新时代建环工程师。

1　总体实施目标

结合本课程的教学内容，挖掘思想政治教育的切入点，在教学课程中自然地渗透思想政治教育。思政育人与专业教育的有机融合，在深化专业课程教学的同时，巧妙融入思想政治教育，能够拓展专业课程的广度、深度以及温度。教学设计时与专业人才培养目标相结合、与专业教学标准相结合，体现课程思政的专业特色，通过把思政教育与科学精神的培养结合到课程教学中，有效解决课程思政教学目标与专业人才培养目标的统一性问题，并把提高学生正确认识、分析和解决问题的能力作为目标和落脚点。在传授专业知识与技能的同时，注重培养学生的家国情怀、社会责任感、科学精神及人文素养。这一实施目标需要与专业培养目标深度契合，确保课程思政的针对性和实效性。

2　主要措施

2.1　结合课程思政修订教学大纲

学生在学习了这门课程后，不但要学到系统的专业知识，更应培养在今后的学习和生活中具备良好的人际素养和高效的工作能力。因此对教学大纲中教学目的和教学内容部分都进行相应的修订，将思政元素融入其中，着重培养学生积极的学习态度以及家国情怀、工匠精神等综合素质。

2.2　通过信息化载体促进课程思政的开展

在专业教学与课程思政同步进行的过程中，通过信息化载体，利用现代化沟通手段，能够有效地拉近师

---

* 杨斌（1978—　）男，博士，教授。联系地址：天津市西青区津静公路26号天津城建大学行知楼602，邮编300384。邮箱：binyang@tcu.edu.cn。

基金项目：北京科技大学课程思政特色示范课程建设项目（KC2023SZ03），天津城建大学教育教学改革与研究项目重点项目。

生之间的距离，从而提升思政教育的整体效果。例如，通过微信群和雨课堂，教师可以实时推送课程相关的学习资料和最新资讯，确保学生能够随时获得最全面的学习资源。此外，这些平台还支持在线互动和讨论，学生可以在课后通过这些渠道提出问题和分享观点，实现学习资源的共享和思想交流的碰撞，从而加深对课程思政内容的理解和认同。另外，在授课过程中，通过可视化软件加深学生对冷热源设备和系统工作原理的理解和掌握，取得较好的教学效果[2]。

2.3 融入思政元素的红色文化建筑冷热源工程案例

在众多建筑冷热源工程中，精选了四个红色文化建筑的暖通设计工程作为教学案例，通过综合运用案例图片、视频、实地考察等多种方式，将专业知识与思政内容的融合形式多样化。这种方法不仅激发了学生的学习兴趣，还引导其深入思考，使其在潜移默化中接受红色文化的革命传统教育。

2.3.1 梁家河干部培训中心冷热源设计

通过对暖通空调系统形式和主要设备进行介绍，讲解了在冬夏季所采用的供热及空调形式，对其中机组设备和相关控制进行介绍，使学生能对冷热源的形式更加深入的了解。同时建筑立面充分结合当地的文化传统和地域特色，使建筑保持延安特色的同时兼具现代浪漫，展现勇于超越的变革精神。使学生们也能学习到红色文化精神，在今后的学习中勇于自我创新。

2.3.2 川陕革命根据地纪念馆冷热源设计

在建筑概况上，通过对建筑的实用性、地域性、纪念性以及标志性进行描述，在其中加入了图片的形式来对文化建筑有更加直观的认识，并且分析川陕革命、红四方面军斗争历程的特点，向学生们力图表现艰苦卓绝的斗争精神，突出革命信念，使学生们在专业课的学习中保持艰苦奋斗的品质。

2.3.3 冉庄地道战纪念馆新馆冷热源设计

在对冉庄地道战纪念馆新馆暖通设计的讲解时，除了对建筑的概况以及暖通空调系统形式、设备进行讲解外，还可以加入历史背景的元素，讲述冉庄人民为保存自己并消灭敌人，设计了各种地道工事和地道口，部署不同的作战方法击退日本敌寇的历史背景，让学生们提升自己知识的广度，激发学生们的爱国情怀，牢记历史，并且能有科技兴国的使命担当。

2.3.4 遵义会议纪念馆改扩建工程冷热源设计

遵义作为历史名城，在对其暖通工程设计相关知识讲授的同时，也可以向学生们讲解有关遵义的历史文化故事，主要包括在此召开了历史上意义重大的遵义会议，因而被称为中国共产党历史上一个生死攸关的转折点，以此来加深学生们对历史文化的认识。同时讲述红军在长征过程中的艰辛历程，鼓励学生在学习生活中吃苦耐劳，培养不畏艰难的品质。

2.4 线上线下混合式教学

坚持线上和线下并重，以学生为中心，将在线学习与课堂面授教学活动深入结合，旨在培养学生创新思维能力和开拓进取的大国工匠精神。通过第一课堂和第二课堂的综合运用，开拓课程思政建设的新方法和途径。例如，可以布置学生完成课下作业，让学生们去搜集相关建筑的空调设计实例，如北京冬奥会建筑以及一些经典的空调制冷设计案例。学生们通过自主制作 PPT 并在课堂上分享，这种学习方式在锻炼学生自主创新能力和团队协作能力的同时，还能让学生深化对所学知识的理解，认识到课程理论知识可以用来解决实际问题，从而增强了课程学习的信心，并从中获得感悟和启发[3]。

2.5 工程伦理教育与课程思政有机结合

开展工程伦理教育是现代工程专业人才培养模式优化的必然要求。因此，在教学环节中，要特别注重加强工程伦理教育，将工程伦理教育与思想政治教育深度融合。这样不仅可以帮助学生遵守社会公德，还能进一步明确作为现代工程师所应遵循的职业道德。通过工程伦理教育，学生不仅能掌握做人与做事的学问，还能对工程活动进行重新审视，对工程行为进行道德反思。

在工程案例教学中，不仅传授工程和伦理的基本概念、工程的过程和维度等知识点，还巧妙融入科技报国、四个自信、民族复兴等思政元素。通过介绍我国制冷工程领域的杰出人物，如北京冬奥会建筑和国家速滑馆的制冰系统中设计运维的工程师，展示了工程背后不忘初心、牢记使命的精神，以及工程师们如何利用毕生所学服务国家和社会，彰显他们不畏困难、勇于创新的精神。这些杰出人物的故事将激励学生思考自己的时代使命和历史担当。

坚持将课程内容讲解与思政元素相融合，推动培养理念从知识传授向全人教育的转变。通过将国家社会经济发展对高层次创新型人才的迫切需求融入课程教学中，激发学生的紧迫感、使命感和爱国主义精神。

3 教学特色

将思政元素有机融入课程教学的全过程，采用多元化的教学方法，充分利用红色文化建筑中的暖通空调工程设计实例，将工程伦理教育与课程思政相结合。这种方式不仅体现了课程的系统性，还反映了学科发展的前沿动态和现实性，兼顾了知识性与应用性。通过引导学生树立正确的人生观和价值观，培养他们的家国情怀和大国工匠精神，课程旨在坚定学生的自主创新理想信念，并提升其对科学发展的全球视野。与此同时，还鼓励学生在实际工程项目中运用所学知识，进一步巩固理论与实践的结合。通过这种综合教育模式，期望学生能够全面发展，成为既具备专业技能又具有社会责任感的新时代工程师。

4 结语

建筑冷热源课程通过将思想政治教育自然融入专业教学，致力于实现思政教育与专业知识的有效融合。通过修订教学大纲、利用信息化载体、引入红色文化建筑案例等措施，不仅深化了专业课程内容，还在教学中全面融入了家国情怀、社会责任感、科学精神及人文素养的培养。课程设计充分体现了线上线下混合式教学的优势，结合工程伦理教育，提升了学生的综合素质、创新思维和实际应用能力，为培养具备专业技能和社会责任感的新时代建环工程师提供了有效的教学经验和理论支持。

参考文献：

[1] 石文星，朱颖心. 工科专业课程思政探索——以“建筑冷热源”慕课为例［C］//第十二届全国高等院校制冷及暖通空调学科发展与教学研讨会论文集. 天津：天津大学出版社，2023.

[2] 孙彦红，鲁进利，王昌龙，等. 信息化教育背景下冷热源工程课程思政建设探索［J］. 安徽工业大学学报（社会科学版），2022，39（2）：64-65.

[3] 杨斌，吴延鹏. “建筑环境学”双语研究型教学设计与实践［C］//第十二届全国高等院校制冷及暖通空调学科发展与教学研讨会论文集. 天津：天津大学出版社，2023.

“双碳”背景下专业硕士协同育人基地运行机制探索

马逊*，姚昊翊，樊芳玲，张莹，王云峰

（云南师范大学能源与环境科学学院，云南　昆明 650500）

【摘　要】针对专业硕士学位研究生培养目标与现状，本文从校企合作、课程优化、立德树人、协同育人和实习实践方面论述了农业工程人才培养方式。论文通过科研实践与教学案例结合，实现思政融入专业课程，通过构建高层次科研教学平台，更新工程人才知识体系，通过校企合作丰富了人才培养模式，实现了专业硕士校企协同培养，为专业硕士校企协同育人基地构建和运行提供参考案例。

【关键词】农业工程；协同育人；专业课程；光伏农业技术

0　引言

研究生教育是我国教育体系的重要组成部分，新时代的研究生教育承担着创新人才培养的重任，支撑了创新高地的建设[1]。2020 年教育部、国家发展改革委、财政部发布的《关于加快新时代研究生教育改革发展的意见》（教研〔2020〕9 号）中明确提出：“强化产教融合育人机制，加强专业学位研究生实践创新能力培养”[2]。党的二十大报告提出的“加快建设国家战略人才力量，努力培养造就更多大师、战略科学家、一流科技领军人才和创新团队、青年科技人才、卓越工程师、大国工匠、高技能人才。”加强企业主导的产学研深度融合，强化目标导向，提高科技成果转化和产业化水平[3]。习近平总书记在云南考察时强调：“要主动服务和融入国家重大发展战略，以大开放促进大发展，加快同周边国家互联互通国际大通道建设步伐。”因此，研究生培养教育也必须要围绕这一主题，在多学科交叉和“政产学研用”共融的背景下与时俱进，为国家培养出具有复合创新能力的人才。2023 年 11 月教育部发布和《关于深入推进学术学位与专业学位研究生教育分类发展的意见》（教研〔2023〕2 号），指出要深入推进研究生教育分类培养，推动专业学位研究生实践创新型人才分类培养。因此，健全研究生分类培养模式，完善高水平工程人才培养体系，成为具有工科背景的研究型大学当下亟待解决的问题[4]。

学术学位和专业学位研究生的分类培养是我国高等教育逐步与国际接轨、社会对人才需求日益多元化的必然选择[5]。目前我国拥有世界上规模最大的工程教育，但是仍然存在工程师规模与制造强国需求不匹配，以及工程创新能力不足这两个问题。其根本原因主要是因为我国的工程教育还存在以下困难：首先，企业与高校之间无法实现平台适配，以知识创新为导向的基础性研究平台是研究型大学的专业建设的主体，而企业的研究平台多是应用型研究平台，此类研究平台以技术创新和产业发展为目的，因此，高校培养的人才无法满足于企业对人才的需求，高校传统专业研究平台无法培养出能满足当今企业需要的人才的能力，高校传统专业设备远远落后于社会；其次，校企导师之间没能做到在需求上适应互补，高校的导师缺乏对企业需求和产业发展的了解，同时企业的导师也缺乏人才培养规律的学习，所以校企两方导师不能通力合作，便无法深入地在工程科技与人才培养融合方面开展工作，因此，实践教学环节完全跟不上产业前沿的前进脚步。此外，如今我国高校的培养模式无法适配我国产业现状，我国专业型人才培养模式还在不断探索的过程中，鉴于社会对科技人才的需求，高校对人才的培养标准还待改进。特别是在工程硕士研究生培养领域，如何更好地结

* 马逊（1980—　），女，博士，副教授，博士生导师。研究方向：太阳能光伏发电控制及光伏温室利用。联系地址：云南省昆明市呈贡区云南师范大学能源与环境科学学院，邮编 650500。E-mail：maxun@ynnu.edu.cn。

基金项目：教育部产学合作协同育人项目“应用型光伏科学实验教学体系改革”（220905248162612）、全国农业专业学位研究生教育指导委员会面上项目“构建双碳背景下农业工程硕士专业协同育人基地及其运行机制研究”（2021-NYYB-51）、云南师范大学优势本科专业核心课程建设项目（HXKC-0122391、PX-1423863）。

合行业需求、突出实践导向，仍是摆在我们面前的一大挑战[6]。结合时代特点对农业工程科技人才培养提出的新要求，基于农业工程硕士培养的主要任务，实现农业产业需求与农业工程人才培养深度融合，使得培养出的农业工程科技人才能满足社会发展的需求，如图1所示。

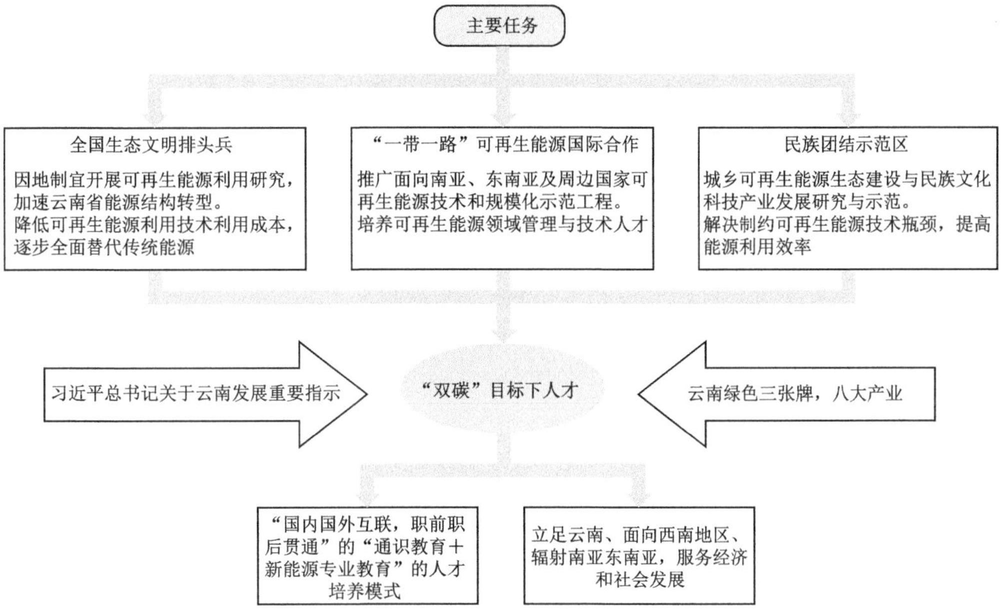

图1　农业工程科技人才培养主要任务

1　人才培养

1.1　依据产业需求，优化课程体系

人才培养过程中要坚持马克思主义理论的指导，坚持价值塑造、知识传授和能力培养“三位一体”。为了向学生弘扬爱国主义精神，激发学生的爱国情怀，促使学生树立强国志向以实际行动报效祖国，在光伏农业技术课程的教学内容中融入时代命题，引导学生将个人的“小我”融入祖国的“大我”、人民的“大我”之中；引导学生树立专业精神，服务国家战略和行业要求。把聚光灯的焦点放在国家能源战略需求和世界科技前沿的同时，高校还必须向学生讲清楚我国太阳能光伏利用和新能源行业关键技术的“卡脖子”问题以及国家在科技创新和技术攻关方面的决心，激发学生为国家和民族的发展出力争光的激情；高校须积极培养学生在科技创新方面坚持不懈的精神，引领学生在科技创新的道路上砥砺前行，实现自我价值。高校要在农业工程学科建设思政素材库，发现和整理出本专业的时代楷模和身边榜样，为培养学生精益求精的大国工匠精神提供鲜活案例，激励学生致力于实现能应用在国家工程中以及日常生活中的发明与创新，对得起学科前沿新生力量的光荣使命。为培育学生的实践精神，激发学生的专业荣誉感和行业自豪感，高校须开展农业工程专业实践，让学生时刻关注新能源行业的最新发展状况，同时，高校还需要开展社会实践，在实践中引导青年学生将科研论文写在中国大地上。

以光伏农业技术课程为例，该课程能结合光伏农业技术领域的科研实践，教学案例贴切、典型，学习任务设计符合教学实际。能够根据本专业学生的基础特点，合理选择教学方法。通过强调过程、系统、对象、生成的特性，将课程思政与光伏农业技术本身所具有的特点相结合。通过改进教学方法，有效调动学生的学习积极性，促进学生自主学习、团队学习等综合性能力。寻找教学内容与思政建设的契合点，通过有效地使用现代教育技术手段，在提高教学效率、教学效果和教学质量方面的同时，实现思想政治教育与专业课程的无缝对接。

在价值引领层面，科学的世界观、人生观、价值观的引导要在课堂中开展，要有意识地在知识教学中完成对学生的引导，特别是社会主义核心价值观的引导。在“双碳”人才需求背景下，课程根据农业电气化与自动化学科未来的发展趋势，农业工程专业对人才培养的要求，以及行业对专业创新实践人才需求，完成农业工程专业的必修课程——光伏农业技术课程建设。通过将课程内容、课程目标与思政元素充分融合，采用创新教学方法，将素质教育和要求以独立章节明确写入教材，使得学生能够充分认识国家对他们的知识、能力和素质的要求，并将家国情怀、职业道德要求有机融入其中。课程体系一定要及时更新授课内容，坚持立德树人要求，紧跟新能源科技发展，使得课程体系和课程思政能够与时俱进。农业工程课程思政教学如图 2 所示。

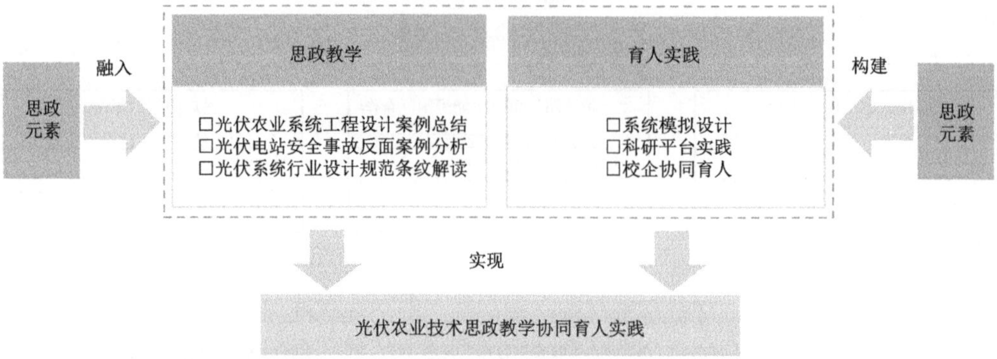

图 2　农业工程课程思政教学

1.2　完善过程管理，强化立德树人根本任务

鉴于我国强调育人先育德的优良传统，一定要注重传道授业解惑和育人育才的统一。光伏农业技术是农业工程专业的必修课程，其主要内容是研究光伏系统与农业应用相结合。在教学过程中要重视对学生的世界观、人生观和价值观的教育，坚持以德立身、以德立学、以德施教，对中华优秀传统文化既要传承又要创新，在教学过程中积极引导学生树立正确的民族观、国家观、历史观和文化观，为国家发展培养出出色的建设者，为中国特色社会主义培养出可靠的接班人。从组织权威报告等渠道广泛收集整理我国在新能源和光伏农业技术领域取得的巨大成就，以及我国围绕新能源与现代农业发展所做的战略规划，并有机融入课程中，培养学生的民族自豪感，通过分析科技产业发展背后的大国博弈培养学生的历史使命感。

任课教师应当重视科研实训的思政育人价值，将思政部分作为课堂讲授的价值补充，同时教师又要突破课堂在时间和空间上的限制，通过开展多种有意义的学习实践活动，拓展学习内容，拓宽视野和格局，培养学生与人相处、团队合作的能力，引导学生在认知上内化，在行为上外化，学会见微知著，树立正确的素质观和价值观；另外，积极开展与学生所学专业相关的实践活动，通过举办和开展学科实践活动、专业技能大赛、专业讲座及专业实习等，实现从“以教为主”向“以学为主”“以练为主”的转变，促进理论与实践相结合、课堂知识与课外拓展相结合，课堂学习与课下生活以及校外社会相结合。

为有效地体现“全过程、全方位”的育人理念，构建涵盖课上课下、校内校外、线上线下教学模式。对于高校的讲授课程思政的教师来说，其主阵地在校内课堂，与学生互动交流的网络平台则起到辅助和补充作用。教师应当巧妙地将爱党、爱国、爱社会主义、爱人民、爱集体等情怀自然而然地融入所需讲授的课程内容当中，为给学生树立一个良好的学习榜样，教师应当通过自身勤勉的工作态度、坚定的政治方向、严谨的治学风格、善良友爱的品质、客观公正的处事态度等，感染学生、教育学生、带动学生；另外，任课教师要认真提炼课程中的思政元素来教导学生，通过带领学生们学习光伏器件制备、电路拓扑变换、光伏输出功率调制策略、智慧农业先进技术路线等知识点，让学生们体验到投身国家重大工程的价值和意义，培养了学生们的大国工匠精神；同时，教师带领学生们学习光伏发电系统设计不规范导致火灾等反面案例，剖析事故原因，培养学生们的职业道德和社会责任，引导学生建立了严谨、客观、守正的工程师职业道德观。

构建面向高层次开放式工程教育的科研教学平台，更新教学方式和工程人才知识体系。适应新形势下对农业光伏专业人才的高要求，对现有实验室进行整合，构建光伏温室实验平台和光伏提水灌溉实验平台。利用此平台，在现有实验教学体系基础上，进一步开展形式多样的开放性实验项目，提高学生对理论知识的理解水平，增强学生对科研的兴趣，培养他们的创新思维和综合实践能力。科研课题与企业共通，由企业提出实际技术需求，设立研究生科研训练基金项目，激励创业创新，鼓励学生独立思考解决企业生产、工程应用中的实际问题。同时采取开展学术讲座、科研技能培训和与专家讨论学术问题等一系列措施，提高学习热情和科研兴趣。

针对农业工程专业协同育人所面临的问题，采取针对性的措施解决，实现“双碳”背景下光伏农业学科协同育人专业培养改革。能力培养方面，通过从历史发展的维度分析新能源发展的历史逻辑，梳理农业、能源和电力的发展史和发展趋势等，培养学生的逻辑思维；通过辩证地分析新能源的环保性和新能源产业发展中的安全问题等培养学生的辩证思维；通过构建从半导体材料到光伏器件，从光伏器件到光伏农业系统利用的整体转换技术路线图培养学生的系统思维；通过新能源材料、工程热物理和电气等多学科交叉进行新能源技术创新案例的挖掘，引导跨学科交叉意识，培养学生的创新思维。

2 培养成效

在卓越工程师计划项目和云南省特色专业项目建设基础上，农业工程专业完成了省级品牌专业建设，提升了专业建设水平。学院建立了众创空间、课外创新实验室、科研实验室并向学生开放等，作为学生的课外实践补充，也为学生申报和完成学校科训基金项目和省级国家级大学生创新创业计划项目、各类创新设计竞赛等提供了条件。学院与知名企业共建专业硕士联合培养实习实践基地，聘请企业技术人员作为校外指导教师，目前已经形成了省内、省外合作共建的实习基地群，为办好专业起到了很好的作用。

综合多年来在可再生能源领域的研究成果，教师团队积极开展了太阳能利用和生物质能利用等的成果转化与应用示范工程。在农业灌溉方面，团队成员参与研制的光伏水泵控制逆变器技术实现了更高效率的动态最大功率跟踪，改进了远程监控技术，实现了系统的远程控制，目前技术水平达到国内外领先，为云南省的抗旱工作做出了贡献。同时，通过招收多名在老挝从事可再生能源及农业工程人员攻读农业工程硕士研究生，与东盟国家开展了科技合作、技术转移与人才培养，推动我国在可再生能源和智慧农业领域实现技术和产品的输出，提升我国自有产品的国际影响力、引导中方科研机构和企业“走出去”、让更多科技成果惠及双方经济社会发展与人民生活改善，起到了实质性的促进作用。

3 结语

教师团队充分发挥高校基础研究主力军和重大科技突破生力军作用，落实校企“双导师”制，培养“专尖特精”人才，解决农业工程创新人才紧缺问题。为深入推进产教融合，由企业作为需求、投入、管理和转化的主体，再联合高校科研团队和平台，建立一种由企业为主导且校企共同管理的研发中心，再通过围绕产业链部署创新链以及围绕创新链布局产业链，从而增强企业技术创新的策划能力。今后，教师团队将继续努力探索“双碳”背景下农业工程硕士专业培养机制，与企业勠力同心为祖国培养农业工程科技人才，为实现祖国第二个百年奋斗目标贡献力量。

参考文献：

[1] 王战军，赵敏. 新时代我国研究生教育的新使命、新举措［J］. 现代教育管理，2023（4）：44-53.

[2] 温洋，朱雨萌，秦方. 何以“赋能”农业硕士实践创新能力培养——以A校实践为例［J］. 中国高校科技，2022（9）：60-66.

[3] 习近平. 高举中国特色社会主义伟大旗帜. 为全面建设社会主义现代化国家而团结奋斗［M］. 北京：人民出版社，2022.

[4] 师悦，汪霞. 专业学位硕士研究生需要什么样的培养环境——基于硕士生意见调查的实证研究［J］. 中国高教研究，2021（11）：35-41.

[5] 杨乐，王正松，何大阔，等. 实践能力驱动下的工程硕士研究生培养模式研究［J］. 印刷与数字媒体技术研究，2024（3），81-88.

[6] 范涛，颜伏伍，梁传杰，等. 武汉理工大学工程硕士“五个三”培养模式［J］. 高教发展与评估，2023，39（1）：104-112，123.